Ines Maria Eckermann

Frei & kreativ!

Die Starthilfe in die Selbstständigkeit für kreative Köpfe

Liebe Leserin, lieber Leser,

Selbstständig arbeiten – für viele, besonders in der Kreativbranche, ist das ein Traum. Denn gerade, wer schreibend, illustrierend, gestaltend tätig ist, möchte vielleicht jenseits des klassischen 9-to-5-Büroalltags arbeiten und leben. Und erhofft sich dadurch die Freiheit, Neues und Kreatives zu schaffen.

Wenn aber der Traum der eigenen Selbstständigkeit näher rückt, werden auch die Nachteile erkennbar: All die Entscheidungen, Formulare, Paragrafen – kurz, die Bürokratie will bewältigt werden. Damit Sie hierbei nicht allein dastehen, gibt es dieses Buch: Es leitet Sie durch den Dschungel der Anträge, Rechtsformen und Versicherungsvarianten. Es folgt dabei dem Weg, den auch Sie in die Selbstständigkeit gehen werden: Wichtig ist, zunächst einen Schritt zurückzutreten und jenseits der harten Fakten über die eigenen Motive nachzudenken: Bin ich überhaupt eine Gründerpersönlichkeit? Wie entwickle ich ein Profil? Wie setze ich mich von der Masse ab? Haben Sie hierzu die wichtigen Überlegungen abgeschlossen, kommen die nächsten Schritte: Welches Geschäftsmodell will ich verwirklichen, welche Rechtsformen bieten sich an? Wie kann ich einen soliden Business- und Finanzplan aufstellen? Verfüge ich über genügend Startkapital? All diese und noch viele Fragen mehr beantwortet Ines Maria Eckermann und bietet Ihnen außerdem diverse Checklisten, weiterführende Links und Tabellen, in die Sie Ihre Planungen eintragen können. Ein Praxisbuch also zu einem trockenen, ungeliebten Thema. Gehen wir es an.

Wenn Sie Fragen, Anregungen oder Kritik zum Buch haben, freue ich mich über Ihre E-Mail.

Ihre Ruth Lahres
Lektorat Rheinwerk Design

ruth.lahres@rheinwerk-verlag.de
www.rheinwerk-verlag.de
Rheinwerk Verlag · Rheinwerkallee 4 · 53227 Bonn

Auf einen Blick

Wir hoffen, dass Sie Freude an diesem Buch haben und sich Ihre Erwartungen erfüllen. Ihre Anregungen und Kommentare sind uns jederzeit willkommen. Bitte bewerten Sie doch das Buch auf unserer Website unter **www.rheinwerk-verlag.de/feedback**.

An diesem Buch haben viele mitgewirkt, insbesondere:

Lektorat Ruth Lahres
Korrektorat Angelika Glock, Ennepetal
Herstellung Denis Schaal
Typografie und Layout Vera Brauner, Maxi Beithe
Illustrationen Ines Maria Eckermann
Einbandgestaltung Mai Loan Nguyen
Satz III-Satz, Husby
Druck und Bindung Beltz Grafische Betriebe, Bad Langensalza

Dieses Buch wurde gesetzt aus der Linotype Syntax (9,25/13,25 pt) in FrameMaker.
Gedruckt wurde es auf chlorfrei gebleichtem Offsetpapier (90 g/m²).
Hergestellt in Deutschland.

Bibliografische Information der Deutschen Nationalbibliothek:
Die Deutsche Nationalbibliothek verzeichnet diese Publikation in der Deutschen Nationalbibliografie; detaillierte bibliografische Daten sind im Internet über *http://dnb.dnb.de* abrufbar.

ISBN 978-3-8362-8048-8

1. Auflage 2022

Informationen zu unserem Verlag und Kontaktmöglichkeiten finden Sie auf unserer Verlagswebsite **www.rheinwerk-verlag.de**. Dort können Sie sich auch umfassend über unser aktuelles Programm informieren und unsere Bücher und E-Books bestellen.

Inhalt

Vorwort

Kunst und Freiheit gehören zusammen wie Pinsel und Farbe, Blog und Satz, wie Kreativität und Chaos. Wer gerne jenseits der ausgetretenen Wege denkt, fühlt sich zwischen den Leitplanken eines festen Vollzeitjobs schnell eingeengt. Schon als Jugendliche war mir klar: Mein Leben soll ein Abenteuer werden. Deshalb ließ ich mich die meiste Zeit meines Lebens von Astrid Lindgrens Weisheit leiten: »Lass dich nicht unterkriegen, sei frech und wild und wunderbar.« Und so lebte ich einfach drauflos.

Ich gründete schon während des Studiums und machte mich als freie Journalistin selbstständig. Da ich mit Anfang zwanzig noch mitten im Studium steckte und wenig über die organisatorische Seite der Selbstständigkeit nachdachte, machte ich wohl fast jeden Fehler, den man als Freiberufler so machen kann: Ich nahm viel zu viele schlechtbezahlte Jobs an, arbeitete mit Elan fast Vollzeit neben dem Studium, legte nichts für die Rente zurück und übersah sogar, dass ich irgendwann umsatzsteuerpflichtig geworden war. Ich war frech und wild und wunderbar – und am Ende des Monats meist pleite. Doch nach Jahren, in denen ich zum Monatsende einen Block 35-Cent-Tiefkühl-Spinat mit dem Brotmesser in drei Stücke sägte und davon einige Tage lebte, war es Zeit umzudenken. Es zeigte sich, dass Enthusiasmus und Frustration oft recht nah beieinanderliegen.

Schließlich entschied ich mich, das zu werden, was ich damals für erwachsen hielt – und suchte mir einen festen Job. Im Vorstellungsgespräch kam ich meist bei der immer gleichen Frage ins Stocken: »Wo sehen Sie sich in fünf Jahren?« Während Personaler und Führungskräfte subtil meine Ambitionen und vielleicht auch meine Familienplanung abklopften, wuchs bei mir die Vorfreude auf mein Leben in fünf Jahren. Denn es gibt so viele mögliche Zukünfte, die ich am liebsten alle aus voller Überzeugung fest umarmen würde. Aber warum sollte ich mich schon heute auf eine von ihnen festlegen?

Jedes Vorstellungsgespräch verließ ich mit derselben Frage in der Handtasche: Muss ein Leben in gerichteten, planbaren Bahnen verlaufen, um erwachsen und lukrativ zu sein?

Also feilte und pinselte ich an meiner Persönlichkeit herum, um sie wie die einer Angestellten aussehen zu lassen. Doch die Farbe wollte nicht so recht halten und so informierte ich mich neben meinen Festanstellungen über das Handwerkszeug der Selbstständigkeit, las Bücher, hörte Podcasts und lernte viele Menschen kennen, die mir wertvolle Tipps und Einblicke gaben – bis ich mich voller Aufbruchsstimmung und Vorfreude dafür entschied, wieder frei und kreativ zu arbeiten.

Das Ergebnis meiner Recherche liegt hier vor Ihnen. Mit diesem Buch möchte ich Ihnen dabei helfen, Ihre Selbstständigen-Persönlichkeit zu entdecken und sich mit den juristischen und finanziellen Tricks und Feinheiten vertraut zu machen. Denn wenn Sie die organisatorischen Dinge im Griff haben, können Sie sich ganz auf das konzentrieren, was Sie wirklich machen wollen.

Neben handfestem Hintergrundwissen ist aber noch etwas ganz anderes wichtig: Im Laufe meiner Selbstständigkeit wurde mir immer wieder bewusst, wie bereichernd es ist, Gleichgesinnte um sich zu haben: Menschen, die das Auf und Ab des freien und kreativen Lebens verstehen, die mir auch mal den Kopf waschen und sich melden, wenn ich mich verrenne. Die nochmal über eine kritische E-Mail lesen oder mit mir mitten in der Nacht Textpassagen durchsprechen. Und die da sind, wenn die Ideen ausgehen. Ganz besonders möchte ich meinen Freundinnen Stephi, Katja und Gianna für ihre Inspiration und ihren Kaffee danken sowie Charlotte und Anna für all die Gespräche an Küchentischen und auf Picknickdecken – und für ihren Mut, gemeinsam mit mir das Abenteuer Selbstständigkeit zu erleben.

Und Ihnen, liebe Leserinnen und Leser, wünsche ich, dass Sie genauso wild und frei und kreativ sein können, wie Sie es sich wünschen – und dass Sie sich niemals unterkriegen lassen.

Ihre Ines Maria Eckermann

Materialien zum Buch

Auf der Webseite zum Buch unter *www.rheinwerk-verlag.de/5246* liegen für Sie einige Materialien zum Buch bereit. Öffnen Sie dazu den Reiter »Materialien«. Bitte halten Sie Ihr Buchexemplar bereit, damit Sie die Materialien freischalten können.

Im Downloadbereich finden Sie neben den Checklisten des Buchs auch eine Linkliste, die Ihnen das Eintippen der Links ersparen wird.

Kapitel 1

Die Unternehmerpersönlichkeit: Warum Kreativität Freiheit braucht

Woher komm ich? Wohin geh ich? Oha, Sie haben das Buch erst gerade aufgeschlagen und schon geht es philosophisch ans Eingemachte. Aber keine Sorge: Diese beiden Fragen sollen Sie nicht in eine Sinnkrise stürzen, sondern Ihnen auf Ihrem Weg Richtung Selbstständigkeit etwas Orientierung geben. Denn das beste Navi bringt uns nichts, wenn wir nicht wissen, wo wir hinwollen. Deshalb geht es im ersten Kapitel darum, Ihr Ziel und auch sich selbst ein bisschen besser kennenzulernen.

Als Sie drei Jahr alt waren, kam Ihnen vermutlich wie vielen Kindern kaum ein Satz so leicht über die Lippen wie: »Nein!« In dem Alter wissen wir ganz genau, was wir nicht wollen. Wir testen unsere Grenzen und suchen zugleich Halt. Doch je älter wir werden, desto unklarer wird uns manchmal, was wir wollen und was nicht. Wir machen Zugeständnisse an andere und Kompromisse mit dem Leben. Wir investieren unser Geld in Aktien und Versicherungen statt in bunte Tüten vom Kiosk. Und statt uns über eine Kugel Eis zu freuen und ganz im kühlen Genuss und dem Moment zu versinken, wird uns manchmal der Kaffee to go im Becher kalt.

Bevor unser Leben schal wird, sollten wir nach den Dreijährigen in uns suchen gehen: Wann brüllen Sie »Nein!« und wann sind Sie zu begeistert, um »Ja!« zu rufen? Was wollen Sie wirklich? Dieses Kapitel geht mit Ihnen auf die Reise in Ihr Inneres: Wie viel Freiheit brauchen Sie für Ihre Kreativität und wie viel Halt?

1.1 Warum Selbstständigkeit attraktiv ist

Eisbären, Löwen oder Tiger durchstreifen riesige Gebiete. Wild und frei durchziehen sie ihre Territorien. In Gefangenschaft jedoch, hinter den gläsernen Gefängniswänden der Zoos und Tierparks, schrumpfen die anmutigen Tiere zu gestressten und verängstigten Kreaturen zusammen. Und auch manchem kreativen Menschen geht es so: Wird er in die Strukturen einer 40-Stunden-Woche gesperrt, verliert er seinen Biss und seine bunten Federn. Wenn Sie zu den Menschen gehören, die mit dem Vergleich zwischen einem Tier im Zoo und Ihnen in einer festen Anstellung etwas anfangen können, sind Sie hier genau richtig: Willkommen im Club der Freien und Kreativen.

Mit Sicherheit mehr Zufriedenheit

Den einen macht sie Angst, die anderen bekommen glänzende Augen. Freiheit ist nur etwas für echte Liebhaber. Für viele Menschen stellen Freiheit und Sicherheit Gegensätze dar. Doch Kunst- und Kulturschaffenden gibt die Freiheit Sicherheit: sich frei ausdrücken zu dürfen, schreiben und sagen zu dürfen, was sie wichtig finden, und sich in ihrem Schaffen immer neu zu erfinden. Und schon der Staatsmann Benjamin Franklin wusste: »*Wer die Freiheit aufgibt, um Sicherheit zu gewinnen, wird am Ende beides verlieren.*«

Auch jenseits der künstlerischen Freiheit investieren viele Menschen gerne etwas Sicherheit, um etwas mehr Lebensqualität zu erhalten: 80 Prozent der für eine Umfrage befragten Selbstständigen gaben an, dass die Selbstständigkeit ihnen vor allem mental guttut.[1] Die Möglichkeit, die Arbeitszeit frei einzuteilen und Prozesse nach den eigenen Bedürfnissen zu gestalten, sorgt bei vielen Selbstständigen für eine große Zufriedenheit mit ihrem Arbeitsleben. Wenn Forschende fragen, warum Menschen gerne selbstständig sind, antworten sie oft dasselbe: Die meisten lieben die Unabhängigkeit, die Eigeninitiative und die Möglichkeit, sich selbst zu verwirklichen und Arbeit und Privatleben nach den eigenen Bedingungen zu vereinen. In der Selbstständigkeit gibt nicht die Arbeit Regeln vor, sondern die Menschen.

Zur Lücke, zur Freiheit

Während Angestellte ihren Lebenslauf hegen und pflegen, damit ja keine Lücken oder Abweichungen zu kritischen Nachfragen im Bewerbungsgespräch führen, können Selbstständige ganz entspannt bleiben: Da bei Kreativen und Selbstständigen der Markt vor allem die eigentliche Arbeit beurteilt, sind Auszeiten und Abzweigungen im Lebenslauf nur ein weiterer Ausdruck ihres unkonventionellen Charakters. Viel wichtiger, als lückenlos beschäftigt zu sein, ist vielen Kreativen, dass sie immer wieder etwas Neues machen dürfen und sich in eigenen Projekten austoben dürfen, die am Ende ihre eigene Handschrift tragen. Statt Zeug abzuarbeiten, das andere einem auf den Tisch legen, haben Selbstständige immer selbst das Ruder in der Hand. Und das kann auch bedeuten, dass sie ihr Zeug packen und künftig von einer balinesischen Hängematte aus für ihre Kunden arbeiten. Wer Mut

1 *www.ipse.co.uk/policy/research/the-impact-of-the-coronavirus-crisis.html*

zur Lücke hat, lässt sich nicht von einem Job zwischen gläsernen Wänden einsperren – sondern lebt frei und wild und macht die ganze Welt zu seinem Territorium.

Für Selbstständigkeit oder eine Anstellung entscheiden

Ob Sie selbstständig oder angestellt arbeiten, ist nicht nur eine Frage der Lebensziele und der Persönlichkeit – sondern hängt auch stark von der Art der Arbeit ab. Rechtlich betrachtet unterscheidet sich die selbstständige von der nicht-selbstständigen Arbeit durch diese Punkte:

- **Auf eigene Rechnung**: Sie arbeiten wirtschaftlich unabhängig und tragen finanzielle Risiken und Geschäftsausgaben selbst.
- **Ohne Chef**: Sie arbeiten weisungsunabhängig, ohne dass eine Führungskraft Ihnen Vorgaben macht.
- **Selbstorganisiert**: Sie arbeiten völlig eigenverantwortlich und geben sich selbst Prozesse und Strukturen vor.
- **Frei und flexibel**: Sie legen Ihre Arbeitszeiten, den Arbeitsort und den Workflow mit anderen selbstständig fest.

Es gibt Berufe, bei denen die Selbstständigkeit eher die Regel als die Ausnahme ist. Haus- und Zahnärzte, Rechtsanwälte, Notare und Steuerberater sind häufig selbstständig. Eine selbstständige Steuerberaterin kann ihre Sprechstunden selbstständig festlegen. Sie hat keine Vorgesetzten, die ihr vorgeben, was sie wann, wie und wo zu tun hat. Zugleich zahlt sie ihren Schreibtisch, den Computer und jeden Kugelschreiber, den sie für ihre Arbeit braucht, von ihrem eigenen Budget.

Statement | Die richtige Entscheidung

»Es begann als Experiment. Ich wollte einen Auslandssommer machen: sechs Monate, in denen ich das Leben im Ausland und zugleich die Arbeit als freie Journalistin testen wollte. Das Experiment war erfolgreicher, als ich dachte, und so wurden aus sechs Monaten ein Jahr, dann zwei. Nun lebe ich bereits seit sieben Jahren in Tel Aviv – und es läuft immer besser.

Angst vor dem Schritt in die Selbstständigkeit hatte ich nie. Ich kannte die Branche und war gut vernetzt. Außerdem hatte ich mir etwas Geld zusammengespart und konnte deshalb ruhigen Kopfes in dieses Projekt starten. Auch, weil man zu Beginn bestimmt viele Fehler machen wird, die einen – je nach Branche – Geld kosten werden. Wer sich seiner Privilegien in Ländern wie der Schweiz oder Deutschland bewusst ist und keine Familie zu versorgen hat, kann den Sprung in die Selbstständigkeit leichtsinnig versuchen. Ich wusste immer: Im schlimmsten Fall geh ich zurück in die Schweiz und arbeite irgendwo, wo ich gerade etwas finde, angestellt.

Anfangs hat es mich überrascht, wie schwer es mir fällt, abzuschalten. Das heißt nicht, dass ich mich überarbeite. Aber ich habe ständig neue Ideen, die ich umsetzen will. Da kennt mein Kopf keine festen Arbeitszeiten. Dass ich kein festes Monatseinkommen habe, nehme ich erstaunlich cool hin. Nur ganz selten empfinde ich das als stressig, keinen bezahlten Urlaub zu haben, bei einer Erkältung keine Einnahmen zu haben und mich ständig neu verkaufen zu müssen.

Um mich etwas abzusichern, musste ich lernen, »Brotthemen« zu erkennen und anzubieten. Das heißt für mich, den Redaktionen Geschichten vorzuschlagen, die sich gut verkaufen lassen, für die ich aber nicht unbedingt brenne. Außerdem können Großaufträge einige Monate für Ruhe sorgen, da ich dann keine Akquise machen muss. Natürlich kann sich keiner auf eine Krise wie die Corona-Pandemie vorbereiten, aber als Selbstständiger, egal in welcher Branche, ist es wichtig, Erspartes auf der Seite zu haben. Man muss solche Zeiten aushalten und dann positiv weitermachen.

Für mich ist die Selbstständigkeit die richtige Entscheidung gewesen, denn für mich bedeutet es: meine Ideen, mein Kopf, mein Tempo, meine Arbeitszeiten, meine freien Tage, meine Mittagspause, meine Honorarvorstellungen. Man entwickelt ein irres Selbstbewusstsein.«

Joëlle Weil | selbstständige Journalistin und Kolumnistin

1.2 Eigenschaften erfolgreicher Selbstständiger

Freuen Sie sich nach dem Urlaub auf die netten Kollegen, den ersten Kaffee aus Ihrer Lieblingstasse, die am immer gleichen Ort auf Ihrem Schreibtisch steht? Oder sind Sie eher der Typ, der es kaum erwarten kann, endlich wieder voller Energie ein neues Projekt in die Tat umzusetzen? Selbstständige und angestellte Arbeit unterscheiden sich nicht nur in den Arbeitsabläufen und der Bezahlung, sondern auch darin, ob wir an der eigenverantwortlichen Arbeitsweise Freude haben. Bevor Sie sich selbstständig machen und beherzt ins kalte Wasser springen, sollten Sie sich selbst wirklich kennen. Denn vielleicht fühlen Sie sich am Beckenrand sehr viel wohler.

Bestandsaufnahme: Den Mix analysieren

Machen wir eine kurze Bestandsaufnahme: Womit können Sie auf dem Arbeitsmarkt wuchern? Alles, was uns zu wertvollen Arbeitskräften macht, teilt der Soziologe James Coleman[2] in drei Kategorien ein:

1. **Physisches Kapital**: Gegenstände, die uns für unsere Arbeit zur Verfügung stehen, zum Beispiel unser Computer oder der Dienstwagen

2 James S. Coleman: Social Capital in the Creation of Human Capital. In: The American Journal of Sociology, Vol. 94, Supplement: Organizations and Institutions: Sociological and Economic Approaches to the Analysis of Social Structure (1988), S. 95–120. The University of Chicago Press

2. **Soziales Kapital**: Erziehung und Menschen, die uns prägen und unterstützen, dazu gehören meist Freunde, Familie oder das Team auf der Arbeit
3. **Humanes Kapital**: Fähigkeiten, Talente und Kompetenzen, die wir in unsere Arbeit einbringen, etwa der Abschluss in Teilchenphysik oder HTML-Kenntnisse

Diese drei Arten des Kapitals helfen uns, unsere Ziele zu erreichen. Unser physisches Kapital ist für unseren Erfolg als Selbstständige recht unwichtig. Natürlich macht ein gut ausgerüsteter Laptop uns die Arbeit in einer digitalisierten Welt leichter – aber eine talentierte Journalistin kann notfalls auch auf einem Tablet einen herausragenden Artikel verfassen.

Das soziale Kapital, wie wir erzogen wurden, in welchem Umfeld wir aufgewachsen sind und mit wem wir uns heute umgeben, hat dagegen einen wesentlichen Einfluss auf unser humanes Kapital: Wenn die Eltern Wert auf Bildung gelegt haben, weist der Lebenslauf womöglich später einige wertvolle Stationen und Lernerfolge auf. Die Mischung der verschiedenen Einflüsse aus unserer Erziehung und unserem Umfeld, unserer Ausbildung oder unserer bisherigen Berufserfahrung macht uns zu wertvollen Arbeitskräften.

Wenn Sie mögen, führen Sie sich, vielleicht in der folgenden Tabelle, vor Augen, was Sie zu bieten haben.

Mein physisches Kapital	Mein soziales Kapital	Mein humanes Kapital

Unser Kapital hilft uns dabei, unseren Marktwert und unseren Ausgangspunkt besser zu verstehen. Eine Studie untersuchte die Persönlichkeitsmerkmale von Jugendlichen, die sich direkt nach der Ausbildung selbstständig machen wollten. Das Ergebnis: Die angehenden Selbstständigen wiesen eine deutlich ausgewogenere Mischung von humanem und sozialem Kapital auf, als dies bei zum Angestelltentum neigenden jungen Menschen der Fall war: Selbstständige sind breit aufgestellt, wenn es um ihre Fähigkeiten, Interessen und Kompetenzen geht. Außerdem sind sie sozial gut vernetzt und können sich meist auf ein weitgefächertes Netzwerk stützen.[3]

Ob wir unser Kapital als Angestellte oder Selbstständige auf den Markt tragen sollten, hängt allerdings vor allem von unserer Persönlichkeit und unseren Werten ab.

Eigenschaften und Talente erkennen

Sie erhofften sich einen verstohlenen Blick in die Zukunft: Feldherren, Könige und einfache Bürger reisten vor Tausenden Jahren nach Delphi, um das sagenumwobene Orakel um Rat zu fragen. Der wahre Fingerzeig in eine erfolgreiche Zukunft fand sich jedoch bereits vor dem Tempel: »*Erkenne dich selbst*«, lautete die Inschrift des Orakels von Delphi. Und noch heute helfen uns diese drei Worte, unsere Zukunft positiv zu beeinflussen: Wer sich selbst, seine Fähigkeiten und Ziele kennt, der kann auch seine Lebensumstände entsprechend ausrichten und den passenden Karriereweg einschlagen. Ganz ohne die Hilfe eines Orakels.

Um uns selbst auf die Schliche zu kommen, gibt es zahlreiche Persönlichkeitstests, die uns bei der Selbsteinschätzung helfen können. Einige von ihnen können unsere Neigung zur Selbstständigkeit aufzeigen. Die bekanntesten sind diese:

- Das **Bochumer Inventar zur berufsbezogenen Persönlichkeitsbeschreibung** analysiert berufsrelevante Persönlichkeitsmerkmale sowie soziale und psychische Kompetenzen. So hilft es bei der Karriereplanung.
- **Insights** wird häufig in Assessment-Center oder zur Teambeurteilung genutzt und unterscheidet zwischen acht Persönlichkeitsprofilen.
- Der **Myers-Briggs-Typenindikator** ordnet uns einem von 16 Persönlichkeitstypen zu. Von diesem Test finden Sie im Internet zahlreiche kostenlose Versionen, die Sie mit wenigen Klicks ausfüllen können.
- Der **Big-Five-Persönlichkeitstest** stuft unsere wesentlichen Merkmale auf fünf Skalen graduell ein und versucht so, unsere Persönlichkeit abzubilden.

Die psychologische Forschung nutzt bevorzugt Big-Five-Tests, die in unterschiedlicher Form auftreten können, dabei aber immer dieselben fünf Dimensionen der Persönlichkeit abfragen. Innerhalb jeder dieser fünf Dimensionen positionieren wir uns ganz individuell. Dabei finden sich viele Selbstständige an ähnlichen Stellen auf den fünf Skalen wieder.

3 *www.sciencedirect.com/science/article/abs/pii/S1053535713001236*

Test | Wo stehen Sie?

Probieren Sie es selbst aus – mit einer vereinfachten Version dieses Tests. Machen Sie dazu auf jeder der Skalen an der Stelle ein Kreuz, an der Sie sich zwischen den beiden Polen am wohlsten fühlen.

	Offenheit für Erfahrungen		
konservativ, vorsichtig			erfinderisch, neugierig
	Gewissenhaftigkeit		
unbekümmert, nachlässig			effektiv, organisiert
	Extroversion		
zurückhaltend, reserviert			gesellig, kommunikativ
	Verträglichkeit		
kooperativ, freundlich, mitfühlend			wettbewerbs-orientiert, antagonistisch
	Neurotizismus		
emotional verletzlich			selbstsicher, ruhig

Persönlichkeitsmerkmale von Selbstständigen

Die Harvard Business School hat mithilfe des Big-Five-Persönlichkeitstests die Persönlichkeitszüge von Selbstständigen mit denen von angestellten Managern verglichen – und fünf wichtige Persönlichkeitsmerkmale herausgefiltert:[4]

4 Sari Pekkala Kerr et al.: Personality Traits of Entrepreneurs: A Review of Recent Literature. In: Working Paper 18-047, Harvard Business School 2017

1. **Abenteuer**: Selbstständige sind offener für Erfahrungen als Angestellte.
2. **Perfektion**: Sie sind gewissenhafter und zeigen einen soliden Mix aus Zuverlässigkeit und Motivation.
3. **Geselligkeit**: Selbstständige sind weniger extrovertiert als Manager. Hier gab es aber große Unterschiede zwischen den Solo-Selbstständigen, die von zuhause arbeiteten, und oft sehr selbstbewussten und extrovertierten Unternehmensgründern.
4. **Ziele**: Sie orientieren sich stärker an Leistung und Erfolg als Manager.
5. **Selbstsicherheit**: Sie sind etwas weniger auf Konsens aus als Manager. Sie trauen sich, offen ihre Meinung zu sagen – auch wenn sie damit vielleicht anecken.

Und wie sieht es mit Ihnen aus? Sind Sie der Managertyp oder sind Sie eher zur Selbstständigkeit gemacht?

Die Top 10 der Tugenden

Viele Forschende scheinen fasziniert von dem wundersamen Wesen des Selbstständigen. Deshalb gibt es mittlerweile zahlreiche Studien zu ihrer Persönlichkeit und ihren Schlüsselqualifikationen. Dabei geht es selten um harte Skills wie ein Jura-Studium oder eine Ausbildung zur Bürokauffrau, sondern vielmehr um ihre herausragenden Eigenschaften und ihre vorbildlichen Haltungen – kurz: um Tugenden. Im Folgenden finden Sie zehn Tugenden, die viele erfolgreiche Selbstständige teilen.

Tugend 1 | Leidenschaft

Dienst nach Vorschrift überlassen sie ihren verbeamteten Mitmenschen. Erfolgreiche Selbstständige zeichnen sich durch etwas aus, das sich intrinsische Motivation nennt: Etwas drängt uns, etwas zu tun, einfach weil wir genau das tun wollen. Bei einer extrinsischen Motivation kommt der Drang dagegen von außen, wie der Wunsch, mit dem Werk später Geld zu verdienen oder jemand anderem damit einen Gefallen zu tun.

Bei selbstständig arbeitenden Menschen ist das Bedürfnis, etwas um seiner selbst willen zu tun, stärker ausgeprägt.[5] Gelegentlich wird dieser innere Antrieb auch als Leidenschaft oder Passion bezeichnet. Der Maler Maurits Cornelis Escher hatte beispielsweise eine Leidenschaft für das Zeichnen von unendlichen Treppenhäusern und surrealen Mustern. Lukrative Anfragen lehnte er dagegen auch bei knapper Kasse ab, wenn sie nicht zu seinen Vorstellungen passten.

5 *www.upwork.com/i/freelancing-in-america/2016*

Wenn wir unserer Passion folgen, lassen wir uns weder von Vorgesetzten noch vom Markt Vorschriften machen. Und ebenso wenig brauchen wir diese, um uns das nötige Feuer unterm Hintern zu machen. Deshalb gehen Leidenschaft und Selbstmotivation Hand in Hand. Die Begeisterung für ihr Thema ist eines der Schlüsselmerkmale erfolgreicher Selbstständiger.

Tugend 2 | Mut

Mut gilt in der Philosophie als Vorzeigetugend: Er ist das rechte Maß, die goldene Mitte zwischen der Feigheit und der Tollkühnheit. Der Feigling kriegt den Allerwertesten nicht vom Sofa, während der Tollkühne stets kurz davor ist, sich bei einem unüberlegten Wagnis schwer zu verletzen. Mutige Selbstständige sind bereit, Risiken einzugehen, etwa auf das feste Gehalt einer Anstellung zu verzichten. Zugleich denken sie strategisch und gehen nur halbwegs berechenbare Risiken ein – damit sie sich nicht wirtschaftlich das Genick brechen. Zudem haben sie den Mut, eine andere Meinung als die Mehrheit zu vertreten.[6] Deshalb fühlen sich mutige Selbstständige auch dann noch wohl, wenn sie zwischen den Stühlen Platz nehmen müssen.

Tugend 3 | Selbstvertrauen

Eng mit dem Mut verwandt ist das Selbstvertrauen. Denn wenn wir an unsere Fähigkeiten glauben und auf unsere Werte und Überzeugungen vertrauen, können wir sie mutig gegen Widerstände verteidigen. Und die tauchen in jedem Leben früher oder später auf. Erfolgreiche Selbstständige sind überzeugt, dass ihre Meinung und ihr Wissen einen Wert haben.[7] Diese Eigenschaft ist wichtig, da Selbstständige immer wieder den Preis für ihre Arbeit verhandeln und vertreten müssen. Ein selbstbewusster Auftritt gibt Geschäftspartnern und Kundinnen das sichere Gefühl, dass Sie wissen, was Sie tun. Selbstständige können sich nicht hinter einem Team oder einer Vorgesetzten verstecken: Sie allein stehen für ihre Versäumnisse und ihre Erfolge gerade. Und das tun erfolgreiche Selbstständige jeden Tag aufs Neue mit Stolz und Selbstvertrauen.

Natürlich dürfen auch Selbstständige mal einen schlechten Tag haben und an sich zweifeln. Wichtig ist dabei eines: Zweifel ist ein Privatvergnügen. Potenziellen Auftraggebenden gegenüber ist ein selbstsicheres Auftreten Gold wert. Deshalb wird in Manager-Seminaren immer wieder dasselbe Mantra vorgebetet: *Fake it till you make it!* (Tu so, bis es wirklich so ist.) Damit ist hier nicht gemeint, dass wir Fähigkeiten vortäuschen, die wir gar nicht haben – sondern, dass wir an schwierigen

---

6 *www.sciencedirect.com/science/article/pii/S1053535713001236*, abgerufen am 6.8.2020

7 Sari Pekkala Kerr et al.: Personality Traits of Entrepreneurs: A Review of Recent Literature. In: Working Paper 18-047, Harvard Business School 2017

Tagen Selbstvertrauen gerne faken dürfen. So wie wir nach einer kurzen Nacht mit Kaffee Wachheit vortäuschen, können wir an manchen Tagen auch mit etwas künstlicher Selbstsicherheit nachhelfen. Denn würden Sie mit jemandem zusammenarbeiten wollen, der so wirkt, als könnte das zarteste Feedback ihn direkt in eine Sinnkrise stürzen? Seien Sie ein Profi – und zweifeln Sie erst nach Feierabend an sich selbst.

Tugend 4 | Realismus

Wie jede Tugend ist auch das Selbstvertrauen die Mitte zwischen den Extremen: Es liegt zwischen dem Selbstzweifel und der Selbstüberschätzung. Der Haken dabei: Menschen mit mangelnden Fähigkeiten neigen dazu, ihre Kompetenzen zu überschätzen.[8] Wer gelegentlich zweifelt, könnte demnach über verlässlichere Talente verfügen als jemand, der über sein üppiges Ego zu stolpern droht.

Die Tugend, die hier gefragt ist: Realismus. Während ihre optimistischen Mitmenschen gelegentlich kopflos ihre Energie in aussichtslose Pitches und Projekte stecken, trauen sich Pessimisten nicht, den Job zu wechseln: Woanders ist es schließlich auch nicht besser. Und während sich der Zyniker tatenlos an seiner Überlegenheit berauscht, schwelgt die Romantikerin in den Theorien einer weltfremden Intellektualität.

Damit können erfolgreiche Selbstständige nichts anfangen: Sie blicken realistisch auf die Welt und analysieren die Gegebenheiten, ohne gleich alles zu bewerten. Sie machen sich nichts vor – auch nicht, wenn es um ihre eigenen Fähigkeiten geht. Diese Tugend ermöglicht es uns, unsere Zielgruppe und unsere Chancen am Markt realistisch einzuschätzen. Das macht Realisten oft auch zu echten Pragmatikern: Statt frustriert hinzuwerfen, sucht der Realist nach einer Lösung, meldet sich zu einem Kurs an oder versucht, statt ein Defizit auszubügeln, eine Stärke weiter auszubauen.

Tugend 5 | Willenskraft

Erfolg ohne Willenskraft ist nahezu unmöglich. Willenskraft gilt in der Psychologie als Gegenspielerin der Impulsivität. Das klingt erstmal sehr theoretisch. Mit einigen kleinen Kindern und einem Beutel Mäusespeck wird die Willenskraft gleich viel anschaulicher: Im sogenannten Marshmallow-Test setzte ein Forscher in den 1960ern Kindern je einen Marshmallow vor die Nase und versprach, dass es einen zweiten gibt, wenn sie die süße Köstlichkeit nicht anrührten. Dann verschwand der Psychologe aus dem Raum. In der Zwischenzeit versuchten sich die Kinder abzulenken, sangen, versuchten einzuschlafen oder leckten für einen kleinen Vorge-

8 *psycnet.apa.org/doiLanding?doi=10.1037/0022-3514.77.6.1121*

schmack am Marshmallow. Die Kinder, die genügend Willenskraft bewiesen, um einen zweiten Schaumzucker als Belohnung zu bekommen, waren später im Leben oft erfolgreicher als ihre impulsiveren Altersgenossen.[9]

Erfolgreiche Selbstständige hätten als Kinder wohl auch einen zweiten Marshmallow bekommen, denn sie haben Übung darin, sich auf ein Ziel zu fokussieren und Wege zu finden, dieses Ziel auch zu erreichen. Während Angestellte sich am besten durch Gehalt motivieren lassen, füttern Selbstständige ihre Willenskraft mit Sinn und Leidenschaft. Und die Forschung zeigt: Wenn wir ein klares Ziel haben und das Gefühl haben, mit unserem Handeln tatsächlich etwas zu erreichen, macht uns das nachweislich glücklich.[10]

Tugend 6 | Abenteuerlust

Unser Gehirn liebt Neues. Deshalb belohnt es uns mit einem Cocktail aus Glückshormonen, wenn wir etwas Neues lernen. Doch bei manchen Menschen ist der Wunsch nach Beständigkeit, Routine und Sicherheit deutlich stärker als ihr Drang nach Neuem. Da Selbstständige sich jedoch meist von Projekt zu Projekt hangeln, haben sie nur mit einer guten Portion Abenteuerlust wirklich Freude an ihrer Arbeit. Und oft ist es eben diese Lust auf Abwechslung, warum wir uns für die Selbstständigkeit entscheiden. Die Abenteuerlust bringt eine große Flexibilität mit sich. Denn ständige Akquise und eine schwankende Auftragslage können sich wie eine Achterbahnfahrt anfühlen: Manchmal sind wir ganz oben und genießen entspannt die Aussicht. Dann rasen wir wieder hinunter, als würde unsere Karriere gleich zur Bruchlandung ansetzen. Erfolgreiche Selbstständige reagieren flexibel und pragmatisch auf die Aufs und Abs, die ihr Beruf mit sich bringt. Schließlich ist die Achterbahnfahrt Teil des Abenteuers.

Tugend 7 | Kommunikationsstärke

»*Man kann nicht nicht kommunizieren!*«, schrieb der Kommunikationswissenschaftler Paul Watzlawick. Das stimmt für Selbstständige in doppelter Hinsicht:

1. Ganz nach Watzlawick sagen wir auch etwas über unser Unternehmen, wenn wir nichts darüber sagen. Wer etwa keine Werbung schaltet, kann sie sich entweder nicht leisten – oder hat sie nicht nötig.

---

9 *de.wikipedia.org/wiki/Walter_Mischel*: The Marshmallow Test: Mastering Self-Control. Little Brown, New York 2014. Deutsch: Der Marshmallow-Test: Willensstärke, Belohnungsaufschub und die Entwicklung der Persönlichkeit, Siedler Verlag, München 2015

10 *www.fastcompany.com/40444583/these-are-the-personality-traits-that-the-happiest-freelancers-share?utm_source=postup&utm_medium=email&utm_campaign=Fast%20Company%20Daily&position=6&partner=newsletter&campaign_date=07282017*

2. Und: Wer nicht kommuniziert, hat keine Chance am Markt. Denn ohne Kommunikation können wir uns kein Netzwerk aufbauen, erreichen keine Kunden – und schauen unserem Konto dabei zu, wie es sich allmählich leert.

Zwar sind Start-up-Gründer meist deutlich extrovertierter als Solo-Selbstständige, Kommunikation liegt ihnen dennoch im Blut. Denn der Schlüssel zur erfolgreichen Selbstständigkeit liegt in unserer Fähigkeit, effektiv und zugleich freundlich zu kommunizieren: Als Kommunikationsprofis schaffen wir einen Workflow mit unseren Kunden, koordinieren externe Mitarbeitende oder versuchen, ein Feedback herauszukitzeln, mit dem wir wirklich arbeiten können. Das gilt vor allem dann, wenn wir nicht direkt vor Ort beim Kunden arbeiten, sondern remote von zuhause.

Tugend 8 | Vielseitigkeit

»*Jack of all trades – master of none*«, lautet ein englisches Sprichwort: Es beschreibt jemanden, der alles macht und nichts so wirklich kann. Manche Selbstständige bieten ihre Dienste an wie ein Gemischtwarenladen und wirken wie Hans Dampf, der nichts so wirklich zustande bringt. Erfolgreiche Selbstständige verstehen sich dagegen als Jacks of all trades – and master of some! Der Hans Dampf, der eben doch etwas kann: Wenn auch nicht alles, so kann er doch vieles.

Denn Selbstständige sind oft Generalisten. Sie sind keine Alleskönner und auch nicht die eierlegende Wollmilchsau, die so manche Arbeitgeberin gerne bei sich mästen würde. Der Master of some hat viele Interessen und im Laufe seiner Karriere entsprechend breite Fähigkeiten erworben. Zudem bringt es die Selbstständigkeit mit sich, dass unser Jack ein echter Allrounder ist: Wer alleine unterwegs ist, muss sich selbst um die Buchhaltung kümmern, Werbung machen, netzwerken und nebenbei ans Kerngeschäft denken. Erfolgreiche Generalisten sind Multitasking-Genies: Sie behalten all ihre Aufgaben im Blick und arbeiten sie strukturiert ab, jede zu ihrer Zeit – und manche auch zur selben. Doch schlaue Jacks wissen: Jeder Generalist kann für verschiedene Aufgaben eine Spezialistin engagieren, die ihm die Steuererklärung macht, das WLAN einrichtet oder die Visitenkarten gestaltet.

Tugend 9 | Selbstdisziplin

Wer in all diesen Aufgaben nicht ertrinken möchte, der braucht eines dringend: einen dicken Rettungsring aus Selbstdisziplin. Wer pünktlich vor der Deadline liefern möchte, muss manchmal auch eine Nachtschicht einlegen. Dabei können sich Selbstständige nicht auf eine Führungskraft verlassen, die ihnen sagt, was wann wie zu tun ist. Selbstdisziplin heißt, dass wir uns selbst zur Disziplin rufen. Sie sorgt dafür, dass wir uns nicht von unseren Emotionen, sondern von unserem Verstand leiten lassen. Sie hilft uns dabei, die berühmte Extrameile zu gehen.

In der Ratgeberliteratur und auf YouTube gibt es zahlreiche Tipps, mit denen wir unsere Selbstdisziplin auf die Probe stellen sollen: jeden Morgen um 5 Uhr aufstehen, nur noch kalt duschen oder jeden Tag vor der Arbeit die Muskeln im Fitnessstudio stählen.

Denn Selbstdisziplin unterscheidet sich von der Willenskraft darin, dass sie starke Gewohnheiten schafft. Während uns die Willenskraft davon abhält, einen einzelnen Marshmallow sofort zu verschlingen, gewöhnt uns die Selbstdisziplin die Lust auf Süßigkeiten ab. So sorgt die Selbstdisziplin dafür, dass wir ausdauernd an unseren Projekten und unserem Unternehmen arbeiten.

Tugend 10 | Resilienz

Manchmal kommt heftiger Gegenwind auf, manchmal versuchen uns die Wellen unterzukriegen, oder eine Flaute droht uns auf offener See verdursten zu lassen. Egal, was das Leben mit uns vorhat: Das Wichtigste ist, dass wir das Steuer in der Hand behalten. Deshalb ist Resilienz ein entscheidendes Merkmal erfolgreicher Selbstständiger.

Resilienz ist die Fähigkeit, unbeschadet wieder in den gewohnten Modus zurückzukehren. Die Kundin ist unzufrieden? Ein anderer Kunde meldet Insolvenz an und kann nicht zahlen? Mit solchen Rückschlägen haben alle Selbstständigen früher oder später mal zu tun. Ein resilienter Mensch verfügt über ausreichende Ressourcen, um Stress und Druck zu bewältigen.

Schauen Sie hier gerne nochmal auf das, was Sie in die Kästchen zu Ihrem sozialen und humanen Kapital eingetragen haben: Hier entdecken Sie wertvolle Faktoren, die Ihre Resilienz stärken.

Was außerdem hilft: Humor und etwas Zuversicht

Wenn wir wissen, dass auch wieder bessere Tage kommen, können wir bald schon über die garstige Mail des verärgerten Kunden lachen.

Wie sieht Ihr Mix aus?

Wie sieht es aus? Bei wie vielen der zehn Tugenden haben Sie innerlich genickt? Finden Sie sich darin wieder? Wenn diese Eigenschaften bei Ihnen eher schwach ausgeprägt sind, können Sie sicher sein: Sie haben viele andere wertvolle Eigenschaften. Die Erkenntnis, dass Sie sich in einem Angestelltenverhältnis wohler fühlen werden, ist sehr wertvoll.

Doch nicht so schnell: Nur weil Sie kein Fan der Selbstdisziplin sind und lieber auf die kalte Dusche um 5 Uhr morgens verzichten möchten, müssen Sie nicht gleich die Idee der Selbstständigkeit neben das Badetuch an den Nagel hängen. Denn bei den Tugenden kommt es auf den Mix an: Bei dem einen ist das Selbstvertrauen vielleicht stärker ausgeprägt, bei der anderen die Kommunikationsfähigkeit.

Zudem lassen sich Tugenden in gewissem Maße trainieren. Wenn Sie beispielsweise viele Ideen und Lust auf Neues haben, aber schrecklich unorganisiert sind, müssen Sie nicht zwangsläufig im kreativen Chaos versinken. Struktur kann man lernen – oder an jemanden auslagern, der mehr Talent dafür besitzt. Die Selbstständigkeit ist ein steter Prozess, an dem wir jeden Tag wachsen.

1.3 Warum will ich das?

Möchte ich pünktlich um 17 Uhr nach Hause gehen oder lieber gelegentlich eine Nachtschicht einlegen, um am Tag mit den Kindern in den Zoo zu gehen oder im Café Zeitung zu lesen? Arbeite ich gerne mit dem Laptop auf der Decke im Freibad? Oder habe ich lieber einen festen Arbeitsplatz, zu dem ich jeden Morgen pilgere, 5 Tage die Woche, an 230 Tagen im Jahr?

Bevor wir aufbrechen, sollten wir unseren Kompass ausrichten.

Wie wir unsere Arbeit gestalten, hängt wesentlich von unseren Zielen und Werten ab. Bevor wir in das Abenteuer Selbstständigkeit starten, sollten wir uns also überlegen, ob uns das Leben ohne festen Job überhaupt gefallen würde.

Zehn Werte für Ihren Kompass

Seien wir mal ehrlich: Das Leben versucht uns ab und zu vom Weg abzubringen. Doch wirklich auf Kurs können wir nur bleiben, wenn wir wissen, wo die Reise hingehen soll. Damit wir den richtigen Weg für uns finden können, müssen wir als Erstes unseren Kompass ausrichten – und einige Abwägungen treffen.

Wert 1 | Sicherheit oder Risiko?

Sicherheit kann trügerisch sein. Vor allem in der schnelllebigen Start-up-Welt kann ein vermeintlich sicherer Job schnell gekündigt werden. Gelegentlich tauschen Gründerinnen in den ersten Monaten ihre Belegschaft aus, bis sie die perfekten Köpfe für ihren Start am Markt gefunden haben. Wie sicher ist ein solcher Job? Denn auch eine Kündigungsfrist von einigen Wochen schützt kaum jemanden davor, ohne Angabe von Gründen noch vor Ende der Probezeit wieder auf Jobsuche zu sein.

Dabei handelt es sich natürlich um Extremfälle, die zum Glück die Ausnahme bleiben. Denn nach wie vor gilt: Finanziell ist eine Festanstellung planbarer als die Selbstständigkeit. Denn eine Selbstständigkeit geht mit finanziellen Schwankungen einher. Besonders zu Beginn der Selbstständigkeit ist oft ungewiss, ob die Geschäfte im nächsten Monat auch noch laufen.

Mit diesem Maß an Unsicherheit müssen Selbstständige umzugehen lernen. Überzeugte Angestellte genießen zudem den Komfort von bezahltem Urlaub und der Möglichkeit auf Weiterbezahlung im Krankheitsfall. Vor allem wer eine Familie versorgt, setzt hier gerne auf die Sicherheit des festen Jobs. Wie Sie die Unsicherheit durch Ihre Preiskalkulation etwas auffangen können, erfahren Sie in Abschnitt 7.1.

Klar ist: Die Selbstständigkeit birgt unübersehbare finanzielle Risiken.

Wert 2 | Geld oder Leben?

Selbstständigkeit bedeutet Freiheit. Deshalb nehmen viele Selbstständige das größere finanzielle Risiko gerne in Kauf. Zudem zeigt sich in Befragungen immer wieder, dass Selbstständige sich deutlich weniger durch Geld locken lassen, als dies bei Angestellten der Fall ist.

Und das liegt keineswegs daran, dass Selbstständige weniger verdienen als Angestellte. In manchen Branchen ist das Gegenteil der Fall: Selbstständige haben die Chance, mehr pro Stunde zu verdienen als in einem Angestelltenverhältnis, und können entsprechend weniger arbeiten.[11] Dennoch geben nur etwa 15 Prozent der Männer und acht Prozent der Frauen an, dass ein höheres Einkommen ein Grund für den Schritt in die Selbstständigkeit gewesen sei.

Unabhängigkeit ist ihnen dagegen sehr wichtig: Jeder Dritte der Befragten gab die große Flexibilität als Grund an.[12] Viele Selbstständige ziehen Freizeit und Freiheit einem konstanten Verdienst oft vor. Ihnen ist es wichtiger, sich zu verwirklichen.

Mehr Zeit

55 Prozent der Befragten gaben in einer Studie an, nach dem Wechsel in die Selbstständigkeit mehr Zeit für ihre Familie zu haben. Und die Hälfte fand neben der Selbstständigkeit mehr Zeit für sich, für Urlaub und Freunde.[13]

Wert 3 | Beständigkeit oder Abwechslung?

Gerade in der Kreativbranche tummeln sich Menschen, die sich vor wenig so sehr fürchten wie vor Langeweile. Stagnation und der zähe Alltagsbrei sind nicht ihr Ding. Deshalb entscheiden sie sich für die meist abwechslungsreichere Arbeit als Selbstständige. Auch bei ihnen schleicht sich früher oder später Routine ein. Dennoch hat das Angestelltenverhältnis meist mehr Beständigkeit zu bieten. Wer gerne weiß, mit wem und was er es auf der Arbeit zu tun hat, der wird an der Selbstständigkeit wenig Freude haben. Während sich Angestellte langfristig mit einem Thema beschäftigen können und zum hochspezialisierten Experten werden, bleibt ihnen oft nur ein recht begrenzter Spielraum für ihre Ideen. Wer sich dagegen schnell langweilt, wird es nie lange in ein und demselben Job aushalten. Für Abenteuerlustige ist die Selbstständigkeit oft die bessere Wahl.

Wert 4 | Planbarkeit oder Flexibilität?

Sind Sie der frühe Vogel, der bereits vor der Arbeit joggen war und schon Vollkornbrötchen selbst gebacken hat, noch bevor die Kinder die Augen aufschlagen? Oder sind Sie eher die Nachteule, die bis Mittag schläft, dann mit Freunden Kaffee trinken geht und gegen Mitternacht zur kreativen Höchstform aufläuft? Egal, ob Sie eher früh, spät oder von 9 bis 17 Uhr am produktivsten sind: Als Selbstständige können Sie sich Ihre Arbeitszeiten meist so einteilen, dass diese zu Ihnen, Ihrem Tagesablauf und Ihren Produktivitätsphasen passen.

Dasselbe gilt auch für Ihren Urlaub, solange Sie die Erreichbarkeit für Ihre Kunden sicherstellen können. Und wenn Ihre Arbeit komplett online stattfindet, können Sie

11 *quickbooks.intuit.com/r/freelancer/self-employed-work-life-balance-survey*

12 U.a. *ftp.iza.org/dp3974.pdf*

13 *quickbooks.intuit.com/r/freelancer/self-employed-work-life-balance-survey*

sogar von einer Insel in der Südsee aus arbeiten. Während die Selbstständige also spontan für ein langes Wochenende verreist, muss der Angestellte manchmal schon für das gesamte kommende Jahr seinen Urlaub planen.

Allerdings gilt dasselbe auch für das Gehalt: Die meisten Angestellten freuen sich am Ende des Monats über dasselbe feste Gehalt. Bei Selbstständigen kann das Honorar übers Jahr stark schwanken. Planbar werden Urlaub und Gehalt nur durch eine geschickte Akquise und ein klar kalkuliertes Honorar. Damit werden wir uns in Kapitel 6 und Kapitel 7 noch näher auseinandersetzen.

Wert 5 | Vertrautheit oder Unabhängigkeit?

Vertrautheit schafft Sicherheit – und Sicherheit ist ein sehr kuscheliges Gefühl. Überzeugte Angestellte sind oft Fans von Vertrautem: Sie haben ein festes Team, kennen ihre Aufgaben und wen sie bei Schwierigkeiten fragen können. In seinen klaren Strukturen, Abläufen und Hierarchien fühlt der Angestellte sich wohl und behütet.

Die Selbstständigkeit dagegen sorgt für Unabhängigkeit, die sich mancher Freigeist so sehr wünscht. Selbstständige können in vielen Bereichen ganz frei und kreativ sein. Sie können selbst entscheiden, dass sie keine Werbetexte mehr schreiben, sondern ab morgen groß in die Illustration von Grußkarten einsteigen. Die Regeln machen Sie.

Wert 6 | Teamplayer oder Einzelkämpfer?

Die meisten Angestellten arbeiten in Teams. Solo-Selbstständige sind dagegen die Singles unter den Berufstätigen. Während sich die Angestellte in ihrem Team in eine Nische hinein spezialisiert, bleibt der Selbstständige immer auch ein einsamer Generalist: Wer nicht gleich mit mehreren Partnern und einer ganzen Herde von Angestellten ein Unternehmen gründet, muss Spaß am Alleinsein haben. Besonders geselligen Menschen fehlt schnell der Austausch mit der Bürogemeinschaft. Wer als Coach oder Berater oft mit Kunden zu tun hat, wird sich dagegen über die ruhigen Stunden zum fokussierten Vorbereiten von Workshops sehr freuen. Ebenso kann eine anschlussfreudige Solo-Selbstständige sich einen Platz in einem Co-Working-Space mieten und hat auf einen Schlag ein ganzes Haus voller Kollegen. Die Entscheidung für Selbstständigkeit muss nicht automatisch ein Schritt in die Einsamkeit sein. Auch hier gilt: Finden Sie den Weg, der zu Ihnen passt.

Wert 7 | Gemeinsame Werte oder eigene Ideale?

Erinnern Sie sich noch an Gruppenarbeiten in Ihrer Schulzeit? Waren Sie eher verzückt von der gemeinsamen Zeit mit Ihren Mitstreitern – oder wurden Sie schnell ungeduldig, wenn das Projekt nicht so ablief, wie Sie es sich überlegt hatten?

Dieses Gefühl kann uns auch im Berufsleben begegnen. Selbstständige neigen dazu, einen größeren Einfluss auf das Ergebnis ihrer Arbeit haben zu wollen. In jedem Büro gibt es zwar auch ab und zu böses Blut. In einer idealen Welt ziehen jedoch alle Teammitglieder am selben Strang. Gemeinsame Werte schweißen das Team zusammen und schwören es auf sein Ziel ein. In diesem Team übernimmt jeder seinen Teil, wie ein Rädchen in einem gutgeölten Motor. Angestellte tragen so einen Teil zum Ergebnis bei – aber selten tragen sie das gesamte Resultat.

Als Gründer können Sie Ideen genau so ausgestalten, wie Sie es sich vorgestellt haben. Im Gegenzug müssen Selbstständige sich aktiv um Hilfe und Unterstützung bemühen, während diese für die meisten Angestellten ganz natürlich mit dem Teamgeist zustande kommt. Hier fällt die Wahl zwischen selbstorganisierter Verwirklichung und einer ergebnisorientierten Gemeinschaft.

Wert 8 | Komfort oder Bürokratie?

Arbeitnehmende haben einen riesigen Vorteil: Sie werden in der Regel für eine feste Stundenzahl pro Woche bezahlt. In diese bezahlte Zeit fallen Besprechungen, das Abheften von Unterlagen, der kurze Plausch mit der Kollegin und alles, was an organisatorischen Aufgaben mit Blick auf die tägliche Arbeit anfällt.

Bei Selbstständigen sieht das ganz anders aus: Meist können sie nur die Zeit abrechnen, die sie tatsächlich an einem bestimmten Kundenprojekt gearbeitet haben. Wie sich das in der Preiskalkulation niederschlägt, erfahren Sie in Abschnitt 7.1.

Hinzu kommt die deutlich komplexere Steuererklärung und Buchführung. Zwar kann eine Steuerberaterin Ordnung in die Zettelwirtschaft bringen. Aber alle Belege zusammenhalten, die Sozialabgaben überweisen und alle anderen Verwaltungsakte im Blick behalten, muss jeder Selbstständige selbst organisieren. Denn während bei Angestellten Steuern und andere Abgaben direkt vom Gehalt abgezogen werden und der Nettobetrag auf dem Konto landet, müssen Selbstständige diese Zahlungen von ihrem Honorar vornehmen: Sie müssen Geld für die Einkommensteuer und gegebenenfalls die Umsatzsteuer zurücklegen, und sie müssen sich etwas intensiver mit ihrer Altersvorsorge auseinandersetzen, wie wir in Abschnitt 10.5 noch sehen werden.

Und der wohl größte Nachteil: Selbstständige verzichten oft auf den Arbeitgeberanteil zur Krankenversicherung und zu den Rentenbeiträgen. Die Freiheit der Selbstständigkeit wird also mit einem Mehraufwand an Bürokratie und Organisation erkauft.

Wert 9 | Hierarchie oder Autonomie?

Einige Menschen lieben Hierarchien. Sie geben ihnen Sicherheit und eine klare Struktur. Jeder kennt seine Position im System und weiß, was er darf, was von ihm verlangt wird – und was er besser lassen sollte. Wer in der Hierarchie weiter unten steht, kann mit Bewunderung und Ehrgeiz nach oben blicken. Und an der Spitze lässt man sich den kühlen Aufwind des Erfolgs um die Nase wehen.

Doch manch anderem scheint es nicht möglich zu sein, sich in diese Pyramide einzufügen. Sie empfinden Hierarchien als willkürlich und können eine zweifelhafte Entscheidung oder ein fadenscheiniges Argument einfach nicht akzeptieren. Vielleicht unterdrücken sie für eine Weile den Impuls, zu widersprechen, um sich den Gepflogenheiten der Hierarchie anzupassen. Doch irgendwann können sie nicht mehr still sein, kritisieren den Vorgesetzten oder verlieren schleichend die Freude an der Arbeit.

Nicht jeder Mensch kann sich mit Hierarchien und den damit verbundenen Erwartungen und Privilegien anfreunden. In Befragungen gaben viele Selbstständige an, dass sie gerne auch eine unbequeme Position einnehmen.[14]

Wer sich sehr am bestmöglichen Ergebnis orientiert, den interessieren etwaige Befindlichkeiten und gesellschaftliche Status meist herzlich wenig. Denn: Eine schlechte Idee bleibt schlecht, auch wenn sie vom Chef kommt. Je nach Führungsstil kratzen Freigeister schnell an den Grenzen der Frustration. Die Selbstständigkeit ermöglicht ihnen mehr Spielraum. Wenn wir beispielsweise aus dem Angestelltenverhältnis in die selbstständige Unternehmensberatung wechseln, ist das Beurteilen, Widersprechen und konstruktive Vorschlagen von Ideen plötzlich nicht mehr unbequem, sondern mehr als erwünscht. Zudem setzen sich Selbstständige Ziele, die ihnen selbst sinnvoll erscheinen. Sie entscheiden sich für ein Leben jenseits starrer Hierarchien und für mehr Selbstbestimmung.

Wert 10 | Arbeitsteilung oder Generalismus?

»*Der Mensch ist zur Freiheit verurteilt*«, war der Philosoph Jean-Paul Sartre überzeugt. Nach diesem Motto gestaltet sich auch die Selbstständigkeit: Sie schenkt uns viele Freiheiten, fordert aber auch, dass wir die gesamte Verantwortung für Gedeih und Verderb des Unternehmens alleine tragen. Als selbstständige Generalistinnen stehen wir für alles alleine gerade: für die Akquise, dafür, dass unsere Kunden zufrieden sind, dass das Finanzamt nichts zu beanstanden hat und dafür, dass wir auf unsere eigenen Arbeitszeiten achten, damit unsere Familie uns neben all der Arbeit auch mal zu Gesicht bekommt. Selbst wenn wir einen Auftrag an einen Subunternehmer rausgeben, bleiben wir unserem Kunden gegenüber letztendlich in der Verantwortung. Wir sind selbst verantwortlich für die Akquise, dafür, dass der Laden läuft.

---

14 *www.sciencedirect.com/science/article/pii/S1053535713001236*, abgerufen am 6.8.2020

In einem Team dagegen ist jeder für einen Teilabschnitt der gesamten Verantwortung zuständig. Vor allem Solo-Selbstständige sind hier eindeutig zur Freiheit verdammt, denn sie können sich die Last nicht teilen. Dafür müssen sie aber auch von eventuell über sie hereinbrechendem Ruhm und Ehre nichts abgeben. Schließlich geht jeder kleine Teilerfolg allein auf ihre Ideen und ihre Arbeit zurück.

Test: Wo stehen Sie?

Wie würden Sie sich selbst bei den Werten einschätzen? Vermerken Sie in den Skalen von 1 bis 10 an der Stelle ein Kreuz, an der Sie sich selbst sehen.

	1	2	3	4	5	6	7	8	9	10	
Sicherheit											**Risiko**
Geld											**Leben**
Beständigkeit											**Abwechslung**
Planbarkeit											**Flexibilität**
Vertrautheit											**Unabhängigkeit**
Teamplayer											**Einzelkämpfer**
Gemeinsame Werte											**Eigene Ideale**
Komfort											**Bürokratie**
Hierarchie											**Autonomie**
Arbeitsteilung											**Generalismus**

Vorzeigeselbstständige machen ihre Kreuzchen auf der linken Seite der Skalen, typische Angestelltencharaktere eher auf der rechten Seite. Können Sie bei sich ein Muster erkennen?

Sinnvolle Ziele setzen

Haben Sie sich schon mal ins Auto gesetzt und sind einfach losgefahren, ohne zu wissen, wohin Sie wollen? Während wir im Straßenverkehr meist ein klares Ziel vor Augen haben, ist das im Leben nicht immer der Fall. Bevor Sie voller Elan Ihren Job kündigen und mit Vollgas in die Selbstständigkeit starten, dürfen Sie für einen Moment an den Rand fahren und die Handbremse anziehen – um sich zu überlegen, wo die Reise hingehen soll.

Der Unternehmensberater Peter Drucker empfiehlt uns, möglichst konkrete Ziele zu setzen: Unsere Ziele sollen smart sein. Damit meint er nicht, dass sie einen Internetzugang brauchen – denn *smart* ist eine Abkürzung:[15]

- **S** – Spezifisch: Das Ziel ist so konkret wie möglich fixiert.
- **M** – Messbar: Das Ziel muss objektiv überprüfbare Faktoren enthalten.
- **A** – Akzeptiert: Alle Beteiligten stehen hinter dem Ziel und erledigen ihren Teil dafür.
- **R** – Realistisch: Das Ziel darf ambitioniert sein, sollte aber im Rahmen des Machbaren bleiben.
- **T** – Terminiert: Ein smartes Ziel besticht durch seine klare Deadline.

Beispiel | Die smarte Diät

Ein unkonkretes Ziel ist zum Beispiel der Wunsch, ein bisschen abzunehmen. Ein smartes Ziel dagegen sieht so aus: Ich möchte

- innerhalb der nächsten drei Monate (terminiert)
- drei Kilo (realistisch) abnehmen,
- indem ich mit meinem Mann (akzeptiert)
- mindestens dreimal pro Woche (messbar)
- einen leichten Salat (spezifisch) zum Abendessen zaubere.

15 Peter F. Drucker: People and Performance: The Best of Peter Drucker on Management. Harper's College Press, New York 1977

Smarte Ziele überlegen

Überlegen Sie sich, welche smarten Ziele sie mit Ihrer Selbstständigkeit erreichen wollen: Wollen Sie in einem Jahr die Freiheit haben, sich einen arbeitsfreien Freitag zu gönnen? Haben Sie bestimmte Einkommensziele oder schlägt Ihr Herz für einen bestimmten Traumauftraggeber?

In den folgenden Kapiteln finden Sie Anregungen für Ihre smarten Ziele. Doch bevor es an die harten Fakten, um Geld und Kontakte geht, dürfen Sie sich einmal ganz bewusst selbst fragen: Was will ich wirklich? Sind Ihnen Statussymbole wichtig – und wenn ja warum? Wollen Sie den Nachbarn mit Ihrem Sportwagen beeindrucken, sich damit überlegen fühlen oder sich damit beweisen, dass Sie wertvoll sind? Und warum wollen Sie unbedingt für eine bestimmte Redaktion oder Kanzlei arbeiten? Werden Sie ein besserer Mensch, wenn Sie tatsächlich einen solchen Auftrag ergattern können – oder haben Sie einfach intrinsische Freude an dieser Arbeit?

Unsere Werte und Vorlieben sind die besten Indikatoren, um unsere Ziele zu überprüfen.

Hinterfragen | Die Teilziele mitdenken

Bedenken Sie dabei auch, ob Sie bereit sind, die nötigen Schritte auf Ihr Ziel zuzugehen. Wollen Sie sich beispielsweise beweisen, dass Sie die Ausdauer und den Biss haben, einen Marathon zu laufen? Damit haben Sie sich ein ambitioniertes Ziel gesetzt. Jetzt müssen Sie sich nur noch eines fragen: Laufen Sie überhaupt gerne? Denn wenn wir nur über uns sagen wollen, dass wir Marathon-Finisher sind, übersehen wir, was wir dafür tun müssen. Schließlich quält sich ein Jogging-Muffel nicht nur die 42,19 Kilometer während des Wettkampfes, sondern bereits die 40 bis 70 Kilometer, die während des Trainings pro Woche nötig sind. Sind Sie wirklich bereit dazu, einen großen Teil Ihrer Freizeit in den Laufschuhen zu stecken? Bevor Sie die Laufschuhe schnüren, sollten Sie sich also überlegen, ob dieser Weg für Sie der richtige ist.

Ziele sollen uns inspirieren und zu Höchstleistungen anspornen. Gute Ziele sollen keine Luftschlösser sein, sondern der Leuchtturm, an dem wir uns orientieren. Sie helfen uns, herauszufinden, worauf wir unterwegs achten sollten, wen wir auf der Reise an unserer Seite haben möchten und was in unser Reisegepäck gehört. Überlegen Sie sich, wo Sie gerne ankommen möchten – noch bevor Sie starten.

Ein Plädoyer für die Freiheit

Unser Glück wächst mit unserer Freiheit. Je mehr Bereiche unseres Lebens wir frei gestalten können, desto höher ist unsere Lebensqualität. Die Weltgesundheitsorganisation WHO glaubt, dass es uns glücklich macht, unsere Ziele im Leben selbst auszusuchen, eigene Erwartungen zu entwickeln und eigene Maßstäbe zu setzen. Unsere Zufriedenheit hängt also auch davon ab, ob wir uns frei fühlen.[16]

Auf der Schattenseite des Lebens gibt es aber auch Menschen, die keinen Sinn in ihren Handlungen sehen und die glauben, dass ihre Arbeit keinen Effekt hat. Sie sind überzeugt, dass äußere Umstände ihnen immer wieder den Weg verstellen. Früher oder später resignieren diese Menschen und wagen sich völlig frustriert gar nicht mehr daran, ihre Träume zu verwirklichen. Stattdessen hoffen sie beharrlich, dass ihnen das Glück von alleine in den Schoß fällt.

Wenn wir uns dagegen am Steuer unseres eigenen Schicksals sehen, gehen wir an Herausforderungen ganz anders heran und setzen uns ambitioniertere Ziele, als wenn wir wie ferngesteuert durch unseren Alltag irren.[17] Glückliche Menschen richten sich ihren Alltag und ihr Leben so ein, dass sie ihren Bedürfnissen und Vorlieben entsprechen. Psychologen nehmen an, dass wir am glücklichsten sind, wenn wir uns selbst als Auslöser unserer Freude und unseres Erfolgs sehen.[18]

Hier sind Selbstständige klar im Vorteil

Sie setzen sich ihre eigenen Ziele – und sehen unmittelbar, ob sie diese erreichen, ob ihre Arbeit fruchtet und welchen Einfluss ihr Schaffen auf andere hat.

1.4 Die Einstellung erfolgreicher Selbstständiger

Gelegentlich werden Selbstständige auch als Existenzgründer bezeichnet. Das zeigt, wie nah bei ihnen die Arbeit und ihre Identität zusammenrücken: Ihre wirtschaftliche und ihre menschliche Existenz scheinen verflochten. Selbstständige zeichnen sich dabei oft durch eine starke Persönlichkeit und einen ausgeprägten Charakter aus, die sich auch in ihrer Arbeit ausdrücken. Über den Erfolg ihrer Selbstständigkeit entscheiden dabei weniger die harten Fakten wie beispielsweise die akademische Ausbildung oder ambitionierte Förderer – sondern vor allem ihre innere Haltung.

16 Vgl. WHOQOL – Measuring Quality of Life. Division of Mental Health and Prevention of Substance Abuse. World Health Organization. The WHOQOL-Group 1997, S. 1

17 Vgl. James E. Maddux: Self-Efficacy: The Power of Believing You Can. In: C. R. Synder, S. J. Lopez (Hrsg.): Handbook of positive psychology. Oxford University Press, New York 2002, S. 277–287

18 Vgl. Viktor Gecas: The Social Psychology of Self-Efficacy. In: Annual Review of Sociology, 15, 1989, S. 291–316, hier S. 292

Einstellung überprüfen

Was haben Elon Musk, Steve Jobs und Bill Gates gemeinsam? Sie haben international erfolgreiche Unternehmen gegründet, haben Milliarden erwirtschaftet, und es ranken sich Verschwörungstheorien um ihre Namen. Doch sie haben noch etwas anderes gemeinsam: Sie inspirieren die Menschen weltweit dazu, ihren eigenen Weg zu gehen und die Dinge neuzudenken. Sie beflügeln Bewunderer und Nachahmer und sorgen zugleich für Neid und Kritik. Dabei entspringt die Faszination der erfolgreichen Gründer weniger der bloßen Marktmacht ihrer Lebenswerke: Vor allem ihr Auftreten und ihre Überzeugungen machen sie zu beliebten Vorbildern. Deshalb werfen wir nun einen Blick auf die Einstellungen erfolgreicher Gründerinnen und Gründer.

Haltung 1 | Es wirklich wollen

Regale im Supermarkt lassen sich sicher auch einräumen, ohne dass unser Herz an der korrekten Ausrichtung jeder Konserve hängt. Eine Karriere als Romanautorin zu starten, wird dagegen ohne Inbrunst und Überzeugung schwierig. Eine Selbstständigkeit ist keine Notlösung, um der Arbeitslosigkeit oder dem dauernörgelnden Chef zu entkommen. Wir müssen uns selbst motivieren, wieder und wieder. Dafür brauchen wir Ausdauer und Selbstdisziplin und: einen guten Grund. Um uns wirklich an einem Projekt verausgaben zu wollen, müssen wir einen Sinn darin sehen. Ob wir das tun, hängt oft davon ab, ob das jeweilige Projekt zu unseren Zielen und unseren Tugenden passt.

Haben Sie sich schon mal gefragt, warum Künstlerinnen wie Frida Kahlo oder Künstler wie Vincent van Gogh lange nach ihrem Tod noch verehrt werden? Zum einen natürlich, weil sie Meister ihres Fachs sind. Zum anderen aber auch, weil sie für ihre Arbeit brannten, weil sie einfach nicht anders konnten, also genau das zu schaffen, was sie der Welt geschenkt haben.

Dieser innere Drang fasziniert uns – und macht Selbstständige erfolgreich.

Haltung 2 | Gegen den Strom denken

Stellen Sie sich vor, Sie sitzen mit einigen Ihnen unbekannten Menschen an einem Konferenztisch. Ein Mensch in einem weißen Kittel teilt Kärtchen aus, auf denen vier Striche zu sehen sind. Nach einem kurzen prüfenden Blick ist Ihnen klar: Die zweite Linie von rechts ist genauso lang wie die Referenzlinie ganz links. Doch als der Mann im weißen Kittel zunächst die anderen Menschen am Tisch befragt, sind sich diese einig: die Linie direkt neben der Referenzlinie ist die gleich lange. Welche Linie ist denn nun genauso lang wie die Referenzlinie?

Etwa 75 Prozent der Probanden entschieden sich bei diesem Experiment dafür, sich der Masse anzuschließen. Der Haken dabei: Die anderen Teilnehmenden wurden vorher dazu angehalten, gemeinsam auf die falsche Linie zu setzen. Nur ein Fünftel aller Versuchsteilnehmenden hatte den Mut, auf das eigene Urteil zu vertrauen und der Gruppe zu widersprechen.[19]

Steve Jobs oder Bill Gates hätten sich in diesem Test wohl nicht beirren lassen. Sie neigen nicht dazu, der Masse nach dem Mund zu reden – sonst hätten unsere Handys heute immer noch Tasten. Denn nur weil etwas immer schon so gemacht oder gedacht wurde, muss es für sie längst nicht so bleiben. Diese visionäre Grundhaltung mischt sich mit dem Willen, sich gelassen in den Gegenwind zu stellen. Schließlich tauchen irgendwann immer Zweiflerinnen und Kritiker auf: An CDs oder den Computer glaubten viele nicht, auch nicht an die Beatles oder Filme, in denen die Schauspieler sprechen konnten. Sokrates war vor über 2000 Jahren überzeugt, dass die Erfindung des Buches und der Schrift uns alle dumm und faul machen würde. Gut, dass es Menschen wie Sokrates Schüler Platon gab, die dennoch an diese Innovationen glaubten. Ihr Mut zum Querdenken brachte uns alle weiter: Kopernikus schubste uns gegen große Widerstände aus dem Zentrum des Universums, und Darwin revolutionierte unseren Blick auf die Abstammung des Menschen, obwohl die Kirche anderer Meinung war.

Echter Erfindergeist kommt im Doppelpack mit der Fähigkeit und dem Mut, anderer Meinung zu sein.

Haltung 3 | Talent erkennen

Manche Ideen wachsen nur mit einem starken Team. Ein Grund, warum Unternehmen wie Apple oder Microsoft einen derart durchschlagenden Erfolg hatten, ist nicht nur ihr innovatives Produkt: Die Fähigkeit der Gründer, das Talent neuer Mitarbeitenden zu erkennen, es neidlos zu akzeptieren und zu nutzen, war entscheidend für ihren Erfolg.

Doch noch wichtiger, als das Talent zu erkennen, ist die Fähigkeit, begabte Menschen im Team zu behalten. Spezialisten sind auf dem Arbeitsmarkt ein begehrtes Gut. Deshalb ist es wichtig, sie nicht nur zu Höchstleistungen, sondern vor allem auch zum Bleiben zu motivieren. Starke Persönlichkeiten wie Steve Jobs oder Bill Gates polarisieren: Die einen können gar nicht schnell genug kündigen – und andere wollen unbedingt Teil ihres Teams werden. Charismatische Gründer schaffen es, sich die Loyalität ihrer Mitarbeitenden zu verdienen. Sie lassen ihren Talenten den Freiraum, zu wachsen und eigene Ideen zu verwirklichen. Manche Unter-

19 S. E. Asch: Effects of group pressure upon the modification and distortion of judgment. In: H. Guetzkow (Hrsg.): Groups, leadership and men. Pittsburgh, PA: Carnegie Press 1951

nehmen wie Google räumen ihren Beschäftigten deshalb ein, 20 Prozent ihrer Arbeitszeit für eigene, innovative Projekte zu nutzen. Erfolgreiche Gründer wissen, dass sie nicht alles alleine machen können und dass sie für manche Projekte ein zuverlässiges Team brauchen.

Mit etwas Demut und noch etwas mehr Charisma können sie andere so von sich einnehmen, dass sie aus einer Flut an Bewerbungen frei wählen können.

Haltung 4 | Nur einen Bissen gleichzeitig nehmen

Heute ist die Deadline für ein großes Projekt, trotzdem drängelt eine andere Kundin mit einem Änderungswunsch. Das Telefon klingelt in einer Tour, und eigentlich müssten Sie noch dringend eine Rechnung rausschicken. Besonders Solo-Selbstständige brauchen zwei Dinge:

1. starke Nerven und
2. ein noch stärkeres Selbstmanagement.

Dabei handelt es sich um einen Mix aus einer flexiblen Zeiteinteilung und der strukturierten Organisation von Aufgaben.

Erfolgreiche Selbstständige rätseln nicht lange, wie sie den Wust an Aufgaben nur bewältigen sollen, der sich auf ihrem Schreibtisch auftürmt – sie lassen erst gar keinen Wust entstehen. Stellen Sie sich einen erfolgreichen Selbstständigen wie den Gewinner eines Esswettkampfes vor: Er sitzt vor einem riesigen Berg aus Kuchen, Pommes oder was auch immer es heute zu verdrücken gilt. Statt sich von der schieren Masse einschüchtern zu lassen, greift er entschlossen zum Besteck. Denn auch der schnellste Esser kann nur einen Bissen gleichzeitig kauen.

Deshalb zerlegen erfolgreiche Selbstständige jedes Projekt in Teilschritte und planen jede Aufgabe mit einem vernünftigen Puffer in ihren Kalender ein. So behalten sie den Überblick und können auch ihren Kunden gegenüber verlässliche Aussagen zu Projektstarts und Abgaben machen.

Ein erfolgreicher Selbstständiger beißt sich entschlossen durch.

Haltung 5 | Dienstleister sein

Auch wenn der Blick in die Gründerlandschaft gelegentlich einen anderen Eindruck vermittelt: Nicht die Gründenden stehen im Zentrum – sondern die Kundschaft. Erfolgreiche Selbstständige überlegen, wie ihr Produkt oder ihre Dienstleistung ihren Kunden helfen kann. Deshalb designen sie Nutzeroberflächen von Apps möglichst intuitiv oder vereinfachen die Kommunikation und den Workflow, damit sie die Wünsche ihrer Kunden möglichst bequem und schnell erfüllen. Ihre Kunden haben nicht immer Recht, aber sie bekommen immer die beste Beratung. Denn erfolgreiche Selbstständige legen sich ins Zeug, trauen sich, ehrlich zu beraten und so das beste Ergebnis für alle Beteiligten herauszuholen.

Bleiben Sie dabei stets offen für Kritik. Denn wenn sich eine Kundin die Zeit nimmt, Ihnen in einigen Punkten auf die Sprünge zu helfen, will sie Sie nicht als Mensch kritisieren. Sie möchte Ihnen helfen, das Ergebnis zu verbessern. Nehmen Sie Feedback als wertvolles Geschenk an. Fragen Sie im Zweifelsfall noch mal nach, bevor Sie etwas persönlich nehmen. Danken Sie Ihrem Gegenüber für diese Chance zu wachsen. Eine unzufriedene Kundin könnte die Zusammenarbeit auch einfach für beendet erklären und ohne einen Kommentar zur Konkurrenz wechseln. Wechseln Sie stattdessen so oft es geht die Perspektive.

Haltung 6 | Echte Wertschätzung zeigen

»*Nur wer die Ellbogen ausfährt, kommt nach ganz oben.*« Diese Überzeugung scheint in manchen Branchen bis heute weit verbreitet zu sein. Und doch fühlen wir uns meist bei dem Friseur wohler, der uns vor dem Haareschneiden einen Kaffee anbietet und mitfühlend fragt, warum wir den Kaffee heute so nötig zu brauchen scheinen. In dieser Kaffeetasse schwimmt der Unterschied zwischen einem durchschnittlichen Coiffeur und einem Star-Figaro. Oder glauben Sie, Udo Walz war so bekannt, weil er so viel besser Spitzen schneiden konnte als die Konkurrenz?

Die Überzeugung, dass wir auch im Berufsleben empathisch auf unsere Mitmenschen eingehen dürfen, kann uns enorm weiterbringen. Damit ist kein unauthentisches Powerplaudern gemeint, sondern ernstes Interesse an unserem Gegenüber. Wenn wir uns die Zeit nehmen, wirklich zu verstehen, was unser Kunde will, können wir ihm ein passgenaues Ergebnis liefern. Ganz ohne unsere Ellbogen auszufahren.

Haltung 7 | Verantwortung übernehmen

Als Selbstständige tragen wir die Verantwortung für unser Unternehmen meist allein. Der zentrale Punkt dabei ist jedoch nicht das finanzielle und juristische Risiko, das wir womöglich eingehen: Erfolgreiche Selbstständige haben erkannt, dass sie Verantwortung tragen.

Zum einen sind sie für eventuelle Mitarbeiter verantwortlich und dafür, dass diese auch morgen noch einen Job haben. Zum anderen haben sie eine Verantwortung gegenüber der Gesellschaft. Denn ihr Unternehmen hat immer auch einen Einfluss auf die Region, in der es Arbeitsplätze schafft, in der es Ressourcen verbraucht und mit Mitbewerbern in den Ring steigt.

Deshalb einigen sich manche Gründer auf eine sogenannte *Corporate Responsibility Strategy*, in der die grundlegenden Werte des Unternehmens fixiert sind. Dazu kann der Fokus auf die Diversität der Mitarbeitenden gehören, ebenso wie eine Selbstverpflichtung zu nachhaltigen Produktionswegen oder dem fairen Handel der Rohstoffe. Eine solche Strategie ist mehr als ein Marketingtrick: Durch sie übernehmen die Gründer zusätzliche Verantwortung – und besinnen sich damit verstärkt auf ihr Warum.

Haltung 8 | An Rückschlägen wachsen

Wie viele Menschen kennen Sie, die eine durchweg glückliche Kindheit hatten? Und wie viele Ihrer Bekannten sind noch glücklich mit ihrem ersten Partner oder der ersten Partnerin liiert? Vielleicht haben die Menschen in Ihrem Umfeld wahnsinnig viel Glück im Leben gehabt. Wahrscheinlicher ist jedoch, dass wir alle schon mal Schiffbruch erlitten haben: in der Schule, in der Liebe oder bei der Suche nach dem perfekten Job. Und was haben wir gemacht? Haben wir uns in die Ecke gesetzt und bitterlich geweint? Vielleicht. Aber sind wir in der Ecke sitzen geblieben? Nein! Wir sind alle wieder aufgestanden, haben die Reste unseres gekenterten Schiffs zusammengerafft und etwas Neues daraus gezimmert.

Wir können nicht immer verhindern, dass uns das Leben aus der Bahn wirft – aber wir können aus Rückschlägen lernen. Wer Hindernisse ignoriert, rennt früher oder später mit voller Wucht mit dem Kopf gegen die Wand. Ein Problem vor uns herzuschieben oder es anderen aufzubürden, lässt es nicht verschwinden. Erfolgreiche Selbstständige haben einen inneren Drang dazu, Probleme zu lösen. Sie analysieren die Situation, wägen die Optionen ab und beginnen sofort mit der Beseitigung des Hindernisses. Aus den Zitronen, die das Leben ihnen gibt, schaffen sie das Rezept für die nächste Trend-Limonade. Das ist ihre Superkraft.

Haltung 9 | Das große Ganze sehen

Wie fahren Sie, wenn Sie nach der Arbeit schnellstmöglich nach Hause wollen? Ist es derselbe Fahrstil wie im Urlaub, wenn Ihr Auto mit Blick aufs Meer an der Küste entlangrollt? Wohl eher nicht, oder? Im Alltag schalten wir oft auf Autopilot. Je öfter wir etwas tun, je häufiger wir morgens die Wohnungstür abschließen, den Herd ausschalten oder mit dem Auto nach Hause fahren, desto weniger konzentrieren wir uns darauf und desto weniger können wir uns nachher daran erinnern. Und das passiert uns früher oder später auch bei der Arbeit.

Erfolgreiche Selbstständige behalten sich die kindliche Neugier, die ihnen jeden Tag etwas Neues an ihrem Alltag präsentiert. Nur wer achtsam bleibt, kann das große Ganze im Blick behalten. Wer blind vor sich hin arbeitet, übersieht die Chancen am Wegesrand.

Haltung 10 | Gelassenheit

Dass Ihr Auftragsbuch schon im ersten Monat Ihrer Selbstständigkeit überquillt, ist relativ unwahrscheinlich. Damit Ihr Kundenstamm wächst, sind vor allem zwei Dinge wichtig: Akquise und Gelassenheit.

Erfolgreiche Selbstständige üben sich in stoischer Ruhe, wenn manch anderer in Panik ausbricht. Denn sie wissen: Nur wer besonnen bleibt, kann vernünftig handeln. Gelassenheit bedeutet dabei nicht, keine Angst zu haben. Denn sie ist ein gesunder Warnmechanismus, der uns vor dem finanziellen Verderben bewahren möchte. Doch im Panikmodus nehmen wir womöglich auch nicht lukrative Aufträge an oder werfen bereits nach wenigen Monaten frustriert das Handtuch.

Die stoische Gründerin fragt sich: Kann ich die Situation ändern? Wenn ja, sucht sie eine Lösung. Und wenn nicht? Dann lässt sie sich vom Leben trotzdem nicht so leicht ärgern. Denn das Einzige, was sich dann ändert, ist unsere Laune. Und schlechte Laune sorgt selten für volle Auftragsbücher. Der Unterschied zwischen einem durchschnittlichen und einem hervorragenden Selbstständigen ist die Gabe, sich an den eigenen Haaren aus dem Sumpf der Frustration herauszuziehen.

Wohltuende Gelassenheit

Die Gelassenheit bringt auch eine gewisse Milde gegenüber uns selbst mit sich: Denn wenn wir gelassen auf unsere Arbeit blicken, wissen wir: Langfristig sind wir ausgeschlafen und gesund erfolgreicher, als wenn wir Monate lang Überstunden machen und uns nur von Kaffee und Fast Food ernähren. Wer langfristig erfolgreich arbeiten möchte, tut sich und seinem Unternehmen mit einer gesunden Ernährung und etwas sportlicher Betätigung einen großen Gefallen.

1.5 Fantasie und Realität: Mut zum optimistischen Realismus

Für manche Menschen ist das Glas halb voll, für andere ist es halb leer. Die Glas-halb-voll-Optimisten malen sich vieles in strahlenden Farben aus, während die Glas-halb-leer-Pessimisten die Zukunft wolkenverhangen und düster sehen. Die einen hoffen und übersehen womöglich Hindernisse, die anderen verzweifeln schon, bevor es losgeht. Und beide glauben, die Zukunft realistisch einzuschätzen. Doch wenn unser Glas immer halb voll ist, spielen wir mögliche Risiken herunter oder trauen uns mehr zu, als sinnvoll wäre. Wenn unser Glas dagegen halb leer ist, versuchen wir möglichst alle Risiken im Vorfeld zu vermeiden. Schnell wird klar: In beiden Gläsern schwimmen jede Menge Emotionen.

Und dann gibt es noch die Realisten: Sie halten sich von emotionalen Anstrichen fern, blicken sachlich auf die Vor- und Nachteile, wägen sie ab – und bahnen sich einen Weg durch die Mitte. Realisten wissen, dass ein Glas als halb voll gilt, wenn wir es bis zur Hälfte befüllt haben, und halb leer ist, wenn wir es halb ausgetrunken haben. Denn egal, wie viel wir bereits getrunken haben: Nach der Gründung kommt für manchen die große Ernüchterung. Statt der großen Freiheit und dem Leben als digitaler Nomade warten Papierkram, Telefonate mit Behörden und ein Wechselbad aus Flauten und Überstunden. Sich eine realistische Vorstellung von der Selbstständigkeit zu machen, ist deshalb entscheidend für eine erfolgreiche Gründung.

Der kleine Unterschied

Blicken wir auf die Statistiken, scheinen Männer eher aus halb vollen Gläsern zu trinken, während Frauen eher am halb leeren Glas nippen. Denn selbstständige Frauen sind in Deutschland immer noch eine Rarität[20]: Männer gründen fast doppelt so oft wie Frauen. Nur vier Prozent aller Frauen in Deutschland machen sich selbstständig. Im globalen Vergleich belegen deutsche Frauen damit Platz 48 unter den 54 untersuchten Ländern. Den Grund dafür liefert die internationale Studie gleich mit: Frauen sind in Sachen Gründung eher Pessimistinnen. Während sich gerade mal ein gutes Drittel der befragten Frauen gute Chancen am Markt ausmalte, glaubte fast die Hälfte aller Männer an den Erfolg ihres Unternehmens.[21]

Während viele Frauen noch mit sich ringen, stolpern manche Männer bereits über ein allzu üppiges Ego. »*Männer haben häufiger als Frauen eine falsche, übersteigerte Vorstellung ihres eigenen Talents*«, erklärt der Organisationspsychologe Tomas Chamorro-Premuzic in einem TED-Talk. Dabei bezieht er sich auf eine Studie, in der Menschen mit mangelnden Fähigkeiten dazu neigten, ihre Kompetenzen enorm zu überschätzen.[22]

Ganz so schwarz-weiß ist die Aufteilung zwischen den hyperselbstbewussten Männern und den unsicheren Frauen in der Realität natürlich selten. Dennoch spricht der niedrige Anteil an Gründerinnen dafür, dass sich Frauen ruhig etwas mehr Selbstvertrauen gönnen dürfen.

---

20 *www.handelsblatt.com/unternehmen/beruf-und-buero/the_shift/global-entrepreneurship-monitor-miserable-gruenderinnenquote-selbstaendige-frauen-gehoeren-in-deutschland-zu-den-exoten/22788934.html?ticket=ST-4056380-RBGJfSeFbQKgB6PqWyQx-ap4*

21 *www.rkw-kompetenzzentrum.de/gruendung/blog/global-entrepreneurship-monitor-laenderbericht-deutschland-201718*

22 *psycnet.apa.org/doiLanding?doi=10.1037/0022-3514.77.6.1121*

Optimistischer Realismus

Der Weg in die erfolgreiche Selbstständigkeit führt durch das fruchtbare Tal zwischen auszehrenden Selbstzweifeln und übersättigter Selbstüberschätzung. Zum Handwerkszeug eines jeden Gründenden gehört deshalb ein optimistischer Realismus: Begeisterung und Leidenschaft für unsere Arbeit helfen dabei, auch auf lange Sicht motiviert zu bleiben und stetig weiter zu wachsen. Wer nur nüchtern kalkuliert, der kommt bei unvorhergesehenen Rückschlägen bald an seine Frustrationsgrenze. Ein realistischer Blick auf den Markt hilft, die Bodenhaftung zu behalten und Herausforderungen konstruktiv zu begegnen. Eine gesunde Selbstreflexion hilft dabei, die eigenen Fähigkeiten, die Arbeitsbedingungen und das Angebot realistischer einzuschätzen – und zu erkennen, ob das Glas nun halb voll oder halb leer ist.

Test: Freundschaft mit der Realität schließen

Ob Sie nun schon mitten in der Selbstständigkeit stecken oder noch während des Studiums, der Ausbildung oder in der Festanstellung mit dem Gedanken an die Selbstständigkeit spielen: Offenheit gegenüber den Tatsachen ist immer hilfreich. Machen Sie sich mit den Vor- und Nachteilen vertraut, und wägen Sie diese sorgfältig ab. Beziehen Sie dabei auch Ihre Ziele und Werte, Ihre Fähigkeiten und Eigenschaften mit in die Rechnung ein.

Vorteile der Selbstständigkeit	Nachteile der Selbstständigkeit
Sinn: Sie können Ihre Persönlichkeit ganzheitlich und auf hohem Niveau entfalten.	**Verdienstausfall**: Organisatorische Aufgaben, Urlaub und Krankheitstage bleiben unbezahlt.
Selbstbestimmung: Sie sind Ihr eigener Boss und geben selbst die Richtung vor.	**Isolation**: Sie arbeiten meist allein, ohne ein unterstützendes Team.
Freiheit: Sie dürfen zeitlich und räumlich flexibel und in Ihrem Tempo arbeiten.	**Ungewissheit**: Arbeits- und Urlaubszeiten können stark mit der Auftragslage variieren.
Flexibilität: Oft können Sie selbst bestimmen, wie viele Stunden Sie pro Woche arbeiten oder ob Sie eine mehrmonatige Pause einlegen. Das ist vor allem für Eltern attraktiv.	**Gehalt**: Sie verzichten auf ein konstantes Gehalt und eine sichere Stelle. Wenn Sie Wert auf die finanzielle Absicherung Ihrer Familie legen, kann das anfangs eine Belastung sein.
Geld: Sie können theoretisch mehr verdienen als in einem Beschäftigtenverhältnis.	**Risiko**: Starke finanzielle Schwankungen sind möglich – vor allem in Krisenzeiten.

Vorteile der Selbstständigkeit	Nachteile der Selbstständigkeit
Gewinn: Steigende Umsätze kommen direkt bei Ihnen an, ohne dass Sie auf einen Bonus durch die Geschäftsführung hoffen müssen.	**Verlust**: Ihnen entgehen Arbeitgeberzuschüsse zur Krankenversicherung und Altersvorsorge, zu Fortbildungen und zum Elterngeld.
Abenteuer: Sie können sich auf ein hohes Maß an Abwechslung freuen.	**Unrast**: Sie müssen häufiger umdenken und Routinen neuorganisieren.
Leistung: Sie haben die Chance auf viele spannende Herausforderungen.	**Druck**: Sie müssen sich täglich neu beweisen und der Kundschaft Top-Ergebnisse liefern.
Autonomie: Sie müssen sich nicht in Hierarchien einordnen.	**Organisation**: Neben Ihrem Kerngeschäft müssen Sie Ihre Buchhaltung und Akquise organisieren.
Selbstverwirklichung: Sie können Ihre eigenen Ideen umsetzen.	**Verpflichtung**: Sie sind stets allein für Erfolg und Misserfolg verantwortlich.

Realität 1 | Freiheit und Unsicherheit gehören zusammen

Alles hat zwei Seiten: auch die Selbstständigkeit. Zwar bringt sie enorme Freiheiten mit sich, doch die erkaufen wir uns teils zu einem hohen Preis: Vor allem direkt nach der Gründung haben wir kaum finanzielle Sicherheit. Doch auch später ist kaum etwas wirklich sicher: Kunden können Insolvenz anmelden, und wir müssen auf unser Honorar verzichten. Oder haben Sie mit der Corona-Pandemie gerechnet? Unvorhergesehene Krisen können schnell zu existenziellen Sorgen führen.

Realität 2 | Grenzen wachsen nicht über Nacht

Vor allem Anfänger in Sachen Selbstständigkeit müssen lernen, Grenzen zu setzen: anderen und sich selbst. Welche Arten von Jobs bin ich bereit zu übernehmen und welche nicht? Bis zu welcher Grenze lasse ich mich herunterhandeln oder bestehe ich auf meinem angegebenen Honorar? Dafür braucht es Grenzen, die wir durchaus setzen dürfen. In welchen Situationen Sie ein charmantes »Nein« von sich geben dürfen, erfahren Sie in Abschnitt 9.4.

Realität 3 | Bedenkenträger gibt es überall

Und was machen Sie, wenn Sie keine Arbeit finden? Was, wenn Sie nicht gut genug sind? Und wofür braucht man das, was Sie machen, überhaupt? Fragen wie diese bekommen nicht nur Studierende von Fächern wie Philosophie oder Ausdruckstanz zu hören. Sobald Sie verkünden, sich selbstständig zu machen, wird sich irgendwo in Ihrem Umfeld auch jemand regen, der Bedenken anmeldet. Dabei sollten wir uns fragen: Sind die Bedenken berechtigt? Sind sie vielleicht sogar ein Grund, das gesamte Vorhaben zu hinterfragen? Oder steckt etwas anderes hinter den kritischen Nachfragen? Letzten Endes bleibt es Ihre Entscheidung, hinter der vor allem Sie stehen müssen.

Realität 4 | Arbeit und Privatleben sind Erzrivalen

Er ist abgedroschen, aber immer noch weitverbreitet: der Glaube daran, dass »selbstständig« »selbst« und »ständig« bedeutet. Denn im Gegensatz zu einer Festanstellung mit einer klaren Stundenforderung im Arbeitsvertrag haben Selbstständige keine festen Arbeitszeiten. Und das heißt selten, dass ein Arbeitstag bereits nach zwei Stunden im Straßencafé endet. Vor allem, wenn wir uns dafür entschieden haben, unsere Leidenschaft zum Beruf zu machen, können die Grenzen zwischen Arbeit und Freizeit schnell verschwimmen. Als Unternehmer haben wir ein Interesse daran, dass unsere Mitarbeitenden gut ausgeruht und mit voller Energie auf der Arbeit erscheinen. Das sollten wir auch von uns selbst erwarten. Deshalb müssen wir lernen, uns selbst gegenüber eine gute Führungskraft zu sein – und uns Feierabend und Urlaub zu erlauben.

Realität 5 | Es wird anstrengend

Dass mit der Selbstständigkeit viel Arbeit auf uns zukommt, dürfte klar sein. Doch die ersten Monate können auch auf andere Weise anstrengend werden: In der Selbstständigkeit verbindet sich die eigene Identität stark mit dem Beruf. Und das kann zu einigen inneren Konflikten führen. Anders als bei den meisten angestellten Jobs müssen wir uns ständig selbst hinterfragen. Fragen, ob unsere Arbeit gut ist, ob wir mit der Kundin gut umgehen und wie lange wir warten sollen, bis wir eine Mahnung verschicken. Diese Fragen müssen Solo-Selbstständige letztlich ohne die Hilfe von Kollegen mit sich alleine ausmachen.

1.6 Checkliste Selbstreflexion

Wovor habe ich mit Blick auf meine Selbstständigkeit Angst?

____

____

____

Wer oder was kann mir helfen, die Hindernisse aus dem Weg zu räumen?

____

____

____

Worauf freue ich mich bei meiner Selbstständigkeit?

____

____

____

Welche Aspekte meiner Freizeit sind unverhandelbar und dürfen nicht unter meiner Selbstständigkeit leiden?

____

____

____

Was ist mein »Warum« für meine Selbstständigkeit?

____

____

____

Kapitel 2

Erste Schritte: Wie Ihr Unternehmen eine Form bekommt

Ein Unternehmen zu gründen, erfordert viele Ideen, einiges Rechnen und viel Leidenschaft. Dieses Kapitel möchte mit Ihnen einige grundlegende Punkte klären: Wo kommen Sie her? Wo gehen Sie hin? Und wie viele wollen Sie sein? Sie sehen: Es wird spannend.

2.1 Haupt- oder nebenberuflich selbstständig

Im Leben haben wir oft die Wahl: Wollen wir die gemischte Tüte mit oder ohne Lakritz? Sportwagen oder Familienkutsche? Vollpension? Halbpension? Oder ganz zuhause bleiben? Und auch nach der Entscheidung für die Selbstständigkeit bleiben noch einige Dinge, die wir beschließen müssen: Wollen Sie erstmal mit dem kleinen Zeh das Wasser testen oder gleich kopfüber reinspringen?

Wie alles im Leben haben auch Vollzeit- und Teilzeitgründungen Vor- und Nachteile. Schauen wir uns das im Detail an.

Modell 1 | Die Nebenbei-Selbstständigkeit

Es gibt für fast alles in der Arbeitswelt einen eigenen Begriff, so auch für die verschiedenen Formen der Teilzeit-Selbstständigkeit.

- Das Wort **Sidepreneur** ist ein Mix aus Side (zusätzlich) und Entrepreneur (Selbstständige). Sidepreneure verdienen sich neben ihrer Vollzeitstelle etwas durch selbstständige Aufträge hinzu.
- **Part-time Entrepreneure** arbeiten dagegen neben einer Teilzeitstelle selbstständig. Der Umfang ihrer Selbstständigkeit ist also meist etwas größer als bei den Sidepreneuren.

Beide Formen setzen auf die Mischung aus einer angestellten Beschäftigung und selbstständiger Arbeit. Die Vorteile davon sind:

- **Gründung light**: Sie können weiterhin auf ein sicheres Gehalt vertrauen und zusätzlich die Zehen in das kalte Wasser der Selbstständigkeit stecken. So können

Sie testen, ob Sie womöglich eines Tages ganz hineinspringen möchten. Ist der zusätzliche Organisations- und Verwaltungsaufwand lästig, oder können Sie ihn gelassen hinnehmen? Probieren Sie es einfach aus. Stellt sich Ihr Geschäftsmodell als erfolgreich heraus, können Sie nach und nach in die Vollzeit-Selbstständigkeit übergehen. Und wenn nicht? Dann können Sie sich wieder voll und ganz auf Ihren ursprünglichen Angestelltenjob konzentrieren.

- **Berufe testen**: Durch eine nebenberufliche Selbstständigkeit können Sie in eine neue Branche hineinschnuppern. Eigentlich arbeiten Sie als Bäckereifachverkäufer, träumen aber von einer Karriere als App-Entwickler? Worauf warten Sie noch: Wenn Sie die nötigen Fachkenntnisse haben, können Sie neben Ihrem Job in der Bäckerei in den neuen Beruf hineinschnuppern. Vielleicht fällt Ihnen dabei auf, wie sehr Ihr Herz für Backwaren schlägt – aber träumen Sie schon in binärem Code?
- **Teilzeit-Sicherheit**: Sie können sich neben Ihrem Broterwerb relativ risikofrei verwirklichen. Sie wollen neben Ihrer Festanstellung als Schlosserin Kinderbücher illustrieren? Nur zu!
- **Sparpotenzial**: Durch den selbstständigen Nebenjob landet idealerweise zusätzliches Einkommen auf Ihrem Konto. Sie können durch die Anstellung Geld ansparen, um dann einen Notgroschen für eine spätere vollständige Gründung zu haben.
- **Mehr Abwechslung**: Der selbstständige Nebenjob bringt neue Facetten in Ihr Leben. Sie lernen neue Menschen und sich selbst in einem ganz anderen Kontext kennen.

Nachteile gibt es natürlich auch:

- **Bürokratie**: Die Steuererklärung wird etwas umständlicher.
- **Work-Life-Balance**: Vor allem Sidepreneure müssen eine enorme Arbeitslast in ihrem Alltag unterbringen.
- **Arbeitgeber**: Unter Umständen wird Ihre Arbeitgeberin Sie kritisch im Auge behalten – schließlich wähnt sie sich im Recht, Anspruch auf Ihre volle Aufmerksamkeit zu erheben.

Um den möglichen Herausforderungen gelassen begegnen zu können, finden Sie hier einige Tipps für den Start.

Tipp 1 | Recht auf Teilzeit

Sie haben einen Entschluss gefasst und wollen ab dem nächsten Monat 20 Stunden selbstständig arbeiten. Nur eine Sache steht Ihnen noch im Weg: Ihr Job. Das muss allerdings nicht so bleiben, denn in Deutschland haben Arbeitnehmende oft einen

Anspruch darauf, in Teilzeit zu arbeiten – auch jenseits von Elternzeit oder der Pflege von Angehörigen.

Dafür müssen zwei Voraussetzungen erfüllt sein:

1. Sie müssen bereits mindestens ein halbes Jahr bei Ihrem aktuellen Arbeitgeber beschäftigt sein.
2. Im Unternehmen müssen mehr als 15 Menschen beschäftigt sein.

Hier können Sie sich entweder für eine dauerhafte Reduktion Ihrer Arbeitsstunden entscheiden oder beim Arbeitgeber einen Antrag auf Brückenteilzeit stellen, der sich auf einen begrenzten Zeitraum bezieht.

Tipp 2 | Anmelden

Sie brauchen keine offizielle Erlaubnis von Ihrer Arbeitgeberin – auch wenn manche Arbeitsverträge eine solche Klausel enthalten. Allerdings sind Sie verpflichtet, Ihren Nebenjob vorher anzumelden, wenn

- Sie für einen Mitbewerber tätig sind,
- zu klären ist, über welchen Job Sie künftig sozialversichert sein werden,
- oder Sie durch die zusätzliche Arbeitslast gegen das Arbeitsrecht verstoßen.

Mit offenen Karten spielen

Doch auch wenn diese Punkte nicht erfüllt sind, kann Transparenz Ihren Job schützen: Denn wenn Ihr Nebenjob ohne vorherige Absprachen auffällt, könnte Ihre Arbeitgeberin womöglich irritiert sein. Schließlich möchte sie, dass Sie fit für die Arbeit sind, für die sie Sie bezahlt. Deshalb ist es ihr gutes Recht, volle Konzentration von Ihnen zu verlangen. Wenn Sie dagegen von Anfang an die Karten auf den Tisch legen, haben die wenigsten Vorgesetzten ein Problem mit Ihren Plänen.

Tipp 3 | Transparenz

Achten Sie darauf, dass Sie nicht für einen Konkurrenten Ihres Arbeitgebers tätig werden, da Ihnen so ein Interessenskonflikt unterstellt werden kann. Genauso wenig dürfen Sie durch das sogenannte Wettbewerbsverbot dem Unternehmen Ihres Arbeitgebers mit Ihrem eigenen Unternehmen nach § 60 des Handelsgesetzbuchs (HGB) Konkurrenz machen. Wenn Sie beispielsweise 30 Stunden pro Woche in einem Schuhgeschäft arbeiten, sollten Sie es vermeiden, selbst ein Schuhgeschäft zu eröffnen. Sie können sich selbst ausmalen, was Ihr Chef Ihnen dann vorwerfen kann.

Doch es kann bereits als Konkurrenzsituation ausgelegt werden, wenn Sie sich neben Ihrem Job als Programmiererin in einem IT-Unternehmen als Yogalehrerin in einem anderen IT-Unternehmen ein paar Euros hinzuverdienen. Spielen Sie nicht mit dem Vertrauen Ihres Arbeitgebers, damit Sie Ihre Karriere nicht gefährden. Reden Sie im Zweifelsfall offen mit Ihrem Arbeitgeber über Ihre Pläne.

Tipp 4 | Scheinselbstständigkeit

Scheinselbstständigkeit ist weniger für Sie als für Ihre Auftraggeberin ein Problem. Als scheinselbstständig gelten Sie, wenn Sie zwar auf eigene Rechnung arbeiten, in anderen Punkten aber wie in einer Anstellung vorgehen. Etwa dadurch, dass Sie nur eine Auftraggeberin haben oder Sie kaum eigenen Entscheidungsspielraum haben, Ihnen beispielsweise vorgegeben wird, wo, wann und wie viel Sie arbeiten. Eine Scheinselbstständigkeit kann für Auftraggebende strafrechtliche Konsequenzen haben. Wie Sie das vermeiden können, erfahren Sie in Abschnitt 2.3.

Tipp 5 | Bürokratie

Das gilt sowohl für Vollzeit-Selbstständige als auch für Nebenher-Selbstständige: Melden Sie ein Gewerbe oder eine Freiberuflichkeit an (mehr zum Unterschied in Abschnitt 3.1). Außerdem können Sie noch vor der Gründung mit Ihrer Steuerberaterin besprechen, welche Unterlagen Sie von nun an pflegen sollten und was auf Sie zukommt. Durch Ihren geplanten Mix aus angestellter und selbstständiger Tätigkeit wird Ihre Steuererklärung etwas komplexer und erfordert zusätzliche Formblätter. Wenn Sie sich noch vor der Gründung mit den Eckpfeilern vertraut machen, erleben Sie keine bösen Überraschungen, wenn es an die Steuererklärung geht.

Krankenversicherung

Klären Sie zudem, wie es sich mit Ihrer Krankenversicherung verhält. Als Faustformel gilt: Der Beruf, mit dem Sie mehr Zeit verbringen oder mehr Geld verdienen, gilt als Ihr Hauptberuf. Über diesen sind Sie sozialversichert. Die Details dazu finden Sie in Abschnitt 10.3.

Tipp 6 | Arbeitszeiten beachten

Als Vollzeit-Selbstständige können Sie – rein theoretisch – rund um die Uhr arbeiten. Solange Sie jedoch einen Arbeitgeber haben, müssen Sie sich an das Arbeitszeitgesetz halten: So dürfen Sie prinzipiell nicht während Ihres Urlaubs arbeiten (§ 8 BUrlG), da Sie sich in dieser Zeit von Ihrem Berufsalltag erholen sollen. Gelegentlich gibt es hier jedoch Interpretationsspielraum, ob sich Ihr Nebenjob vielleicht doch so sehr von Ihrem Hauptjob unterscheidet, dass er als erholsam interpretiert werden könnte. Deshalb empfiehlt sich auch hier ein offenes Gespräch mit der Vorgesetzten.

Zudem müssen Sie die Ruhezeit von elf Stunden zwischen Arbeitsende und Arbeitsbeginn einhalten – und dafür müssen Sie beide Jobs zusammenrechnen. Wenn Sie also nach einem 8-Stunden-Tag in der Bank noch drei Stunden als Kellnerin in einem Nachtclub arbeiten, wird es schwierig, die elf Stunden Ruhezeit noch in einem herkömmlichen 24-Stunden-Tag unterzubringen.

Modell 2 | Die Vollzeit-Selbstständigkeit

Sie haben festgestellt, dass Sie einfach nicht zum Angestelltendasein gemacht sind? Sie wollen etwas ganz Neues ausprobieren oder als digitale Nomade um die Welt reisen? Was auch immer Sie dazu bewegt, der Angestelltenwelt den Rücken zu kehren: Sie wollen das volle Programm. Diese Variante der Selbstständigkeit unterscheidet sich mit einigen Vor- und Nachteilen vom Nebenjob-Modell. Schauen wir uns erst einmal die Vorteile an:

- **Autonomie**: Im Gegensatz zum Nebenbei-Modell bietet Ihnen die Vollzeit-Selbstständigkeit volle Selbstbestimmung und maximale Autonomie in Ihren beruflichen Entscheidungen. Von nun an sind Sie Ihr eigener Chef.
- **Fokus**: Wenn Sie auf ein Beschäftigtenverhältnis verzichten, können Sie sich zu 100 Prozent auf Ihre Gründung fokussieren.
- **Zeitmanagement**: Der Spagat zwischen zwei Jobs und einem Privatleben entfällt. Ohne die Koordination mit einem Hauptjob sind Sie zeitlich völlig flexibel und können Kundentermine oder Deep-Work-Zeiten ganz nach Ihren Wünschen legen.

Folgende Nachteile sollten Sie bedenken:

- **Krankenkasse**: Sollten Sie nicht in einem künstlerischen oder publizistischen Beruf arbeiten und in die Künstlersozialkasse aufgenommen werden (mehr dazu in Abschnitt 10.4), übernehmen Sie Ihren Beitrag zur Rente, Krankenkasse und Sozialversicherung in voller Höhe.
- **Absicherung**: Wenn Sie krank werden oder ein paar Tage Urlaub machen, haben Sie keine Einnahmen. Anders als bei der Nebenbei-Selbstständigkeit haben Sie als Vollzeit-Selbstständiger kein Sicherungsnetz. Wie Sie sich selbst eine gewisse Absicherung schaffen, erfahren Sie in Kapitel 10.

2.2 Selbstständigkeit: Wichtige Vorbereitungen treffen

Ob Sie sich nun kopfüber hineinstürzen oder sich für eine Selbstständigkeit in Teilzeit entscheiden: Dieser Schritt sollte wohl überlegt sein und gut geplant werden. Noch bevor Sie eine endgültige Entscheidung treffen, können Sie sich auf Ihr neues Leben in der Selbstständigkeit vorbereiten.

Vorbereitung 1 | Profi werden

Lernen, lernen, lernen: Bücher, E-Learning-Kurse und Fortbildungen sind Ihre besten Freunde. Lernen Sie Ihren angestrebten Beruf bis zur Perfektion. Je besser Sie in Ihrem Job sind, desto besser sind Ihre Chancen auf dem Markt.

Neben Ihren Kernfähigkeiten sollten Sie zudem Ihren Selbstständigkeitsmuskel stärken: Informieren Sie sich über übliche Preise in Ihrer Branche, finden Sie eine Steuerberaterin und jemanden, der Ihre Daten retten kann, falls Sie eines Tages Ihren Kaffee über die Laptop-Tastatur schütten.

Vorbereitung 2 | Die Branche kennen

Zur optimalen Vorbereitung auf die Selbstständigkeit gehört es, Ihre Branche zu kennen:

- Wie arbeiten andere in diesem Bereich?
- Welche Abläufe sind Standard?
- Was macht die Konkurrenz und muss ich noch etwas Wichtiges lernen, bevor ich mithalten kann?

Weg über die Nebenbei-Selbstständigkeit

Um die Branche vor einer Vollzeit-Selbstständigkeit besser kennenzulernen, kann eine Nebenbei-Selbstständigkeit durchaus sinnvoll sein. Schließlich erwarten die meisten Kunden schon einige Berufserfahrung, bevor sie einen Auftrag vergeben.

Vorbereitung 3 | Rücklagen bilden

Bevor Sie Ihren Vollzeitjob gegen eine Vollzeit-Selbstständigkeit tauschen, sollten Sie über ausreichend Startkapital verfügen. Denn es ist nicht sicher, dass Sie von null auf hundert direkt ausreichend Kunden und Aufträge haben werden. Wenn es hart auf hart kommt, können Sie mit Ihrem Ersparten eine Flaute überbrücken.

Idealerweise machen Sie sich vorab einen Plan, wie viel Geld Sie für die Grundausstattung wie ein Büro, einen Computer oder andere Arbeitsmittel brauchen (mehr dazu in Abschnitt 4.2). Zudem sollten Sie sich überlegen, wie viel Sie generell im Monat brauchen, um Ihren Lebensunterhalt, Miete und Versicherungen zu zahlen. Multiplizieren Sie diese Zahl für Ihr Notfallpolster mit der Anzahl der Monate, die Sie für das Anschieben Ihrer Selbstständigkeit brauchen werden. In der Regel wird empfohlen, einen Notgroschen anzusparen, der Ihre gesamten Ausgaben für drei bis sechs Monate decken kann – beruflich und privat. So erhalten Sie eine grobe Idee davon, wie viel Geld Sie zur Seite legen sollten, bevor Sie in Ihr Abenteuer starten.

Vorbereitung 4 | Geheimnisse bewahren

Solange Sie keine Unterstützer brauchen, darf Ihr Plan Ihr Geheimnis bleiben. Denn meist haben wir in unserem Umfeld ebenso viele Unterstützer wie Zweifler. Damit Sie sich nicht schon vorab verunsichern lassen, sollten Sie nur Ihre engsten Vertrauten einweihen. Vor allem auf der Arbeit sollten Sie verschwiegen sein – auch gegenüber befreundeten Mitarbeitern. Denn falls Sie mal krank werden, könnte sich schnell Misstrauen regen: Sie werden doch wohl nicht etwa eine Krankheit vorschieben, um einen Tag als freiberufliche Grafikerin zu arbeiten? Und wenn Sie mal mit einem Projekt in Verzug sind, könnten böse Zungen Ihnen unterstellen, längst mit dem Kopf mitten in der Selbstständigkeit zu stecken. Tun Sie sich selbst den Gefallen und brüten Sie auf der Arbeit keine ungelegten Eier aus.

Vorbereitung 5 | Die Fühler ausstrecken

Gehen Sie raus! Lernen Sie Menschen kennen. Erkunden Sie Ihre angestrebte Branche. Ein starkes und diverses Netzwerk ist die beste Grundlage für einen geschmeidigen Start in die Selbstständigkeit. Und netzwerken dürfen Sie auch bereits, wenn Sie noch in einem Vollzeitjob stecken. So lernen Sie womöglich bereits lange vor Ihrem Start Ihre ersten Kunden kennen.

2.3 Scheinselbstständigkeit vermeiden

Puh, Sie sollen also nicht nur eine zahlende Kundschaft aus dem Nichts auftun, sondern auch noch die Kunden, die genau zu Ihren Zukunftsplänen passen – die Sie vielleicht noch gar nicht kennen? Das klingt nach einer ganzen Menge Arbeit. Da scheint es verlockend, nur die eine, einzige Traumkundin zu finden, der Sie all Ihre Arbeitskraft nur zu gerne zu Füßen legen möchten.

Doch bevor Sie eine rosige Geschäftsbeziehung eingehen und beschwingt einer glorreichen Zukunft entgegenhüpfen, sollten Sie sich eine kurze Affäre mit der Realität gönnen: Was Sie da vorhaben, könnte Sie und Ihre Kundin in Teufels Küche bringen. Denn ein freies Unternehmertum und wirtschaftliche Monogamie passen nicht zusammen. Entweder sind Sie ungebunden – oder scheinselbstständig.

Der Unterschied zwischen der Selbstständigkeit und der Scheinselbstständigkeit liegt darin, dass der Selbstständige frei ist und sich eine ganze Reihe von Kundinnen und Kunden sucht und der Scheinselbstständige sich von einem einzigen Kunden abhängig macht. Doch Scheinselbstständigkeit ist bei weitem nicht nur ein Problem für Ihr Selbstverständnis als Unternehmerin oder Freiberufler: Als Scheinselbstständiger haben Sie alle Pflichten eines Arbeitnehmers und zugleich das unternehmerische Risiko sowie die höheren Sozialabgaben eines Selbstständigen.

Für Auftraggeber ist das natürlich eine sehr luxuriöse Situation – und für die Auftragnehmer eine sehr unfaire. Deshalb möchte Sie der Gesetzgeber vor Scheinselbstständigkeit schützen und damit auch davor, wie eine Angestellte behandelt, aber wie eine Selbstständige bezahlt zu werden.

Das verlangt das Gesetz von Ihnen und Ihren Auftraggebern:

- **Weisungen**: Ihre Auftraggeber geben Ihnen keine Anweisungen, wie das bei Angestellten der Fall wäre. Deshalb sind Sie auch nicht zu Rechenschaft verpflichtet oder müssen Ihre Arbeit protokollieren (§ 7 Abs. 1 SGB IV).
- **Raum und Zeit**: Sie bestimmen Ihre Arbeitszeiten und Ihren Arbeitsort weitestgehend selbst. Das schließt aber nicht aus, dass die Auftraggeberin Ihnen ein Büro zur Verfügung stellen darf, das Sie nutzen dürfen – aber nicht nutzen müssen.
- **Struktur**: Sie sind nicht fest in ein Organigramm eingebunden.
- **Unterschiede**: Ihre Aufgaben unterscheiden sich von denen der Festangestellten.
- **Auftreten**: Sie haben eine eigene Website und auf Ihren Visitenkarten und Ihren Werbemitteln treten Sie als unabhängig agierende Person auf. Wenn Sie dagegen nur Visitenkarten oder Briefpapier Ihres Kunden vorweisen können, könnte es bei einer Kontrolle der Behörden kniffelig werden.
- **Risiko und Freiheit**: Sie tragen das unternehmerische Risiko und genießen dafür die Freiheit der Selbstständigen. Sie entscheiden über Ihre Preise und wie Sie etwas umsetzen.
- **Hilfe**: Sie dürfen Ihre Aufgaben auch von Subunternehmerinnen oder externen Dienstleistern erledigen lassen.

Wenn Sie sich also wieder so fühlen, als wären Sie angestellt, sollten Sie stutzig werden.

Was passiert, wenn Sie scheinselbstständig sind?

Wenn Sie sich unsicher sind, können Sie schriftlich oder digital das sogenannte Statusfeststellungsverfahren beantragen. Dabei schätzt die Deutsche Rentenversicherung (DRV) Ihren sozialversicherungsrechtlichen Status ein, also ob Sie abhängig beschäftigt oder selbstständig sind. Für die Einschätzung bezieht die Rentenversicherung alle individuellen Faktoren Ihres Falls mit ein.

Bis 2003 gab es noch ein zweiseitiges Formular mit klaren Kriterien. Dieses gibt es heute nicht mehr. Stattdessen betont die DRV den recht schwammigen Leitsatz, dass es deutliche Unterschiede zwischen dem angestellten und selbstständigen Personal geben muss. Jedes Detail, das Ihre freien unternehmerischen Entscheidungen einschränkt, macht die DRV stutzig. Nähere Informationen finden Sie in § 7 und 7a SGB V (Sozialgesetzbuch, Fünftes Buch). Dazu können folgende Punkte gehören:

Sie gelten höchstwahrscheinlich als scheinselbstständig, wenn

- Sie zu 100 Prozent vor Ort beim Kunden arbeiten, mobile Arbeit nicht erlaubt oder nur nach ausdrücklicher Absprache mit dem Kunden erlaubt ist.
- Sie Ihren Urlaub abstimmen, genehmigen lassen und in einem Tool oder geteilten Kalender erfassen müssen.
- Ihnen ein Laptop ausgehändigt wird und Sie aus Sicherheitsgründen E-Mails und andere Kommunikation nur über diesen Computer laufen lassen dürfen.
- Sie Teil der Unternehmensorganisation sind, im Organigramm auftauchen und Sie als Person einen festen Platz in der Personalstruktur haben.
- Ihnen der Auftraggeber vorgibt, wie Sie Ihre Stunden zu erfassen und abzurechnen haben. Wenn Sie es mit dem kundeneigenen SAP-System zu tun bekommen, sollten Sie hellhörig werden.
- Sie das Gefühl haben, im öffentlichen Dienst gelandet zu sein, weil Sie lediglich 10 Stunden pro Tag abrechnen dürfen und Arbeit an Wochenenden oder Feiertagen einer vorherigen Genehmigung bedarf.

Wie kann das auffallen?

Eine Scheinselbstständigkeit kann auf verschiedenen Wegen ans Licht kommen:

1. Bei einem freiwilligen Statusfeststellungsverfahren, das entweder Sie oder der Auftraggeber angestoßen haben
2. Durch Ermittlungen des Zolls, der auf der Suche nach Verstößen gegen den Mindestlohn ist
3. Bei einer Betriebsprüfung
4. Durch eine Überprüfung durch die Sozial- oder Krankenversicherungen

Was kann dann passieren?

Bei einer Betriebsprüfung kann es passieren, dass Sie aufgrund der oben genannten Kriterien sozialversicherungsrechtlich anders eigestuft werden. Sollten Sie also wider Erwarten als scheinselbstständig gelten, muss Ihre Auftraggeberin nachträglich Sozialversicherungsbeiträge für Sie entrichten – und das bis zu vier Jahre rückwirkend.

Außerdem müssen Sie eventuell steuerliche Korrekturen vornehmen, da Sie möglicherweise Sozialabgaben für die Zeit Ihrer Scheinselbstständigkeit nachzahlen müssen. Mit etwas Pech kann eine Scheinselbstständigkeit auch strafrechtliche Konsequenzen für die Auftraggeberin haben. Für den Auftragnehmer kann das Ganze dagegen auch Vorteile haben: Denn wenn er sich als Scheinselbstständiger entpuppt, kann er erwirken, dass er als Angestellter behandelt und übernommen wird.

Durch die recht ungenaue Gesetzeslage sind viele Auftraggeberinnen und Auftragnehmer verunsichert. Aber wer schnelle personelle Unterstützung braucht, kann nicht immer erst darauf warten, dass das aufwändige und langwierige Statusfeststellungsverfahren Klarheit bringt. Manche Unternehmen sind deshalb zögerlich, wenn es um die Beauftragung von externen Mitarbeitern geht. Andere Auftraggeberinnen versuchen sich vor möglichen Konsequenzen zu schützen, indem sie die eventuell kritische Tätigkeit auf 12 oder maximal 18 Monate beschränken.

Für Unternehmen gibt es eine Abkürzung aus der Scheinselbstständigkeitsfalle: Wenn mehr als 40 Euro Stundenhonorar gezahlt werden, kann der Auftragnehmer angemessen vorsorgen und sich gegen unternehmerische Risiken absichern. Denn auch in der Bezahlung kann der gravierende Unterschied zwischen den Angestellten und den Selbstständigen liegen, auf dem das Gesetz besteht. Das Honorar ist allerdings kein bombensicherer Schutz, sondern lediglich ein Indiz, das sich positiv auf die Einschätzung der Prüfer auswirken kann.

Was kann man dagegen tun?

Damit die Prüfung Sie nicht als sogenannten arbeitnehmerähnlichen Selbstständigen einschätzt und rückwirkend Rentenversicherungsbeiträge von Ihnen verlangt, helfen mehrere Auftraggeber. Dabei ist wichtig, dass Sie von einem Auftraggeber maximal 5/6 Ihres Gesamtumsatzes beziehen. Alternativ dazu können Sie jemanden sozialversicherungspflichtig anstellen. Auch dann ist Ihr Status als Unternehmer klar.

Das können Sie gegen Scheinselbstständigkeit tun:

- **Verdienen** Sie mindestens ⅙ Ihrer Einnahmen mit anderen Kunden.
- **Arbeiten** Sie mit Ihrer eigenen Hardware.
- **Treten** Sie im Internet und in der Außenkommunikation eindeutig als Selbstständige auf.
- **Organisieren** Sie Ihre Arbeit selbst, und beschaffen Sie sich Informationen selbstständig von möglichen Ansprechpartnern.
- **Vereinbaren** Sie lieber eine Abrechnung nach Output und nicht nach Stunden.
- Lassen Sie sich bei konkreten Rahmenverträgen nur auf **Laufzeiten** von maximal 18 Monaten ein.
- Wenn es die Zeit erlaubt, einigen Sie sich in strittigen Fällen mit Ihrem Kunden auf ein **Statusfeststellungsverfahren**.

Diese Punkte sind natürlich nicht nur für Sie als Auftragnehmerin wichtig, sondern auch, wenn Sie selbst einen Auftrag vergeben. Sie sehen: Die Selbstständigkeit bringt einige Fallstricke und juristische Haken mit sich. Sollten diese plötzlich wie auf magische Weise durch den einen Traumkunden verschwinden, ist das leider zu schön, um wahr zu sein. Die Faustformel ist hier also: Wenn auf einmal alles einfach und unkompliziert erscheint, sind Sie offenbar nicht mehr selbstständig.

2.4 Einzelunternehmen oder Teamgründung

Nun kennen Sie sich etwas besser, haben Ihre Ziele und Werte erkundet und sich für ein bestimmtes Modell der Selbstständigkeit entschieden. Bleibt eine letzte Frage, bevor es in die Planungsphase gehen kann: Sind Sie ein Einzelkämpfer oder ein Teamplayer?

Die Steuerberaterin aus unserem Beispiel muss sich also eine weitere, sehr grundlegende Frage stellen: Möchte sie alleine oder zusammen mit anderen gründen? Denn Selbstständigkeit bedeutet nicht, dass wir zwingend alles im Alleingang machen müssen.

Möglichkeit 1 | Einzelunternehmen

In Deutschland gründen die Menschen am liebsten alleine: Fast 70 Prozent aller Unternehmen fallen in diese Kategorie.[1] Menschen, die sich ohne ein geschäftsführendes Team selbstständig machen, werden auch als Einzelunternehmer bezeichnet.

Einen offiziellen Begriff hält das Gesetz für sie nicht bereit. Erst die verschiedenen Rechtsformen wie die Freiberuflichkeit, das Kleinunternehmertum oder die Kapitalgesellschaft sorgen für ein eindeutiges Label. Welche Rechtsform für Sie am besten passt, schauen wir uns in Kapitel 3 noch genauer an.

Machen Sie sich über die folgende Tabelle mit den Vor- und Nachteilen eines Einzelunternehmens vertraut.

Vorteile Einzelunternehmen	Nachteile Einzelunternehmen
Der Selbstständige ist der Inhaber des Unternehmens.	Im Ernstfall haftet der Einzelunternehmer mit seinem Privatvermögen.
Ihm gehört der gesamte Gewinn, der nach Ausgaben und Steuern übrigbleibt.	Dafür trägt er 100 Prozent des Risikos und aller Kosten.

1 Statistisches Bundesamt (Hrsg.): Unternehmensregister 2016; IfM Bonn (Hrsg.): Gewerbliche Unternehmensgründungen nach Rechtsform. 2015, 1

Vorteile Einzelunternehmen	Nachteile Einzelunternehmen
Er kann alles allein entscheiden, ohne sich mit jemandem abstimmen zu müssen.	Der Inhaber kann nur auf Beratung durch Externe zurückgreifen und hat keinen verbündeten Mitstreiter im Unternehmen.
Ein Einzelunternehmen kann ohne eigenes Kapital oder Rücklagen gegründet werden.	Er muss anfallende Aufgaben, die Buchhaltung und alles Organisatorische selbst organisieren.
Als alleiniger Eigentümer hat er oft eine gute Verhandlungsposition bei Banken und Gläubigern.	Krankheit und Urlaub des Inhabers führen oft zu Verdienstausfällen.
Die Anmeldung ist unkompliziert und kostengünstig.	

Hinweis | Einzeln und doch nicht allein

Einzelunternehmerinnen können durchaus auch Angestellte haben. Sie verzichten lediglich auf Komplizen bei ihrer Gründung. Wer dagegen ganz auf eigene Faust und ohne Beschäftigte durchstartet, nennt sich auch Solo-Selbstständiger.

Möglichkeit 2 | Teamgründung

Nicht jeder Mensch ist zum Einzelkämpfer geboren. Und oft sind Mitstreiterinnen durchaus sinnvoll. Wer beispielsweise seine Brötchen künftig mit einer bahnbrechenden App verdienen möchte, kann sich mit Programmiererinnen, Designern und Marketingprofis zusammentun. So versammeln sich viele der für eine erfolgreiche App nötigen Fähigkeiten und Talente in einem Team. Wie das Einzelunternehmen kommt auch die Teamgründung mit einigen Vorteilen und ebenso mit manchen Nachteilen daher.

Vorteile Teamgründung	Nachteile Teamgründung
Das unternehmerische Risiko verteilt sich auf mehrere Schultern.	Das Unternehmen gehört mehreren Personen, was Konfliktpotenzial mit sich bringen kann.
Je mehr Personen beteiligt sind, desto breiter ist das Know-how und desto umfangreicher sind die Kompetenzen gestreut.	Teammitglieder können sich uneinig sein. Schlechte Stimmung kann sich negativ auf das Geschäft auswirken.

Vorteile Teamgründung	Nachteile Teamgründung
Interne Beratung und Unterstützung durch Partner	Entscheidungen müssen abgesprochen werden, wodurch sich die eigene Freiheit und Autonomie verringert.
Höhere Finanzkraft	Der Gewinn, der nach Ausgaben und Steuern übrigbleibt, muss geteilt werden.
Größeres soziales Netzwerk	Hoher Kommunikations- und Abstimmungsaufwand
Urlaub und Fehlzeiten können durch die Teammitglieder ausgeglichen werden.	Je mehr Personen an der Unternehmung beteiligt sind, desto größer ist die Wahrscheinlichkeit für Missverständnisse und Konflikte.

Konflikte vermeiden

Damit nicht zu viele Köche den Brei verderben, raten Business-Profis, mit maximal drei Personen gemeinsam zu gründen. Je mehr Menschen ihren Senf in den Brei mengen wollen, desto zäher und langwieriger werden Entscheidungen und Abläufe. Und das Konfliktpotenzial wächst mit jedem zusätzlichen Gründungsmitglied.

Um Konflikte so gut es geht im Vorfeld auszuräumen, sollten alle Beteiligten noch vor der Gründung offen und ehrlich alle Karten auf den Tisch legen:

- **Anmelden**: Entscheiden Sie sich gemeinsam für eine Rechtsform, mit der Sie alle einverstanden sind (mehr dazu finden Sie in Kapitel 3).
- **Aufteilen**: Bestimmen Sie gemeinsam die Kompetenzbereiche und Aufgabenfelder jedes Gründungsmitglieds. Wollen Sie beispielsweise Titel wie CEO oder COO vergeben?
- **Entscheiden**: Legen Sie im Team fest, wer für welche Art der Entscheidungen zuständig ist. Wie weit reichen die jeweiligen Befugnisse?
- **Finanzieren**: Dazu gehört auch, wie Sie finanzielle Entscheidungen regeln wollen: Immer im Team? Bekommt jeder ein eigenes Budget? Wie hoch soll dieses sein?
- **Vorausschauen**: Wie wollen Sie in potenziellen Krisen vorgehen?
- **Bezahlen**: Wie wollen Sie mit Gehältern, Boni und möglichen Zahlungsstopps verfahren, wenn die Geschäfte kriseln?
- **Repräsentieren**: Überlegen Sie sich ein einheitliches Auftreten nach außen. Wer soll Ihr Unternehmen öffentlich vertreten? Wollen Sie stets als Gründerteam auftreten oder steht vielleicht eine Person im Vordergrund?

- **Aussteigen**: Manche Unternehmer überlegen sich bereits vor der Gründung eine Exit-Strategie. Unter welchen Bedingungen würden Sie sich aus dem Unternehmen zurückziehen? An wen würden Sie Ihr Unternehmen verkaufen – und an wen auf keinen Fall?
- **Menscheln**: Sprechen Sie auch offen über weiche Themen wie Ergebnisse oder Verhaltensweisen, die Sie in einem gemeinsamen Unternehmen nicht tolerieren, oder unter welchen Bedingungen Sie das Handtuch werfen würden.
- **Festhalten**: Fixieren Sie grundlegende Entscheidungen schriftlich und für alle leicht zugänglich.

Entscheidung | Allein oder im Team?

Ob Solo-Selbstständiger oder Start-up-GründerIn: Für jeden Menschen und jede Idee gibt es die passende Unternehmensform. Wenn Sie sich alleine in die Selbstständigkeit trauen, hilft Ihnen eine starke Strategie und ein solides soziales Umfeld. Vor einer Gruppengründung sollten Sie dagegen vor allem darauf achten, dass Ihr Team gut zusammenpasst, so dass die Zusammenarbeit auch langfristig gelingt. Nachdem Sie all diese Abwägungen und Entscheidungen getroffen haben, können Sie Ihr Unternehmen so aufstellen, dass es den Markt und Ihr Leben damit nachhaltig bereichert.

2.5 USP und Profil: Einzigartig durch den Markendschungel

»*Das kann doch jeder!*« So verhöhnte die Gesellschaft den Seefahrer Christoph Kolumbus nach seiner Rückkehr aus Amerika. Jeder könne wie er in See stechen und zufällig über einen neuen Kontinent stolpern. Wirklich jeder? Kolumbus gab jedem der spöttischen Tafelgäste ein Ei und forderte sie auf, das Ei auf die Spitze zu stellen. Allmählich verwandelte sich der Hohn in Unmut: Das sei unmöglich! Worauf wolle er hinaus? Da nahm Kolumbus ein Ei, drückte es an der Spitze leicht ein – und stellte es so auf die Spitze. Daraufhin rief einer der Herren brüskiert, dass es so ja jeder machen könne. »*Ja, natürlich kann es jeder*«, entgegnete Kolumbus, »*aber ich habe es auch gemacht.*« Die Erzählung vom Ei des Kolumbus schenkte uns ein geflügeltes Wort für eine verblüffend einfache Lösung, auf die bislang noch niemand gekommen ist, und die Erkenntnis, dass wir manche Dinge einfach tun müssen.

Auch heute noch unterscheiden vier Dinge zwischen Erfolg und Mittelmaß:

1. ein klares Ziel,
2. das Wissen um die eigenen Stärken
3. und das Selbstvertrauen, auch im Denken einen anderen Weg zu nehmen,
4. und Motivation, die Idee tatsächlich zu realisieren.

Denn der größte Unterschied zwischen denen, die Ideen haben, und denen, die damit auch erfolgreich sind, ist der Mut, etwas anders zu machen.

Im ausgehenden 15. Jahrhundert war es ein großes Wagnis, sich für den Job eines Seefahrers zu entscheiden und ins Unbekannte aufzubrechen. Ein bisschen dieses Abenteuergeistes brauchen wir noch heute: wenn wir voll Enthusiasmus in den freien Markt aufbrechen, um einen neuen Weg in den Markt und womöglich ökonomisches Niemandsland zu entdecken.

Eine besondere Nische zu entdecken, kann Unternehmen eine starke Wettbewerbsposition verleihen. **Hidden Champions**, heimliche Gewinner, nennt der Professor für Management und Marketing Hermann Simon deutsche mittelständische Unternehmen, die sich bis zur Meisterschaft spezialisiert haben. Ihr Marktanteil in ihrem Segment liegt bei 10 bis 100 Prozent auf dem Weltmarkt.[2]

Das Heimliche an diesen Gewinnern ist ihre Schweigsamkeit, wenn es um ihr Erfolgsgeheimnis geht. Doch Simon vermutete, dass vor allem ihre Spezialisierung in Bereichen sie so erfolgreich gemacht hat. Dadurch arbeiten sie fokussierter, effizienter und senken so ihre Kosten. Der Mut, eine neue Nische zu entdecken, unkonventionelle Lösungen zu entwickeln und sich für ein ganz spezielles Profil zu entscheiden, wird oft mit Erfolg am Markt belohnt.

Was diese Unternehmen haben, nennen die Wirtschaftswissenschaften **Unique Selling Proposition**, manchmal auch Unique Selling Point. Beides wird meist als USP abgekürzt. Der USP ist es, der Sie und Ihr Geschäftsmodell besonders macht. Er unterscheidet Sie von anderen und ist Ihr Alleinstellungsmerkmal.

Um Ihren USP zu finden, spezialisieren Sie sich erst auf ein **Problem** und dann auf eine **Zielgruppe**. Wollen Sie beispielsweise das Problem lösen, dass viele Menschen keine ansprechende Website haben? Dann können Sie zunächst produktorientiert denken, also beispielsweise nur Websites mit Parallax-Effekt und horizontaler Scroll-Richtung anbieten. Im zweiten Schritt wählen Sie Ihre Zielgruppe, beispielsweise Websites speziell für Paar- und Beziehungstherapeuten. So vermeiden Sie, dass Sie sich bis zur Unscheinbarkeit in der Masse verlieren.

Werden Sie nicht zu speziell

Dennoch sollten Sie nicht zu speziell werden, denn: Lösen Sie kein Problem, das niemand hat. Auch wer eine tolle, hochspezialisierte Lösung hat, hat noch längst kein dazu passendes Problem – und findet so womöglich keine zahlende Kundschaft.

Bevor Sie Ihre Leuchtreklame in Auftrag geben, können Ihnen fünf Fragen auf die Sprünge helfen:

2 Kerstin Friedrich: Erfolgreich durch Spezialisierung. Redline Verlag 2007, S. 23 ff.

1. Was verkaufen Sie?
2. Wer verkauft das?
3. Wem verkaufen Sie das?
4. Was machen Sie anders als der Shop nebenan?
5. Was verkaufen Sie nicht?

USP 1 | Was verkaufen Sie?

Wenn Sie darüber nachdenken, ob Sie sich selbstständig machen sollen, haben Sie sicher bereits eine Idee: Was wollen Sie verkaufen? Welche Probleme wollen Sie damit lösen? Gerade zu Beginn ihrer Karriere tragen viele Kreative einen ganzen Bauchladen ihrer Leistungen vor sich her. Mit einer möglichst breiten Angebotspalette hoffen sie, einen möglichst großen Kundenkreis anzulocken. Wer frisch in den Markt startet, dem fehlen oft einfach die Erfahrungswerte, was wirklich ankommt und nachgefragt wird – und was für immer am Boden des Bauchladens liegen bleibt. Was Sie und Ihre Marke ausmacht, ist also ein Stück weit auch eine Frage der Erfahrung.

Es sollte aber auch eine bewusste Entscheidung sein. Denn was glauben Sie, wie gut das Kürbisrisotto in einem Restaurant schmecken wird, das neben Döner und Schnitzel auch noch Chopsuey und Otternasen auf der Karte hat? Es mag sicher einige wenige Tausendsassa geben, die aus all diesen Gerichten einen Hochgenuss zaubern können. Doch die meisten Happen aus dem übervollen Bauchladen haben einen fahlen Beigeschmack: Mittelmäßigkeit. Der Mut, den Bauchladen gründlich auszumisten und sich auf eine scharf umrissene Produktpalette zu fokussieren, wird meist vom Appetit der Kundschaft belohnt.

Fokus, Fokus, Fokus

Wer verkaufen will, braucht ein Gesicht – und ein klares Profil. Sie als Person haben beides. Dennoch kann es manchmal gar nicht so einfach sein, das eigene Profil für den Markt zu schärfen. Würden Sie ein klassisches Ladenlokal in der Fußgängerzone eröffnen, müssten Sie sich festlegen, was Sie auf das Reklameschild über Ihrer Tür schreiben wollen. Vielleicht »Maxi Musterfrau – Hauptsächlich schreibe ich Texte fürs Internet, also ein bisschen was mit SEO, aber manchmal schreibe ich auch Artikel für die lokale Tageszeitung, oh, und ich gebe Kurse …« oder vielleicht doch eher »Maxi Musterfrau – Kommunikation«?

Abgesehen davon, dass Ihr Reklameschild auch für Laufkundschaft lesbar bleibt, hat die aufgeräumte Variante einen entscheidenden Vorteil: Ihre Mitmenschen erkennen auf einen Blick, wofür Sie stehen. In Ihrem fiktiven Ladenlokal können Sie gerne weiterhin ab und zu etwas aus Ihrem Bauchladen hervorzaubern und Ihre Besucher mit einem tollen Spezialprodukt von unter der Theke begeistern. Doch diese Verzückung ernten Sie nur, wenn das übergeordnete Label klar ist – und das Special nicht auf der Standard-Speisekarte steht.

Und? Was haben Sie so alles in Ihrem Bauchladen?

»Der schwierigste Teil ist, der Versuchung zu widerstehen, hier und dort ein Gelegenheitsgeschäft zu machen. Super-Nischenanbieter können oft ein zusätzliches Geschäft auf angrenzenden Gebieten einfahren, besonders wenn das Geschäftsklima günstig ist«, warnt auch der Unternehmensberater und Autor Hermann Simon.[3] Wenn die Umstände es erfordern, können Sie den Bauchladen kurz wieder hervorholen. Eine solch spontane Diversifikation kann manchmal sinnvoll sein, etwa wenn eine Journalistin mit dem Erstellen von Webseiten das Sommerloch überbrückt. Doch sobald die saisonale Flaute überstanden ist, heißt es wieder: ab in die Nische. Und der Bauchladen verschwindet sofort wieder aus Ihrem fein säuberlich aufgeräumten Laden ins Lager.

Wichtig

Treffen Sie die Entscheidung für oder gegen eine Erweiterung Ihres Sortiments stets bewusst und strategisch.

3 Kerstin Friedrich: Erfolgreich durch Spezialisierung. Redline Verlag 2007, S. 176

Jetzt neu im Sortiment: Diversifizierung

Durch die kurzfristige Erweiterung Ihres Angebots können Sie einkommensschwache Zeiten überbrücken. Doch eine Diversifizierung lässt sich auch strategisch in Ihr Geschäftsmodell integrieren, langfristig planen und vorbereiten. Im Wesentlichen haben Sie drei Möglichkeiten, Ihr Angebot zu erweitern:

1. Erschließen Sie sich internationale Märkte.
2. Erweitern Sie Ihr Angebot für weitere Zielgruppen.
3. Bauen Sie Ihre Angebotspalette aus.[4]

Durch die zielgerichtete Diversifizierung bleiben Sie dem Kern Ihrer Marke treu. Während Sie mit dem fiktiven Bauchladen zugunsten einer breiten Palette mit Ihren Fähigkeiten meist wieder etwas an die Oberfläche zurückkehren, bleiben Sie bei einer zielgerichteten Diversifizierung weiterhin spezialisiert. Statt aus Ihrer Nische eine unübersichtliche Rumpelkammer zu machen, erweitern Sie sich ganz bewusst den Bereich, auf den Sie sich spezialisieren.

Der Bauchladen steht für eine recht unkontrollierte Erweiterung Ihres Angebots. Kontrolliert verbreitern Sie Ihr Angebot, indem Sie im Rahmen Ihrer Spezialisierung weitere Angebote schaffen. Idealerweise entscheiden Sie sich dabei für Produkte und Dienste, die skalieren, die also mit geringem Zusatzaufwand zusätzliche Einnahmen generieren. So können Sie etwa als Illustratorin Onlinekurse anbieten. Dafür investieren Sie zu Beginn Ideen und Zeit in Ihre Kursvideos. Sobald der Kurs steht, können Sie unbegrenzt viele Teilnehmer für Ihren Kurs zulassen – und generieren so passives Einkommen.

Das Zentrale dabei ist, dass Ihre Kunden auch nach der Diversifizierung immer noch genau wissen, wofür Sie stehen. Bieten Sie als Illustrator deshalb idealweise Illustrationskurse an, als Autorin Schreib-Coaching und als Grafikdesigner Einsteigerseminare zu Photoshop. Ein netter Nebeneffekt ist, dass Sie sich so zusätzlich als Experte auf Ihrem Gebiet positionieren.

Im ersten Kapitel haben wir uns die Grundausrichtung Ihres Unternehmens angesehen. Auf Ihren Werten und Zielen aufbauend können Sie nun entscheiden, in welche Richtung Ihnen eine Spezialisierung schlüssig erscheint. Die so gezogenen Grenzen helfen Ihrer Kundschaft, Ihr Angebot sofort zu verstehen.

Bevor Sie loslegen, hilft es, eine klare Strategie zu entwickeln, was genau Sie anbieten wollen, was es nur manchmal gibt, was irgendwann dazukommen wird und was Sie lieber anderen überlassen. Dabei dürfen Sie durchaus auch danach entscheiden, was Ihnen am meisten Spaß macht, und müssen nicht nur die Nachfrage am Markt

4 Kerstin Friedrich: Erfolgreich durch Spezialisierung. Redline Verlag 2007, S. 183 f.

als einziges Kriterium nehmen. Denn vor allem für kreative Menschen gilt: Wer seine Arbeit gerne macht, macht sie auch gut.

USP 2 | Wer verkauft das?

Diese Frage mag etwas banal klingen, und vielleicht sind Sie jetzt versucht, einfach »Na, ich natürlich!« zu denken und weiterzublättern. Und doch hat diese Frage eine Chance verdient, denn sie zielt darauf ab, ob Sie eher auf **Corporate Branding** oder auf **Personal Branding** setzen sollten. Und plötzlich ist diese Frage nicht mehr ganz so banal. Denn Personal Branding und Corporate Branding unterscheiden zwischen Ihnen als Person und Ihrem Unternehmen als Marke. Der klassischen Markenbildung für Unternehmen widmet sich Abschnitt 2.5. Lassen Sie uns also für einen Moment bei der Hauptperson Ihres beruflichen Werdegangs bleiben: bei Ihnen.

Personal Brands können sehr unterschiedlich sein. So tritt mancher Start-up-Gründer meist als revolutionärer Weltverbesserer auf. Dafür versucht er seine meist noch recht junge Belegschaft durch vollmundige Visionen zu motivieren. Er will nicht einfach nur eine gute Pizzabude eröffnen. Sein Pizzastand muss der Beste werden. Seine Pizza soll schon in ein paar Wochen die Welt zu einem besseren Ort machen und unseren Blick auf überbackene Teigfladen völlig revolutionieren. Wenn Sie gerne groß denken: nur zu. Viele Investoren lassen sich von einem solchen Elan ordentlich mitreißen.[5]

Doch am Beispiel des Pizza-Start-up-Gründers wird die Entgrenzung zwischen persönlicher und professioneller Marke deutlich. Denn gelegentlich übertragen Gründende ihre hohen Erwartungen an sich selbst auch auf ihr Geschäftsmodell und auf ihre Belegschaft. Neben dem extrovertierten gibt es zahlreiche andere Persönlichkeitstypen und so eben auch den eher introvertierten Kreativen. Und all diese Typen brauchen ihren eigenen, individuellen Brand.

Wofür wollen Sie stehen?

Doch gerade kreative Menschen fühlen sich von der Idee, sich selbst nach außen darstellen zu müssen, erstmal abgeschreckt. Jedoch verlangen weder der Markt noch Ihre Mitmenschen von Ihnen, dass Sie ein exzentrischer bunter Vogel werden. Eine persönliche Marke aufzubauen, bedeutet nicht, dass Sie Ihre eigene Persönlichkeit umkrempeln müssen und dicker auftragen müssen, wenn Sie eigentlich lieber kleine Brötchen backen. Und es ist völlig in Ordnung, wenn Sie viel lieber in Ruhe mit einem einzelnen Kunden zusammensitzen, als auf allen Netzwerktreffen die Grande Dame oder den großen Gatsby zu mimen. Denn Sie sind Ihre Marke – und die muss zunächst einmal allein für Sie stimmig sein.

5 *scholarspace.manoa.hawaii.edu/handle/10125/59885*

Egal, ob Sie ein Start-up gründen oder sich als Freiberuflerin selbstständig machen: Sie brauchen das gewisse Etwas. Und genau das tragen Sie mit Ihrer eigenen Marke nach außen. Sie bleiben also weiterhin ein Mensch und werden kein ökonomisches Kunstprodukt. Sehen Sie das Personal Branding einfach als spezielle Form der philosophisch-psychologischen Selbsterkenntnis mit einem schicken Business-Namen.

Deshalb ist die wichtigste Entscheidung Ihres Personal Brandings: **Was ist Ihr Thema**? Bevor Sie loslegen, dürfen Sie ganz strategisch überlegen, was Sie mit Ihrer Arbeit in dieser Welt bewirken möchten. Die Fokussierung auf einen bestimmten Themenbereich hilft Ihnen ebenso bei der Spezialisierung wie bei Ihrer Positionierung in der Öffentlichkeit. Denn die Menschen in Ihrem Umfeld, in den Medien oder auf den Karriereplattformen sollen bei einem bestimmten Begriff direkt an Sie denken. So verbinden wir womöglich das Wort »Klimawandel« unwillkürlich mit Greta Thunberg, durchdesignte und kostspielige Elektronik mit Steve Jobs oder Personal Branding vielleicht mit Tijen Onaran. Wenn also jemand nach einem Experten für eine Podiumsdiskussion oder einer Top-Spezialistin für einen Beraterauftrag sucht, taucht entweder in der Google-Suche oder bereits in den Köpfen der Suchenden Ihr Name auf.

Bei Ihrem Personal Branding geht es also vor allem um Bekanntheit und nur nachgeordnet um den direkten Abverkauf Ihrer Leistungen. Wie Sie Ihren Brand in der digitalen Welt und auf Netzwerkveranstaltungen voranbringen, erfahren Sie in Abschnitt 11.4, in Abschnitt 11.6 geht es um Ihr Image, Ihr Auftreten und Ihr Outfit. Das ist das Pro-Level des Personal Brandings. Nehmen Sie sich hier also erstmal etwas Zeit, um ganz grundlegend zu überlegen, wer Sie überhaupt sein und wofür Sie stehen wollen – und wer Sie schon sind.

USP 3 | Wem verkaufen Sie das?

Was uns im Leben wirklich glücklich zu machen scheint, ist weder Geld noch unser Job oder wo wir leben. Der Schlüssel zum Glück sind andere Menschen. Und das trifft auch auf Ihre berufliche Positionierung zu: Denn wenn es um Ihre Marke geht, sind Ihre Mitmenschen von entscheidender Bedeutung.

Für wen machen Sie das alles? Mit wem wollen Sie gerne zusammenarbeiten? Bankerin oder Bassist? Hippie oder Hipster? Mit welcher Art von Menschen umgeben Sie sich am liebsten? Wer könnte Interesse an Ihrem Angebot haben? Das ist Ihre **Zielgruppe**. Machen Sie sich mit ihr vertraut, und lernen Sie sie kennen wie einen neuen Freundeskreis. Kapitel 6 beschäftigt sich ausführlich mit Zielgruppen und wie Sie diese umgarnen können.

In diesem Abschnitt geht es erstmal um eine grundlegende Entscheidung: Denn es macht einen Unterschied, ob Sie an Geschäftskundinnen oder an normale Verbraucher verkaufen wollen, ob Sie Eltern, Teenager oder Führungspersonen mit Vorliebe für diamantbesetzte Manschettenknöpfe ansprechen wollen.

Auch wenn es um Ihr persönliches Sinnerleben geht, hilft die Fokussierung auf Ihre Zielgruppe. Deshalb darf in unserer Mission auch vorkommen, für wen wir das machen. Sie können Ihre Zielgruppe sogar in Ihre Arbeitsplatzbeschreibung aufnehmen. Stellen Sie sich dafür kurz vor, Sie wären auf einer Party, und der Bekannte einer Bekannten fragt Sie, was Sie so machen. Statt einfach platt Ihre offizielle Berufsbezeichnung zu nennen und den Ball zurückzuspielen, können Sie Ihre Positionierung mit nur wenigen zusätzlichen Worten greifbar machen. So macht es einen großen Unterschied, ob Sie selbstzentriert sagen: »Ich bin Illustratorin«, oder ob Sie auf Ihre Zielgruppe bezogen über sich sagen: »Ich illustriere Kinderbücher, damit Kinder schönere Träume haben.« So wird der Effekt Ihrer Arbeit zum Teil Ihrer beruflichen Identität.

Lassen Sie die Schweine am Leben

Wem Sie etwas verkaufen, entscheidet auch über Ihr Thema und über die Kanäle, über die Sie Ihre Zielgruppe erreichen wollen. Abschnitt 6.1 geht mit Ihrer Zielgruppe auf Tuchfühlung. Doch die zentrale Frage mit Blick auf Ihre Zielgruppe ist: Braucht Ihre Zielgruppe das, was Sie anbieten, wirklich? Vielleicht haben Sie die lieben Kleinen stets vor Augen, wenn Sie Ihre Geschichten schreiben und illustrieren – aber vielleicht begeistern sich Vierjährige noch nicht so sehr für das Thema Stahlverarbeitung, wie Sie es tun. Denn manchmal sind wir so sehr in unsere Idee verliebt, dass wir anderen dieselbe Begeisterung unterstellen. Die Frage ist also nicht nur, wen Sie mit Ihrer Idee ansprechen wollen – sondern auch, ob diese Menschen damit auch wirklich etwas anfangen können.

So begann ein junger Mann auf einer Gründerveranstaltung seine Präsentation mit den Worten: »*Wer kennt es nicht: Sie sitzen in einer Bar und nach dem zweiten Cocktail können Sie Ihr Glas nicht mehr sehen*.« Sicher können leuchtende Gläser ein Hingucker in der Bar sein. Doch das Problem, das der junge Mann lösen wollte, scheint ein eher individuelles zu sein, das er auf andere Weise als mit leuchtenden Gläsern lösen sollte. Nutzen Sie also die abgedroschene Pitch-Phrase für Ihre eigenen Überlegungen: »Wer kennt es nicht?« Denn manchmal wollen wir Probleme lösen, die niemand hat. Aber wenn niemand Speck will, dann kann das Schwein glücklich weiterleben. Die Frage, wem Sie etwas verkaufen wollen, zielt also nicht nur darauf, wen Sie gerne in Ihrem Atelier, Büro oder Laden stehen haben wollen – sondern auch auf die Menschen mit dem passenden Problem zu Ihrer Lösung.

USP 4 | Was machen Sie anders als der Shop nebenan?

Stellen wir uns einmal vor, Sie würden ein Café aufmachen. Warum sollten die Kaffeedurstigen und Kuchenhungrigen zu Ihnen kommen, statt ihr Geld im Café ein paar Häuser weiter in Heißgetränke und Backwaren zu investieren? Was unterscheidet Ihr Café von den hunderten und tausenden anderen Cafés in Ihrer Region? Die einfache Antwort: Sie machen den Unterschied. Die etwas differenziertere Antwort fordert einen Blick auf das, was Sie ausmacht: Ihr gewisses Etwas. Und damit kommen wir zu den vier Säulen Ihrer Einzigartigkeit.

Säule 1 | Ihre Fähigkeiten

Die Grundlage Ihrer Marke ist – was sollte es auch anders sein? – Ihr Angebot auf dem Markt. Kreieren Sie luxuriöse Parfums, kochen die zartesten Ravioli oder schreiben maßgeschneiderte Texte für Ihre Auftraggebenden? Ihre Fähigkeiten prägen die Art und die Qualität Ihres Angebots. Werfen Sie dazu gerne nochmal einen Blick auf Ihr Kapital, das Sie in Abschnitt 1.2 kennengelernt haben. Ihre Fähigkeiten sind der Kern Ihrer persönlichen Marke.

Säule 2 | Ihre Leidenschaften

Fähigkeiten allein sind nicht alles. Denn was bringt es Ihnen, wenn Sie gut mit Zahlen umgehen können, Sie aber wenig so ermüdend und langweilig finden wie Buchhaltung? Unsere beste Leistung entfalten wir, wenn wir intrinsisch motiviert sind, unsere Aufgaben auch ein bisschen um ihrer selbst willen machen. Zudem helfen uns unsere Leidenschaften dabei, nachhaltig zu arbeiten: Wer seine Arbeit liebt, macht sie auch auf lange Sicht mit Hingabe und Freude.

Säule 3 | Ihre persönliche Handschrift

Was Sie können und was Sie tun wollen, ist die solide Basis Ihrer Marke. Sie sind Ihre Wegweiser, damit Sie wissen, was Sie anbieten wollen. Aber nicht nur, was Sie machen, sondern vor allem, wie Sie das machen, ist entscheidend. Denken Sie dafür nochmal an das Café-Beispiel: Suchen Sie das Café, in dem Sie Ihre Freunde oder Ihre Kunden treffen, einfach nur danach aus, ob es in der Nähe ist, oder wegen der persönlichen Handschrift der Inhaberinnen? Vermutlich locken Sie viel mehr die selbst frisch gerösteten Kaffeebohnen, das angenehme Ambiente, die gute Akustik oder der gute Service in Ihr Lieblingscafé. Genauso hängt Ihre persönliche Handschrift für Ihre Selbstständigkeit stark mit Ihrer Persönlichkeit zusammen.

Die drei einfachsten Handschriften sind diese: Sie sind entweder besonders günstig, besonders schnell oder besonders hochwertig – oder irgendwo dazwischen. Daneben gibt es viele andere Arten, die eigene Business-Handschrift zu individualisieren: Vielleicht sind Sie besonders präzise oder haben super Ideen, wenn es um Konzepte geht. Sie führen Interviews besonders empathisch oder erkennen Zusammenhänge sehr viel schneller als Ihre Mitbewerber. Vielleicht arbeiten Sie besonders flexibel, sind extrem belastbar oder sind Expertin auf Ihrem speziellen Gebiet. Sie bewundern keine Probleme, sondern suchen schnell nach einer passenden

Lösung. Oder Sie sind einfach wahnsinnig sympathisch, humorvoll oder auch charismatisch.

Zu Ihrer persönlichen Handschrift gehört schließlich auch die Art, wie Sie mit anderen zusammenarbeiten, ebenso wie Ihr Anspruch an die Qualität und Ihr Wille, die berühmte Extrameile zu gehen – und wohin Sie diese führt.

Säule 4 | Ihre Reputation

Ihr Ruf ist das, wofür Sie bekannt sind. Idealerweise ist das nicht Ihr Trinkverhalten oder Ihr Verhalten gegenüber dem anderen Geschlecht – sondern die Qualität Ihrer Arbeit. Was andere über uns denken und sagen, können wir nur sehr bedingt beeinflussen. Und trotzdem können wir die Grundlage dafür legen, dass unsere Mitmenschen und unsere Kundschaft eine möglichst gute Meinung von uns haben. Alles, was Sie dafür tun müssen: Seien Sie nett zu Ihren Mitmenschen, und machen Sie gute Arbeit.

Eine Reputation als Expertin oder Experte können Sie aufbauen, indem Sie beispielsweise einen Blog schreiben, in dem Sie Tipps zu Ihrem Thema geben. Auch über Social Media können Sie sich zu einem Thema positionieren – ganz ohne persönlichen Kontakt. Das ist während Zeiten des Social Distancings genauso sinnvoll wie beim Wunsch, als digitale Nomadin von einem anderen Land aus zu arbeiten.

Und das sind die Vorteile eines guten Rufs:

- Er grenzt Sie vom Wettbewerb ab.
- Er schafft Vertrauen.
- Er lässt Sie authentisch wirken.
- Er sorgt dafür, dass die Kundschaft von allein zu Ihnen kommt.
- Er schafft auch für Sie selbst Klarheit darüber, wofür Sie stehen.

USP 5 | Was verkaufen Sie nicht?

Die fünfte Frage ist in gewissem Sinne die fehlende fünfte Säule Ihrer Einzigartigkeit, die bewusst weggelassen wurde, weil sie nur den Weg zu Ihrer Eingangstür versperrt hätte. Denn zu wissen, was man nicht will, ist fast so wichtig, wie zu wissen, was man will. Wenn Sie mit bestimmten Angeboten das große Geld anzulocken glauben, aber gar keine Lust darauf haben, werden Sie nicht lange damit glücklich sein.

Denken Sie nochmal zurück an das Restaurant vom Anfang des Kapitels: Wollen Sie Risotto-Expertin sein oder Schnitzelkünstler? In der Regel tauchen unsere Vorlieben mit eindeutigen Abneigungen im Gepäck auf. Entscheiden Sie sich vielleicht für das kunstvolle Kreieren asiatischer Reisbowls als Geschäftsmodell, weil Sie selbst am liebsten vegan essen? Dann haben Sie vermutlich kein Interesse am Panieren von Schweineteilen – und können das Jägerschnitzel beherzt von Ihrer Speisekarte streichen. Tilgen Sie bewusst von der Karte, was Sie nicht machen wollen.

Sie müssen nicht alles machen, nur weil Sie es vielleicht können oder Ihre Kunden gerne alles aus einer Hand hätten. Denn auch dafür gibt es Lösungen: Empfehlen Sie eine kompetente Kollegin, die nur zu gerne ein Schnitzel knusprig frittiert. Das Schnitzel beim Metzger zu lassen, ist schließlich auch eine Frage der Authentizität: Wer wollen Sie auch auf Dauer für Ihre Kunden sein – und wer nicht? Was passt zu Ihren Werten und Fähigkeiten – und was nicht? Sie werden sehen, wie schnell Ihre Speisekarte zusammenschrumpft, wenn Sie nur tun, was Sie auch wirklich machen wollen. Mit Ihren Top-Angeboten werden Sie Ihre Kundschaft deutlich mehr überzeugen als mit faden Standardprodukten, die alle anbieten. Entscheiden Sie sich für das, was Ihnen selbst am besten schmeckt.

2.6 Only you! Werden Sie eine echte Marke

Manche Marketing-Blogs erklären, dass es die Marke ist, über die tatsächlich verkauft wird. Und ein bisschen stimmt das auch. Denn wir wissen längst, dass hinter mancher No-Name-Handelsmarke ein echtes Markenprodukt steht. Und doch greifen viele Kunden nach wie vor gerne zum bewährten und meist teureren Markenprodukt.

Warum ist das so? Weil wir damit ein bestimmtes Gefühl einkaufen: Die klassische, blaue Blechdose der Markencreme oder der Geruch des Markenwaschmittels erinnert uns an die glücklichen Kindheitstage bei der Oma. Und mit dem stylischen Coffee to go, dessen Name länger ist als der eines mittelalterlichen Adeligen, verbinden wir das Gefühl von Erfolg, Leistungsbereitschaft und verdientem Luxus.

Weil er unter anderem erkannte, dass wir zwischen 70 und stolzen 90 Prozent unserer Entscheidungen unterbewusst treffen, bekam der Psychologe Daniel Kahnemann den Nobelpreis: Wir kaufen öfter mit dem Bauch als mit dem Hirn. Und das gilt auch, wenn Sie kein Waschmittel, keine Fettcreme und keine sirupschwangeren Kaffeespezialitäten verkaufen. Denn auch Ihre Kundschaft besteht letzten Endes aus Menschen, die vor allem ein Gefühl einkaufen wollen – auch wenn ihnen das vielleicht gar nicht bewusst ist.

Marke 1 | Personal Branding

Personal Branding, der Aufbau Ihrer ganz persönlichen Marke, macht Sie als Person für Ihre Kundschaft einzigartig. Schließlich verkaufen Sie mehr als eine Ware oder eine Dienstleistung: Sie bieten das gute Gefühl, etwas Gutes für sich zu tun oder auf Augenhöhe von einer waschechten Expertin beraten zu werden. Sie stehen womöglich für den humorvollen Smalltalk bei der Telefonkonferenz oder für das Rundum-sorglos-Paket. Mit Ihrer persönlichen Marke sprechen Sie das Bauchgefühl Ihrer Mitmenschen an.

Im Unterschied zu einem Corporate Brand, also dem, was wir landläufig als Marke bezeichnen, lebt der Personal Brand von Ihrer Persönlichkeit. Studien zeigen immer wieder, dass Menschen nicht von gesichtslosen Marken kaufen wollen: Wir wollen von Menschen kaufen. Wir wollen lieber von Tante Emma bedient werden als von einem anonymen Megakonzern wie Unilever oder Nestlé. Dass auch Tante Emma Produkte dieser Konzerne im Regal stehen hat, vergessen wir dabei gerne: Wir kaufen das gute Gefühl, gut beraten zu werden, wir bezahlen für den netten Plausch an der Kasse und für die handgeschriebene Weihnachtskarte, weil wir so nette Kunden sind. Die Kunst des erfolgreichen Gründens liegt also darin, nicht einfach nur eine Marke zu werden – sondern Tante Emma zu bleiben.

Es ist gut, Sie zu sein

Sich selbst zu einer Marke zu machen, klingt erstmal etwas befremdlich. Doch auch wenn Sie keine physischen Gegenstände, sondern Dienstleistungen verkaufen, kann Ihnen eine Marke gut stehen. Um Sie zu beruhigen: Es geht nicht darum, sich zu verkaufen – es geht vor allem darum, **authentisch** zu sein. Ihre Marke sind Sie und kein Kunstprodukt, von dem Sie glauben, dass die Menschen es mehr mögen werden als Ihr wahres Ich. Denn in einer Welt, in der sich Anzüge aus Kaschmir, Seide und Diamanten, Gassi-Leinen für Frettchen und Bremsfallschirme für Jogger verkaufen lassen, gibt es offenbar für alles und jeden einen Markt – und damit auf jeden Fall auch für Sie.

»*Wenn Menschen dich mögen, werden sie dir zuhören, aber wenn sie dir glauben, werden sie Geschäfte mit dir machen*«, fasste der Geschäftsmann und Motivationscoach Zig Ziglar das Ziel des Personal Brandings zusammen. Deshalb ist Authentizität der Schlüssel zu einem erfolgreichen Personal Brand: Sie schafft Sympathie und Vertrauen.

Zehn Schritte zum Personal Brand

Mit diesen zehn Schritten kommen Sie auf direktem Weg zu Ihrem Personal Brand:

1. **Werte**: Bestimmen Sie Ihre Werte und Leidenschaften. Schlagen Sie dazu gerne nochmal in Kapitel 1 nach. Finden Sie so Ihren beruflichen Sinn.
2. **Fähigkeiten**: Legen Sie Ihre Schlüsselfähigkeiten fest. Auch dabei hilft ein Blick ins erste Kapitel dieses Buches. Überlegen Sie sich dabei auch, welche Ihrer Talente und Fähigkeiten in Ihrem Beruf Raum einnehmen dürfen. Denn nicht alles, was Sie können, muss zwingend Teil Ihres Jobs sein.

3. **Thema**: Überlegen Sie sich ein Thema oder ein Themenfeld, für das Sie stehen möchten. Ideal ist ein Thema, das sowohl zukunftsweisend als auch für Sie auf lange Sicht spannend ist.
4. **Bilder**: Lassen Sie ein paar professionelle Bilder von sich machen. Diese können Sie auf Ihrer Website, für Werbematerial oder bei Interview-Anfragen nutzen. Irgendwann wird immer der Tag kommen, an dem jemand ein Foto von Ihnen gebrauchen kann – und dann sind Sie gut vorbereitet.
5. **Zielgruppe**: Legen Sie fest, für wen und mit wem Sie arbeiten wollen. Mit etwas Empathie finden Sie heraus, wie Sie Ihrer Zielgruppe am besten weiterhelfen können.
6. **Markt**: Werfen Sie einen Blick auf Ihre Mitbewerber: Wie viel nehmen andere für vergleichbare Dienstleistungen? Und wie können Sie sich von der Konkurrenz absetzen?
7. **Motto**: Schaffen Sie, vor allem für Ihre eigene Klarheit, Ihr persönliches Marken-Statement. Damit haben Sie ein Motto, unter dem Ihr Geschäft ablaufen soll.
8. **Narrativ**: Seien Sie ruhig etwas stolz auf Ihre Erfahrung, Ihren Werdegang und Ihre erfolgreichen Projekte. Diese dürfen Sie mit Freude auf Ihrer Website und in Ihrem Werbematerial herausstellen. Finden Sie Ihr persönliches Narrativ.
9. **Online**: Wer heute nicht im Internet zu finden ist, der existiert nicht. Schaffen Sie sich eine Website, die Ihre Arbeit auf den Punkt bringt. Wenn Sie die Zeit dafür finden, können Sie auch einen Blog in Ihre Website einbinden und sich so weiter als Expertin oder Experte positionieren. Nutzen Sie zudem die Networking-Möglichkeiten, die sich über Social Media bieten.
10. **Marktforschung**: Google Analytics und die Statistiken der Social-Media-Apps machen es uns heute leicht, die Nutzerzahlen auszuwerten. Wenn es Ihre Zeit und das Budget zulassen, können Sie sich zusätzlich gelegentlich für Marktforschung entscheiden. So bekommen Sie einen Eindruck, was Ihre Kundschaft an Ihnen mag, was Sie verbessern können und wo in Zukunft Ihre Potenziale liegen.

Ihre Marke ist Ihre Identität – in Kurzform.

Test: Ihre Marke

Mein Fokus: Meine Marke in einem kurzen Slogan:

____

____

____

Meine Kernangebote: Was biete ich meinen potenziellen Kunden an?

1. ______________________________

2. ______________________________

3. ______________________________

Meine Ziele: Wie setze ich meinen Fokus in meiner Arbeit um?

Ziele	**Warum mache ich meine Arbeit?**	**Zielgruppe**
Wer braucht mein Angebot?	Zielplanung	Wie erreiche ich meine Ziele?
Vorbereitung	**Was muss ich dafür lernen oder vorbereiten?**	**Kanäle**
Auf welchen Wegen erreiche ich Menschen?	Umsetzung	Wie erreiche ich meine Ziele?

Marke 2 | Corporate Branding

Neben Ihrem Personal Brand, also Ihnen als Marke, gibt es natürlich auch noch ganz klassische Marken: Lila Kühe, blaue Cremedosen und koffeinhaltige Softdrinks können Marken sein. Namen wie Milka, Nivea oder Coca-Cola, Zeichen wie der Haken von Nike oder die drei Streifen von Adidas, aber auch hörbare Zeichen wie die Melodien der Telekom oder von Carglass oder bestimmte Farben sind in unseren Köpfen eindeutig mit einer bestimmten Marke verknüpft.

Wenn Sie mehr als kreative Dienstleistungen anbieten, empfiehlt es sich, einige Gedanken in Ihre Marke zu investieren. Dabei können Sie die folgenden acht Entscheidungen für Ihre Marke treffen.

Entscheidung 1 | Markenart

Es gibt verschiedene Formen von Marken.

- **Persönlichkeitsmarken**: Wie wir gesehen haben, können auch Menschen echte Marken sein. Karl Lagerfeld, Coco Chanel oder Paul Bocuse standen als Personen für ganz bestimmte Merkmale und einen klaren Stil. Eine Persönlichkeitsmarke lässt sich durch gezieltes Personal Branding nachhaltig aufbauen.

- **Dachmarken**: Dachmarken sind das Zuhause verschiedener Untermarken, so gehören die Marken Maggi, Smarties oder Mövenpick beispielsweise zur Dachmarke Nestlé.
- **Herstellermarken**: Mit der Herstellermarke benennt der Hersteller sein Produkt. So nennt Apple sein Smartphone iPhone, oder Langnese nennt ein Wassereis Flutschfinger.
- **Handels- oder Eigenmarken**: So nennen sich Marken, die von Handelsketten selbst angeboten werden, etwa Rewe Feine Welt oder Bio Bio der Discounterkette Netto.

Was trifft davon auf Sie und Ihr Angebot zu? Wollen Sie als Freiberuflerin ein Personal Brand werden? Oder mit Ihrem Produkt eine Herstellermarke ins Leben rufen?

Entscheidung 2 | Markenstandort

New York, Rio, Wanne-Eickel: Wo würden Sie das bessere Design vermuten? Bei der Agentur in Hamburg oder in der One-Man-Schmiede in Wanne-Eickel? Dieses Urteil ist meist nur wenig rational. Allein, dass sich die Mieten zwischen den beiden Städten deutlich unterscheiden und wir entsprechend der Hamburger Agentur einen höheren Umsatz unterstellen dürfen, ist erstmal das einzige Indiz. Und doch erscheint der Standort als ein Baustein des Images Ihrer Marke.

Wenn Sie ortsungebunden sind, können Sie den Standort Ihres Ateliers, der Agentur oder Ihrer Büroräume durchaus zur Debatte stellen. Sollten Sie sich jedoch aus privaten oder anderen Gründen bereits für einen Standort entschieden haben, helfen Google My Business und Local SEO Ihrer Marke auch lokal auf die Sprünge.

Entscheidung 3 | Markenname

Sie wollen alleine gründen? Auch dann kann ein Markenname für Sie sinnvoll sein. Denn angenommen, Sie sind als freischaffende Journalistin derart gefragt, dass Sie bald schon Subunternehmer beauftragen, die Ihnen die Recherchearbeit abnehmen oder Ihnen Illustrationen liefern, und Ihrer Kundschaft nach und nach einen Full-Service anbieten, sind Sie irgendwann eher eine Agentur als ein Einzelunternehmen. Dann werden Sie sich freuen, wenn Sie nicht mehr unter Ihrem Namen durch die wilden Wasser des freien Marktes segeln, sondern unter Ihrem Markennamen. So ist eine Trennung zwischen den Leistungen Ihrer Agentur und Ihrem Wert und Ansehen als Mensch auch deutlicher voneinander getrennt als in Ihrer Identität als Freiberufler.

Vorsicht bei der Internationalisierung

Wie soll das Kind denn heißen? Hier dürfen Sie kreativ werden. Suchen Sie sich einen Namen, der leicht zu merken und zu schreiben ist. Der Name ist nicht nur für das gesamte Unternehmen, sondern auch für einzelne Produkte entscheidend. Überlegen Sie dabei von Anfang an mit, ob Sie Ihre Marke eventuell irgendwann internationalisieren wollen.

Warum? Schauen wir uns dazu ein paar Beispiele an: Audi hat sich für eine Elektroauto-Studie einen Namen ausgedacht. Während »E-Tron« im Deutschen nach fortschrittlicher Technik klingt, bedeutet »etron« im Französischen »Kothaufen« – und da möchten wir uns vermutlich nicht so gerne reinsetzen. Genauso ging es Toyota mit seinem MR2, was sich französisch ausgesprochen wie »merde« anhört und damit genauso ein Griff ins Klo ist wie E-Tron. Toyota entschied sich deshalb kurzerhand dafür, einfach die 2 wegzulassen – und verabschiedete sich damit aus der Welt der Fäkalsprache. Ähnlich erging es Chevrolet mit dem Nova: In Lateinamerika bedeutet »no va« so viel wie »geht nicht«. Und so ging auch dieses Modell nicht – zumindest nicht in spanischsprachigen Ländern. Und Fords Pinto? Der weckte Assoziationen an das brasilianische Wort für das männliche Genital.[6]

Auch wenn manche Autos eine emotionale Verlängerung eben jenes Pinto zu sein scheinen, möchte wohl kaum ein Autofahrer das so offensichtlich auf dem Heck seines PKWs lesen. Bevor Sie Ihren Markennamen endgültig festlegen, gönnen Sie Ihrem Vorhaben einen kleinen Ausflug zu Google – und seien Sie gespannt auf die Ergebnisse.

Wenn Sie einen Namen gefunden haben, der stimmig und möglichst frei von negativen Konnotationen ist, geht es ans Prüfen: Auf der Website *www.dpma.de*, der Seite des Deutschen Patent- und Markenamtes, können Sie prüfen, ob Ihr Markenname noch frei ist oder jemand anders bereits dieselbe Idee hatte. Sollte der Name bereits vergeben sein, sehen Sie dort auch, in welchem Bereich diese Marke genutzt wird. Gegebenenfalls können Sie einfach eine andere der sogenannten Nizza-Klassen (siehe unten) wählen, um Ihren favorisierten Namen doch noch nutzen zu können.

The Artist is in the House: Künstlernamen

Kreative Einzelkämpfer haben zudem die Möglichkeit, sich mit einem Künstlernamen zu schmücken. Um sich ein selbstgewähltes Pseudonym wie Madonna, Cher oder Prince eintragen lassen zu können, müssen Sie erstmal nachweisen, dass Sie eine echte Künstlerpersönlichkeit sind. Das können Sie mit einem Bescheid der Künstlersozialkasse nachweisen, mit Verträgen mit Künstleragenturen, Arbeitsproben oder Honorarabrechnungen. Je mehr Nachweise Sie haben, desto glaubwürdiger sind Sie als Kulturschaffende. Denn die Genehmigung Ihres Antrags liegt im Ermessen der jeweiligen Behörde. Wird der Antrag bewilligt, wird Ihr Künstlername in den Personalausweis und Reisepass eingetragen – und Sie dürfen ihn offiziell für Ihre Arbeit nutzen.

6 *www.welt.de/motor/article13669067/Diese-Autonamen-wurden-zu-PR-Totalschaeden.html*

Entscheidung 4 | Markenschutz

Wenn Sie den für Ihre Idee perfekten Markennamen gefunden haben, können Sie sich Ihre Marken eintragen lassen. Ein auf Markenrecht spezialisierter Rechtsanwalt kann Sie auf dem Weg zum Markenschutz beraten und begleiten. So gehen Sie sicher, dass nur Sie Ihre Marke in Ihrem speziellen Arbeitsbereich nutzen dürfen. Damit Sie Ihre Marke schützen können, muss sie ein paar Kriterien erfüllen:

- **Name**: Der Markenname darf nicht zu generisch sein. Der Hähnchenstand »Zum knusprigen Hähnchen« ist beispielsweise zu wenig spezifisch und zu beschreibend, um sich schützen zu lassen. Kunstnamen wie Aldi, Tempo oder Haribo sind dagegen besonders, spezifisch und nicht allein beschreibend. Deshalb kommen sie für den Markenschutz infrage.
- **Nizza-Klasse**: Eine Marke steht immer in Verbindung mit einer oder mehreren der sogenannten Nizza-Klassen. Insgesamt gibt es innerhalb des internationalen Klassifikationssystems für Markenanmeldungen 45 Klassen. Davon beziehen sich 34 auf Waren und 11 auf Dienstleistungen. Überlegen Sie bei einer Markeneintragung also gleich mit, in welchen Branchen Sie sich wohlfühlen werden.
- **Ort**: Es gibt Marken, die nur lokale oder regionale Relevanz haben. Wenn Sie etwa einen Friseursalon mit einem skurrilen Namen wie Kopfsalat, Hair-reinspaziert oder Ponyhof eröffnen wollen, steht Ihnen meist nichts im Weg – auch wenn zig Friseure ihre Läden mit einem derart haarsträubenden Namen bedenken. Denn in der Regel haben Friseure eine eher lokale Bedeutung. Ähnliches gilt für lokale oder regionale Tageszeitungen. In diesem Fall schließt sich eine doppelte Verwendung eines Markennamens jedoch von vornherein aus, da eine Zeitung im Mittelrheintal wohl wenig Interesse daran hat, sich Ruhr-Nachrichten zu nennen. Eine lokale Marke bedarf im Kontrast zu einer internationalen Marke meist eines etwas weniger umfangreichen Schutzes.
- **Rechtsform**: Unternehmen, die im Handelsregister eingetragen sind, dürfen sich für einen Fantasienamen entscheiden. Für Freiberufler, Einzel- und Kleinunternehmer sowie Gesellschaften bürgerlichen Rechts (GbR) gibt es dagegen eine Besonderheit: Auch sie dürfen gerne für ihr Unternehmen einen Markennamen auswählen und anmelden. Allerdings muss ihr Vor- und Nachname stets mit dem Markennamen in Verbindung stehen. Das bedeutet nicht, dass Ihr Name Teil des Markennamens sein muss, sondern lediglich, dass Ihr Name immer auch auf Rechnungen, im Impressum der Website und bei jeglichem Geschäftsverkehr erkennbar sein muss.

Der Markenschutz gilt für zehn Jahre. Nach Ablauf dieses Zeitraums kann der Markenschutz wieder und wieder für jeweils zehn Jahre verlängert werden. Mehr Informationen dazu finden Sie auf der Website des Deutschen Patent- und Markenamtes unter *www.dpma.de*.

Entscheidung 5 | Markenkern

»*Was wir nicht haben, brauchen Sie nicht*«, nannte der Moderator und Autor Max Mohr eines seiner Bücher. Damit zitiert Mohr einen Spruch, der in einem Tante-Emma-Laden den Ton angab. Der Spruch zeigt: Früher gaben die Verkaufenden vor, was der Markt zu bieten hatte – heute sagen die Kunden, wo es langgeht. Bis in die 1930er Jahre galt beispielsweise ausgerechnet Radium als der Energiespender für gesundheitsbewusste Menschen: Ins Trinkwasser oder die Schokolade gemixt, sollte der radioaktive Stoff nicht nur die Leistungskraft am Schreibtisch, am Fließband und zwischen den Laken steigern, sondern auch Rheuma und eine ganze Reihe anderer Leiden heilen. Damals bestimmten die Hersteller, was das Beste für die Menschheit sei.

Heute ist die Kundschaft emanzipiert und trifft am liebsten gut informierte Entscheidungen. Zunehmend rücken ethische Werte in den Fokus der Kundschaft. So verlangt der Markt zunehmend nach nachhaltigen und fair hergestellten Produkten. Wer mit seiner Marke nicht dynamisch auf die Ansprüche seiner Kundschaft reagiert, wird mittelfristig seine Relevanz auf dem Markt verlieren. Und was sorgt für die Relevanz einer Marke? Ihr Markenkern. Dieser umfasst das zentrale Nutzenversprechen und verbindet dabei den rein funktionalen Nutzen des Angebots mit seinem emotionalen Zusatznutzen. So grenzt der spezifische Markenkern Ihre von allen anderen Marken ab.

Ob Radium oder Fair Trade: Der Markt fordert, dass Sie den Kern Ihrer Marke ständig neu erfinden und zugleich Ihrem Kern treu bleiben. Wie Sie vielleicht schon ahnen, ist das kein einfacher Balanceakt. Der Erfolg am Markt besteht folglich auch darin, einen Markenkern zu wählen und darum ein Image zu spinnen, das sich ab und zu auch etwas ändern darf.

Entscheidung 6 | Markenentwicklung

Und damit wären wir auch schon mitten in der Markenentwicklung. Denn wenn sich der Markt komplett modernisiert, braucht Ihre Marke womöglich eine Kernsanierung. Dabei steht immer der Mensch im Mittelpunkt. So wie sich die Erde um die Sonne dreht, rotiert Ihr Unternehmen um Ihre Kundschaft. Das wichtigste, was Sie dazu wissen müssen, ist eine alte Anglerweisheit: Der Köder muss dem Fisch schmecken, nicht dem Angler. Damit ist gemeint, dass Sie immer zuerst an Ihre Zielgruppe und erst als Zweites an Ihren Markenkern denken sollten. Bleiben Sie dafür immer nah an Ihrer Zielgruppe. Sobald sich an ihren Bedürfnissen etwas ändert, sollte Ihre Marke nachziehen und darauf reagieren.

Der Köder muss dem Fisch und nicht dem Angler schmecken.

Doch die Markenentwicklung darf durchaus auch aktiv von Ihnen gesteuert und nicht bloß als bloßer Reflex auf eine aktuelle Laune des Marktes erfolgen. Zu Ihrer Markenentwicklung kann beispielsweise die bereits erwähnte Diversifizierung gehören, eine Expansion auf den internationalen Markt oder das Umschwenken auf eine nachhaltige Produktionsweise. Der Begriff *Markenentwicklung* deutet an, dass Marken nicht in Stein gemeißelt sind, sondern sich agil an die Umstände und den Bedarf anpassen.

Entscheidung 7 | Markenstrategie

Sie sehen also: Erfolgreiche Marken brauchen immer auch ein Händchen für Strategie. Gerade am Anfang mag das alles recht erschlagend wirken. Aber keine Angst: Eine Strategie ist eine langfristige Sache und darf sich auch mit der Zeit und mit Ihrem Business entwickeln. Sie müssen nicht schon einen fertigen Zehn-Jahres-Plan in der Tasche haben, wenn Sie eine Steuernummer beantragen. Nehmen Sie sich für Ihre Strategie die Zeit, die Sie brauchen. Das hat auch den Vorteil, dass Sie so erst ein Gefühl für Ihren Markt, Ihre Zielgruppe und Ihre eigenen Vorlieben in der Arbeit entwickeln können. So fußt Ihre Markenstrategie auf einem sicheren Fundament.

Wenn es dann so weit ist und Sie Ihrer Marke eine Strategie gönnen wollen, setzen Sie sich klare Ziele, auf die Ihre Strategie zustrebt. Denken Sie dabei langfristig und, wenn es sinnvoll ist, auch international. Ganz allgemein gilt, dass eine Markenstrategie den Wert Ihrer Marke steigern und Ihre Bekanntheit fördern soll. Dazu gehört es auch, strategisch eine gewisse Markentreue bei der Zielgruppe zu erreichen.

In Ihre Strategie können Sie verschiedene Aspekte einbeziehen:

- den Sinn, den Mehrwert und die Werte Ihrer Marke
- passende, innovative Kommunikationsmittel
- Wiedererkennungswerte in Form von Logo, Schriftart, Corporate Language und Corporate Design
- Maßnahmen, um den Absatz zu fördern
- Preisentwicklung

Entscheidung 8 | Marken-Controlling

Ob Ihre kreativen und strategischen Entscheidungen fruchten, können Sie in begrenztem Maße überprüfen. Das nennt sich dann Marken-Controlling. Idealerweise machen Sie das nicht nur stichprobenartig alle paar Jahre mal, sondern lassen das Marken-Controlling zu einem kontinuierlichen Prozess werden, der Sie und die Entwicklung Ihrer Marke stetig begleitet. Wenn Sie es ganz professionell aufziehen wollen, können Sie Ihr Controlling auch anhand eines mehrdimensionalen Systems aus Key-Performance-Indikatoren (KPI) oder Marken-Key-Performance-Indikatoren organisieren.

Gerade wenn Sie als kreative Freiberuflerin allein unterwegs sind, dürfen Sie Ihr Controlling aber gerne etwas schlanker aufstellen. So können Sie beispielsweise Ihre monatlichen Einnahmen überwachen und so im Laufe der Jahre feststellen, welche Monate arbeitsstark sind und wo mit saisonalen Einbrüchen zu rechnen ist. Egal, ob Sie nur ein bisschen Controlling machen wollen oder sich intensiv damit beschäftigen: Nutzen Sie die Ergebnisse, um Ihre Marke daran wachsen und gedeihen zu lassen.

Das Controlling kann Ihnen wirklich gute Tipps für Ihr Verhalten am Markt und für Ihre tägliche Arbeit geben. Beispielsweise kann es Ihnen zeigen, dass Sie in der Sommerflaute im August beruhigt länger in den Urlaub fahren können, wenn in den letzten Jahren in dieser Zeit keine Aufträge auf Ihren Schreibtisch geflattert sind. Genauso können Sie die inhaltliche Ausrichtung Ihres Corporate Blogs verschieben, wenn ein bestimmter Themenschwerpunkt besonders gut ankommt. Nutzen Sie die statistischen Auswertungen Ihrer Website, um einen Sprung in den Google-Rankings zu machen. Die zentrale Erkenntnis ist hier: Controlling ist kein Selbstzweck. Es ist Ihr Instrument, um auf der Basis messbarer Ergebnisse noch erfolgreicher zu werden.

Statement | Denken wie eine Marke

»Wir trainieren unsere Kunden und Klientinnen darin, Empathie für ihre Kundschaft zu entwickeln: Versetzen Sie sich in eine erfolgreiche Marke. Fokussieren Sie sich auf die Mehrwerte, die Sie bieten können. Arbeiten und verbessern Sie diese Mehrwerte, um sich vom Wettbewerb zu differenzieren. Sie müssen nicht alles können, Sie müssen nicht jedem gefallen. So bekommt man ein gutes Gespür, was Verbraucher wirklich benötigen und was einen Mehrwert stiften könnte. Um den Markt besser zu verstehen, bieten wir unseren Kunden Markt-Research und Wettbewerbsbeobachtungen an. Wir scannen Kommentare und Bewertungen in sozialen Medien und erstellen Personas. So identifizieren wir gemeinsam globale und lokale Trends – und verstehen besser, was die Verbraucher wollen.«

Ronny Höher | Head of Strategie & Beratung | Orfgen Marketing GmbH & Co. KG

Kapitel 3

Rechtsformen: Ein Unternehmen entsteht

Kreative Menschen sprudeln oft nur so vor innovativen Ideen. Während wir Farbe auf die Leinwand oder Buchstaben aufs Papier bringen, fühlen wir uns oft grenzenlos frei. Doch sobald aus dem schöpferischen Austoben ein solider Beruf werden soll, müssen wir uns wohl oder übel auf etwas Struktur einlassen. Zum juristischen Regelwerk, in dessen Rahmen wir unsere Dienste auf den Markt tragen, gehört es auch, die passende Rechtsform zu finden.

Sich schon vor der Gründung ein paar Gedanken über die passende Rechtsform zu machen, ist vielleicht nicht besonders erquicklich – aber wichtig. Denn die passende Rechtsform schont Ihre Zeit, Ihr Budget und vor allem Ihre Nerven.

Wenn Sie sich beim Finanzamt anmelden, machen Sie bald Bekanntschaft mit dem Fragebogen zur steuerlichen Erfassung. Die erste Frage: Gewerbe oder Freiberufler? Zudem können Sie in Deutschland frei wählen, ob Sie eine GbR OHG, KG, GmbH oder AG gründen wollen. Generell unterscheidet das deutsche Recht zwischen Personen- und Kapitalgesellschaften. Wie die Namen verraten, liegt der Unterschied darin, dass in einer Personengesellschaft die Personen, also die Gründenden, im Zentrum stehen, während in Kapitalgesellschaften – Überraschung – das Kapital die Hauptrolle spielt, das für die Gründung aufgebracht werden muss. Welche Form zu Ihren Plänen passt, hängt vor allem von drei Faktoren ab:

1. Gründen Sie alleine oder im Team?
2. In welcher Branche gründen Sie?
3. Mit wie viel Startkapital können Sie in Ihr Abenteuer starten?

Doch keine Sorge: Sie müssen nicht gleich zum Start Ihrer Selbstständigkeit den vollen Durchblick haben: Sie können die Rechtsform Ihres Unternehmens ändern, wenn Ihnen dies sinnvoll erscheint. Das ist zwar mit etwas Mühe und Kosten verbunden, nimmt Ihnen aber den Druck, direkt alles richtig machen zu müssen.

3.1 Einzelunternehmer

Oft werden Sie auch als Solo-Selbstständige bezeichnet, weil sie sich alleine in das Abenteuer Selbstständigkeit stürzen. Hochoffiziell sind jedoch alle alleine Gründenden Einzelunternehmen. Das gilt auch, wenn Sie sich erstmal nur nebenberuflich selbstständig machen.

Mit der Anmeldung beim Finanzamt verwandeln Sie sich in eine Nummer: in eine Steuernummer. Unter dieser Nummer werden Sie beim Finanzamt geführt. Deshalb gehört Ihre Steuernummer auch auf jede Ihrer Rechnungen. So kann das Finanzamt Ihnen Ihre Belege eindeutig zuordnen. Ins Impressum Ihrer Website gehört Ihre Steuernummer jedoch nicht, auch wenn manche Websites und Blogs so etwas behaupten. Diese Annahme geht in der Regel auf eine Verwechslung zurück, denn die Umsatzsteuer-Identifikationsnummer gehört ins Impressum – die Steuernummer jedoch nicht. Wenn Sie zum Finanzamt gehen und sich eine Steuernummer holen, sind Sie automatisch erstmal Einzelunternehmer. Damit sind Sie nicht allein, denn drei von vier Unternehmen sind Einzelunternehmen.

Um die Steuernummer zu beantragen, benötigen Sie zunächst den sogenannten Fragebogen zur steuerlichen Erfassung. Den erhalten Sie bei Ihrem zuständigen Finanzamt. Ein Anruf oder eine E-Mail reicht, um diesen Bogen zugeschickt zu bekommen. Alternativ können Sie dieses Formular auch online über *www.elster.de* ausfüllen.

Besonders wichtig beim Ausfüllen des Bogens ist, dass Sie genau angeben, was Sie in Ihrer Selbstständigkeit machen werden. Im Beamtendeutsch nennt sich das »Art des ausgeübten Gewerbes/der Tätigkeit«. Bitte beschreiben Sie an dieser Stelle alle Tätigkeiten, die Sie ausüben werden. Zum Beispiel:

- Illustrationen von Kinderbüchern
- Seminare mit Werkvertragscharakter und Verpflegung
- Werbetexte
- Verwaltung und Vermietung von Immobilien

Die Art Ihrer Tätigkeit entscheidet schließlich darüber, ob Sie als Freiberuflerin oder als Gewerbetreibender gelten. Einfach nur zu hoffen, dass Ihre Tätigkeit als freiberuflich eingestuft wird, kann teuer werden, da das Finanzamt Sie auch rückwirkend noch als gewerbetreibend einstufen und entsprechend Abgaben fordern kann.

Nachdem Sie diesen Fragebogen eingereicht haben, erhalten Sie Ihre Steuernummer. Sollten Sie ein Gewerbe anmelden wollen, wenden Sie sich dafür entsprechend an das Gewerbeamt Ihrer Stadt. Nach der Gründung und dem Eintrag ins Handelsregister wittern Betrüger ein Geschäft: Deshalb tauchen gelegentlich Zahlungsaufforderungen für verschiedene Verzeichnisse auf, die Sie jedoch nicht weiter beachten müssen.

Einzelunternehmer 1 | Freiberufler

Genau genommen handelt es sich bei der Freiberuflichkeit nicht um eine Rechtsform. Freiberufler können auch eine GmbH gründen. Doch wer gehört überhaupt zu den Freiberuflern?

Katalogberufe

Bei den sogenannten Katalogberufen ist der Fall in der Regel klar: Wer in diesen Berufen arbeitet, ist meist freiberuflich unterwegs. Für die Zugehörigkeit zu einem Katalogberuf müssen die Freiberufler eine entsprechende Biografie, Aus- und Weiterbildungen nachweisen können. Details dazu liefert § 18 des Einkommensteuergesetzes mit einer umfangreichen Liste typischer freiberuflicher Tätigkeiten. Dabei teilen sich die Katalogberufe in vier Hauptkategorien, denen eine ganze Reihe unterschiedlicher Berufe zugeordnet sind:

- **Heilberufe**, z. B. Ärzte, Zahnärztinnen, Tierärzte, Heilpraktikerinnen oder Physiotherapeuten
- **Rechts-, steuer- und wirtschaftsberatende Berufe**, z. B. Rechtsanwältinnen, Patentanwälte, Notarinnen oder beratende Volks- und Betriebswirte
- **Naturwissenschaftliche und technische Berufe**, z. B. Ingenieurinnen, Handelschemiker, Architektinnen oder Vermesser
- **Sprach- und informationsvermittelnde Berufe**, z. B. Journalisten, Bildberichterstatterinnen, Dolmetscher oder Übersetzerinnen

Katalogähnliche Berufe

Doch auch wer sich in den Katalogberufen nicht wiederfindet, kann Freiberufler sein: Zu den sogenannten katalogähnlichen Berufen gehören Menschen wie Ergotherapeuten, Grafikdesigner und PR-Texter. Dafür entscheidend sind die Ausbildung, die Bedingungen und die konkrete Tätigkeit: Sie müssen dem Katalogberuf ähnlich sein. Wenn der Katalogberuf beispielsweise eine amtliche Erlaubnis erfordert, sollte das auch für den katalogähnlichen Beruf gelten. So ist der Beruf des Ergotherapeuten ähnlich dem Katalogberuf des Physiotherapeuten. Andersherum sind die Juristin und der Architekt, die eine Personalvermittlungsfirma leiten, keine Freiberufler, sondern Gewerbetreibende – obwohl sie von ihrer Ausbildung her eigentlich zu den Katalogberufen gehören.

So weit, so kompliziert. Vielleicht kann Klaus hier etwas Licht ins Dunkle bringen – schließlich kennt er sich mit Elektrizität gut aus: Klaus ist studierter Elektroingenieur und möchte nach dem Studium lieber Buchstaben als Schaltkreise in eine sinnvolle Form bringen. Also macht er sich als technischer Redakteur selbstständig. Fortan verdient Klaus seine Brötchen, indem er Montageanleitungen, Handbücher und Erklärungen zu technischen Geräten und Maschinen verfasst. Um Freiberufler zu sein, muss Klaus also keine journalistischen Reportagen schreiben. Seine Arbeit als schreibender Mensch macht ihn zum Mitglied eines katalogähnlichen Berufs. Denn der technische Redakteur ähnelt in seinem Fall dem Katalogberuf des Ingenieurs und zugleich noch dem des Journalisten.

Laut § 18, Nr. 1 des EStG muss ein katalogähnlicher Beruf mit dem eigentlichen Katalogberuf in wesentlichen Punkten vergleichbar sein: vor allem mit Blick auf die eigentliche Tätigkeit und die dafür nötige Ausbildung. Der entscheidende Faktor in Klaus' Fall ist, dass er Texte schreibt, die seine eigenen Gedanken ausdrücken und er so Urheberrechte erwirbt. Denn Klaus bekommt von seinen Auftraggebern nur ein paar Stichpunkte und Skizzen der Anlagen. Diesen Input unterfüttert er mit den Ergebnissen seiner Recherche und anderen wichtigen Gedanken und kreiert daraus eigenständige und für die Leser schlüssige Texte. Dadurch wird sein Beruf zu einem katalogähnlichen Beruf. Ähnlich verhält es sich beispielsweise auch bei Trauerrednern, die ihre Rede immer neu schaffen. Wer dagegen einen immer gleichen Vortrag wieder und wieder abspult, der könnte irgendwann Schwierigkeiten bekommen. Denn der kreative Funke oder ein Studium, aus dem sich die Inhalte der Vorträge und Keynotes speisen, ist entscheidend für die Einordnung in die Freiberuflichkeit.

Tätigkeitsberufe

Und dann gibt es noch die Tätigkeitsberufe. Da wir wohl jedem Beruf unterstellen dürfen, mit Tätigkeiten einherzugehen, erscheint das Wort Tätigkeitsberufe nicht besonders sinnvoll. Mit dieser Kategorie will das Gesetz auch freie Berufe einfangen, die noch keinem der tradierten Katalogberufe zugeordnet sind. Darunter fallen vor allem Menschen, die wissenschaftlich, künstlerisch oder journalistisch arbeiten oder in diesen Bereichen unterrichten. Dazu gehören beispielsweise Autoren, Schauspieler oder Regisseurinnen.

Manche katalogähnliche Berufe und einige Tätigkeitsberufe sind deutlich weniger klar umrissen als die Katalogberufe. Deshalb gibt es einen gewissen Ermessensspielraum. Sollten Sie sich unsicher sein, hilft eine Rücksprache mit einer Juristin oder einem Steuerberater. Es einfach drauf ankommen zu lassen, kann ins Auge gehen: Wer wider Erwarten doch als Gewerbetreibender und nicht als Freiberufler eingestuft wird, dem vergeht schnell die Freude an der Selbstständigkeit.

Auf Nummer sicher gehen

Sie können beim Finanzamt nachfragen, ob Ihre Tätigkeit als freiberufliche eingestuft wird. Die Aussage des Finanzamtes ist jedoch leider nicht bindend, denn erst bei einer Betriebsprüfung stuft das Finanzamt Ihren Status verbindlich ein. Dann kann Ihnen Ihr Status als Freiberufler bis zu sieben Jahre im Nachhinein aberkannt werden. Das ist nicht nur für Ihre Zukunft ungünstig, sondern kann sehr kompliziert werden. Denn schlimmstenfalls müssen Sie Gewerbesteuer nachzahlen.

Wenn es um Ihre Finanzen geht, sollten Sie lieber nichts dem Zufall überlassen. Wenn Sie unsicher sind, kann ein Gespräch mit dem Finanzamt trotzdem für Klarheit sorgen, da die Beschäftigten die Entscheidungsgrundlagen in der Regel gut beurteilen können. Meist ist die Klärung einfach, schnell und unkompliziert erledigt – und Sie können wieder ruhig schlafen.

Bedingungen

Welche Bedingungen müssen Sie erfüllen, um in Deutschland freiberuflich arbeiten zu dürfen?

- Ihr erster Wohnsitz muss in Deutschland liegen.
- Es ist kein Startkapital nötig.
- Bei der Anmeldung beim Finanzamt sollten Sie in Ihrer Außenkommunikation ebenso wie in Ihrer E-Mail-Signatur oder auf Ihrer Visitenkarte darauf achten, dass alle Berufs- oder Branchenbezeichnungen einer freiberuflichen Tätigkeit entsprechen.
- Aus Ihren Rechnungen muss hervorgehen, dass Ihre Leistungen eindeutig in den Bereich der Freiberuflichkeit fallen. Schlüsseln Sie dafür beispielsweise die einzelnen Posten auf, die Sie in Rechnung stellen, und nennen Sie entsprechende Tätigkeiten wie »Verfassen des journalistischen Artikels ›Beispieltext‹« oder »Illustrationen für das Handbuch«.
- Die Einkommensquelle muss eindeutig sein: Als Blogger gelten Sie beispielsweise nur als Freiberufler, wenn Sie nur für Ruhm und Ehre schreiben oder Ihr Geld tatsächlich für die Texte bekommen. Wenn sich Ihr Einkommen aus Werbeeinnahmen durch Banner oder Sponsoring generiert, gelten Sie bei den meisten Finanzämtern als gewerbetreibend.

Vorteile der Freiberuflichkeit

Freiberuflich zu arbeiten hat einige Vorteile, vor allem im Gegensatz zum Gewerbe: Die Buchführung ist schlanker, denn das Finanzamt begnügt sich bei Freiberuflern mit einer einfachen Einnahmen-Überschuss-Rechnung, die Sie in Abschnitt 10.1 kennenlernen werden. Außerdem werden keine Gewerbesteuer oder IHK-Beiträge fällig, und auch die Ausgaben für Krankenkasse und Rente können anders sein, wie Sie in Abschnitt 10.3 sehen werden. Einkommens- und eventuell Umsatzsteuer müssen natürlich auch Freiberufler zahlen.

Nachteile der Freiberuflichkeit

Der Nachteil der Freiberuflichkeit liegt, wie bei vielen anderen Rechtsformen, in der Haftung: Zwar können Freiberuflerinnen und Freiberufler auch ohne Mindeststartkapital in den Job starten. Dafür haften sie allerdings auch mit ihrem Privatvermögen. Das heißt im Klartext: Wenn Sie jemand verklagen sollte oder Sie sich finanziell übernommen haben, verschwindet die Grenze zwischen Ihnen als Unternehmen und Ihnen als Mensch: Für Ihre Fehler müssen Sie auch mit Ihrem Portemonnaie geradestehen.

Freiberufler als Kleinunternehmer

»Kleinunternehmer« ist keine Rechtsform: Dabei handelt es sich allein um eine steuerrechtliche Sache. Deshalb schauen wir uns die steuerlichen Regelungen für den Kleinunternehmer in Abschnitt 10.2 genauer an. Hier sei nur dazu gesagt, dass es einerseits Freiberufler und andererseits Freiberufler als Kleinunternehmer gibt. Der Zusatz »Kleinunternehmer« weist allein darauf hin, dass der Freiberufler Umsatzsteuer ans Finanzamt abführt und der freiberufliche Kleinunternehmer damit erstmal nichts zu tun hat.

Einzelunternehmer 2 | Einzelunternehmer als Gewerbetreibender

Wer sich in den freien Berufen nicht wiederfindet, gehört zu den Gewerbetreibenden. Aber nicht so schnell: Auch an dieser Stelle hat das deutsche Recht einigen Diskussionsspielraum eingebaut: So unterscheidet es beispielsweise zwischen freiberuflichen Künstlerinnen und Kunstgewerbetreibenden.

Pablo Picasso und Frida Kahlo wären nach der Definition des Einkommensteuergesetzes Freiberufler gewesen, schließlich verdienten sie ihre Pesos und Pesetas mit ihren Gemälden. Hätten Sie dagegen beschlossen, ihre Bilder zu fotografieren, die Motive auf T-Shirts, Tassen und Sticker zu drucken und nur noch vom Verkauf dieser Fanartikel zu leben, hätten sie sich von Freiberuflern in Gewerbetreibende verwandelt. Denn vereinfacht gesagt liegt der Fokus bei den Freiberuflern auf dem Erschaffen von etwas Freiem und Neuem, während Gewerbetreibende etwas vertreiben.

Ein weiterer Grenzfall sind Unternehmensberater: Mit einer entsprechenden betriebswirtschaftlichen Ausbildung zählen sie gemäß den Katalogberufen zu den Freiberuflern. Ohne die Ausbildung ordnen die meisten Finanzämter dieselbe Person mit derselben Tätigkeit dagegen den Gewerbetreibenden zu.

Bedingungen

Welche Bedingungen müssen Sie erfüllen, damit Sie in Deutschland ein Gewerbe betreiben dürfen?

- Ihr erster Wohnsitz muss in Deutschland sein, wenn Sie ein Einzelunternehmen anmelden wollen.
- Sie müssen zusätzlich zu Ihrem Einzelunternehmen ein Gewerbe anmelden.
- Gründende müssen kein Startkapital nachweisen.

Vorteile eines Gewerbes

Sie können nicht davon überrascht werden, plötzlich doch Gewerbesteuer zu zahlen, schließlich wissen Sie über Ihren Status Bescheid und denken deshalb die gegebenenfalls anfallende Gewerbesteuer gleich mit.

Nachteile eines Gewerbes

Zusätzlich zu Ihrer Steuernummer benötigen Sie für ein Gewerbe eine Gewerbeanmeldung. Doch ein weiteres Formular auszufüllen ist noch keine große Herausforderung. Kniffelig wird das Gewerbe dadurch, dass im Gegensatz zur Freiberuflichkeit bei einem Gewerbe ab einem Jahresumsatz von mehr als 600.000 Euro oder einem Jahresgewinn von über 60.000 Euro eine doppelte Buchführung nötig wird. Zudem wird ab einem Jahresgewinn von 24.500 Euro Gewerbesteuer fällig. Das macht die Steuererklärung komplexer. Diese Grenzen ändern sich gelegentlich. Aktuelle und weiterführende Informationen bekommen Sie beim Amt für Finanzsteuerung Ihrer Stadt.

Zudem besteht in den meisten Branchen die Pflicht, in einer Kammer, etwa der Industrie- und Handelskammer (IHK), Mitglied zu sein und entsprechende Beiträge zu zahlen. In Deutschland gibt es 80 verschiedene Industrie- und Handelskammern, die Sie entsprechend Ihrem Geschäftszweig auswählen. Kleingewerbetreibende und Personengesellschaften müssen erst einen Beitrag zahlen, nachdem sie ihren Freibetrag überschritten haben. Wo diese Grenze aktuell liegt und wie hoch Ihr Beitrag ist, erfahren Sie bei Ihrer zuständigen IHK.

Einzelunternehmer 3 | Mischformen

Okay, jetzt haben Sie einen Überblick über die Unterschiede zwischen freiberuflicher und gewerblicher Tätigkeit. Um das Ganze noch etwas komplizierter zu machen, kommen wir nun zur Mischform – denn Sie dürfen durchaus gleichzeitig freiberuflich und gewerblich arbeiten. Damit das Finanzamt mit der Mischform einverstanden ist, muss der freiberufliche Anteil Ihrer Arbeit überwiegen. Wenn Sie sich also im Grenzbereich bewegen und sich unsicher sind, hilft ein Anruf bei der Steuerberaterin. Sie kann Ihnen dabei helfen, den Kern Ihres Business herauszufiltern und so die Grundlage der Besteuerung herauszufinden.

Bedingungen

Welche Bedingungen müssen Sie erfüllen, damit Sie in Deutschland freiberuflich und gleichzeitig gewerblich arbeiten dürfen?

- Im Internet taucht manchmal die Idee auf, es gebe ein Gewohnheitsrecht. Das ist jedoch nicht der Fall: Selbst wenn Sie die letzten zehn Jahre als Schriftstellerin freiberuflich unterwegs waren, wechseln Sie mit Ihrer Verlagerung in den Buchhandel ins Gewerbe.
- Es ist kein Startkapital nötig.

Vorteile

Der größte Vorteil der Mischform ist, dass Sie sich nicht entscheiden müssen. So können Sie in all den Bereichen arbeiten, die Sie spannend finden, und müssen sich nicht auf die Jobs beschränken, die zur Freiberuflichkeit passen.

Nachteile

Der größte Nachteil der Mischform ist der Horror jedes chaotischen Geistes: Die Buchhaltung wird kompliziert. Schließlich müssen Sie zwei verschiedene Rechtsformen unter einen Buchhaltungshut bekommen. Wie das gehen kann, erfahren Sie in Kapitel 10. Und im Zweifelsfall gibt es Profis, die Ihnen Ihre Steuersachen nur zu gerne abnehmen.

Sonderform Freelancer

Der Freelancer ist offiziell keine Rechtsform. Da die Begriffe Freelancer und Freiberufler jedoch häufig fälschlicherweise synonym verwendet werden, wollen wir uns den Freelancer mal genauer ansehen: Vor allem freie Schriftstellerinnen und Journalisten, Redakteure und Lektorinnen werden auch als Freelancer bezeichnet. Diese englische Bezeichnung galt ursprünglich britischen Söldnern, die frei (engl.: free) dorthin zogen, wo sie ihre Loyalität und ihre Lanze (engl.: lance) für eine ordentliche Bezahlung in die Dienste eines Fürsten oder Königs stellten. Vor allem in deutschsprachigen Redaktionen werden Freelancer auch als freie Mitarbeiter bezeichnet, die mit Block und Kugelschreiber und eher selten mit einer Lanze bewaffnet auf der Arbeit aufkreuzen. Ob sie gewerblich oder freiberuflich in den täglichen Kampf ziehen, ist dabei egal. Der Schlüssel zum Verständnis des Freelancers ist also, dass er frei und nicht festangestellt ist.

Die Steuernummer

Zusätzlich zu Ihrer Steuernummer können Sie eine Umsatzsteuer-Identifikationsnummer beantragen. Diese ist nötig, wenn Sie für Auftraggeber aus der EU tätig werden wollen oder bereits waren oder Dienstleistungen aus anderen EU-Ländern importieren wollen.

Die Umsatzsteuer-Identifikationsnummer können Sie online unter *www.formulare-bfinv.de* beantragen. In das digitale Antragsformular müssen Sie Ihr zuständiges Finanzamt, Ihre Steuernummer, die Rechtsform und den Namen des Unternehmens, die Postleitzahl und den Standort Ihres Unternehmens eintragen. Außerdem tragen Sie dort Ihren Namen und Ihr Geburtsdatum ein. Dieses Antragsformular können Sie auch postalisch an das Bundeszentralamt für Steuern schicken oder faxen. Die Umsatzsteuer-ID bekommen Sie per Post zugeschickt. Kosten entstehen dafür nicht.

Behalten Sie für Ihren nächsten Umzug im Hinterkopf, der Finanzverwaltung Ihres Bundeslandes Bescheid zu geben. Denn wenn Sie Ihren privaten Wohnsitz verändern, kann sich Ihre Steuernummer ändern: Die ersten drei Stellen Ihrer Steuernummer stehen für das zuständige Finanzamt. Wenn Sie in einen anderen Bezirk umziehen, ist womöglich ein anderes Finanzamt für Sie zuständig – und die ersten drei Stellen Ihrer Steuernummer ändern sich. Lassen Sie deshalb das Finanzamt wissen, wenn Sie umziehen. Meist bekommen Sie bereits bei der Ummeldung Post mit der neuen Nummer.

3.2 Gesellschaft bürgerlichen Rechts (GbR)

Sie wollen mit einer Freundin ein eigenes Yogastudio eröffnen? Alles klar, dann sind Sie ab jetzt in guter Gesellschaft: in der Gesellschaft bürgerlichen Rechts. Um eine Gesellschaft zu bilden, braucht es mindestens zwei Menschen – so ist es auch bei der Gesellschaft bürgerlichen Rechts.

Wenn sich zwei oder mehr Selbstständige zusammen auf den Markt wagen wollen, schließen sie gemeinsam einen Gesellschaftsvertrag. Dieser Vertrag kann formlos sein und sogar rein mündlich ausgehandelt und geschlossen werden. Der Vertrag hält fest, dass alle Beteiligten ein gemeinsames Ziel verfolgen wollen. Wie sie das machen wollen, ist ebenfalls Teil des Vertrags.

Sie sehen schon: Vielleicht schreiben Sie den Vertrag doch lieber auf. Im Eifer des Gefechts beugt ein klarer und jederzeit einsehbarer Vertrag Streit und Stress vor. Spätestens wenn einer der Beteiligten ein Grundstück mit in die geschäftliche Ehe einbringt, ist eine notarielle Beurkundung des Vertrags nötig.

GbR: Der Vertrag

Es gibt zwar keine klaren Vorgaben, was in den Vertrag reingehört, aber diese Fragen sollte er idealerweise möglichst konkret beantworten:

- Wie heißt die GbR?
- Wann und wo wurde sie gegründet?
- Wer macht alles mit und wo wohnen diese Menschen?
- Was darf die Geschäftsführung?
- Was macht die GbR? Was bietet sie an?

- Wer bringt wie viel Kapital mit in die Gesellschaft?
- Wer bekommt wie viel vom Gewinn und wie werden Verluste aufgeteilt?
- Wer darf wen wann kontrollieren und wer muss wem wann und wie Informationen liefern?
- Was passiert, wenn einer der Gesellschafter aussteigen möchte oder stirbt?
- Wie kann ein Gesellschafter seine Rechte und Anteile auf jemand anderen übertragen?

Alle Gesellschafter bilden erstmal gemeinsam die Geschäftsführung. Deshalb müssen alle Gesellschafter Geschäftsentscheidungen gemeinsam zustimmen. Da das viele Prozesse erschwert und verlangsamt, können sich die Beteiligten aber auch auf einen einzelnen Geschäftsführer oder eine ausgewählte Gruppe einigen. Auch das gehört in den Gesellschaftsvertrag.

Gesamthänderische Bindung

Alles, was die Gesellschaft gemeinsam erwirtschaftet, fällt unter eine sogenannte gesamthänderische Bindung. Das bedeutet, dass die Werte erstmal allen Gesellschaftern gemeinsam gehören und so nicht einer alleine darüber verfügen kann.

Bedingungen, Vor- und Nachteile

Welche Bedingungen müssen erfüllt sein, damit Sie in Deutschland eine GbR gründen können?

- Der Umsatz der GbR muss unter 260.000 Euro und der Gewinn des Unternehmens unter 25.000 Euro im Jahr bleiben. Anderenfalls verwandelt sich Ihre GbR in eine Offene Handelsgesellschaft, die andere Pflichten und Konditionen hat.

Die Vorteile der Gründung einer GbR sind:

- Die Gründung ist einfach und kostet sehr wenig: Sie müssen lediglich 15 bis 60 Euro für die Gewerbeanmeldung zahlen. Eventuell können Notarkosten dazukommen, wenn Sie sich für den wasserfesten Weg entscheiden.
- Da eine GbR im engeren Sinne keine kaufmännische Tätigkeit ausführt, müssen Sie keine doppelte Buchführung machen.
- Banken lieben GbRs, da Sie mit Ihrem Privatvermögen für eventuelle Fehltritte Ihres Unternehmens einstehen.
- Sie brauchen kein Startkapital.
- Sie dürfen Ihrem Unternehmen einen passenden Namen geben, der auch ein Fantasiewort sein kann.
- Die GbR darf Wirtschaftsgüter, Grundstücke und Immobilien erwerben.

Die Nachteile einer GbR sind:

- Wer einfach nur Waren kaufen und wieder verkaufen möchte, ist hier falsch. Eine OHG macht hier mehr Sinn. Wenn das Finanzamt feststellt, dass Sie Handel betreiben, wird Ihre GbR automatisch in eine OHG umgewandelt.
- Ohne explizite Regelung müssen alle Gesellschafter allen Entscheidungen einstimmig zustimmen. Das kann Zeit und Nerven kosten.
- Sie haften, wenn etwas schiefläuft, mit Ihrem Privatvermögen.
- Wenn die Geschäfte zu gut laufen, werden Sie automatisch einer anderen Unternehmensform zugeordnet.

3.3 Partnergesellschaft

Wenn mehrere Freiberufler sich zusammentun und beispielsweise eine Hebammen- oder Psychotherapie-Praxis aufmachen wollen, können sie die Rechtsform der Partnergesellschaft wählen. Das Partnerschaftsgesellschaftsgesetz (PartGG) nennt vier Berufe, für die die Partnergesellschaft infrage kommt:

- Diplom-Psychologe
- Heilmasseur
- Hebamme
- Hauptberuflicher Sachverständiger

Da in der Partnergesellschaft Personen beruflich einen gemeinsamen Weg gehen wollen, zählt die Partnergesellschaft zu den Personengesellschaften. Wie bei der GbR ist auch hier die Grundlage einer guten Partnerschaft ein solider Partnerschaftsvertrag. Er hält die Namen, die Wohnorte und die innerhalb der Partnergesellschaft ausgeübten Berufe der Freiberufler fest. Das Ganze muss dann in das sogenannte Partnerschaftsregister eingetragen werden.

Bei einer Partnergesellschaft kann die Haftung unter bestimmten Bedingungen begrenzt werden: Zwar haften generell alle an der Partnerschaft beteiligten Personen gesamtschuldnerisch und persönlich. Lässt sich der Grund für den Schadensfall jedoch eindeutig auf einen oder mehrere der Partner zurückführen, können unter bestimmten Bedingungen auch nur diese Personen dafür haftbar werden. In einem solchen Fall würden die anderen Partner nicht mit ihrem Privatvermögen haften.

Neben dieser einfachen Partnerschaftsgesellschaft gibt es jedoch auch noch eine Partnerschaftsgesellschaft mit beschränkter Berufshaftung, die PartG mbB. Bei ihr gibt es keine persönliche Haftung. Ihr Privatvermögen ist bei einem Fehltritt ebenso geschützt wie das Ihrer Partner. Die Haftung beschränkt sich dabei auf die Versicherungssumme der Berufshaftpflichtversicherung.

Weiterführendes

Weitere Informationen finden Sie beispielsweise hier: *www.existenzgruender.de/DE/Gruendung-vorbereiten/Rechtsformen/Partnerschaftsgesellschaft-mit-beschraenkter-Berufshaftung-PartG-mbB/inhalt.html*.

Bedingungen, Vor- und Nachteile

Welche Bedingungen müssen Sie erfüllen, damit Sie in Deutschland eine Partnergesellschaft gründen dürfen?

- Der Name der Partnerschaft muss mindestens einen der Nachnamen sowie die Berufsbezeichnungen aller Partnerinnen und Partner enthalten.

Die Vorteile einer Partnergesellschaft sind:

- Wie bei der Freiberuflichkeit ist auch bei der Partnergesellschaft die Buchführung übersichtlich. Eine Einnahme-Überschuss-Rechnung reicht bereits aus.
- Die Partnergesellschaft ist von der Gewerbesteuer befreit, wenn alle Bereiche der Partnerschaft die Kriterien der Freiberuflichkeit erfüllen.
- Es ist kein Startkapital nötig.

Der Nachteil einer Partnergesellschaft ist:

- Die Haftung zielt auf das Privatvermögen der zusammengeschlossenen Partner und Partnerinnen ab. Die Haftung kann jedoch auch eingeschränkt werden.

3.4 Offene Handelsgesellschaft (OHG)

Die offene Handelsgesellschaft ist eine Personengesellschaft, in der sich mindestens zwei Menschen zusammenschließen, um gemeinsame Sache zu machen. Die OHG ist das Gegenstück zur Partnergesellschaft, in der sich Freiberufler verpartnern: In der offenen Handelsgesellschaft wird, wie der Name erahnen lässt, Handel und somit ein Gewerbe betrieben. In der OHG finden all die Berufe ein Zuhause, die nicht zu den Katalogberufen oder den damit verwandten freien Berufen gehören.

Bedingungen, Vor- und Nachteile

Welche Bedingungen müssen Sie erfüllen, damit Sie in Deutschland eine OHG gründen dürfen?

- Nach der Gründung möchte Ihre offene Handelsgesellschaft ins Handelsregister eingetragen werden.

Der Vorteil einer OHG ist:

- Zur OHG-Gründung ist kein Mindeststartkapital erforderlich.

Die Nachteile einer OHG sind:

- Die Gesellschafter haften mit ihrem Privat- und dem Gesellschaftsvermögen.
- Wie alle Unternehmen, die ins Handelsregister eingetragen sind, wie GmbHs oder AGs, muss auch die OHG doppelte Buchführung betreiben.
- Für die Gründung fallen Kosten an: Für den Notar müssen Sie mit 130 Euro rechnen, etwa 100 Euro werden beim Handelsgericht fällig und weitere etwa 30 Euro beim Gewerbeamt.
- Die Haftung greift auch noch, fünf Jahre nachdem einer der Gesellschafter ausgestiegen ist.
- Die OHG ist umsatz- und gewerbesteuerpflichtig.

3.5 Kommanditgesellschaft (KG)

Und noch ein langes deutsches Wort: Kommanditgesellschaft oder kurz: KG. Die KG ist eine besondere Form der OHG. Die KG ist die perfekte Rechtsform für Gründende, die Menschen mit Kapital an Bord holen, aber selbst der Boss bleiben wollen. Das macht die KG auch zu einer geeigneten Rechtsform für Familienunternehmen, die selbst das Zepter in der Hand behalten wollen.

Doch während die Spielregeln der Partnergesellschaft und der OHG noch recht überschaubar waren, wird es bei der KG kompliziert. Es fängt damit an, dass es in der KG zwei verschiedene Arten von Gesellschaftern gibt: Die einen bringen Kapital mit und haften nicht. Sie nennen sich Teilhafter oder Kommanditisten. Und die anderen haften mit ihrem gesamten privaten Vermögen. Sie heißen Vollhafter oder Komplementäre. Und jetzt wird es noch komplizierter: Ist der Komplementär kein Mensch, sondern eine GmbH, wird das Unternehmen aus firmenrechtlichen Gründen zur GmbH & Co. KG. In einer GmbH & Co. KG ist der Vollhafter eine GmbH, also kein Mensch oder – wie Juristen sagen – eine natürliche Person. Stattdessen haftet die GmbH, also ein Unternehmen. Das hat einen entscheidenden Vorteil: Wenn das Unternehmen haftet, sind die beteiligten Menschen vor einem privaten Totalschaden sicher, wenn das Unternehmen den Bach runtergehen sollte. Auf der anderen Seite gehört das Vermögen der KG. Genauso ist sie es, die Mitarbeiter einstellt, Verträge aushandelt und Lieferanten bezahlt.

Bedingungen, Vor- und Nachteile

Welche Bedingungen müssen Sie erfüllen, damit Sie in Deutschland eine KG gründen dürfen?

- Sie können den Gesellschaftsvertrag ganz formlos aufsetzen. Achten Sie dabei aber darauf, dass er möglichst konkret und eindeutig ist, um eventuellen Streitigkeiten vorzubeugen. Auf den Websites einiger Industrie- und Handelskammern sowie Handwerkskammern finden Sie Musterverträge, an denen Sie sich orientieren können.
- Sie müssen Ihre KG ins Handelsregister eintragen. Um die Anmeldung vorzubereiten, müssen alle Gesellschafter, also sowohl alle Komplementäre als auch alle Kommanditisten, beim Notar erscheinen.
- Nach dem Unternehmensnamen muss in der Außendarstellung immer das Kürzel KG mitgenannt werden.
- Wie bei allen anderen Formen der Gruppengründung ist auch bei der KG eine Anmeldung und ein Vertrag nötig. Anders als bei den anderen Formen wird die Haftungssumme jedes Kommanditisten festgelegt.

Die Vorteile der KG:

- Auch bei der KG ist kein Startkapital nötig. Im Gesellschaftsvertrag kann jedoch festgelegt werden, wer wie viel in die Unternehmensehe mit einbringt.
- Während bei bisher genannten Rechtsformen die Gründenden immer mit ihren Privatvermögen haften, ist das bei der KG anders: Die Kommanditisten haben nicht nur einen coolen Namen, sondern haften lediglich mit dem Kapital, das sie bei der Gründung mit ins Unternehmen eingebracht haben.

Die Nachteile der KG:

- Die Komplementäre haften in unbeschränkter Höhe. Im Zweifelsfall auch mit ihrem Privatvermögen.
- Bei der KG oder der GmbH & Co. KG kommt einiges an Verwaltungs- und Rechtsaufwand auf Sie zu.

3.6 Gesellschaft mit beschränkter Haftung (GmbH)

Und wenn wir schon mal dabei sind: Werfen wir noch einen Blick auf die GmbH. Während die ersten Rechtsformen als einfache Zusammenschlüsse von natürlichen Personen als Personengesellschaften gelten, geht es jetzt um Kohle: Die GmbH gehört zu den Kapitalgesellschaften – denn hier steht das Kapital im Mittelpunkt. Zugleich bietet sie einen gewissen Schutz für die Unternehmerinnen und Unternehmer, da die GmbH, wie der Name schon sagt, eine beschränkte Haftung mit sich bringt.

Interessant ist, dass Sie auch alleine eine GmbH gründen können. Egal, ob Sie alleine oder mit anderen durchstarten: Für beide Fälle hält das GmbH-Gesetz zwei Musterprotokolle für Sie bereit, die aus drei Teilen bestehen: **Gesellschaftsvertrag**, **Geschäftsführerbestellung** und **Gesellschafterliste**. Wenn Sie alles ausgefüllt haben, müssen Sie die Dokumente nur noch beurkunden lassen.

Bedingungen, Vor- und Nachteile

Welche Bedingungen müssen Sie erfüllen, damit Sie in Deutschland eine GmbH gründen dürfen?

- In Ihre GmbH müssen Sie ein Stammkapital von mindestens 25.000 Euro einbringen. Zur Gründung reicht allerdings erstmal die Hälfte. Das Stammkapital ist nötig, um möglichen Geschäftspartnern eine gewisse Sicherheit zu geben und Zahlungskraft zu signalisieren.
- Sie können auch Sachkapital, also Maschinen, Autos oder Computer in Ihre GmbH einbringen.
- Vor der Gründung zahlen Sie mindestens die Hälfte des nötigen Stammkapitals auf ein Geschäftskonto ein. Die entsprechende Kontonummer halten Sie in Ihrem Gesellschaftervertrag fest und lassen sowohl die Kontonummer als auch die Höhe der Einlage notariell beglaubigen.
- Der oder die Geschäftsführende ist grundsätzlich festangestellt und damit im vollen Umfang sozialversicherungs- und rentenversicherungspflichtig – selbst wenn Sie die GmbH alleine gründen.
- Sie müssen einen Gesellschaftervertrag abschließen.
- Sie müssen am Jahresende eine Bilanz erstellen.

Die Vorteile der GmbH:

- Sie können Ihre GmbH auch alleine gründen und führen.
- Sie können das Stammkapital auch in Etappen einzahlen.
- Die Haftung ist durch die juristische Aufstellung der GmbH beschränkt. Dadurch ist Ihr Privatvermögen besser geschützt.
- Das Gehalt der geschäftsführenden Person wirkt sich natürlich gewinnmindernd aus und senkt damit die zu zahlende Gewerbesteuer.

Die Nachteile der GmbH:

- Das Geschäftsführergehalt muss angemessen sein und dem Markt entsprechen. Zudem müssen die entsprechenden Sozialabgaben natürlich auch bei knapper Unternehmenskasse gezahlt werden.
- Es gibt ein Mindeststammkapital, von dem Sie mindestens die Hälfte bereits zur Gründung zusammenhaben müssen.

- Für die Gründung fallen Notarkosten an, auch die Eintragung ins Handelsregister und die Bekanntmachung sind mit Kosten verbunden.

3.7 Unternehmergesellschaft (haftungsbeschränkt, UG)

Eine beschränkte Haftung kann Ihnen manche schlaflose Nacht ersparen: Sie schützt Ihr privates Vermögen davor, vom eventuellen Untergang Ihres Unternehmens mitgerissen zu werden. Offiziell ist die UG eine Sonderform der GmbH und somit eine Kapitalgesellschaft. Doch keine Sorge: Sie müssen lediglich einen einzigen Euro als Stammkapital in Ihr Unternehmen einbringen.

Bedingungen, Vor- und Nachteile

Welche Bedingungen müssen Sie erfüllen, damit Sie in Deutschland eine UG gründen dürfen?

- Nach dem Musterprotokoll gründen Sie mit einer geschäftsführenden Person und maximal drei Gesellschaftern. Die Anmeldegebühren belaufen sich dann auf pauschal 150 Euro. Sie können aber auch mit einer anderen Anzahl von Geschäftsführerinnen oder Gesellschafterinnen gründen. Dadurch werden auch die Kosten für die Anmeldung individuell an Ihr Modell angepasst.
- Sie müssen mindestens einen Euro Stammkapital nachweisen können.
- Ihre UG muss ins Handelsregister eingetragen werden.
- Auch bei der UG ist eine festangestellte und sozialversicherungspflichtig beschäftigte Geschäftsführerin nötig.

Die Vorteile der UG:

- Die Haftung ist beschränkt.
- Zugleich ist kaum Startkapital nötig: Sie können bereits mit nur einem Euro Stammkapital starten.

Die Nachteile der UG:

- Bei der Unternehmergesellschaft oder UG (haftungsbeschränkt) sind Sie gesetzlich verpflichtet, Rücklagen zu bilden. Wenn Sie das näher interessiert, suchen Sie über eine Suchmaschine wie Ecosia nach der sogenannten Thesaurierungspflicht des GmbH-Gesetzes (§ 5a Abs. 3 GmbHG). Demnach muss jede UG ein Viertel ihres Jahresüberschusses abzüglich des sogenannten Verlustvortrages aus dem Vorjahr als Gewinnrücklage zurücklegen. Das bedeutet, dass Sie mindestens 25 Prozent der UG-Gewinne auf dem Konto zurückbehalten müssen, bis die Mindest-Stammeinlage von 25.000 Euro erreicht ist.

3.8 Holding

Gleich vorneweg: Eine Holding ist keine Rechts-, sondern eine Organisationsform. Dennoch sei sie hier erwähnt, da sie vor allem in der Kreativwirtschaft für manche Gründer und Unternehmerinnen spannend sein kann. *Holding* ist die Kurzversion von *Holding-Gesellschaft* oder *Dachgesellschaft*. Im Gesetz ist der Begriff nicht eindeutig definiert. Was klar ist: Mit einer Holding-Struktur können Sie mehrere Unternehmen miteinander in Verbindung bringen. Vor allem große, international agierende Unternehmen entscheiden sich häufig für eine Holding. Aber auch für kleine Unternehmen, etwa wenn Sie zwei UGs leiten, kann die Holding durchaus sinnvoll sein.

Die Vorteile der Holding:

- Mit einer Holding können Sie enorme Steuervorteile nutzen.
- Gegebenenfalls können Sie mit der Holding Kapitalbeteiligungsgrenzen umgehen.

Der Nachteil der Holding:

- Größere Kapitalbeteiligungen werden häufiger untersagt, um der Bildung von Kartellen vorzubeugen.

3.9 Purpose-Unternehmen

Der Kundschaft verändert sich, also verändert sich auch der Markt. Und etwas behäbiger trottet bald auch das Gesetz hinterher. Deshalb entstehen gelegentlich auch neue Rechtsformen. So fordern immer mehr Unternehmen und Expertinnen, dass die Rechtsform des Purpose-Unternehmens geschaffen werden sollte. Aktuell ist es noch keine Rechtsform, doch die Rufe aus der Wirtschaft werden immer lauter.

In Zukunft hätten Sie dann die Möglichkeit, ein Unternehmen zu gründen, das nicht von Gewinnstreben, sondern von Sinnhaftigkeit und Verantwortung geleitet wird. Dadurch soll das Unternehmen dauerhaft unabhängig – oder eben frei und kreativ – bleiben.

Bedingungen, Vor- und Nachteile

Welche Bedingungen müssten Sie erfüllen, falls Sie in Deutschland ein Purpose-Unternehmen gründen dürften?

Bei einem Purpose-Unternehmen sind alle Eigentümer Treuhänder. So soll verhindert werden, dass das Unternehmen der Spekulation oder der persönlichen Bereicherung der Gründerinnen anheimfällt. Die Gesellschafter verzichten ganz im Sinne des Verantwortungseigentums bewusst darauf, sich Unternehmensgewinne auszuschütten. Sie verpflichten sich dazu, die Gewinne im Unternehmen zu belassen. Anteilseigner dürfen sich zudem nur eine angemessene Vergütung auszahlen. Gegebenenfalls kommen noch weitere Bedingungen hinzu, falls sich die Idee des Purpose-Unternehmens tatsächlich zu einer offiziellen Rechtsform mausert.

Die Vorteile des Purpose-Unternehmens:

- Der größte Vorteil liegt darin, dass ein Unternehmen mit dieser Rechtsform eine ganz neue Form der Sinnstiftung mit sich bringt. Hier geht es nicht mehr um reines Wirtschaften und kreatives Arbeiten, sondern auch um den Einfluss, den Ihre Arbeit auf die Gesellschaft hat.
- Die Rechtsform ermöglicht es, die eigenen Werte und Ideale noch mehr in das eigene Unternehmen einzubringen.
- Es ist eine günstigere Alternative zum meist recht kostspieligen Gründen und Führen einer Stiftung.

Der Nachteil des Purpose-Unternehmens:

- Die Verantwortung für die Gründer ist deutlich höher als bei anderen Rechtsformen.

Sie sehen also: Es gibt eine ganze Reihe von Formen und Möglichkeiten, um in Ihre Selbstständigkeit zu starten. Wenn Sie unsicher sind, lassen Sie sich von Ihrer Steuerexpertin beraten. Auch dürfen Sie sich nach all den juristischen und technischen Informationen gerne damit beruhigen, dass Sie die Rechtsform jederzeit wechseln können, wenn Ihnen ein Wechsel sinnvoll erscheint.

3.10 Checkliste für Ihre Unternehmensgründung

	Eine solide Geschäftsidee ausdenken
	Die passende Rechtsform bestimmen
Freiberufler und Einzelunternehmer	
	Steuernummer beantragen
	Loslegen
Alle anderen	
	Meldung beim Gewerbeamt
	Eintragen ins Handelsregister
	Gegebenenfalls Mitstreiter finden
	Eventuell und je nach Branche bei der IHK oder einem Branchenverband melden
	Je nach Rechtsform einen Gesellschaftsvertrag und eine Gesellschafterliste erstellen
	Wenn gefordert, Startkapital sammeln und einzahlen
	Wenn nötig, einen Geschäftsführer bestimmen
	Gegebenenfalls einen Termin bei einer Notarin machen

Kapitel 4

Businessplan und Finanzplan: Die Schatzkarte für Ihre Selbstständigkeit

Wenn Sie sich als Journalistin selbstständig machen wollen, brauchen Sie außer einem Laptop, einem Smartphone und ein paar Kulis meist nicht viel, um loszulegen. Manchmal ist aber auch etwas mehr Geld nötig, damit das Business starten kann. Mögliche Geldgeber und Investorinnen überzeugen Sie mit einer guten Idee und einem soliden Businessplan.

Wenn es ums Geld geht, reicht es leider selten aus, dass Sie kreativ und sympathisch auftreten. Dann müssen schon ein paar Fakten auf den Tisch.

4.1 Der Businessplan

Das Ziel Ihres Businessplans ist es, Ihre Geschäftsidee interessant, überzeugend und kurz darzustellen, mögliche Risiken im Vorfeld auszuräumen und die Tragfähigkeit des Geschäftsmodells überzeugend darzustellen. Ob Jobcenter, die Agentur für Arbeit, Banken oder Investoren: Wie Ihr Businessplan dagegen konkret aussehen soll, das hängt sehr von der speziellen Rolle der Person ab, der Sie Ihren Businessplan vorlegen. Wenn Sie beispielsweise einen Gründerzuschuss haben wollen, dann sollte der Zahlenteil anders aussehen als der für eine Investorin. Denn wenn Ihre Zahlen jetzt schon so gut aussehen, dass sich Ihr Unternehmen schnell selbst tragen wird, warum sollte die Behörde Sie dann bis zum großen Durchbruch unterstützen wollen?

Deshalb ergibt es Sinn, **verschiedene Versionen** Ihres Businessplans auszuarbeiten. Natürlich können Sie große Teile Ihres Businessplans in allen Versionen verwenden und nur einige Abschnitte entsprechend anpassen. Dabei bleibt die wichtigste Version die, die Sie für sich schreiben. Sie gibt Ihnen vor allem im ersten Jahr Ihrer Selbstständigkeit Orientierung.

»Ich schreibe dir einen langen Brief, weil ich keine Zeit habe, einen kurzen zu schreiben.« Damit hat das Dichtergenie Johann Wolfgang von Goethe mal einen Brief eröffnet. Besonders wenn Sie der schreibenden Zunft angehören, wissen Sie, was er meinte: Sich kurzzufassen ist meist viel schwieriger, als einfach alle Gedanken runterzuschreiben. Kürzen, Wiederholungen entfernen, Sätze stutzen: All das fordert Zeit und ein bisschen Talent. Doch Ihre Leserinnen und Leser sollten Ihnen diesen Aufwand wert sein. Vermutlich haben die Menschen auf der anderen Seite Ihres Businessplans wenig Zeit – kommen Sie also schnell zum Punkt.

Die Kunst besteht darin, so viel wie möglich in den Anhang zu packen: Ihren Lebenslauf, den Beleg über Ihre Gewerbeanmeldung, eine Produktbeschreibung oder Musterverträge. Im Fließtext können Sie kurz auf die entsprechende Anlage verweisen. So können Sie auf den 20 bis 40 Seiten Ihres Businessplans übersichtlich darstellen, warum andere gerade Ihre Idee unterstützen sollten. Achten Sie dabei immer darauf, dass Ihre Unterlagen vollständig sind und alle Anforderungen der jeweiligen Institution erfüllen. In der Regel sind bei einem Businessplan die folgenden Punkte gefragt:

Abschnitt 1 | Die Geschäftsidee

Der Vorhang geht auf – und die Show geht los. Fassen Sie direkt zu Beginn Ihres Businessplans den Kern Ihres Vorhabens in wenigen Sätzen zusammen. Verstehen Sie die ersten Sätze Ihres Businessplans wie einen Trailer für einen Kinofilm, der neugierig auf Ihre Idee macht. Schließlich handelt es sich bei Ihrem Businessplan nicht um eine ausschweifende, wissenschaftliche Hausarbeit, sondern um Ihr Herzensprojekt, das Sie erfolgreich vermarkten möchten.

Stellen Sie nach Ihrem fesselnden Projekt-Trailer Ihre Geschäftsidee vor: Wie und womit genau wollen Sie künftig Ihr Geld verdienen? Machen Sie anderen Appetit, den Rest Ihres Businessplans zu verschlingen.

Abschnitt 2 | Die Persönlichkeit

Hier geht es um Sie. Werden Sie persönlich. Behalten Sie dabei aber immer im Blick, dass Sie Ihre Leserinnen und Leser von Ihrem Unternehmen begeistern wollen und nicht von Ihren aufregenden Hobbys und Ihrer einladenden Persönlichkeit. Denn Menschen, die Ihnen Geld geben, wollen wissen, wer Sie sind. Wenn Sie sympathisch und kompetent rüberkommen, sprudelt das Geld. Erzählen Sie von Ihrem beruflichen Werdegang, erläutern Sie, warum Ihnen Ihr Projekt am Herzen liegt und wieso Sie genau die richtige Person sind, um damit den Markt zu beglücken. Bleiben Sie dabei immer nah an Ihrer Geschäftsidee: Erzählen Sie, was Sie qualifiziert, mit Ihrer Unternehmung erfolgreich zu sein. Verweisen Sie hier gerne auf Ihren Lebenslauf, Zeugnisse und Zertifikate, die Sie dem Anhang anfügen. In Ihre Ausführung streuen Sie dabei charmant diese drei zentralen Punkte ein:

1. **Ihre Motivation**: Welche Werte und Wünsche bewegen Sie? Was treibt Sie auf den Markt? An dieser Stelle wird aus einem Stapel Zettel ein Mensch. Versuchen Sie dabei nicht, zu gefallen, sondern seien Sie authentisch. Das verkauft sich auf lange Sicht am besten. Falls Sie planen, Mitarbeiter einzustellen, erzählen Sie gerne auch etwas über Ihre Auffassung von guter Zusammenarbeit.
2. **Ihre fachlichen Kenntnisse**: Was haben Sie wo gelernt und warum? Wie werden Sie dieses Wissen in Ihr Unternehmen einbringen? Stellen Sie Ihre Fähigkeiten vor, und unterfüttern Sie diese mit den harten Fakten und den Fleißsternchen, die Sie sich stolz in den Lebenslauf kleben können.
3. **Ihre kaufmännischen Skills**: Haben Sie das Zeug zum Geschäftsmann oder zur Businesswoman? Hatten Sie schon mal eine Führungsposition oder haben Sie Erfahrung im Vertrieb? Sie müssen nicht alles können. Dennoch dürfen Sie hier gerne etwas Hoffnung wecken, dass Sie auch die buchhalterischen und organisatorischen Aufgaben Ihres Unternehmens wuppen können: Wer seine Schwächen benennen kann und erklären kann, wie er daran arbeiten möchte, wirkt ehrlich und kompetent zugleich.

Abschnitt 3 | Das Angebot

Dieser Abschnitt geht ins Detail:

- Was bieten Sie ganz genau an?
- Wie machen Sie das zu Geld?
- Welche und wessen Probleme lösen Sie?
- Und was gibt Ihnen das Gefühl, dass diese Probleme wirklich existieren?

Stellen Sie den konkreten Nutzen Ihres Angebots vor. Schlagen Sie dazu gerne nochmal zurück in Abschnitt 2.5. Machen Sie deutlich, warum die Welt bislang auf Ihr Angebot gewartet hat und warum Ihr Ansatz genau der richtige ist.

Hier geht es um Ihre eigentliche Arbeit – oder wenn Sie sich als Metzgerin selbstständig machen wollen, geht es sogar um die Wurst.

Abschnitt 4 | Die Finanzen

Für alle, die Geld in Ihre Idee stecken wollen, ist dieser Abschnitt das Herz Ihres Businessplans. Deshalb brauchen die Zahlen extra viel Herzblut – und bekommen deshalb ein eigenes Kapitel. In Abschnitt 4.2 tauchen wir ausgiebig in den Finanzplan ein. Hier können wir schon mal festhalten, dass der Finanzen-Abschnitt Ihres Businessplans diese drei Elemente umfassen sollte:

1. Die Kapitalbedarfsplanung
2. Die Umsatzplanung
3. Ihre Liquiditätsplanung

Abschnitt 5 | Der Markt

Auch das beste Produkt bleibt im Regal stehen, wenn es keiner will. Damit alle Bescheid wissen, dass Ihr Angebot wirklich toll ist, wirft dieser Abschnitt Ihres Businessplans einen ausgiebigen Blick auf den Markt, den Ihr Produkt oder Ihre Dienstleistung im Sturm erobern wird.

- Wie groß ist Ihre Konkurrenz?
- Und wodurch grenzen Sie sich von den anderen ab?
- Was sind Ihre Ziele – Marktführung oder Nische?
- Für wen möchten Sie am liebsten arbeiten?
- Wie ist Ihre Zielgruppe drauf?
- Kurz: Wem wollen Sie das verkaufen?

In diesem Abschnitt klären Sie Ihre Leserinnen und Leser darüber auf, welche **Umsätze** in Ihrer Branche zu erwarten sind, wie sich die Preise in den letzten Jahren entwickelt haben und wie die Zukunft aussehen könnte.

Dazu gehört natürlich auch, wie groß die mögliche **Nachfrage** sein könnte. Leben Sie allein von der lokalen Laufkundschaft oder nehmen Sie Aufträge aus der ganzen Welt an, die Sie remote übers Internet bearbeiten? Wenn Sie eine Pizzeria aufmachen wollen, analysieren Sie den Markt in Ihrem Viertel. Denn, seien wir ehrlich, meist entscheiden wir uns für den Pizzaservice, der vielleicht nur die drittbeste Pizza hat, der diese aber heiß und knusprig liefert. Gibt es in Laufweite Ihrer Pizzeria Bürogebäude, deren Insassen sich zu einer Mittagspausenpizza verleiten lassen könnten?

Als Kinderbuchillustratorin können Sie dagegen einen Blick auf den aktuellen Absatz von Kinderbüchern werfen, schauen ob sich Aufklappbücher besser verkaufen als Pixi-Bücher. Zu welchen Gelegenheiten landen diese Bücher im Warenkorb? Je besser Sie sich mit Ihrem Markt auskennen, desto überzeugender wirkt Ihre Idee. So vermitteln Sie möglichen Geldgebern, dass Sie nicht nur eine gute Idee haben, sondern diese auch gut durchdacht haben.

Prototyp

Sollten Sie bereits einen Prototyp haben, können Sie Ihre Pizza oder Ihr Aufklappbuch von ersten Testnutzern bewerten lassen. Die Ergebnisse Ihres Tests und die Meinungen Ihrer Testkundschaft können Sie an dieser Stelle einfließen lassen. So gewinnen Sie wertvolle Extrapunkte, da Sie bereits einiges an Vorarbeit durchscheinen lassen.

Abschnitt 6 | Das Marketing

Wenn Sie wissen, wem Sie etwas verkaufen wollen, überlegen Sie nun, wie Sie das anstellen wollen. In diesem Abschnitt geht es vor allem um Marketing und Vertrieb – also Themen, die gerade Kreativen nicht so leicht von der Hand gehen. Schließlich wollen Sie mit Ihren tollen Ideen und Ihren Werken glänzen und niemanden mit Werbegeschwätz einlullen. Aber keine Angst: Das erwartet auch niemand von Ihnen.

Hier ist erstmal nur Theorie gefordert: Was bieten Sie an und wie teuer wird das? Wie wollen Sie das unter die Leute bringen? Online oder offline – oder beides? Posten Sie Ihre Illustrationen auf Instagram? Lassen Sie Edgarcards in lokalen Cafés und Szenerestaurants verteilen? Oder setzen Sie ganz klassisch auf Werbeanzeigen in Branchenmagazinen? Laden Sie potenzielle Kundinnen über einen Mail-Verteiler in Ihr Atelier ein oder besuchen Sie Interessenten lieber vor Ort?

Erzählen Sie etwas darüber, wie Sie den ersten Kontakt zu Ihrer Kundschaft anbahnen, wie Sie diese an sich binden wollen, wie Sie zum Kauf animieren. Mit Ihrer Strategie beweisen Sie eingehende Kenntnis Ihrer Zielgruppe und ein gesundes Kosten-Nutzen-Verhältnis. In diesem Abschnitt stellen Sie unter Beweis, dass in Ihrem kreativen Kopf mehr als gute Ideen stecken – sondern auch ein strategischer Geschäftssinn.

Abschnitt 7 | Das Unternehmen

Wenn Sie alleine gründen, ist dieser Punkt recht schnell abgehandelt, schließlich besteht Ihr Unternehmen aus genau einer Person: Ihnen. Erklären Sie, warum Sie sich für Ihre Rechtsform entschieden haben. Das gilt natürlich auch bei Teamgründungen. Alles, was nach einer bewussten Entscheidung klingt, lässt Sie bewusst und verantwortungsvoll erscheinen. Denn Unternehmer und Gründerinnen handeln und reagieren nicht bloß – sie haben das Steuerrad immer fest in der Hand.

Wenn Sie mit anderen Menschen in Ihre Selbstständigkeit starten, geben Sie in diesem Abschnitt einen Einblick in die **Strukturen Ihres Unternehmens**:

- Wer ist für was zuständig?
- Welche Positionen wollen Sie mittelfristig mit welcher Art von Menschen besetzen und warum?

An dieser Stelle können Sie auch etwas über Ihre Schlüsselpartner, Zulieferfirmen und die wichtigsten Dienstleisterinnen erzählen.

- Wer hilft Ihnen?
- Auf wen können Sie immer bauen?
- Welche Rolle übernehmen diese externen Personen in Ihrem Unternehmen?
- Welches gemeinsame Ziel verfolgen Sie und wer zieht welche Vorteile aus der Zusammenarbeit?

Vielleicht haben Sie eine Literaturagentin, die aufgrund einer Beteiligung an Ihren Tantiemen ein eigenes Interesse an Ihrem Erfolg hat. Oder möchten Sie vielleicht mit einer Druckerei zusammenarbeiten, die Ihre Vorliebe für nachhaltige Produkte teilt und Ihre Illustrationen auf Graspapier drucken wird?

Auch der **Standort** Ihres Unternehmens gehört in diesen Abschnitt. Wie Sie in Abschnitt 2.6 gesehen haben, schwingt im Ort Ihrer Gründung meist auch ein gewisses Image mit. Denn welcher Herrenschneiderin trauen Sie die besseren Schnitte zu: der aus Lippramsdorf – oder der aus Paris oder Mailand? Eben. Warum haben Sie sich dennoch für Lippramsdorf entschieden? Haben Sie dort lokale Unterstützer? Macht die gülleschwangere Landluft Sie besonders einfallsreich? Oder wollen Sie ganz bewusst einen ganz anderen Markt erreichen als die auf Hochglanz polierten Läden in den Modemetropolen?

Auch hier ist vor allem eines zentral: Zeigen Sie, dass Sie nichts dem Zufall überlassen haben, sondern sich bewusst für diesen Standort entschieden haben. Zudem hat jeder Standort ein bestimmtes Nachfragepotenzial, ein eigenes Niveau für Büro- oder Ateliermieten und einen speziellen Pool an potenziellen Mitarbeiterinnen. Sollten Sie ausschließlich über das Internet mit Ihrer Kundschaft zusammenarbeiten, können Sie auch das erwähnen und vielleicht dennoch einen kurzen Satz dazu verlieren, was Sie in Ihre Stadt verschlagen hat.

Abschnitt 8 | Das Risiko

So weit, so gut: Bislang strahlt Ihr Unternehmen in den schillerndsten Farben. Aber wie alles im Leben hat auch Ihre Idee mindestens einen Haken. Deshalb analysieren Sie im vorletzten Abschnitt mögliche Risiken Ihres Unternehmens. Seien Sie ehrlich – und konstruktiv: Nennen Sie mögliche Bedenken und Fallstricke, aber auch die passenden Lösungen, die Sie im Falle des Falles aus dem Hut zaubern werden. Schließlich sind Sie Profi und kein blauäugiger Anfänger.

Gelegentlich geraten angehende Unternehmer in den Rausch einer Gründungseuphorie. Doch auch in der Wirtschaft folgt auf den Rausch nicht selten ein ausgewachsener Kater. Denn wer mögliche Risiken vor lauter Begeisterung ausblendet, fährt manchmal mit Vollgas erst voraus – und dann gegen die Wand. Stellen Sie sich auch ein paar unangenehme Fragen: Was könnte Ihren Erfolg gefährden? Welche Umstände beobachten Sie momentan mit Bauchschmerzen? Was müssen Sie vielleicht noch lernen? Verbinden Sie hier ein Best-Case- mit einem Worst-Case-Szenario. Ein reger Austausch mit der Realität ist das beste Fundament für eine erfolgreiche Gründung.

Abschnitt 9 | Der Anhang

Willkommen auf der Resterampe: Im Anhang sammeln Sie alles, was für Gutachter und Geldgeberinnen spannend sein könnte, weiter oben aber keinen Platz wegnehmen sollte. Versuchen Sie, Ihren Lebenslauf, Vertragsentwürfe oder AGB in eine sinnvolle Reihenfolge zu bringen und den Wust aus Dokumenten und Unterlagen durch ein schickes Layout zu moderieren. Halten Sie auch den Anhang eher kurz. Statt eines allzu üppigen Zettelbergs verweisen Sie lieber in Ihrem Anschreiben darauf, dass Sie auf Wunsch weitere Belege nachliefern.

Businessplan: Bringen Sie Ihre Geschäftsidee auf den Punkt

Zwar wird heute wohl niemand mehr einen neuen Kontinent entdecken, dennoch können wir in unserem Leben jederzeit zu neuen Ufern aufbrechen. Wir brauchen nur etwas Entdeckergeist – und ein Ziel. Schon der Psychoanalytiker und Philosoph Erich Fromm nahm an, dass die Menschen Tausende von Zielen verfolgen und dennoch gar nicht wissen, was sie wollen. Unseren Kompass auf Hochglanz zu polieren und ihn fein säuberlich neben das Steuerrad zu legen, hilft uns, unser Ziel zu erreichen. Aber er hilft uns nicht dabei, das Ziel festzulegen. Das müssen wir schon selber tun. Und wer weiß? Vielleicht entdecken wir auf der Reise dorthin ja einen neuen Kontinent oder zumindest eine neue Seite an uns selbst.

Denn das ist es, was uns einzigartig macht – und genau das sollten Sie auch in Ihrem Businessplan nach außen tragen. Betonen Sie gerne an passender Stelle, was Sie und Ihr Angebot einzigartig macht. Dazu kann es auch gehören, dass Sie Ihren besonderen Sinn für Ästhetik durch das Layout Ihres Businessplans unterstreichen.

Lassen Sie den Plan von Kolleginnen oder Bekannten gegenlesen. Am besten nicht von der eigenen Mutter oder dem besten Freund – die sind parteiisch und werden Ihnen womöglich attestieren, dass es der beste Businessplan ist, den sie je gesehen haben.

4.2 Finanzplan – Wie Sie Ihr Geld in den Griff bekommen

Selbst wenn Sie sich erstmal nur nebenberuflich selbstständig machen, werden Sie ein Mindestmaß an Betriebsausgaben haben: vielleicht einen soliden Laptop, ein paar Kugelschreiber und einen Stapel Klebezettel. Wenn es etwas mehr sein darf, kommen Banken und Förderungen ins Spiel. Wer Ihnen beim Start in die Selbstständigkeit unter die Arme greifen kann, erfahren Sie in Abschnitt 5.3. Diesen Stellen dürfen Sie eventuell bald Ihren Businessplan vorlegen. Denn da das Geld meist nicht von alleine fließt, ist ein schlüssiger Businessplan sinnvoll: Er hilft Ihnen zum einen dabei, mögliche Geldgeber zu überzeugen, und zum anderen dabei, dass Sie sich selbst einen klaren Plan für Ihre Selbstständigkeit machen.

Wenn Ihre Idee mögliche Investorinnen und Geldgeber überzeugt hat, müssen Sie noch an einer anderen Stelle punkten: bei Ihrem Finanzplan. Schließlich soll Ihre Selbstständigkeit nicht nur Spaß machen – sondern auch wirtschaftlich sinnvoll sein.

Ihr Finanzplan sollte idealerweise diese Punkte behandeln:

1. Investitionsplan
2. Privatentnahmen
3. Preise, Gehälter, Honorare
4. Liquiditätsplanung
5. Rentabilitätsplanung

Finanzen 1 | Investitionsplan

Im ersten Teil Ihres Finanzplans stecken Sie nicht nur die Zehen ins kalte Wasser: Sie springen kopfüber rein.

- Wie viel Geld brauchen Sie, um sofort loslegen zu können?
- Brauchen Sie Stammkapital oder umfangreiches Equipment?
  Eine Filmausrüstung? Eine Bahncard 100, Miete oder Gehälter?
- Möchten Sie für irgendeine größere Investition eine Anzahlung leisten?
- Wie viel Geld brauchen Sie mindestens?
- Und für wie viel können Sie sich die optimale Luxuslösung leisten?

In diesem Abschnitt geben Sie einen möglichst detaillierten und realistischen Überblick über alle Kosten, die zum Start in Ihre Selbstständigkeit entstehen. Diese Rechnung können Sie bereits aufstellen, wenn Sie das erste Mal mit dem Gedanken spielen, sich selbstständig zu machen. Auf diese Weise können Sie rechnerisch den Zeitpunkt festlegen, wann es mit Ihrem Unternehmen losgehen kann. Im folgenden Kapitel erfahren Sie, wer Ihnen auf der Suche nach Startkapital unter die Arme greifen kann.

Finanzen 2 | Privatentnahmen

Darf es noch ein bisschen mehr sein? Eine Frage, die wir sonst eher von der Metzgertheke kennen, leitet Sie durch die Berechnung Ihrer Privatentnahmen.

Manche Einrichtungen erwarten von Ihnen, dass Sie eine Aufstellung Ihres privaten Bedarfs auch in Ihren Finanzplan integrieren. Aber auch für Sie ganz persönlich kann die folgende Tabelle hilfreich sein. Vor allem wenn Sie Ihre Dienste pro Stunde in Rechnung stellen, hilft Ihnen ein Überblick über Ihre privaten Ausgaben. Denn auch wenn Gründerjahre keine Herrenjahre sind, sollten Sie von Ihrem Vorhaben auch leben können.

Meist sind wir uns gar nicht so klar darüber, wie viel Geld wir brauchen und wie viel wir tatsächlich ausgeben. Wenn Sie sich unsicher sind, können Sie mit einem Old-School-Kassenbuch aus Papier oder einer App auf Ihrem Smartphone für einen oder zwei Monate nachhalten, wofür Sie im Laufe der Zeit Ihr Geld ausgeben. Meist kommt da mehr zusammen, als uns bewusst ist. Hier eine Liste zu den Privatausgaben.

Privatausgaben	**Notwendig 1. Jahr (mtl.)**	**Notwendig 1. Jahr (ges.)**	**Angestrebt monatlich**	**Angestrebt jährlich**
Miete inkl. Nebenkosten und Strom				
Gebäudeaufwendungen inkl. Nebenkosten				
Kosten des täglichen Bedarfs (Essen, Trinken, Kleidung)				
Freizeit				
Telefon, Fernsehen, Radio (privat)				
Private Kfz-Kosten				
Kosten für öffentliche Verkehrsmittel				
Versicherungen (Haftpflicht, Hausrat, Unfall, Rechtsschutz)				

Privatausgaben	Notwendig 1. Jahr (mtl.)	Notwendig 1. Jahr (ges.)	Angestrebt monatlich	Angestrebt jährlich
Bausparen				
Kranken- und Pflegeversicherung				
Arbeitslosenversicherung				
Kosten für Kinderbetreuung				
Unterhaltszahlungen an andere				
Zins- und Tilgungsverpflichtungen				
Rücklagen für Urlaub, Neuanschaffungen, Weiterbildung				
Rücklagen für Einkommenssteuer (30 % vom angestrebten Gewinn)				

Finanzen 3 | Preise, Gehälter, Honorare

Wenn Sie wissen, was Sie ausgeben müssen, überlegen Sie direkt danach, wie die Kohle wieder reinkommt. Setzen Sie sich im zweiten Schritt intensiv mit den Preisen auseinander: Ihrem eigenen Preis und den Preisen, die Sie zahlen werden.

Honorar

Wenn Sie mit Ihren ersten Kundinnen und Kunden über ein anstehendes Projekt sprechen, kommt früher oder später die Frage: Was kostet das Ganze? Wenn Sie das erste Mal mit dieser Frage konfrontiert sind, sind zwei Dinge wichtig: cool zu bleiben – und vorbereitet zu sein. Die Coolness fällt vielen frischgebackenen Selbstständigen anfangs noch schwer. Deshalb finden Sie in Abschnitt 7.1 Tipps zu Ihrem perfekten Honorar und wie Sie dieses auch bekommen.

Der Abschnitt hilft Ihnen auch bei dem anderen wichtigen Punkt: der Vorbereitung. Sie schlüsseln darin auf, wie Sie Ihre Honorare berechnen, gerne auch mit Blick auf den Markt und gängige Honorare Ihrer Mitbewerberinnen. Gehen Sie dabei nur so weit ins Detail, wie es Ihnen sinnvoll erscheint: Bietet beispielsweise eine detaillierte Aufstellung aller Ausgaben einen echten Mehrwert oder können Sie vielleicht einfach nur einen groben monatlichen Bedarf Ihrem Stundenhonorar zugrunde legen? Welche Berechnungen Sie für sich im Hintergrund benötigen, darf dabei auch Privatsache oder Geschäftsgeheimnis bleiben. Wichtig ist allein, dass Sie mit Ihrem Finanzplan zeigen, dass Sie sich intensiv mit der Berechnung realistischer Preise auseinandergesetzt haben.

Gehälter

Gleiches gilt für die Berechnung Ihrer Personalkosten: Wenn Sie schon bei Ihrer Gründung wissen, dass Sie gerne direkt mit einem Team an den Start gehen wollen, gibt Ihr Finanzplan einen Eindruck von der Personal- und Gehaltsstruktur in Ihrem Unternehmen.

- Welche Positionen gilt es zu besetzen und wie viel ist Ihnen diese Arbeit wert?
- Arbeiten Sie mit Aushilfen, externen Dienstleistern oder mit festen Mitarbeiterinnen? Vollzeit, Teilzeit oder Projektverträge? Und was wollen Sie für diese Arbeit ausgeben?

In Zeiten des Fachkräftemangels sollten Sie sich hier realistisch zeigen und mit Ihren Gehältern auch für erfahrene Mitarbeiterinnen finanzielle Anreize schaffen, sich auf die Arbeit in Ihrem Start-up einzulassen. Unrealistisches Lohndumping fällt Ihnen meist bereits im Businessplan auf die Füße – und spätestens, wenn Sie damit nur unerfahrene Studenten anlocken. Seien Sie also vor allem sich selbst gegenüber in diesem zentralen Kostenfaktor ehrlich.

Als seriöser Geschäftsmensch denken Sie auch in Ihrem Finanzplan langfristig. Überlegen Sie sich schon an dieser Stelle, wie sich Ihre Personalplanung verändern könnte, wenn Ihr Unternehmen wächst. Überlegen Sie sich dafür beispielsweise ein Szenario, wie sich die Geschäfte in den nächsten **fünf Jahren** entwickeln könnten. Bedenken Sie bei diesem Posten nicht nur die reinen Personalkosten, sondern auch die Sozialabgaben und sonstige Ausgaben wie Beiträge in die Künstlersozialkasse, die bei der Zusammenarbeit mit Ihren externen Texterinnen und Grafikdesignern anfallen. Denken Sie auch in Finanzdingen immer ganzheitlich.

Preise

Falls Sie nicht nur eine Dienstleistung, sondern ganz handfeste, physische Produkte verkaufen, sollten Sie sich schon frühzeitig Gedanken über deren Preisschilder machen. Die erste Entscheidung in diesem Bereich ist: Möchten Sie ein Massenprodukt herstellen oder eine kleine Nische bedienen? Entsprechend wählen Sie Ihre Pricing-Strategie:

Beim **Skimming**, dem Abschöpfen, steigen Sie mit einem recht hohen Verkaufspreis ein, den Sie mit steigenden Verkaufszahlen nach und nach senken. Bei der **Penetration**, der Marktdurchdringung, starten Sie dagegen mit einem niedrigen Einstiegspreis (George Djolov: The economics of competition: the race to monopoly, Best Business Books, 2006). Der Schnäppchenpreis verhilft Ihnen zu schneller Bekanntheit und beschenkt Sie hoffentlich bald mit einem üppigen Marktanteil. Wenn Sie Ihre gewünschte Marktposition erreicht und Ihr Angebot bei Ihrer Zielgruppe etabliert haben, können Sie den Preis allmählich anheben. Erwähnen Sie an dieser Stelle in Ihrem Finanzplan, welchen Weg Sie gehen wollen und warum.

Finanzen 4 | Liquiditätsplanung

Während Sie bei der Preisgestaltung noch einiges mit Zahlen unterfüttern und berechnen konnten, schlüpfen Sie bei der Liquiditätsplanung irgendwann von Ihrem Schreibtisch durchs Kaninchenloch und landen mitten im Finanzwunderland: Die Arbeit an Ihrem Liquiditätsplan kann Sie schnell ins Reich der Märchen und Fiktionen führen. Das heißt nicht, dass Sie sich haltlose Behauptungen ausdenken sollen, sondern lediglich, dass wir alle nicht mit Sicherheit in die Zukunft blicken können.

Warum sollte man dann überhaupt so eine Planung machen? Damit Sie einen groben Überblick bekommen: Schon viele Unternehmen sind trotz voller Auftragsbücher finanziell trockengelaufen. Liquide und damit flüssig zu sein, ist deshalb das zentrale Ziel Ihrer Finanzplanung. Dafür folgt der Liquiditätsplan einem schematischen Aufbau: Addieren Sie die **liquiden Mittel**, mit denen Sie in den Markt starten, und addieren Sie diese zu der **Einzahlung**, wie Einnahmen aus Verkäufen, Krediten oder Steuererstattungen, eines bestimmten Zeitraums. Die meisten Institutionen fordern eine Liquiditätsplanung, die sich über drei Jahre erstreckt und eine monatliche Entwicklung darstellt. Das Ergebnis sind **Ihre verfügbaren Mittel**. Davon subtrahieren Sie alle Ausgaben, also Gehälter oder Miete. Daraus ergibt sich Ihre **kumulative Liquidität**.

Die Tabelle

Unterscheiden Sie zwischen variablen Kosten und Fixkosten: Variable Kosten steigen meist proportional mit der Abnahmemenge. Wenn Sie beispielsweise selbst getöpferte Tassen und Schalen verkaufen, steigt mit jedem verkauften Teil auch die Menge an Ton und Glasur, die Sie dafür benötigen. Ihre Fixkosten sind dagegen die Kosten, die jeden Monat gleich aussehen, wie Ihre Büromiete oder die Kosten für Gehälter.

Legen Sie diese Tabelle zur Liquiditätsplanung als Excel-Sheet mit fünf Seiten an; jede Seite bildet eines der ersten fünf Jahre Ihres Unternehmens ab.

	Jan.	Feb.	Mär.	Apr.	Mai	Jun.	Jul.	Aug.	Sep.	Okt.	Nov.	Dez.
Liquide Mittel												
Kasse/Bank												
Einnahmen												
Umsatz aus Förderungs- eingängen (netto)												
Barumsatz (netto)												
Erhaltene Umsatzsteuer												
Darlehensauszahlungen												
Eigenkapital- einzahlungen												
Sonstige Einzahlungen (Zuschüsse etc.)												
Summe Einzahlungen												
Ausgaben (netto)												
Anschaffungen, Investiti- onen, Fortbildungen												
Personalkosten inkl. Nebenkosten												
Laufender Wareneinkauf												
Raumkosten (Miete und Nebenkosten)												
Versicherungen (nur betrieblich)												
Fahrzeugkosten												
Reise- und Übernach- tungskosten												
Werbung und Vertrieb												

	Jan.	Feb.	Mär.	Apr.	Mai	Jun.	Jul.	Aug.	Sep.	Okt.	Nov.	Dez.
Büromaterial, Telefon, Porto												
Steuerberater- und Rechtsanwaltskosten												
Steuern und Beiträge												
Zinsen inkl. Bankgebühren												
Tilgungen												
Gezahlte Vorsteuer												
Mehrwertsteuer-Zahllast												
Privatentnahmen												
Sonstige Kosten												
Summe Auszahlungen												
Über-/Unterdeckung pro Monat												
Kumulierte Über-/Unterdeckung												
Reserven/Sparbücher												
Verfügbare Liquidität												

Vorlagen

Im Internet finden Sie dafür bereits vorformatierte Excel-Tabellen, beispielsweise auf der Website *gruenderplattform.de/businessplan*.

Phasen ohne Einnahmen

Berücksichtigen Sie dabei auch, dass es saisonale Schwankungen und eine Anlaufphase geben kann. Wenn Sie beispielsweise mit Ihren Kunden keine Honorarsplittung vereinbaren und vor Projektbeginn einen Vorschuss bekommen, gehen Sie vor allem zu Beginn Ihrer Selbstständigkeit meist in Vorleistung, egal ob Sie eine Dienstleistung ausliefern oder obendrein noch Materialien für den Auftrag beschaffen müssen. In Ihre Liquiditätsplanung gehören deshalb neben den Tabellen für Ihren Drei-Jahres-Plan auch einige ausformulierte Ideen dazu, wie Sie Phasen überbrücken, in denen Sie arbeiten, aber noch nichts einnehmen.

Finanzen 5 | Rentabilitätsvorschau

Wie bei der Liquiditätsplanung haben Sie es hier mit einer tabellarischen Form von »Wünsch dir was« zu tun – schließlich können Sie sich einen bestimmten Umsatz zwar wünschen, ob sich dieser aber tatsächlich so gestalten wird, können Sie nicht mit Sicherheit sagen. Deshalb werden Banken und Investorinnen vor allem hier ganz genau hinschauen, ob Sie ein Hans Guck in die Luft sind, der mit Vollgas aus der Kurve fliegen wird, oder eine Geschäftsfrau mit ordentlich Bodenhaftung. Die Rentabilitätsvorschau möchte Ihren Kontakt zur Realität stärken. Sie führt Ihnen vor Augen, wenn Sie mit realistischen Zahlen rechnen, ob Ihr Unternehmen rentabel sein wird oder die Idee, direkt nachdem Sie die Rentabilitätsvorschau ausgefüllt haben, wieder in der Schublade verschwinden sollte.

Um Ihren Sinn für die Wirklichkeit zu unterstreichen, machen Sie deutlich, in welchem Monat Sie mit einem wie hohen Umsatz rechnen. Beachten Sie auch hier mögliche saisonale Schwankungen, etwa das Sommerloch im Lokaljournalismus oder die umsatzstarke Vorweihnachtszeit, in der Ihnen individuell geschneiderte Kuscheltiere liebevoll aus den Händen gerissen werden. Ihre Umsatzplanung können Sie übersichtlich in einer Tabelle darstellen. Eine Mustertabelle finden Sie im Anhang.

Neben der Tabelle können Sie einen erklärenden Text in Ihren Finanzplan einbauen. Darin können Sie schildern, wie Sie auf Ihre Zahlen gekommen sind: Haben Sie beispielsweise Zahlen möglicher Laufkunden, die in Ihrem Atelier vorbeischauen könnten? Haben Sie Erfahrungswerte, wann die Nachfrage besonders hoch ist und wann Sie problemlos auch mal ein paar Wochen Ihren Laden zusperren können? Für welchen Monat ist eine Werbe- oder Gutscheinkampagne geplant und wann rechnen Sie mit dem daraus folgenden Effekt?

Wie in einer wissenschaftlichen Arbeit sollten Sie an dieser Stelle Ihre finanziellen Vermutungen begründen und Ihre Ausführungen argumentativ nachvollziehbar machen. Je transparenter Ihre Schätzungen sind, desto schneller reisen Sie vom Märchenland Richtung Realität.

	1. Jahr	2. Jahr	3. Jahr
Erwartete Erlöse			
– Wareneinsatz (entfällt für Dienstleister)			
= Rohgewinn			
+ sonstige betriebliche Erträge (z. B. Mieten)			
Aufwendungen			
Personalkosten inkl. Nebenkosten und inkl. Geschäftsführergehalt bei GmbH			
Raumkosten			
Betriebliche Steuern			
Versicherungen, Beiträge			
Kraftfahrzeugkosten			
Werbe- und Reisekosten			
Werbung, Repräsentation			
Reparaturen und Instandhaltung			
Leasinggebühren			
Telefon, Fax, Internet			
Bürobedarf			
Rechts- und Beratungskosten			
Sonstige Aufwendungen			
Zinsaufwendungen			
Abschreibungen			
= Summe Aufwendungen			
= Betriebsergebnis			

Diese Tabelle ist angelehnt an einen Überblick des Bundesministeriums für Wirtschaft und Energie.[1] Das Ergebnis kann ein Indikator für Ihren Unternehmerlohn sein. Zudem können Sie anhand dieser Tabelle sehen, wie viel Geld Sie idealerweise für den Start zurücklegen sollten.

Wie damals im Turnunterricht folgt zum Abschluss noch der Strecksprung: Jetzt wissen Sie, wie viel Geld Sie brauchen – und nun erklären Sie elegant, wie Sie das alles finanzieren werden. Dazu gehört unter anderem, wie Sie gedenken, das Startkapital zusammenzubekommen, ab wann Ihre Einnahmen höher als Ihre Ausgaben sind, Sie also den Break-even-Point erreichen. Auch können Sie hier Meilensteine aufstellen, etwa der Start der Serienproduktion oder Ihre erste Ausstellung. Was versprechen Sie sich von diesen Meilensteinen und was tun Sie, um dorthin zu kommen? Bringen Sie zum Abschluss alles nochmals kurz auf den Punkt.

4.3 Checkliste Businessplan

	Stellen Sie Ihr unternehmerisches Vorhaben und Ihre Geschäftsidee vor.
	Analysieren Sie den Markt und die Wettbewerber.
	Erörtern Sie die Chancen und Risiken Ihrer Branchen.
	Präsentieren Sie die Stärken, aber auch die Schwächen Ihres Unternehmens.
	Erklären Sie die Strategie und die Struktur Ihres Unternehmens.
	Geben Sie einen Ausblick darauf, welche konkreten Maßnahmen Sie aus Ihrer Strategie ableiten.
	Rechnen Sie Ihren Finanzbedarf vor.
	Schlüsseln Sie auf, wie sich Ihr Unternehmen finanziell entwickeln soll.

1 *www.existenzgruender.de/SharedDocs/Downloads/DE/Checklisten-Uebersichten/Businessplan/05_check-Rentabilitaetsvorschau.pdf?__blob=publicationFile*

Kapitel 5

Startkapital: Das nötige Kleingeld für die Gründung

Bevor Sie sich kopfüber in die berufliche Freiheit stürzen, lohnt es sich, in zwei verschiedene Richtungen zu gucken: Was wollen Sie zu Beginn anschaffen und wie viel Geld brauchen Sie, um die ersten Monate oder sogar das erste Jahr auch ohne ausreichende Einnahmen überbrücken zu können? Wie viel Sie brauchen, können Sie Ihrem Finanzplan entnehmen. Jetzt geht es also darum, wie Sie das Geld für den Anfang aus eigenen Kräften und Mitteln zusammenbekommen.

Auch wenn Sie aus einer Festanstellung kommen und bereits einige Jahre an Arbeitserfahrung auf Ihrem Feld sammeln konnten, sind Sie in Ihrer Selbstständigkeit Berufsanfänger. Ihr Kundenstamm wird über die Zeit wachsen, was im Umkehrschluss bedeutet, dass er am Anfang erst ein zartes Pflänzchen ist. Entsprechend werden auch Ihre Einnahmen zu Beginn geringer sein als zwei, drei Jahre nach dem Start in Ihre Unternehmung.

5.1 Sparen Sie Geld für Ihren Start

Viele Journalistinnen und Designer machen sich bereits während des Studiums selbstständig und verdienen sich so etwas für Miete, Collegeblöcke und den Kaffee in der Pause dazu. Der Vorteil von diesem Neben-dem-Studium-Modell ist, dass die Studierenden bereits die Anmeldung als Freischaffende hinter sich haben und vor allem bereits ein Gefühl für ihren Marktwert haben.

Anders geht es da Menschen, die entweder direkt nach der Ausbildung, aus einem festen Job oder als Quereinsteiger in den Selbstständigen-Pool springen möchten. Ohne Vorerfahrung wird die Einschätzung schwierig, wie viel Geld Sie einnehmen werden und ob Sie überhaupt ausreichend Kunden finden, um Ihren Lebensunterhalt zu bestreiten. An dieser Stelle sind Optimismus und Gründereuphorie leider eher hinderlich. Denn: Einen Kredit für Ihre Gründung aufzunehmen, kann schnell zu einer Belastung werden, wenn Sie nicht absehen können, ob Sie die Tilgungsraten später zahlen können werden. Vor allem wenn Sie auch ohne Startkapital und mit geringen Startinvestitionen als Einzelunternehmer loslegen können, lässt sich Ihre Gründung meist auch aus eigenen Mitteln finanzieren.

Sparschweinchen 1 | Strategisch planen

So sparen Sie sich auch das Vortanzen bei Banken und Investoren. Diese Termine und deren Vorbereitung sind nicht selten mit erheblichem Aufwand verbunden und können Ihrer Gründungseuphorie oft auch einen ordentlichen Dämpfer verpassen. Denn längst nicht jede Bankberaterin und jeder Geldgeber hat genaue Kenntnisse von Ihrer Branche. Gelegentlich müssen sich Gründerinnen und angehende Unternehmer deshalb verunsichernde oder auch abwertende Einschätzungen gefallen lassen. Wenn Sie vor Ihrer Vollzeit-Gründung selbst ausreichende Mittel ansammeln können, sparen Sie Zeit und Nerven. Damit Sie lediglich Ihr zuvor angespartes Vermögen aufbrauchen müssen, sind eine realistische Kostenplanung und eine ausgeklügelte Business-Strategie entscheidend.

Sollten Sie keine Zeit oder Lust haben, einen kompletten Businessplan zu schreiben, empfiehlt es sich dennoch, zumindest den **rechnerischen Teil des Finanzplans** durchzugehen. Er gibt Ihnen einen realistischen Eindruck davon, wie viel Sie womöglich brauchen werden. Rechnen Sie gerne sehr großzügig. So können Sie vielleicht erst später gründen oder müssen sich im Vorfeld etwas mehr einschränken, dafür ist die Gründungsphase später deutlich entspannter. Schließlich gibt Ihnen Ihr Finanzpolster die Freiheit, nicht verzweifelt jeden Kunden anzunehmen und unattraktive oder schlecht bezahlte Aufträge abzulehnen.

Ihr Sparziel

Wenn Sie Ihren Finanzplan fertig haben, stellen Sie nur noch eine einfache Rechnung an:

Nötiges Startkapital (schätzen Sie hier gerne großzügig)

+ Summe der Privatausgaben für 12 Monate

+ Summe aller Aufwendungen aus Ihrer Rentabilitätsvorschau für das erste Jahr

---

= Ihr ideales Startkapital

Die Summe kann durchaus Respekt einflößen. Aber keine Angst: Diese Summe brauchen Sie, wenn Sie im ersten Jahr Ihrer Gründung keinen einzigen Auftrag an Land ziehen können. Mit diesem Budget sind Sie auf der sicheren Seite. Wenn Sie risikofreudiger sind oder schon erste Aufträge in Aussicht haben, können Sie natürlich auch mit einem schmaleren Finanzpolster starten.

Rücklagen helfen

Komplett ohne Rücklagen kann die Anfangsphase jedoch schnell unentspannt werden. Auch das dürfen wir aus der Corona-Pandemie lernen: Ein finanzieller Puffer hilft Ihnen durch saisonale Schwankungen, krankheitsbedingten Arbeitsausfall und unvorhersehbare Krisen.

Sparschweinchen 2 | Sparen, sparen, sparen

Die bequemste Variante ist die Gründung aus einer Festanstellung heraus. Während Sie Ihr regelmäßiges Gehalt kassieren, können Sie ganz entspannt Ihre Selbstständigkeit planen – und dazu gehört auch das Füttern Ihres Finanzpolsters.

Wenn Sie nicht erst in fünf oder zehn Jahren in die Selbstständigkeit wechseln wollen, empfehlen sich flexible Anlageformen wie Sparkonten oder Tagesgeld. Auch wenn Sie hier kaum Zinsen einstreichen, haben diese Sparprodukte den Vorteil, dass Sie das Geld auch erst nach und nach entnehmen können, etwa wenn Sie sich zum Start einen Laptop kaufen und ein paar Monate später einen zusätzlichen Monitor.

Fonds

ETFs und Aktien sind dagegen eher für langfristigere Ziele geeignet. Darauf kommen wir in Abschnitt 10.5 zurück.

Wenn Ihr Nettogehalt es zulässt, richten Sie sich einen Sparplan oder einen Dauerauftrag ein. Damit überweisen Sie jeden Monat eine verschmerzbare Summe auf ein separates Sparkonto. So widerstehen Sie ganz leicht der Versuchung, das Geld auf Ihrem Girokonto auszugeben, und können Ihrem Finanzpolster beim Wachsen zusehen. Wenn das Polster ausreichend weich und fluffig ist, kann es losgehen.

Sparschweinchen 3 | Zusätzliches Einkommen

Wenn Ihr Job Ihnen wenig Spielraum zum Sparen lässt, hilft nur eins: mehr verdienen. Wenn Ihre Vorgesetzte Ihnen nicht ohne weiteres eine Gehaltserhöhung zugesteht, kann ein Nebenjob der Dünger für Ihr finanzielles Wachstum sein. Idealerweise nehmen Sie bereits einige kleine Aufträge in Ihrem angestrebten Berufsfeld an.

Aber Vorsicht: In vielen Arbeitsverträgen ist ein Passus zu finden, dass Nebenjobs genehmigungspflichtig sind. Denken Sie deshalb daran, Ihrem Arbeitgeber Bescheid zu sagen. Was Sie durch Ihren Nebenjob einnehmen, können Sie 1:1 in Ihren Sparstrumpf stecken.

Sparschweinchen 4 | Ausgaben reduzieren

Eine Alternative zum Nebenjob ist das Sparen im klassischen Sinn: einfach weniger ausgeben. Statt des teuren Sofas tut es vielleicht auch ein günstigeres. Oder verschieben Sie nicht unbedingt nötige Ausgaben, und belohnen Sie sich für das erfolgreiche erste Jahr Ihrer Selbstständigkeit mit einer richtig tollen Couch. Wenn Ihr Traum von kreativer Freiheit Ihre oberste Priorität ist, dürfen sich alle nicht damit verbundenen Ausgaben hinten anstellen.

Unverzichtbare Ausgaben wie die Wohnnebenkosten haben auch Sparpotenzial: Auf Plattformen wie *www.verivox.de* oder *www.check24.de* lassen sich oft günstigere Alternativen zu Ihren derzeitigen Strom-, Gas- oder Internetanbietern finden. Was Sie dabei einsparen, kommt aufs Gründungskonto. Genauso können Sie im Jahr vor Ihrer Gründung den Urlaub etwas umstricken und statt mit dem Flieger nach Bali mit dem Zug nach Bari reisen, um etwas Geld zu sparen.

Sparschweinchen 5 | Anschaffungskosten niedrig halten

Brauchen Sie das wirklich? In vielen Branchen ist es möglich, das Equipment gebraucht zu kaufen. Wenn Sie beispielsweise eine Massagepraxis oder ein Fotostudio eröffnen wollen, lohnt ein Ausflug zu eBay Kleinanzeigen oder anderen digitalen Flohmärkten. Denn dort finden Sie oft Ausrangiertes von Menschen, die ihre eigene Ausstattung mit mehr Luxus ersetzen oder ihre Selbstständigkeit an den Nagel hängen.

Bei der Anschaffung von Elektronik und technischen Gadgets kann ein Besuch auf Seiten wie *refurbed.de* oder *backmarket.de* spannend sein. Dort finden Sie Smartphones, Laptops oder Tablets, die entweder generalüberholt sind oder brandneu, aber nicht mehr original verpackt sind. So sparen Sie Geld und wichtige Ressourcen. Ebenso können Sie etwas Zusatzkapital gewinnen, wenn Sie bei Neuanschaffungen etwas nicht mehr Genutztes verkaufen.

Sparschweinchen 6 | Finanzfuchs werden

Bilden Sie sich über Sparen, Steuern und finanzielle Unabhängigkeit weiter. Mit Podcasts und YouTube-Clips von Anbietern wie Finanztipp oder Finanzrocker informieren Sie sich auf bequeme Weise während des Joggens, Pendelns oder beim Kochen über die Feinheiten des Anlegens und Sparens. Madame Moneypenny will mit ihren Videos, Live-Streams und Podcast-Folgen vor allem Frauen auf ihrem Weg zum finanziellen Selbstbewusstsein auf die Sprünge helfen.

Ein Finanzpolster kann ein sanftes Ruhekissen sein.

5.2 Zuschüsse – Die Selbstständigkeit anschieben

Natürlich haben Sie den Finanzplan vor allem für sich selbst geschrieben. Aber wo er schon mal fertig ist, können Sie ihn ja auch mal jemand anderem zeigen. Ein fertiger und vorzeigbarer Businessplan kann Ihnen helfen, Startkapital zusammenzubekommen. Denn während Sie als freischaffender Autor meist aus dem Stegreif in Ihre Selbstständigkeit starten können, brauchen Sie als Filmemacherin einiges an Equipment und damit auch das nötige Kleingeld, um loslegen zu können. Wo können Startkapital oder eine finanzielle Unterstützung für die ersten Monate nach der Gründung herkommen?

Geldquelle 1 | Banken und Kredite

Für den Start in Ihr Unternehmen gibt es verschiedene Formen des Kredits:

1. **Förderkredit**: Diese staatlich geförderten Kredite haben besonders günstige Konditionen und entsprechend einige Zugangsvoraussetzungen. So bietet die KfW, die größte nationale Förderbank der Welt, drei Kreditmodelle speziell für Gründer und Start-ups an. Sie unterscheiden sich in der Fördersumme, den erlaubten Verwendungszwecken und den Modalitäten.
2. **Standardkredit der Hausbank**: Hierunter fallen beispielsweise Betriebsmittelkredite, die Ihnen kurz- oder mittelfristig eine eher geringe Finanzspritze verabreichen. Mit einem solchen Kredit können Sie die Miete oder die Personalkosten der ersten Monate finanzieren oder kürzere schwierige Phasen überbrücken. Ein Investitionskredit dagegen gibt Ihnen, wie der Name erahnen lässt, die nötigen Mittel für Investitionen, die sie langfristig nutzen und entsprechend auch über einen längeren Zeitraum finanzieren.

3. **Kleinkredit**: Der Kleinkredit ist die Business-Version des guten alten Dispokredits, der Ihnen vielleicht bereits im Studium oder der Ausbildung auch am Monatsende noch eine warme Mahlzeit ermöglicht hat. Deshalb wird er manchmal auch Kontokorrentkredit genannt. Er versorgt Sie meist nur mit sehr geringen Summen.
4. **Mikrokredit**: Mikro, also winzig, heißen diese Kredite, weil sie von 100 bis 25.000 Euro in den Ring werfen – also für Start-ups eher mikroskopisch kleine Summen. Obwohl die Summe gering ist, werden die Kredite meist zusätzlich noch in Raten ausgezahlt. Zudem verpflichtet sich der Kreditnehmer, die Summe in kurzer Zeit zurückzuzahlen. Deshalb ist diese Form des Kredits besonders für die Anfangsphase nach der Gründung spannend.

Hinweis

Lassen Sie sich von Ihrer Bank oder von der KfW direkt zum Thema Gründerfinanzierung beraten.

Vorbereitung ist alles

Da die Mehrheit der Start-ups noch im ersten Jahr scheitert, sind Banken Gründern gegenüber oft skeptisch. Und weil Geld bekanntlich nicht auf den Bäumen wächst, möchten Banken von Ihnen den Eindruck gewinnen, dass Sie das geliehene Geld auch zurückzahlen können. Ein überzeugender Businessplan, ein guter Credit-Score und idealerweise auch finanzielle Sicherheiten wie Spareinlagen, Aktien oder Immobilien sind dabei Gold wert. Da Banken oft recht konservativ denken, tun Sie sich selbst einen Gefallen, wenn Sie allzu ausgefallene und innovative Unternehmensideen anschaulich und verständlich erklären.

Andere Wege

Die Modedesignerin Justine Leconte schlägt in einem YouTube-Video eine clevere Alternative zu diesem oft mühseligen Unterfangen vor: Sie hatte sich für die Herstellung ihrer ersten Kollektion einen Autokredit besorgt. Niemand wollte einen Businessplan von ihr sehen und niemand wollte wissen, ob sie sich wirklich ein Auto gekauft hat.

Doch egal ob Gründer- oder Privatkredit: Die Sache hat zwei Haken. Erstens zahlen Sie Zinsen, und wenn Ihr Unternehmen zweitens wider Erwarten floppen sollte, haften Sie bei den meisten Rechtsformen mit Ihrem privaten Vermögen. Das heißt im Klartext: Wenn Sie sich einen Kredit holen und ihn nicht zurückzahlen können, sitzen Sie schnell bis zum Hals in den roten Zahlen. Ein Kredit ist also oft nur vernünftig, wenn Sie ein todsicheres Ding planen oder einen überschaubaren Rahmen wählen, den Sie mit etwas Zähne-Zusammenbeißen und Reinhauen auch abstottern können.

Geldquelle 2 | Geld von Angehörigen und Bekannten

»*Wer viel Geld hat wegzuleihen, muss der Freundschaft sich verzeihen, denn der Tag zum Wiedergeben pflegt die Freundschaft aufzuheben*«, reimte der Dichter Friedrich Freiherr von Logau bereits im 17. Jahrhundert. Und noch heute scheinen wir uns entweder von der Freundschaft oder dem Geld trennen zu müssen. Dabei ist ein privates Darlehen von Mutti, Onkel oder der besten Freundin meist zinsfrei – und damit wahnsinnig attraktiv.

Da diese Menschen meist unser privater Fanclub sind, glauben sie auch ohne einen Businessplan oder Geschäftsanteile an unseren Erfolg. Wenn Sie mit einem privaten Kredit starten, erhöht das emotional den Druck, schnell erfolgreich zu sein. Zudem finden Sie sich eventuell irgendwann in Rechtfertigungsnot: entweder weil Sie sich selbst irgendwann nicht mehr wohlfühlen, mit dem Geld ihrer Freunde zu arbeiten, oder weil Ihre Angehörigen ungeduldig werden.

Damit Sie Emotionen aus der Rechnung lassen können, empfiehlt sich auch trotz großen gegenseitigen Vertrauens ein rechtssicherer **Darlehensvertrag**. Laut Bürgerlichem Gesetzbuch braucht ein solches Rechtsgeschäft keine offizielle Form. Sie kommen also ganz ohne Notar oder zusätzliche Kosten aus. Im Prinzip reicht sogar ein Klebezettel aus, auf dem Sie handschriftlich die Darlehenshöhe und vielleicht noch den Tilgungszeitraum aufschreiben.

Restschuldenversicherung

Sollten Sie sich mehr als nur ein paar Hundert Euro leihen, sind Sie mit einer sogenannten Restschuldenversicherung gut beraten. Denn wenn Sie mit Ihrer Selbstständigkeit wider Erwarten scheitern sollten, springt diese Versicherung für Sie bei der Tilgung ein.

Das geht allerdings nur, wenn Sie sich nicht von Ihrem oder Ihrer Liebsten das Geld leihen, denn getrennte Konten sind dafür die Grundvoraussetzung. Außerdem verlangt die Versicherung im Falle eines Falles einen Nachweis darüber, dass Sie zumindest eine Zeit lang Ihre Raten zurückbezahlt haben. Sollten Sie sich eine größere Summe innerhalb der Familie leihen, ist die nachweisbare Rückzahlung auch für das Finanzamt wichtig. Da es beim Verschieben von Geld innerhalb der Familie einiges an Betrugspotenzial gibt, tun Sie sich mit einem eindeutigen Darlehensvertrag und einem transparenten Zahlungsverkehr einen großen Gefallen. Wenn es um ein sehr großes Darlehen geht, sollten Sie zur Sicherheit juristischen Rat hinzuziehen.

Geldquelle 3 | Gründungszuschuss

Der Gründerzuschuss ist spannend für alle, die aus der Arbeitslosigkeit heraus gründen möchten. Wenn Sie aus betrieblichen oder gesundheitlichen Gründen auf Jobsuche sind, können Sie unter bestimmten Umständen diesen Zuschuss bekommen. Dafür reicht es, wenn Sie nur einen einzigen Tag arbeitslos gemeldet sind. Wenn

Sie noch 150 Tage Anspruch auf Arbeitslosengeld haben, können Sie sich bei Ihrer Arbeitsagentur um einen Zuschuss in Höhe des Arbeitslosengelds I bewerben.

Einen rechtlichen Anspruch auf den Zuschuss haben Sie nicht. Mit einem vernünftig ausgestalteten Businessplan können Sie Ihren Ansprechpartner jedoch überzeugen. Orientieren Sie sich dafür an den Anforderungen, die Sie schriftlich von Ihrer Arbeitsagentur bekommen. Details dazu finden Sie in Abschnitt 4.1. Die Tragfähigkeit Ihres Businessplans lassen Sie sich vor dem Ausflug zur Agentur für Arbeit noch von einer sachkundigen Stelle bestätigen. Das kann eine Steuerberaterin oder etwa ein Mitarbeiter der Wirtschaftsförderung sein.

Wenn Sie den schmalen Grat zwischen überzeugendem Geschäftsmodell und Förderbedarf treffen, bekommen Sie ein halbes Jahr lang Arbeitslosengeld I plus 300 Euro Gründerzuschuss. Ab dem Tag Ihrer offiziellen Gründung und damit dem Beginn Ihrer Förderung dürfen Sie so viel verdienen, wie Sie wollen und können. Anders als beim Arbeitslosengeld werden Ihre Einnahmen nicht von Ihrem Zuschuss abgezogen. Kurz vor Ablauf der ersten sechs Monate können Sie sich zudem um eine Verlängerung bewerben. Wird Ihr Antrag bewilligt, bekommen Sie für weitere neun Monate einen Zuschuss von 300 Euro, der offiziell für Ihre Sozialversicherung gedacht ist.

Sie können sich davon aber auch Kaugummis, Kaffee oder Buntstifte kaufen. Die tatsächliche Verwendung bleibt Ihnen überlassen. Dafür berichten Sie der Arbeitsagentur schriftlich, wie es bisher für Sie gelaufen ist und wie Sie gedenken, weiterzumachen. Entsprechend teilt sich dieser Bericht in zwei Teile:

1. der Rückblick auf das vergangene halbe Jahr
2. der Ausblick auf das anschließende Umlaufjahr

Rückblick

Ihr Rückblick auf die vergangenen Monate sollte diese Punkte umfassen:

- **Kunden und Kontakte**: Erzählen Sie von Ihren Auftraggebern, von Ihren Bemühungen zum Netzwerken und geben Sie erste Referenzen an.
- **Marketingmaßnahmen**: Hier erzählen Sie, wie Sie weiterhin für klingelnde Kassen sorgen.
- **Einnahmen und Ausgaben**: Wie hat sich Ihre Selbstständigkeit entwickelt? Wie und warum weichen Ihre Einnahmen vielleicht von den Zahlen aus Ihrem ursprünglichen Businessplan ab? Diese Fragen beantworten Sie im Fließtext. Danach legen Sie eine simple, dreispaltige Tabelle an, in der Sie die sechs geförderten Monate auflisten. In die zweite Spalte tragen Sie die in Ihrem Businessplan angegebenen erwarteten Einnahmen ein, in die dritte Ihre tatsächlichen Ein-

nahmen und die Schätzung für den sechsten Monat, da Ihnen diese Zahl zum Zeitpunkt des Antrags voraussichtlich noch nicht vorliegt.

Monat	Im Businessplan erwartete Einnahmen	Tatsächliche Einnahmen
1. Monat		
2. Monat		
3. Monat		
4. Monat		
5. Monat		
6. Monat usw.		

Unter Ihre Tabelle schreiben Sie noch ein paar Zeilen zur allgemeinen Entwicklung Ihrer Selbstständigkeit.

Für die Übersicht über Auftragseingänge reicht eine Tabelle mit sechs Spalten wie diese:

	Seit	Name	Leistung	Gesamtumsatz	Tendenz
1	8/2021	Musterkunde ABC	Journalistische Texte	800,–	3 Artikel pro Monat
2	10/2021	Musterkunde XYZ	Ghostwriting	1.200,–	Folgeauftrag für ein kommendes Buchprojekt geplant
3	9/2021	Musterkunde FGH	Illustrationen	690,–	Regelmäßige Illustrationen für das Online-Magazin

Ausblick

Im Ausblick gehen Sie auf ähnliche Punkte ein:

- **Kunden und Kontakte**: Welches Marktsegment streben Sie an? Welche Kunden wollen Sie in den nächsten Monaten für sich begeistern? Mit wem haben Sie vielleicht schon angebandelt?
- **Marketingmaßnahmen**: Was hat bislang gut geklappt und was wollen Sie künftig ausprobieren? Haben Sie vielleicht eine ausgefeilte Strategie?

- **Einnahmen und Ausgaben**: Gönnen Sie Ihrer abgespeckten Finanzplanung ein bisschen Prosa: Wie soll es weitergehen? Was macht Sie zuversichtlich und was hat Ihnen einen Dämpfer verpasst? Anschließend legen Sie auch hier eine dreispaltige Tabelle an. Tragen Sie in die erste Spalte untereinander alle zwölf Monate des anschließenden Umlaufjahres ein. In die Spalte rechts daneben tragen Sie jeweils für den Monat Ihre Einnahmeschätzungen aus Ihrem Businessplan ein. In die ganz rechte Spalte tragen Sie Ihre korrigierte Schätzung ein.

Monat	Schätzung aus dem Businessplan	Korrigierte Schätzung
1. Monat		
2. Monat		
3. Monat		
4. Monat		
5. Monat		
6. Monat usw.		

Geldquelle 4 | Investoren

Haben Sie schon mal die Höhle der Löwen gesehen? In diesem TV-Format stellen Gründer ihre innovativen Ideen einer Jury aus vier erfolgreichen Unternehmern vor. Die Businesswomen und Serieninvestoren testen skurrile Fitnessgeräte, probieren sich durch neue Snacks und bemalen sich mit veganem Lack die Nägel. Zum Abschluss ihrer Präsentation sagen die Start-uper, wie viel Geld sie gerne hätten und wie viele Unternehmensanteile sie dafür hergeben. Nach ein paar kritischen Nachfragen wie »Skaliert das denn?« und »Gibt es das nicht schon?« stellt sich die Frage der Fragen: Welches Jurymitglied glaubt an die Idee und wer ist raus?

Wenn auch mit etwas weniger medienwirksamem Tamtam, sehen Investitionsverhandlungen jenseits der TV-Kameras recht ähnlich aus. Sie erklären, was Sie verkaufen wollen, wie viel Kapital Sie benötigen, und machen den Deal für Ihr Gegenüber schmackhaft, indem Sie den Investoren Anteile, Mitspracherecht oder eine ordentliche Dividende in Aussicht stellen.

Doch wie finden Sie Menschen, die Ihnen Geld geben? Klassische Investoren können Sie über nachhaltiges Netzwerken finden. In vielen Städten gibt es zum Beispiel Business-Speed-Dating-Veranstaltungen, bei denen Investoren und Gründerinnen zueinanderfinden.

Investor 1 | Angel-Investor

Weil sie wie ein Schutzengel über den Gründenden kreisen, nennen sich diese Geldgeber Angel-Investoren. Diese Engel sind ältere Menschen, die den Großteil ihres Berufslebens bereits hinter sich gelassen haben und jetzt als Investoren auf dem Markt unterwegs sind. Meist bescheren Angel-Investoren ihren Schützlingen zwischen 50.000 und 200.000 Euro und investieren vor allem in die Startphase oder in Ideen, die noch gar nicht auf dem Markt sind. Aber da am Markt noch nicht mal Engel selbstlos handeln, bekommen sie im Gegenzug Zinsen auf die Tilgungssumme, Unternehmensanteile oder beides.

Der größte Mehrwert dieses Konzepts ist neben der Finanzspritze vor allem das Know-how der Angels. Denn durch ihre Jahrzehnte am Markt haben sie einiges Wissen gesammelt, das sie gerne in Ihren Erfolg investieren möchten. Für Start-ups können Angel-Investoren also sehr wertvoll sein, da sie nicht nur das nötige Kapital aufbringen, sondern auch wichtiges Know-how einbringen, das sonst nur schwer zugänglich ist.

Investor 2 | Venture Capital

Zwei, eins, Risiko! Venture bedeutet Wagnis. Schon der Name dieses Investitionsmodells deutet an, dass es sich hier um Investitionen für echte Draufgängerinnen handelt. Denn die Unternehmen, in die Menschen ihr Wagnis- oder Risikokapital stecken, gelten als besonders riskant. Als Wagnis gelten Start-ups, die noch ganz am Anfang stehen, aber das Potenzial haben, richtig durch die Decke zu gehen. Um die Investorinnen für die Belastung ihrer Nerven zu entschädigen, geben die Start-uper Unternehmensanteile heraus.

Wie bei den Business-Angels sind es hier meist Privatpersonen, die für Sie in ihr Portemonnaie greifen. Um ihr privates Vermögen zu schützen, werden die Venture-Capital-Investoren einen Businessplan von Ihnen verlangen. Zudem muss die Chemie stimmen – und das langfristig. Deshalb empfiehlt es sich, dass Sie von Anfang an authentisch sind.

Investor 3 | Crowdfunding

Statt auf einen riesigen Batzen Geld eines einzigen, gut betuchten Mäzens zu setzen, sind es beim Crowdfunding viele Menschen, die Ihnen jeweils ein bisschen Geld geben. Meist laufen solche Geschäftsideen erstmal in der digitalen Welt ab: Auf Plattformen wie *kickstarter.com*, *indiegogo.com* oder *startnext.com* stellen Sie Ihre Idee möglichst spannend dar. Für Crowdfunding eignen sich also vor allem Produkte, die die Massen begeistern: ein Brettspiel, Ihr erster Indie-Film oder eine durchdesignte technische Spielerei. Ihre Investoren möchten ihrem Geld schließlich ein schönes Zuhause bieten.

Damit Ihre Kleininvestorinnen von Ihrer Idee erfahren, müssen Sie ordentlich die Werbetrommel rühren. In vielen Fällen ist vor allem Instagram der Kanal der Wahl, das hängt jedoch stark von Ihrer Zielgruppe ab. Bevor Sie Ihre Kampagne online stellen, sollten Sie sich noch eine Belohnung überlegen, die Sie Ihren Investorinnen in Aussicht stellen: ein Link zu Ihrem Film, ein paar selbstgedruckte Sticker mit Ihrer Kunst oder sogar ein komplett fertiges Produkt. Sie können die Größe Ihres Incentives auch von der Höhe der Investition abhängig machen.

Crowdfunding für den guten Zweck

Manchmal wollen die Investoren gar nichts für ihr Geld haben, außer einem guten Gefühl: In den USA sammeln manche Menschen für eine lebenswichtige OP, die sie ohne eine Krankenversicherung einfach nicht bezahlen können. Während der Corona-Pandemie riefen auch viele freischaffende Künstler und Musikerinnen über Crowdfunding-Plattformen zum Spenden auf, da ihre Existenz durch die Schutzmaßnahmen oft arg ins Wanken geriet.

Investor 4 | Equity-Crowdfunding

Auch beim Equity-Crowdfunding stecken Privatmenschen kleines Geld in Ihre Idee. In Deutschland nennt sich diese spezielle Form der Investition auch Crowdinvesting. Dadurch zeichnet sich schon ab, dass es sich hier tatsächlich um eine Investition und nicht so sehr um eine Spende handelt: Für kleines Geld gibt es hier winzige Anteile an einem Unternehmen. Weil die Investoren meist nur kleine Summen geben, haben sie dementsprechend sehr kleine Anteile, etwa 0,002 Prozent. Überlegen Sie sich, wie viele Anteile Ihres Unternehmens Sie aus der Hand geben wollen und für wie viel Euro Sie einen Anteil verkaufen möchten.

Investor 5 | Crowdlending

Sie ahnen es schon: Auch hier sind wieder die Menschen mit kleinen Portemonnaies und großen Herzen für frischgebackene Gründer gefragt: Hier geben Ihnen private Menschen kleine Anteile zu Ihrer gewünschten Kreditsumme dazu. Auf entsprechenden Webplattformen geben Sie an, wofür Sie wie viel Geld haben möchten. Dann heißt es: Abwarten. Nach und nach können private Geldgeberinnen eine beliebige Höhe für Ihre Idee in den Topf werfen. Der Kreditnehmer sammelt sich so seine gewünschte Summe von vielen privaten Kreditgebern zusammen und zahlt diesen später Zinsen.

Geldquelle 5 | Fans und Freunde Ihrer Kunst

Auch hier kommt das Geld aus dem Internet: Über Plattformen wie *Patreon*, *Steady* oder *Tipeee* haben Fans Ihrer kreativen Arbeit die Möglichkeit, Ihnen auf einfache

Weise Geld zu geben – ganz ohne eine Kampagne mit befristeter Laufzeit wie beim Crowdfunding. Wenn Sie beispielsweise Blogger, Podcasterin oder Musiker sind, können Sie Ihre Anhängerschaft dazu ermuntern, einen monatlichen Beitrag zu überweisen. So können Sie Ihre Arbeit werbefrei anbieten – wovon ja auch Ihre Fans etwas haben.

Bei den meisten Plattformen wird jedoch eine Provision pro Transaktion fällig. Dennoch ist dieser Weg eine bequeme Variante, um ohne großen Aufwand ein zusätzliches Taschengeld einzustreichen. Diese Geldquelle ist vor allem nach der Startphase sinnvoll, da dafür eine gewisse Reichweite und eine stabile Fanbase notwendig sind.

Geldquelle 6 | Einstiegsgeld

Und hier noch ein Tipp für Bezieher von Arbeitslosengeld II: Mit dem Einstiegsgeld greift Ihnen das Jobcenter 24 Monate lang unter die Arme. Die Höhe der Förderung fällt ganz individuell aus. Wie beim Gründerzuschuss brauchen Sie hierfür eine richtig gute Geschäftsidee. Ziel der Förderung ist es, Sie zurück auf den ersten Arbeitsmarkt zu befördern. Deshalb sollten Sie in Ihrem Antrag klarmachen, dass Sie nach Ende der Förderung davon wirklich leben können. Ihrem Antrag legen Sie einen Businessplan bei, der dieselben Anforderungen erfüllt wie der für den Gründerzuschuss.

Geldquelle 7 | Mezzaninfonds

Wie wir gesehen haben, haben Investoren immer etwas Angst davor, dass Ihre Idee doch nicht so gut ist und sie ihr Geld nie wiedersehen. Deshalb haben Freiberufler und kleine Betriebe oft schlechte Karten, wenn es um Kredite geht. Hier kann ein sogenannter Mezzaninfonds helfen.

Das haben Sie noch nie gehört? Schade, denn diese Geldquelle hat ein Herz aus Gold: Der Mezzaninfonds richtet sich vor allem an Betriebe, die ausbilden, die aus der Arbeitslosigkeit gegründet oder von Frauen und Menschen mit Migrationshintergrund geführt werden. Um junge Unternehmen zu pushen, hat das Bundesministerium für Wirtschaft und Energie 2013 den Mikromezzaninfonds erfunden und einen Topf mit 35 Millionen Euro dafür bereitgestellt. Bis zu 50.000 Euro kann ein Unternehmen daraus bekommen und so seine Chancen auf einen klassischen Kredit erhöhen.

Weitere Infos im Internet

www.bmwi.de/Redaktion/DE/Artikel/Mittelstand/unternehmensfinanzierung-mikromezzaninfonds.html

Geldquelle 8 | Gründerstipendien

Ob Studierende, Jungunternehmer oder Künstlerin: Es gibt für fast jede Nische ein passendes Gründerstipendium. Beim Exist-Gründerstipendium können Studierende und Absolventen direkt aus der Wissenschaft als Selbstständige in die Wirtschaft wechseln. Für ein Jahr gibt es dann bis zu 3.000 Euro für den Lebensunterhalt, bis zu 30.000 Euro für Investitionen ins Unternehmen und nochmal 5.000 Euro für Coaching. Die meisten Bundesländer bieten zudem ein eigenes Gründerstipendium an, bei dem eine Auswahl der besten Gründungsideen mit einigen Tausend Euro gesponsert werden. Ein Ausflug ins Internet und eine Recherche zu Gründerstipendien und Innovationswettbewerben kann vor Ihrer Gründung bares Geld wert sein.

Weitere Infos
gruenderplattform.de/finanzierung-und-foerderung/finanzierung-finden/finanzierungsmoeglichkeiten/gruenderstipendium

5.3 Unterstützung – Wie andere Ihnen helfen können

Der Reiz an der Selbstständigkeit ist es, dass Sie alle Entscheidungen ganz allein und ganz in Ihrem Sinne treffen dürfen. Doch das ist zugleich auch der Haken daran. Denn wenn Sie sich unsicher sind oder eine zweite Meinung gebrauchen können, sind Sie in letzter Instanz auf sich selbst gestellt. Bis Sie das nötige Selbstvertrauen und eine unternehmerische Souveränität gewonnen haben, ist guter Rat sehr wertvoll. Und auch wenn Sie schon Jahre fest im Sattel sitzen, kann ein externer Kopf Ihre Belange nochmal ganz neu durchdenken und Ihnen so hilfreiche Impulse geben.

Buddy 1 | Business-Angels – Senioren mit Know-how

Business-Angels sind vermögende Privatpersonen, die in vielversprechende junge, innovative und wachstumsstarke Unternehmen mit ihrem privaten Vermögen investieren. Außerdem stellen sie dem Unternehmen ihr Know-how sowie ihr Netzwerk zur Verfügung – sie sind also aktive Wagniskapitalgeber. Sie investieren bereits in einer sehr frühen Phase, in der Regel während oder kurz nach der Gründung. Im Gegenzug erhalten die Business-Angels Anteile an dem Unternehmen.

Doch meist ist eine andere Sache für die Gründenden noch viel wertvoller: Da die Business-Angels meist schon ein ganzes Berufsleben hinter sich haben, lassen sie ihre Schützlinge an ihrem großen Wissensschatz und ihrem Geschäftssinn teilhaben. Die individuelle Beratung kann gerade in der Gründungsphase enorm hilfreich sein, da die Angels oft auch die versteckten Fallstricke erahnen, die die Gründenden in ihrer Euphorie manchmal übersehen. Bei der Suche nach einem Business-Angel unterstützt Sie beispielsweise das Business Angels Netzwerk Deutschland.

Buddy 2 | Gefördertes Coaching

Sie haben das erste Jahr Ihrer Selbstständigkeit erfolgreich überstanden und trotzdem noch zig Fragen? Keine Sorge, das geht vielen so. Deshalb bietet das Bundesamt für Wirtschaft und Ausfuhrkontrolle (BAFA) Freiberuflerinnen und Unternehmern, die bereits ein Jahr am Markt sind, einen Zuschuss zu individueller Beratung oder einem persönlichen Coaching bei einem für das Programm zertifizierten Coach oder Berater. Der Zuschuss kann bis zu 4.000 Euro betragen. Für die »Förderung unternehmerischen Know-hows« müssen Sie eine der folgenden Kriterien erfüllen:

- junge Unternehmen, die nicht länger als zwei Jahre am Markt sind
- Unternehmen ab dem dritten Jahr nach der Gründung
- Unternehmen, die sich in wirtschaftlichen Schwierigkeiten befinden – unabhängig vom Unternehmensalter

Allerdings gilt dieses Angebot nicht für alle Branchen. Ausgeschlossen sind:

- Unternehmen und Freiberufler, die nicht den künstlerischen oder publizistischen Berufen angehören, also vor allem beratend tätig sind
- Unternehmen, die von einem Insolvenzverwalter betreut werden
- Unternehmen, die mit einer Religionsgemeinschaft oder einer juristischen Person des öffentlichen Rechts verbandelt sind
- gemeinnützige Unternehmen und gemeinnützige Vereine sowie Stiftungen

Weitere Infos

www.bafa.de/DE/Wirtschafts_Mittelstandsfoerderung/Beratung_Finanzierung/Unternehmensberatung/unternehmensberatung_node.html

Buddy 3 | Gründercoaching in der Arbeitslosigkeit

Wer aus der Arbeitslosigkeit gründen möchte, kann bei der Agentur für Arbeit nach einem Aktivierungs- oder Beratungsgutschein fragen. Dieser Gutschein steckt Ihnen einen Großteil der Beratungskosten zu. Die Beraterinnen und Coaches helfen Ihnen beim Schreiben Ihres Business- und Finanzplans. Auf dieser Basis können Sie dann den Gründerzuschuss beantragen, wenn Sie die Voraussetzungen dafür erfüllen. Das Tolle daran: Wenn Ihr Ansprechpartner bei der Agentur für Arbeit oder dem Jobcenter den Antrag genehmigt, entstehen Ihnen keine Kosten.

Buddy 4 | Wirtschaftsförderung: Alles rund ums Gründen

Die Wirtschaftsförderung ist der beste Freund aller Gründenden. Es gibt sie in jeder größeren Stadt. Sie bietet umfassende Beratung, Workshops und Seminare und verschiedene Netzwerkveranstaltungen für Gründerinnen und Unternehmer an. Die meisten Angebote sind kostenfrei, alle anderen dürfen Sie meist für kleines Geld buchen. In der Regel gibt es für verschiedene Wirtschaftszweige wie die Kreativwirtschaft verschiedene Ansprechpersonen und Angebote bei der Wirtschaftsförderung. Wenn Sie mit dem Gründungsgedanken spielen, melden Sie sich bei der Ansprechperson für Ihre Branche. Sie wird Ihnen die passenden Angebote für Ihr Vorhaben nennen. Dabei geht es der Wirtschaftsförderung sowohl darum, Ihnen beim Start auf die Sprünge zu helfen, als auch darum, Sie durchgehend zu begleiten und wie ein Business-Buddy immer an Ihrer Seite zu sein.

Buddy 5 | Netzwerken für Business-Buddys

Viele Kreative neigen etwas zur Eigenbrötelei und verkriechen sich mit Zeichen-Tablet oder Laptop in ihrem Kämmerchen, um still und heimlich Großes zu erschaffen. Ab und zu den Kopf aus der Kreativhöhle zu strecken, kann sich jedoch sehr lohnen. Denn auch wenn Sie gerne Einzelkämpfer oder Business-Amazone sind: Freunde und Verbündete machen den Alltag leichter, inspirierender und erfolgreicher.

Lernen Sie bewusst Gleich- und Andersgesinnte kennen, tauschen Sie sich aus, helfen Sie, und nehmen Sie selbst auch mal Hilfe an. Der freie Markt muss kein Haifischbecken sein: Er kann auch ein charmantes Wohnhaus sein, in dem sich die Nachbarn mit einer Tasse Zucker aushelfen und ab und zu zusammen Köstliches auf den Grill werfen. In Abschnitt 6.4 schauen wir uns die Feinheiten des Networkings genauer an. Nutzen Sie die Kraft der Gemeinschaft. Ihr Netzwerk ist eine der wichtigsten Grundlagen Ihres Erfolgs – und macht die Arbeit einfach schöner.

Kapitel 6

Die Zielgruppe: Kunden finden und binden

Wer weiß, was er machen will, braucht nun vor allem eines: Kunden. Doch genau hierin liegt die größte Herausforderung beim Start am Markt. Denn einen soliden Kundenstamm aufzubauen, kann kniffelig sein. Dabei geht es nicht nur darum, überhaupt zahlende Kunden und Kundinnen zu finden, sondern auch darum, die passende Kundschaft zu entdecken. Dieses Kapitel möchte Ihnen dabei helfen, Ihre Kundschaft zu finden – und glücklich zu machen.

6.1 Ihre Kunden – die unbekannten Wesen

Sie haben die Lösung für ein echtes Problem. Nun lernen Sie die Menschen genauer kennen, deren Problem Sie so heldenhaft lösen werden. Vielleicht haben Sie schon eine grobe Idee, wem Sie Ihre Dienste anbieten wollen. Und vielleicht ist diese Idee sogar etwas zu grob, um Ihnen als Drehbuch für Ihr Business dienen zu können. Die Frage ist also: Wie finden Sie heraus, wer wirklich in Ihre Zielgruppe gehört?

Wie Sie Ihre Zielgruppe besser kennenlernen

Der erste Schritt dabei besteht darin, zwei Arten von Zielgruppen auseinanderzuhalten:

1. die Menschen, denen Sie bereits etwas verkaufen und
2. die Menschen, denen Sie künftig etwas verkaufen sollen.

Manchmal sind diese beiden Gruppen identisch, manchmal liegen dazwischen aber Welten. Wenn Sie beispielsweise Ihre Autorenkarriere bei einer Lokalzeitung beginnen, sehen Sie vermutlich kleine Provinzblättchen als Ihre Zielgruppe, weil Sie dort den Großteil Ihrer Honorare einsammeln. Doch Ihre eigentliche Zielgruppe sind die Verlage, denen Sie Ihre Bücher schmackhaft machen wollen, und die Leserinnen und Leser, für die Sie Ihre Bücher schreiben wollen. Bei den Lokalzeitungen handelt es sich dagegen eher um Ihren aktuellen Kundenstamm als um Ihre tatsächliche Zielgruppe.

Zielscheibe

Sie können sich das etwa so vorstellen, dass Ihre Kundschaft die Zielscheibe ist – und Ihre Zielgruppe die Mitte, die Sie gerne treffen möchten. Überlegen Sie sich auch, ob Sie es eher mit einer spitzen oder einer breiten Zielgruppe zu tun haben, also ob Sie eine bestimmte Nische ansprechen oder die breite Masse.

Fragen Sie sich außerdem, ob Ihnen wenige Käufer reichen oder ob nur die Menge Ihren Lebensunterhalt sichert. Wenn Sie von Büchern leben wollen, müssen Sie beispielsweise massentauglich schreiben. Wenn Sie dagegen Bilder malen, reicht eine einzige Käuferin, die sich in Ihren Stil verliebt hat. Wenn Sie das für sich festgelegt haben, können Sie sich daranmachen, Ihre Zielgruppe besser kennenzulernen.

Fragen zur Zielgruppe

Der Weg zu Ihrer Zielgruppe führt über gezielte Fragen:

- Wo arbeiten Ihre Kundinnen und Kunden?
- Und wie viel verdienen sie dabei?
- Was machen sie in ihrer Freizeit?
- Welches Problem können Sie für diese Menschen lösen?

Natürlich können Sie viele weitere Fragen stellen, um die Menschen noch besser kennenzulernen. Welche Fragen Sie an Ihre Zielgruppe stellen können, hängt dabei vor allem von Ihrer Dienstleistung oder Ihrem Produkt ab.

Beachten Sie dabei auch, ob Sie für Unternehmen oder für Privatmenschen arbeiten wollen. Damit hängt auch zusammen, dass Sie Ihr Produkt vielleicht für jemand anderen als Ihre Käuferinnen schaffen. Denken Sie zum Beispiel an Kinderbücher – denn die werden meist von Eltern oder Verwandten gekauft und nicht von denen, die sich nachher über die niedlichen Bilder freuen. Zur Zielgruppe Ihrer Illustrationen gehören also sehr wohl die Kinder. Die Zielgruppe für Ihr Marketing sind dagegen die Tanten und Opas, die ihre Nichten und Enkel beschenken wollen.

Wer nicht fragt, verschwindet vom Markt

Klingt kompliziert? Keine Sorge, schon der Vorspann der Sesamstraße hat da eine einfache und einleuchtende Weisheit für Sie: *Wer nicht fragt, bleibt dumm*. Fragen helfen Ihnen dabei, herauszufinden, ob Sie eher mit Privatpersonen oder Unternehmen sprechen werden, ob Sie noch etwas an Ihrem Angebot feilen müssen und etwas vielleicht fehlt. Solche Fragen helfen Ihnen, damit Sie wissen, was Ihre Zielgruppe braucht, welche Sprache Ihre Texte sprechen sollten, ob Ihre Website barrierefrei sein sollte und ob Sie auch am Sonntagnachmittag erreichbar sein sollten.

Das Wissen über Ihre Zielgruppe erstreckt sich dabei auf alle Bereiche Ihres Unternehmens: auf Ihre Außenkommunikation, die Website, auf Ihre Kundenansprache und wen Sie konkret ansprechen, wie Sie Ihre Angebote gestalten und auch bepreisen und so weiter.

Beispiel Kodak

Wie gut Sie Ihre Zielgruppe kennen, kann über Erfolg und Scheitern Ihrer Selbstständigkeit entscheiden. Erinnern Sie sich zum Beispiel noch an den Kamera- und Farbfilmhersteller Kodak? Zwar gehörte das Unternehmen zu den Vorreitern auf dem Markt der Hobby-Fotoapparate. Allerdings entging dem Unternehmen nach Jahrzehnten des Erfolgs, dass sich die Bedürfnisse seiner Zielgruppe veränderten: Denn während Kodak noch fleißig weiter analoge Filme auf den Markt brachte, hatte seine Zielgruppe längst Gefallen an der digitalen Fotografie gefunden – und brauchte weder die Filme noch die Kameras des Fotografie-Dinos Kodak. Auch übersah Kodak dabei, dass sich durch die digitalen Kameras auch immer mehr Männer für Fotografie interessierten. Also hielt Kodak weiter an seiner – tatsächlich vorwiegend weiblichen – Analog-Zielgruppe fest. Irgendwann zogen Sony und Canon an Kodak vorbei – und Kodak konnte den Laden irgendwann zusperren.

Dieses Beispiel zeigt auch, dass Sie Ihre Zielgruppe nicht nur am Anfang gut kennenlernen sollten. Am besten halten Sie immer einen regen Kontakt und bleiben aufmerksam für die Wünsche Ihrer Kundschaft und hören denen zu, die irgendwann mal zu Kunden werden könnten. Das zeigt einmal mehr: Selbstständigkeit und persönliches Wachstum gehen Hand in Hand: Erfolgreiche Selbstständige sind dazu bereit, ihr Angebot und sich selbst ständig zu **hinterfragen**. Wenn wir dazu bereit sind, können wir dynamisch auf einen sich verändernden Markt und auf sich wandelnde Bedürfnisse unserer Kundschaft eingehen.

Lupe 1 | Kundenumfragen

Sie können beispielsweise nach einem abgeschlossenen Projekt zusammen mit der Rechnung noch einen guten Fragebogen mitschicken. Mit kostenfreien Web-Tools können Sie Umfragen erstellen, um herauszufinden, was am Projekt und Ihrer Arbeit gut war und was Sie besser machen können. Das signalisiert Ihren Kunden Interesse und Wertschätzung – und kann Ihre Selbstständigkeit voranbringen.

Versuchen Sie, das Feedback professionell und offen aufzunehmen. Denn negatives Feedback ist nicht dazu da, Sie als Mensch abzuwerten, sondern Ihre Arbeit besser zu machen. Wenn sich eine Kundin die Zeit nimmt, auf Ihre Rückfragen zu antworten, dürfen Sie ihr dafür sehr dankbar sein. Gerade wenn das Feedback negativ ist. Schließlich könnte die Kundin auch einfach weiterziehen und künftig mit jemand anderem zusammenarbeiten. Stattdessen gibt sie Ihnen die Chance, sich zu verbessern und Ihre Kundschaft ebenso wie Ihre Zielgruppe besser kennenzulernen. Wenn Ihr Unternehmen wachsen sollte, können Sie solche Befragungen auch an professionelle Marktforschungsagenturen abgeben.

Lupe 2 | Studien und Erhebungen

Netterweise müssen Sie nicht alle Umfragen selbst machen. Regelmäßig bringen Forschungseinrichtungen und Marktforschungsunternehmen Umfragen bestimmter Personengruppen heraus: zur Mediennutzung oder zum Haushaltseinkommen, zum Fleischkonsum oder den Wünschen für die Zukunft. Wenn Sie etwas Bestimmtes über Ihre Zielgruppe erfahren möchten, liefert Ihnen eine kurze Internet-Suche meist eine ganze Reihe von entsprechenden Statistiken und Untersuchungen.

Lupe 3 | Digitale Tools

Das Internet bietet uns zahlreiche Werkzeuge, mit denen wir mehr über unsere Zielgruppe erfahren können. *Google Trends*, *Google Suggest* oder verschiedene Keyword-Datenbanken helfen Ihnen dabei, zu erahnen, was Ihre Zielgruppe so im Netz sucht. Diese Tools helfen vor allem bei der Vermarktung Ihres Angebots.

Hilfreiche Tools und Websites

Sistrix.de
Xovi.de
Keyword-tools.org
ads.google.com
trends.google.de
kwfinder.com
keywordtool.io
moz.com/explorer
metrics.tools

Personas für eine lebendige Zielgruppe

Wie leere, seelenlose Grimassen hängen sie heute nur noch in Museen rum. Dabei steckten sie früher mal voller Leben. Aber keine Sorge, ich meine nicht Ihre Kundschaft, sondern die Personas, von denen wir noch einiges lernen können. Denn wie so vieles beginnt auch diese Geschichte im antiken Griechenland: Damals trugen Schauspieler Masken, die meist nur zwei Löcher für die Augen hatten und eine große Öffnung für den Mund. Da Frauen damals nichts auf der Bühne verloren hatten, schnallten sich männliche Schauspieler für Frauenrollen eine weiblich wirkende Maske um den Kopf.

So konnte das Publikum an der Maske erkennen, ob die Rolle männlich oder weiblich ist. Und auch die Stimmung der Figur ließ sich an den überzeichneten Gesichtszügen ablesen. Die Masken verrieten den Zuschauenden so, ob die Figur jung oder alt, dumm oder schlau, hinterlistig oder weise war. So kondensierte sich eine ganze Persönlichkeit auf einem bunt angemalten Stück Ton. Die Römer übersetzten das griechische Wort für Gesicht, mit dem auch die Masken bezeichnet wurden, mit dem Begriff *Persona*.

Die Idee, eine stereotypische Persönlichkeit auf kleinsten Raum in einer Persona zusammenzufassen, können wir auch auf der Bühne der Wirtschaft nutzen. Und auch da nennt sich das Ergebnis Persona. Sie kann uns dabei helfen, unsere Kundinnen und Kunden besser kennenzulernen. Die Ergebnisse Ihrer Zielgruppenanalyse können Sie in einer oder mehreren Personas festhalten. Und so lassen Sie den Bilderbuch anguckenden Enkel, die Bilderbuch kaufende Tante und die Bilderbuch liebende Lektorin lebendig werden.

Die Personas helfen Ihnen dabei, ein besseres Gefühl dafür zu bekommen, für wen Sie das alles machen. Sie geben Ihnen einen Eindruck vom Charakter, den Bedürfnissen und den Wegen, auf denen Sie die Persona erreichen können. Erstellen Sie dafür ein möglichst simples und übersichtliches Template, in das Sie die verschiedenen Eigenschaften Ihrer Personas eintragen.

Wenn Sie sich die fiktiven Personen aus Ihren Personas ins Bewusstsein rufen, können Sie Ihre Dienstleistung, Ihre Werbemittel und Ihre Außenkommunikation besser auf die Personas zuschneiden, als Sie dies für eine undefinierte, diffuse Zielgruppe hätten machen können. Sollten Sie vorhaben, Design oder Werbetexte an externe Dienstleister auszugeben, erleichtern Ihnen die Personas das Briefing. Viele Marketing-Expertinnen sind bereits an die Arbeit mit Personas gewöhnt. Außerdem erinnern die Personas Sie daran, kundenzentriert zu denken und auf Ihrer Website keinen Monolog über Sie selbst zu schreiben. So können Personas Sie zu einem echten Kundenflüsterer machen.

Kunden und Profil

Wenn wir uns die Philosophie und die Psychologie der letzten Jahrzehnte und Jahrhunderte ansehen, wird eines deutlich: Im Leben geht es nicht darum, viel Geld zu verdienen. Zumindest nicht in erster Linie. Es geht darum, Spuren zu hinterlassen – und das nicht zwingend mit den Reifen eines hart erarbeiteten Maserati. Behalten wir das im Hinterkopf, dann sind unsere Kunden und Kundinnen nicht nur die Leute, die unsere Miete zahlen. Es sind auch die Menschen, denen wir etwas geben. Und wir dürfen selbst entscheiden, wer diese Menschen sein sollen.

Die passende Kundschaft aussuchen

Wenn Sie eigentlich Wissenschaftsjournalistin sein wollen, macht die Arbeit für die Bild vermutlich wenig Sinn. Das gilt auch für den Fall, dass Sie eigentlich gerne bei einem Schulbuchverlag anheuern wollen, aber die ganze Zeit Geburtstagskarten für Kindergeburtstage malen. Die Wahl Ihrer Kunden formt Ihre Referenzen. Die Wahl jedes einzelnen Kunden ist also auch die Wahl Ihrer Zukunft. Natürlich kann man gerade am Anfang nicht immer so wählerisch sein, wie man möchte, aber man kann nach und nach justieren.

Behalten Sie immer im Hinterkopf, dass Kunden Sie empfehlen können, und wenn Sie einmal mit dem Basteln von WordPress-Websites geglänzt haben, werden Sie gegebenenfalls weiterempfohlen. Dann zieht ein Kunde zwei ähnliche nach sich. Das spricht zwar sehr für Ihre Arbeit, kann Sie aber von Ihrem Ziel wegbringen.

Auch sollten Sie bedenken, dass künftige Kunden oder Kundinnen vielleicht **Referenzen** sehen möchten. Wenn Sie dann nur Kundschaft vorweisen können, die aus einem anderen Bereich kommt, dann muss die potenzielle Kundin schon sehr an Sie und Ihre Fähigkeiten glauben, um Sie mit einem offenbar fachfremden Projekt zu beauftragen. Ihr angestrebter **Schwerpunkt** ist schließlich nicht nur eine Idee am Vision Board: Ihr Schwerpunkt sollte sich nicht nur auf die Auswahl von Fortbildungen und Leidenschaften auswirken – sondern auch auf die Auswahl Ihrer Kunden. Und auch hier müssen Sie sich wieder, wie beim Bauchladen, ab und zu auf die Finger klopfen, wenn Sie in ein unpassendes Portemonnaie greifen wollen. Ein netter Anreiz dafür: In der Regel können Spezialisten höhere Honorare aufrufen als Bauchladenbetreiber.

Sie ahnen es schon: Hier geht es auch um Ihre **Unternehmensstrategie**. Wenn Sie sich als Kunstmalerin mit großformatigen Acrylmalereien positionieren wollen, bringen Kundinnen, die gerne handbemalte Postkarten kaufen, Sie nur bedingt weiter. Vielleicht können Sie mit ihren Käufen Ihre Miete zahlen, was ja auch sehr viel wert ist.

Klar klingt es wie ein extremes Luxusproblem, überhaupt zwischen verschiedenen Kunden und Kundinnen auswählen zu können. Wenn Sie Ihr Unternehmen strategisch gut aufgestellt haben, sollten Sie jedoch nach ein paar Monaten tatsächlich bereits mehrere Auftraggeber haben. Und wenn nicht? Dann ist es umso sinnvoller, Ihre Business-Strategie nochmal zu überarbeiten. Aber wie bei unserem Bauchladen aus Kapitel 2 dürfen Sie auch etwas wählerisch dabei sein, wer Ihre Produkte aus der Nähe bestaunen darf. Denn Ihre Wunschkundschaft ziehen Sie vor allem dann an, wenn Sie bereits für ähnliche Kunden gearbeitet haben. Denken Sie bei der Auswahl Ihrer Kundschaft also immer auch mit ein paar Hirnzellen an Ihr Portfolio.

Pareto hilft beim Aussieben

Und hier noch ein Argument, warum Sie es sich leisten können, etwas wählerisch zu sein: Erleben Sie die Magie des Verhältnisses von 80 zu 20. Das Ganze geht zurück auf den Soziologen Vilfredo Pareto, der im 10. Jahrhundert eine Regelmäßigkeit entdeckte: Als er die Verteilung des Vermögens untersuchte, stellte er fest, dass 20 Prozent der Bevölkerung 80 Prozent des Vermögens besaßen. Dieses Verhältnis stellten er und seine ökonomisch interessierten Nachfolger auch in vielen anderen Bereichen fest. So zeigte sich beispielweise, dass häufig 80 Prozent der Ergebnisse durch 20 Prozent des Aufwands entstehen. Und so ging eben dieses 80-20-Verhältnis als das Pareto-Prinzip in die Wirtschaftshandbücher ein.

Und warum ist das für Sie und Ihre Wunschkunden wichtig? Weil auch hier das Pareto-Prinzip gilt: Viele Dienstleistende machen 80 Prozent ihrer Umsätze mit 20 Prozent ihrer Kunden. Es steht Ihnen natürlich frei, Ihre Arbeitskraft auch in einem anderen Verhältnis auf die Menschheit zu verteilen. Doch wenn Sie einfach drauflosarbeiten, wird sich früher oder später ein dem Pareto-Prinzip ähnliches Verhältnis einpendeln.

Wenn Sie herausfinden, welche Kunden Ihnen die 80 Prozent Ihrer Einnahmen bringen, dürfen Sie diese schon als attraktive Kundschaft verbuchen. Andersherum bedeutet das, dass Sie mit etwas Pech 80 Prozent Ihrer Zeit mit schlecht bezahlten oder sehr kleinen Aufträgen verbringen werden. Da kleine Aufträge aber meist denselben Organisationsaufwand, dieselben Briefings und dieselbe Zeit für Angebote und Rechnungen mit sich bringen wie große Projekte, stecken Sie womöglich viel Energie in wenig ertragreiche Aufgaben.

Hier geht es also etwas darum, zu taktieren: Erfassen Sie vor allem zu Beginn Ihrer Selbstständigkeit, wie viel Zeit Sie mit welchem Projekt verbringen – und werten Sie diese Stunden nach ein paar Monaten aus. Sollten Sie mit den kleineren, wenig lukrativen Aufgaben Ihr Wunschportfolio füttern, sind Sie auf dem richtigen Weg. Sollten Sie allerdings feststellen, dass Sie 80 Prozent Ihrer Einnahmen mit dem Bodensatz aus Ihrem Bauchladen verdienen, ist es Zeit, Ihren Kundenstamm etwas zu veredeln. In Abschnitt 9.7 finden Sie einige Tipps und Ideen dazu, wie Sie unpassenden Projekten elegant, professionell und freundlich eine Absage erteilen.

Statement | Alle Kunden feiern

»Ganz ehrlich: Zu Beginn meiner Freiberuflichkeit habe ich alle Kunden gefeiert. Ich fand es einfach großartig, dass mich jemand für meine Arbeit bezahlt. Das Lehrgeld ging dann natürlich auf meine Kappe. Mit den Jahren und wachsender Erfahrung habe ich ein recht zuverlässiges Gespür für Kunden entwickelt, da weiß man nach dem ersten Telefonat ganz oft, ob das was wird. Und damit meine ich nicht nur die Bezahlung, sondern auch den Umgang miteinander. Da gibt es so manche Menschen, die möchte man ganz einfach nicht in sein Leben lassen, privat nicht und auch nicht beruflich.«

Sascha Nieroba | Strategietexter und Brand Strategist | Nagel & Kopf

Statement | Bauchgefühl schlägt strategisches Kalkül

»Was ich auf dem harten Weg lernen musste: Man sollte auf sein Bauchgefühl hören. Am Anfang ist man oft die eilerlegende Wollmilchsau – man macht erst einmal alles. Aber es zahlt sich viel mehr aus, auf die eigene Intuition zu achten. Bei manchen Anfragen hat man direkt ein schlechtes Gefühl, was den Kunden oder das Projekt betrifft. Irgendetwas passt nicht zusammen. Es hat einige Zeit gedauert, bis ich mich getraut habe, solche Anfragen abzulehnen. Hin und wieder lässt man sich doch überzeugen, aber merkt, dass es ein Fehler war.

So hat mich mal eine Professorin angefragt, die ich aus anderen Projekten kannte und wertschätzte. Aber der Kunde hatte veraltete und unrealistische Vorstellungen. Er ließ sich weder durch eine Benchmarking-Analyse und Kundenbefragung noch durch unsere Expertise überzeugen. Eigentlich hätte ich schon nach dem ersten Gespräch aussteigen sollen. Das hätte beiden Seiten viel Zeit, Energie und Ärger erspart. Mittlerweile bin ich deutlich konsequenter und empfehle dann gerne jemanden aus meinem Netzwerk, der die passende Expertise hat und besser zum Kunden oder Projekt passt.«

Daniela Vey | Informationsdesignerin | Design. Konzeption. Social Media.

Statement | Die Wellenlänge entscheidet

»Für mich war der Schritt in die kreative, selbstständige Arbeit eine Leidenschaftsfrage. Daher ist es für mich wichtig, dass ich zuallererst auf einer Wellenlänge mit meinen potenziellen Kund:innen bin. Auf diesem ›Luxus‹ bestehe ich. Solange das Projekt oder das Produkt, für das ich schreibe, moralisch vertretbar ist, ist mir fast egal, wofür ich schreibe. Wenn der oder die Auftraggeber:in dafür brennt, tu ich's auch.«

Michael Otto | Storyteller

6.2 Akquise: Wie Sie aus Mitmenschen Kundschaft machen

Sie wissen, wo Sie hinwollen – jetzt können Sie starten. Dabei können Sie auf zwei Wegen zu Ihrer Traumkundschaft gelangen:

1. Entweder gehen Sie aktiv auf die Suche,
2. oder die Kundschaft findet Sie.

Auch wenn Letzteres nach der Luxusvariante klingt, müssen Sie einiges dafür tun. Neben einem überzeugenden Webauftritt und einschlägigen Referenzen in Ihrem Portfolio brauchen Sie ein starkes Netzwerk. Zu diesen Themen finden Sie in diesem Buch gesonderte Kapitel, weil diese Themen für Ihren Erfolg so wichtig sind. Doch auch wenn Sie bereits gut vernetzt sind und eine beeindruckende Website gebaut haben, sollten Sie nicht einfach nur wie die Spinne in ihrem Netz sitzen und darauf warten, dass die Kundschaft an Ihrem Angebot kleben bleibt. Sie kommen also wohl oder übel nicht an dem bösen Wort mit A vorbei: der Akquise.

Aber keine Sorge: Auch wenn viele Kreative bei Akquise direkt an schmierige Vertreter mit Aktenkoffer, Schlips und Schnäuzer denken, dürfen Sie weiterhin ganz Sie selbst bleiben. Es geht nicht darum, ab sofort mit Dollar-Zeichen in den Augen durch die Welt zu laufen. Vielmehr suchen Sie sich Menschen, mit denen und für die Sie gerne arbeiten möchten, die Ihre Arbeit schätzen und für die Sie Großes schaffen dürfen.

Obacht: Bullshit-Bingo

Die schlechte Nachricht zuerst: Wenn Sie sich über Akquise informieren, artet das schnell in einer Partie Bullshit-Bingo aus. Auch in diesem Kapitel werden Sie es mit einigen typischen Begriffen aus der Welt des Vermarktens und Verkaufens zu tun haben.

Und Ihr wunderbarer Trip durch die Welt der englischen Spezialbegriffe beginnt mit dem *Sales Funnel*: In der Übersetzung haben Sie es hier mit einem Verkaufstrichter zu tun. Bildlich gesprochen füllen Sie oben eine große Menge Interessenten in den Trichter, aus dem unten nur ein paar echte Kundinnen und Kunden herauströpfeln.

Der Sales Funnel besteht jenseits der Marketingbücher aus einer simplen Liste von Interessenten, die im Bingo-Jargon mit dem englischen Wort für *Spur* auch als *Lead* bezeichnet werden. Auch wenn das Ganze offiziell ein Trichter sein soll, können Sie sich die Leads wie Autos auf der Autobahn vorstellen: Sobald Sie eine Person kontaktiert haben, ist sie auf Ihrer Akquise-Autobahn unterwegs. Die ersten Autos fahren direkt bei der ersten Ausfahrt ab, so dass Sie nur einem Bruchteil davon Ihre Ideen näher vorstellen dürfen. Auch danach biegen wieder einige Interessenten ab. Doch einige von ihnen bleiben auf Ihrer Akquise-Autobahn und freuen sich, wenn Sie ihnen ein Angebot zuschicken. Und wenn Sie die richtigen Wegweiser aufgestellt haben, nehmen ein paar Leads Ihr Angebot an – und werden zu realen Kunden.

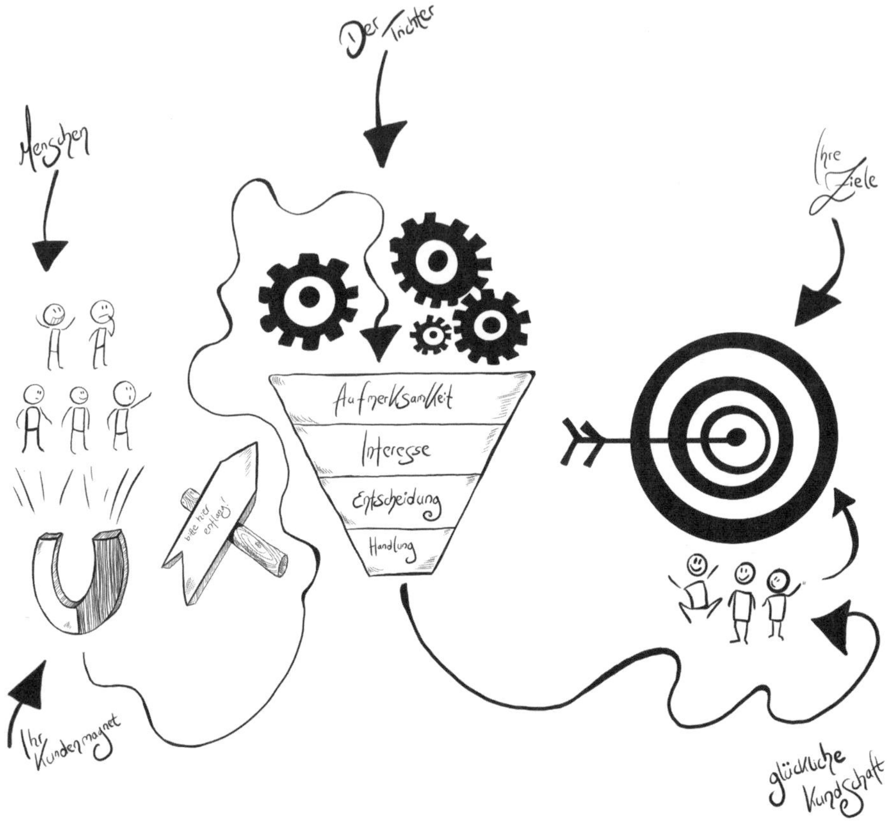

Der Salesfunnel

Das Prinzip des Sales Funnels macht deutlich, dass Sie sehr viel mehr Personen kontaktieren müssen, als tatsächlich später zu Kunden werden. Konkrete Handlungen können Sie dagegen aus diesem Modell weniger ableiten. Deshalb schauen wir uns im Folgenden genauer an, wie möglichst viele Interessenten Ihre Ausfahrt nehmen und wirklich bei Ihnen ankommen.

Einen Kundenstamm aufbauen

Ihr Weg zu Ihrem Kundenstamm lässt sich vereinfacht in fünf Phasen aufteilen:

1. Planen
2. Vorbereiten
3. Kontaktieren
4. Nachfragen
5. Abschließen

Phase 1 | Planen: Lernen Sie Ihr Ziel kennen

Bevor Sie Ihre Dienste erfolgreich in die Welt tragen können, müssen Sie natürlich erstmal wissen, für wen Ihr Angebot interessant ist. Deshalb besteht der erste Schritt der Kundengewinnung in der Zielgruppenanalyse, die wir uns bereits im letzten Abschnitt angesehen haben. Wenn Sie Listen-Liebhaber sind, können Sie in dieser Phase Namen von Personengruppen, von Ansprechpartnern oder Agenturen auflisten, die Sie gerne als Kunden hätten. Je konkreter diese Liste ist, desto leichter wird Ihnen der Einstieg in die Akquise fallen.

Nutzen Sie Suchmaschinen, durchforsten Sie Branchenbücher, und fragen Sie Freunde und Bekannte: Am Ende des Prozesses haben Sie E-Mail-Adressen und Telefonnummern der Menschen, bei denen Sie sich vorstellen möchten. Damit Sie einen konkreten Startpunkt haben, können Sie diese Liste nach Dringlichkeit, Wichtigkeit oder Ihren persönlichen Wünschen priorisieren.

Phase 2 | Vorbereiten: Machen Sie Ihr Angebot klar

Wenn Sie wissen, wem Sie etwas verkaufen wollen, überlegen Sie sich im zweiten Schritt, was Sie dieser Person oder diesem Unternehmen anbieten möchten. Möchten Sie dem Schulbuchverlag Illustrationen von Ludwig dem Sonnenkönig anbieten oder der kleinen Jazz-Bar ein Set aus 5 Charly-Parker-Stücken?

Überlegen Sie dafür, welches **Problem** Ihrer Kundschaft Sie ganz konkret lösen wollen. Dabei drehen sich Ihre Gedanken natürlich allein um das Wohlergehen Ihrer angehenden Kundinnen und Kunden. So machen Sie sich selbst klar, welchem Kundensegment oder welchen Personen Sie ein bestimmtes Angebot machen möchten.

Neben den Kundinnen, die Ihnen direkt vor Ihrem inneren Auge erscheinen, wenn Sie ans Big Business denken, gibt es da draußen auch noch viele fabelhafte und noch völlig unbekannte Möglichkeiten. Diese erreichen Sie mit etwas Glück und Fingerspitzengefühl – und etwas Marketing. Um Ihr Angebot in die Welt zu tragen, können Sie eine ganze Reihe von Mitteln und Wegen nutzen:

1. Website
2. Netzwerken
3. Content-Marketing
4. E-Mail-Marketing und Newsletter
5. Portfolio
6. Anzeigenwerbung
7. Ausschreibungen und Wettbewerbe

Da die ersten zwei Punkte so wichtig sind, finden Sie dazu gesonderte Abschnitte in diesem Buch (Abschnitt 11.5 und Abschnitt 6.4).

Content-Marketing

Das Content-Marketing ist meist eng mit Ihrer Website oder Ihrem Social-Media-Auftritt verbunden. Sie stellen damit Ihre Expertise und Ihre Persönlichkeit vor. Dabei geht es nicht darum, Ihr Ego zu streicheln – sondern darum, Vertrauen zu schaffen. Schließlich kennen die meisten Menschen auf dieser Welt Sie noch nicht. Und da wir als emotionale Wesen am liebsten von Menschen etwas kaufen, die uns sympathisch sind, können Sie das Content-Marketing dafür nutzen, potenziellen Kunden einen kleinen Eindruck von Ihrer Persönlichkeit zu geben. Außerdem hat ein Blog den Vorteil, dass Sie mit geschickter Suchmaschinen-Optimierung häufiger in den Google-Ergebnissen auftauchen. Das schauen wir uns in Abschnitt 11.5 nochmal ausführlicher an.

Newsletter und E-Mail-Marketing

Eine spezielle Form des Content-Marketings ist der Newsletter und das E-Mail-Marketing. In Ihren E-Mails können Sie Interessentinnen und potenzielle Käufer über neue Projekte, über den Entstehungsprozess Ihres aktuellen Gemäldes oder das Songwriting für das nächste Album auf dem Laufenden halten. Wer diese E-Mail erhält, interessiert sich meist schon für Ihre Arbeit.

Diese Form der Akquise eignet sich vor allem für etwas kostspieligere Dienstleistungen und Produkte, die selten und mit Bedacht gekauft werden. Und das ist auch der Haken daran. Denn um an die E-Mail-Adressen zu gelangen, müssen Sie bereits einiges an Vor- und Überzeugungsarbeit leisten. Mit den anderen hier genannten Akquise-Tools können Sie die Menschheit langsam bearbeiten, bis endlich einige davon auf den Newsletter-Abo-Button klicken.

Vor allem für Kulturschaffende sind Social Media ein Schaufenster, das Menschen von überall auf der Welt aus bestaunen können. Auch wenn Sie privat kein Fan des gedankenlosen Herumscrollens sind: Ihre Musik, Ihre Malerei oder Ihre Gedanken können Sie auf diesem Weg einem fast unbegrenzten Publikum zugänglich machen. Betrachten Sie Social Media deshalb bitte nicht als Zeitdieb oder Datenkrake, sondern nutzen Sie sie als Instrument für Ihre Akquise und damit als Werkzeug für den Erfolg Ihres Unternehmens. Wie genau soziale Netzwerke Ihrer Akquise auf die Sprünge helfen können, erfahren Sie in Abschnitt 6.4.

Portfolio

Statt regelmäßig die Social-Media-Gemeinde mit frischen Inhalten zu Ihnen und Ihrer Arbeit zu versorgen, können Sie es sich auch einfach machen: Richten Sie sich ein schickes Portfolio auf einschlägigen Branchenseiten ein. Mittlerweile gibt es für fast jedes Segment der Kreativbranche eigene Web-Plattformen. Manche, wie *xing.com* oder *LinkedIn.com*, sind vor allem als Netzwerk und als öffentliche Ablage für Ihren Lebenslauf konzipiert. Andere, wie *Fiverr.com*, *freelance.de* oder *stagepool.com*, bringen Auftraggeber und Freiberuflerinnen zusammen. Zahlreiche dieser Plattformen haben sich auf eine Branche wie Tanz, Gesang oder Grafikdesign spezialisiert.

Genauso gibt es aber auch Matching-Angebote, über die Suchende und Findende nach Branche oder Auftragsart filtern können. Oft sind die digitalen Angebote auf eine virtuelle Zusammenarbeit ausgelegt, so dass Sie rein theoretisch und mit den nötigen Sprachkenntnissen für Kundschaft auf der ganzen Welt arbeiten können. So vergrößern Sie den Pool, in dem Sie fischen.

Wenn Sie auf solchen Plattformen ein fokussiertes und gut gepflegtes Portfolio anlegen, erhöhen Sie Ihre Chancen, von noch unbekannten Traumkunden gefunden zu werden. Mit dieser passiven Art der Akquise können Sie im Idealfall einen konstanten Strom an neuen Kunden generieren.

Die meisten dieser Plattformen können Auftragnehmende gratis nutzen. Gelegentlich gibt es zusätzliche und kostenpflichtige Pro-Funktionen, die Ihre Reichweite erhöhen oder Ihnen mehr Möglichkeiten für die Präsentation Ihres Portfolios bieten. Bevor Sie sich für ein Abo entscheiden, können Sie den Dienst meist testen. Das empfiehlt sich gerade am Anfang Ihrer Selbstständigkeit: Denn es braucht etwas Zeit und bewusste Analysen, um einen Überblick zu gewinnen, wo sich Ihre Kundschaft wirklich aufhält.

Natürlich können Sie ein Portfolio auch ganz oldschool als **Printbroschüre** anfertigen. Gerade bei hochpreisigen Dienstleistungen, an die ein hoher Qualitätsanspruch gestellt wird, lassen sich Kunden manchmal auch mit Hochglanzbroschüren locken. Mit kleinen Printheftchen haben Sie auch auf Konferenzen und Netzwerkveranstaltungen etwas in der Hand, das Sie neuen Bekanntschaften in die Hand drücken können. So bleiben Sie im Gedächtnis.

Da Druckerzeugnisse durch die Erstellung von Design und Layout und durch den Druck schnell ins Geld gehen können, sollten Sie nochmal einen Blick in Ihre Personas werfen, ob Ihre Wunschzielgruppe sich eher mit Print oder von Digitalem bezirzen lässt.

Werbung

Und dann gibt es natürlich noch die klassischste aller Akquise-Formen: die Werbung. Nicht nur Vegetarier sollten sich dabei aber vor dem hüten, was in der Werbebranche oft als Schweinebauchanzeige bezeichnet wird: ein liebloses Angebot mit einem großen roten Preis. Zwar kleben Kreative ihren Preis nicht an ein Foto von einer Schüssel mit Halb-und-halb-Hackfleisch, und dennoch ist diese Art der Werbung unappetitlich. Denn gerade Kreativleistungen verkaufen sich selten allein über den Preis, sondern vor allem über die Qualität, die Persönlichkeit oder den Innovationsgrad.

Deshalb sollten Sie, bevor Sie Geld für Werbung ausgeben, genau prüfen, ob Werbung überhaupt zu Ihrem Angebot passt. Denn wie viele Chefredakteurinnen würden wohl auf eine Banner-Werbung klicken, auf der Sie sich als Journalist anbieten? Da Journalismus und Werbung idealerweise klar getrennte Wege gehen sollten, ist dieses Akquise-Tool für diese Dienstleistung eher ungeeignet.

Wenn Sie dagegen einen Ratgeber über Lyrik in technischen Dokumentationen geschrieben haben, könnten Sie dafür durchaus Werbung auf passenden Websites wie *duden.de* oder *leo.org* schalten. Dabei bleibt aber immer zu bedenken, ob die teils hohen Kosten für das Schalten der Werbung durch zu erwartende Einnahmen wieder reinkommen. Gleiches gilt natürlich auch für Werbung in Printprodukten.

Ausschreibungen und Wettbewerbe

Für viele kreative Branchen gibt es Ausschreibungen und Wettbewerbe. Diese sind eine recht indirekte Form der Akquise. Dabei bewegen Sie sich wieder etwas zurück in das Fahrwasser des Angestelltentums: Sie bewerben sich auf ein Projekt oder ein Stipendium, indem Sie Ihre Expertise, Ihre Talente und Fähigkeiten knackig auf den Punkt bringen. Wenn Sie sich gegen die Konkurrenz durchsetzen können, haben Sie neue Kunden oder eine neue Referenz, die Sie dann wiederum als Kundenmagnet in Ihrem Portfolio einsetzen können.

Phase 3 | Kontaktieren: Sagen Sie »Hallo!«

Das größte Missverständnis in Sachen Akquise ist, dass viele Selbstständige glauben, dass sie mit mehr oder weniger großen Reden überzeugen müssen. Dabei liegt Ihre größte Überzeugungskraft im genauen Gegenteil: im **Zuhören**. Denn die tollste Idee und das beste Produkt verkaufen sich nicht, wenn Ihre potenzielle Kundschaft daran gar kein Interesse hat. Und was Ihre Kunden wirklich wollen, finden Sie eben nur heraus, wenn Sie hinhören, fragen und nachfühlen.

Das Ziel Ihres ersten Kontakts mit Ihrer potenziellen Kundin könnte also sein, herauszufinden, in welcher Situation sie sich gerade befindet, ob sie aktuell einen Mangel hat – und wie Sie diesem Menschen weiterhelfen können.

Kaltakquise

Im weiteren Sinne gehört zum Zuhören auch, dass Sie die Bedürfnisse Ihres Gegenübers wirklich ernst nehmen. Entsprechend sollten Sie Ihre eigene Bedeutung für diese Person möglichst realistisch einschätzen: Wenn Sie Kaltakquise betreiben, also jemanden ansprechen, der Sie noch nicht kennt, dann wird er sich Ihnen gegenüber zu sehr wenig verpflichtet fühlen.

Entsprechend sollten Sie ihm mit Verständnis begegnen und sich möglichst kurzfassen. Denn es ist ein Zeichen von Respekt und Wertschätzung, anderen nicht ihre wertvolle Zeit zu stehlen. Kommen Sie schnell zum Punkt, und stellen Sie Ihr Anliegen möglichst transparent, sachlich und intuitiv nachvollziehbar dar. Zugleich dürfen Sie hier auch etwas neugierig machen, um die Person zu einem Rückruf zu verlocken.

Warmakquise

Bei einer Warmakquise, bei der Sie Ihre Ansprechperson bereits kennen und idealerweise schon eine persönliche Ebene erreicht haben, können Sie etwas mehr menscheln. Doch auch hier gelten die beiden Mantras: »Hören Sie genau zu« und »Wertschätzen Sie die Zeit anderer Menschen«.

Egal, ob Sie den Menschen schon kennen oder nicht: Gehen Sie mit einem möglichst konkreten Ergebnis aus dem Gespräch oder der Mail-Unterhaltung hervor: Laden Sie möglichst zeitnah zu einem Gespräch ein, in dem Sie sich näher über ein mögliches Projekt austauschen können. Halten Sie das Besprochene im Anschluss für sich selbst fest, und schicken Sie dem angehenden Traumkunden eine kurze Zusammenfassung per Mail zu. So schaffen Sie ein kleines bisschen **Verbindlichkeit** und beweisen, dass Sie Ihr Gegenüber richtig verstanden haben.

Idealerweise lädt Sie Ihr angehender Kunde dazu ein, ihm schon mal ein unverbindliches Angebot zu schicken. Seien Sie darauf gut vorbereitet. Wenn Sie Ihre Rahmenverträge, AGB und Musterangebote vor Ihrem allerersten Akquise-Gespräch bereits vorliegen haben, können Sie auf den Kundenwunsch nach einem Einblick in Ihre Preisstruktur schnell und kompetent reagieren.

Akquise über Agenturen

In manchen Fällen kann es durchaus sinnvoll sein, für die dritte Phase der Akquise auf Unterstützung zu setzen. Wenn Sie beispielsweise Ihr Kreativgeld mit Büchern verdienen wollen, können Sie die Akquise auch an eine Agentin auslagern. Dafür verlangen entsprechende Agenturen meist ein Exposé, einen Auszug aus Ihrem geplanten Werk – und eine Gewinnbeteiligung.

Der Vorteil davon liegt auf der Hand: Da die Agentin an Ihrem Gewinn beteiligt ist, hat sie ein direktes Interesse daran, dass sich Ihr Buch besonders gut verkauft und Sie einen guten Deal machen. Außerdem erfahren Sie schon in einer frühen Phase Ihres Projekts, ob Ihre Buchidee das Zeug hat, ein Erfolg zu werden. Die Akquise an andere abzugeben, kann Ihnen also durchaus Zeit und Herzblut sparen.

Phase 4 | Nachfragen: Haken Sie freundlich nach

Idealerweise haben Sie in der dritten Phase bereits besprochen, wer sich wann bei wem mit welcher erfüllten Hausaufgabe melden wird. Sollten Sie nichts vereinbart haben und sollten Sie seit Ihrem letzten Kontakt schon länger nichts mehr von Ihrem potenziellen Kunden gehört haben, ist nun die Zeit gekommen, dass Sie sich ins Gedächtnis rufen. Wären Sie Fan des allseits beliebten Bullshit-Bingos, würden Sie diese Phase als *Follow-up* bezeichnen. Ordentliche Vertriebler sprechen hier auch von Wiedervorlage und schreiben sich dafür selbst einen Termin in den Kalender, an dem Sie die angehende Kundin kontaktieren wollen.

Überlegen Sie sich hier genau, was Ihr Ziel ist und ob Sie vielleicht ein kleines Gimmick anzubieten haben: Haben Sie vielleicht eine Idee für die Website, eine schnelle Skizze oder einen interessanten Link, bei dem Sie an die jeweilige Person und ihre Arbeit gedacht haben? Zeigen Sie, dass Sie beim letzten Kontakt aufmerksam zugehört haben, und verschenken Sie etwas von Ihrer Expertise. Nutzen Sie dabei gerne nochmal die Chance, einen *Call-to-Action*, also eine konkrete Einladung mitzuschicken: Laden Sie zu einem Kaffeeplausch auf der nächsten gemeinsamen Konferenz oder Messe ein, oder vereinbaren Sie, dass Sie Ihr Portfolio schicken oder am besten gleich ein unverbindliches Angebot stellen dürfen.

Zu diesem Nachhaken kann es auch gehören, dass Sie der Person eine handgeschriebene Geburtstagskarte schreiben, eine edle Schokolade zu Weihnachten schicken oder zum Erscheinen des neuen Buches gratulieren. Ein Kontakt muss nicht immer einen konkreten wirtschaftlichen Hintergrund haben. Sie dürfen auch einfach nett sein. Der ganze Trick ist es, in **Kontakt** zu bleiben. Hierzu finden Sie im Abschnitt 6.4 weitere Ideen. Machen Sie sich dabei bewusst, dass ehrliche Aufmerksamkeit nicht nervt. Denn würden Sie sich nicht freuen, wenn unverhofft eine Nettigkeit Ihren Schreibtisch erreicht und diese womöglich sogar noch sehr lecker ist?

Warum das Ganze so nett ist: Weil es zeigt, dass Sie Ihr Gegenüber als Menschen wahrnehmen und nicht bloß als zum Objekt zusammengeschrumpelten Teil einer Wertschöpfungskette.

Phase 5 | Abschließen: Werden Sie verbindlich

Das Wichtigste vorab: Niemand mag Stress. Setzen Sie deshalb niemals jemanden unter Druck oder drängen zu einer Entscheidung. Sie dürfen durchaus deutlich machen, dass sich Deadlines verschieben werden, wenn die Entscheidung für das gemeinsame Projekt sich verzögert. Dennoch sollten Sie immer professionell und vor allem entspannt bleiben. Denn weder Ihrer Kundschaft noch Ihrem Blutdruck tut es gut, wenn Sie Stress verbreiten. Zudem suggeriert Ihre Entspanntheit, dass es bei Ihnen läuft und Sie genügend Aufträge haben. Der Geruch von Verzweiflung gibt der Qualität Ihrer Arbeit einen schalen Beigeschmack. Und dann könnte die Reise bereits nach dem Follow-up enden.

Wenn Sie und Ihre Arbeit einen guten Eindruck gemacht haben, geht es nun daran, die Sache in trockene Tücher zu bringen. Fragen Sie, ob Sie einen Rahmenvertrag schicken dürfen, oder gehen Sie bereits das Briefing für das Projekt durch. Sorgen Sie in dieser Phase sowohl für juristische Sicherheit als auch dafür, dass beiden Seiten der Umfang und der Workflow des Projekts klar ist. In dieser Phase verwandelt sich die Interessentin also in eine waschechte Kundin.

Und sollte das nicht passieren?
Dann nehmen Sie das bitte nicht persönlich. Manchmal fehlt den Interessenten dann doch das Budget, der Zeitpunkt stimmt nicht oder die Chemie ist mit einer anderen Person dann doch etwas besser. Hier ist es wie beim Dating: Nehmen Sie es sportlich. Wenn es nicht passt, dann ist das eben so.

Welche Methode passt zu meinem Business

Es gibt wenig Aussagen, die so unbefriedigend sind wie: »Dafür gibt es kein Patentrezept.« Doch genauso verhält es sich bei der Akquise. Schließlich läuft das Ganze ein bisschen so ab wie Flirten: Sie wollen etwas von jemandem und wollen ihn davon überzeugen, dass er oder sie dasselbe will. Und genauso wie beim Flirten möchte auch Ihre Kundschaft umgarnt und begehrt werden. Deshalb ist Akquise etwas sehr Individuelles, auch wenn manche Seminare so tun, als könnte man eine Schablone dafür verwenden. Denn jeder Ihrer Kunden ist einzigartig und möchte trotz aller Professionalität als Mensch wahrgenommen und wertgeschätzt werden.

Machen Sie sich deshalb immer die Mühe, sich zumindest ein bisschen über Ihr Gegenüber zu informieren, bevor Sie eine neue Kundin von Ihren Fähigkeiten überzeugen wollen. Dazu gehört auch, dass Sie sich nach jedem Kontakt die wichtigsten Punkte des Gesprächs aufschreiben. So vermeiden Sie, dass Interessenten Ihnen mehrmals dieselbe Sache erklären müssen. Machen Sie es Ihrem Gegenüber so einfach wie möglich.

Und wenn Sie introvertiert sind und nicht gerne telefonieren? Dann schreiben Sie eine Mail, senden eine Depesche oder Rauchzeichen. Finden Sie den Weg, der zu Ihnen und vor allem zu Ihrer Kundschaft passt. Am Anfang kann der Akquise-Prozess noch etwas Überwindung kosten. Setzen Sie sich deshalb konkrete und erreichbare Ziele, etwa dass Sie pro Monat 3, 8 oder 25 E-Mails an potenzielle Kunden schicken oder sich auf 5 Ausschreibungen bewerben. Achten Sie dabei darauf, dass Ihre Ziele erreichbar sind, damit Sie nicht gleich nach dem ersten Monat demotiviert aufgeben.

Wenn Sie bereits einige Aufträge haben, können Sie Ihre Akquise-Bemühungen entsprechend etwas herunterfahren. Doch wenn Ihnen die Kundschaft nicht bereits von alleine die Bude einrennt, werden Sie etwas für sich und Ihre Talente trommeln müssen. Also: Nur Mut, Kunden sind auch nur Menschen.

Checkliste Akquise

	Machen Sie sich einen klaren Plan, was Sie anbieten wollen.
	Legen Sie Ihre angestrebte Zielgruppe fest.
	Analysieren Sie, auf welchen Kanälen Sie Ihre Zielgruppe erreichen.
	Machen Sie sich den Sales Funnel bewusst.
	Erstellen Sie eine Website.
	Nutzen Sie Google My Business, wenn Sie auch von Laufkundschaft leben.
	Betreiben Sie Content-Marketing.
	Gehen Sie zu Netzwerkveranstaltungen.
	Erstellen Sie ein digitales und/oder Print-Portfolio.
	Tragen Sie Ihre Fähigkeiten auf Karriereplattformen ein.
	Bieten Sie einen Newsletter an, wenn Ihre Zeit es zulässt und Ihre Zielgruppe diesen lesen würde.
	Schalten Sie Anzeigen, wenn es Ihnen sinnvoll erscheint.
	Reagieren Sie auf Ausschreibungen.
	Nehmen Sie an Wettbewerben teil.
	Bleiben Sie dran: Akquise ist ein Dauerthema in Ihrer Selbstständigkeit.

6.3 Kundenpflege

Kennen Sie noch das Sprichwort »Klappern gehört zum Handwerk«? Wie viele Sprichwörter stammt auch dieses aus dem Mittelalter. Damals machten fahrende Händler mit Holzrasseln auf sich aufmerksam oder indem sie auf ihren Waren trommelten. Und auch Sie müssen heute für sich trommeln und klappern, wenn die Menschen auf dem Markt Sie hören und sehen sollen. Dazu gehört es aber nicht nur, neue Leute anzulocken, sondern auch die zufriedenen Kunden bei Laune zu halten. Hegen und pflegen Sie sie. Denn Ihre Kundschaft ist Ihr größtes Kapital.

Customer-Relationship-Management

Mit Stammkunden und Kundinnen, die nach Pausen immer wieder zu Ihnen zurückkehren, befinden Sie sich in einer Schleife aus der vierten und fünften Akquise-Phase. Diesen Loop nennen Profis auch *Customer-Relationship-Management* oder kurz CRM. Wie der Name erahnen lässt, managt das CRM die Beziehung zur Kundschaft. Das Herz des CRM ist es, dass sich das Unternehmen vor allem um die Wünsche und Bedürfnisse der Kundschaft dreht.

CRM

Ein CRM bildet den gesamten Zyklus eines Kunden innerhalb Ihres Unternehmens ab, vom ersten Kontakt mit Ihrem Unternehmen bis zum Kauf, und oft betreut das CRM ihn sogar danach noch. CRM kann dabei sowohl eine Berufsbezeichnung als auch eine Datenbank sein. Mit Software wie *salesforce.de*, *zendesk.de* oder auch vielen Programmen, mit denen Sie vor allem Ihre Buchhaltung und Ihre Rechnungen abwickeln, wie *lexoffice.de* oder *salesking.de*, können Sie Ihre Kundendaten übersichtlich verwalten.

Adressbuch

In Zeiten, in denen wir andere Menschen vor allem persönlich getroffen haben, besaßen Selbstständige einen ansehnlichen Stapel aus Visitenkarten. Doch seit viele Veranstaltungen, Besprechungen und sogar die Akquise immer häufiger online stattfinden, ist auch die Pflege der Kundendaten eine digitale Angelegenheit geworden. Der Kern Ihres digitalen CRM ist das Adressbuch. Darin können Sie zu jedem Ihrer Kunden die für Sie relevanten Daten festhalten:

- Name, Position und Firma
- E-Mail-Adresse
- Relevante Social-Media-Profile
- Telefonnummer oder Durchwahl
- Anschrift
- Geburtstag
- Bedarf, Wünsche und Interessen
- Budgets und Unternehmensgröße

Kundennummer

Wenn Sie mögen, können Sie jedem Kunden eine Kundennummer zuweisen. Diese ist gesetzlich nicht vorgeschrieben. Deshalb können Sie diese wählen, wie Sie mögen. Sie können sich beispielsweise ein solches Muster für Ihren eigenen Kundenstamm basteln:

Branche	Unternehmensart	Wie ist der Kontakt entstanden	Ordnungs-nummer
1: Verlag	90: Privatpersonen	11: Kaltakquise über Social Media	1 bis Open End
2: Tageszeitung	80: Start-up	21: Kaltakquise per Mail	
3: Magazin Print	70: KMU	31: Warmakquise	
4: Magazin Online	60: Agentur	41: Kunde hat sich ohne vorheriges Kennenlernen bei Ihnen gemeldet	
5: Media-Agentur	50: Konzern	51: Kunde hat sich auf Basis einer Netzwerkveranstaltung gemeldet.	
50: Fernsehen	40: Organisationen, Vereine, Stiftungen	61: Vermittlung/Empfehlung	
60: Bildungseinrichtungen		71: Ausschreibung	
70: Wochenzeitung			
80: Blog			

Wenn Sie Ihre Kundennummer so gestalten, können Sie in einigen Jahren immer noch nachvollziehen, welche Akquise-Art für Sie gut funktioniert und in welcher Branche Sie besonders beliebt sind.

Datenpflege

Diese Daten können Sie sich natürlich ganz altmodisch in ein Notizheft schreiben. Das hilft zwar gegen das Vergessen, wirklich praktisch ist es aber nicht. Wenn Sie sich eine Tabelle in Excel oder Access anlegen, eine Notiz-App wie Evernote oder OneNote nutzen oder ein CRM-Tool wie Salesforce oder Zendesk anschaffen, können Sie die Daten einfacher ergänzen, löschen oder durchsuchen.

In der Regel empfiehlt sich ein Tool, das Ihnen Notizen zu jeder angelegten Person erlaubt. Im Info-Textfeld können Sie beispielsweise bevorzugte Pantone-Farbcodes, Bildideen oder Deadlines notieren, die für Ihre Zusammenarbeit und die Umsetzung des Projekts wichtig sind. Aber auch ob Sie eventuell mit Skonto abrechnen, ob die Kundin bald im Urlaub ist und Sie sich über eine ausbleibende Rückmeldung nicht wundern müssen oder dass der Kunde ein Riesenfan von Comic Sans ist.

Fast alle diese digitalen Helferlein bieten Ihnen die Möglichkeit, die Daten zu exportieren. So können Sie beispielsweise den Adressexport nutzen, um Weihnachtskarten an Ihren Kundenstamm zu verschicken. Für welches Tool Sie sich entscheiden sollten, hängt davon ab, welchen Funktionsumfang Sie benötigen und wie viel Geld Sie in Ihr CRM investieren möchten.

Die Sache mit dem Datenschutz

Vermutlich haben Sie vor einigen Jahren ein kollektives Stöhnen und Ächzen durch die Büros und Ateliers wabern hören. Denn im Mai 2018 trat die EU-Datenschutz-Grundverordnung (DSGVO) nach einer recht großzügigen Übergangsphase endgültig in Kraft – und muss nun tatsächlich umgesetzt werden. Weil dieser Punkt so wichtig ist, finden Sie in Abschnitt 10.8 nähere Informationen dazu. Hier sei deshalb nur erwähnt, dass Sie beim Aufsetzen Ihres CRM bedenken sollten, dass sich komplette Datensätze rückstandslos löschen lassen müssen.

Wie Sie Ihre Kundschaft dauerhaft umgarnen

Wenn Ihre Kundendaten fein säuberlich sortiert sind, können Sie sie nun für Ihre Zwecke nutzen. Denn würden Sie nur einen einmaligen Kontakt mit den in Ihrem CRM gespeicherten Personen anstreben, dann müssten Sie den ganzen Aufwand wohl kaum betreiben. Ihre Einnahmen vor allem mit Stammkunden zu generieren, reduziert Ihren Akquise-Aufwand erheblich. Deshalb ist eine langfristige Zusammenarbeit der Königsweg Ihres CRM. Der folgende Abschnitt will Sie beim Aufbau Ihres Kundenstamms inspirieren. Wie das gehen kann, erfahren Sie in Kapitel 12.

6.4 Das soziale Netzwerk

Wäre es nicht schön, wenn Sie sich nicht aktiv um neue Kundschaft kümmern müssten? Das ist durchaus möglich, ohne dass Sie Ihren Laden bald wieder zusperren müssen. Der angenehmste und zugleich effektivste Weg dorthin nennt sich Netzwerken. Denn am liebsten machen wir immer noch Geschäfte mit Menschen, die wir kennen. In diesem Abschnitt finden wir heraus, wie Sie Ihr Netzwerk aufbauen und für Ihre Selbstständigkeit nutzen können.

Bevor Sie sich beim Netzwerken völlig verausgaben, so dass Sie am Ende kaum noch zu Ihrer eigentlichen Arbeit kommen, sollten Sie sich Folgendes fragen:

- Wo hält sich Ihre Zielgruppe am liebsten auf?
- Und wo tummelt sich Ihr Stamm, also Gleichgesinnte, mit denen Sie gerne Zeit verbringen, die Sie inspirieren und mit denen Sie sich gerne austauschen?

Müssen Sie wirklich auf jeder Plattform ein halbherzig angelegtes Profil pflegen, oder reicht vielleicht eine, um die Sie sich dann aber wirklich gut kümmern? Erinnern Sie sich hier nochmal an das, was Sie bei Ihrer Zielgruppenanalyse herausgefunden haben.

Aus den folgenden Gründen werden Sie Ihr Netzwerk lieben:

- Gleichgesinnte kennen die Herausforderungen der Selbstständigkeit. Das kann in schwierigen Phasen Ihre Stimmung retten.
- Während Sie gerade als Freiberufler häufig alleine arbeiten, lockt Ihr Netzwerk Sie ab und zu auch mal aus der Wohnung oder dem Atelier. Sozialkontakte können manchmal echt guttun.
- Von Netzwerktreffen können Sie meist viel neuen Input und Inspiration mitnehmen.
- Wenn Sie regelmäßig neue Menschen kennenlernen und sich immer wieder vorstellen müssen, wird Ihnen bald immer klarer, wofür Sie stehen und wie Sie das in wenigen Worten ausdrücken können.
- Die lockere Atmosphäre ist ein Testgelände für echte Kundengespräche. Probieren Sie sich aus, und erleben Sie, wie Sie auf andere wirken.
- Wenn Sie in Ihrer Szene bekannt sind, werden andere Sie häufiger empfehlen, wenn jemand Ihre Fähigkeiten benötigt.
- Wenn Sie mit anderen in Kontakt bleiben, bleiben Sie im Gedächtnis. Da wir gerne mit Menschen zusammenarbeiten, die uns sympathisch sind, ist jede Gelegenheit, sich persönlich kennenzulernen, Gold wert.

Netzwerk 1 | Mündliche Empfehlungen

Wir kaufen am liebsten, was uns empfohlen wird, das zeigen Studien und Umfragen immer wieder. Wenn Sie nach einer neuen Matratze oder wirklich gut sitzenden Socken suchen, fragen Sie vermutlich Ihre Freunde, was die so zu empfehlen haben.

Dieser Weg der Information nennt sich oft auch Mund-Propaganda und leider viel zu oft auch »Mund-zu-Mund-Propaganda«. Denn idealerweise geht eine Empfehlung ins Ohr und damit direkt ins Hirn – und nicht in den Magen und dann unweigerlich ins Klo. Also verzichten Sie lieber gleich auf den Gedanken an Propaganda. Schließlich wollen Sie weder ein Volk manipulieren noch ein politisches Regime stürzen: Machen Sie einfach einen guten Job.

Hohe Qualität und ein ebenso professioneller wie freundlicher Umgang mit Ihrer Kundschaft ist die beste Basis dafür, empfohlen zu werden. Empfiehlt uns eine solch vertrauenswürdige Quelle ein Produkt oder eine Dienstleistung, öffnet sich unser Portmonee schneller. Und dasselbe passiert Ihren angehenden Kundinnen und Kunden auch, wenn sie auf der Suche nach einem kreativen Menschen wie Ihnen sind. Eine Empfehlung adelt Ihre Arbeit. Schließlich fällt ein schlechter Tipp immer auch auf den zurück, der ihn gegeben hat. Entsprechend müssen Menschen, die Sie empfehlen, sehr zufrieden mit Ihrer Arbeit sein.

Beachten Sie dabei die Positionierung

Menschen können Sie besonders gut weiterempfehlen, wenn ganz klar ist, wofür Sie stehen. Je besser Sie positioniert sind und je übersichtlicher Ihr Bauchladen ist, desto schneller fällt Ihren ehemaligen Kunden Ihr Name ein, wenn es um ein bestimmtes Thema geht. Die Daumenregel ist: Ihr Bauchladen sollte stets wohl kuratiert und entweder aussortiert oder gut strukturiert sein.

Netzwerk 2 | Digitale Empfehlungen

Es ist ein wunderbares Kompliment, wenn jemand Sie ohne Ihr Wissen aus voller Begeisterung weiterempfiehlt. Doch auch wenn es anfangs meist etwas Überwindung kostet: Sie können Ihre Kundschaft auch um eine Empfehlung bitten. Soziale Netzwerke senken die Hemmschwelle: Auf LinkedIn können Sie beispielsweise einfach die Person auswählen, die Sie um eine Empfehlung bitten möchten – und schon verschickt das Netzwerk eine automatisierte Bitte. Meist schreiben Ihnen Kollegen oder Kundinnen gerne etwas Nettes über Ihre Talente und Fähigkeiten, das andere dann in Ihrem Profil sehen können.

Netzwerk 3 | Veranstaltungen

Für jede Branche gibt es spezifische Veranstaltungen. Dort treffen Sie vor allem Gleichgesinnte, die für Ihre Inspiration und Tipps wertvoll sind. Potenzielle Kunden treffen Sie dagegen eher auf branchenübergreifenden Messen und Konferenzen wie der re:publica, der ArtCologne oder der SMX. Manche dieser Events können ganz schön ins Geld gehen. Die Tickets können Sie dabei als Investition in Ihr Marketing und als Nebeneffekt oft auch als Fortbildung verbuchen. Schließlich lernen Sie dort nicht nur Menschen kennen, sondern meist auch, was es in Ihrer Branche Neues gibt.

Bevor Sie ein solches Event besuchen, dürfen Sie sich Ziele setzen, die Sie vor Ort im Kopf behalten: etwa Ihre Suche nach einem neuen Verlag für Ihre Kinderbuchideen oder dass Sie erste Kontakte in die Tech-Branche aufbauen wollen, um künftig verstärkt über IT-Themen schreiben zu können. Das bedeutet natürlich nicht, dass Sie mit Scheuklappen über das Messegelände marschieren müssen. Sie dürfen natürlich weiterhin ganz Sie selbst bleiben und Ihre Panels und Gesprächspartner ganz nach Ihren persönlichen Vorlieben aussuchen. Mit Ihren Zielen im Hinterkopf trauen Sie sich aber etwas eher, andere um einen Rat oder einen konkreten Kontakt zu bitten.

Bei solchen Veranstaltungen lernen nicht nur Sie andere Menschen kennen – sondern die anderen auch Sie. Wenn Sie sich regelmäßig auf den entsprechenden Events aufhalten, werden Sie deutlich stärker wahrgenommen. So bleiben Sie im Gedächtnis. Und wenn jemand jemanden sucht, kommen Sie bald ganz natürlich zur Sprache. Da viele kreative Menschen zur Introversion neigen, kostet diese Form des Netzwerkens manchmal etwas Überwindung. Es ist völlig okay, wenn Sie erstmal nur den kleinen Zeh ins kalte Wasser strecken und mit einer Freundin zu Ihrem ersten Netzwerk-Event gehen oder sich vornehmen, erstmal nur eine einzige neue Person kennenzulernen. Auch wenn es ums Netzwerken geht, macht Übung den Meister.

Onlineveranstaltungen

Viele dieser Veranstaltungen gibt es seit der Corona-Pandemie auch online. Inhaltlich können Sie nach wie vor viel mitnehmen. Das Netzwerken ist dagegen deutlich erschwert, denn Networking passiert vor allem zwischen zwei Panels am Kaffeestand oder in der Schlange zum Mittagsbuffet. In Phasen, in denen äußere Umstände oder fehlende Zeit die Reisen zu Messen und Konferenzen unmöglich machen, können Sie auf den folgenden Punkt ausweichen.

Netzwerk 4 | Social Media

Selten ist es nur noch Ihre eigene Website, auf der Sie sich und Ihre Arbeit der Welt präsentieren. Gerade für Kreativschaffende sind die diversen Social-Plattformen Gold wert. Klar, auf der einen Seite ist es eine lästige Pflicht, Ihre am Anfang wohl noch eher kleine Followerschaft zu bespaßen. Sehen Sie es also entweder als Teil Ihres notwendigen Marketings, oder finden Sie vielleicht sogar Freude daran, sich mit anderen über Ihre tägliche Arbeit und Ihre Interessen auszutauschen. Legen Sie dabei Ihren Fokus auf diese Bereiche:

- **Klassische Social Media** wie *Instagram*, *YouTube* oder *Twitter*, auf denen Sie sich als Profi in Ihrem Bereich präsentieren
- **Business-Netzwerke** wie *LinkedIn* oder *Xing*, wo Sie Ihren Lebenslauf hinterlegen und über für Sie relevante Themen diskutieren
- **Job-Plattformen** wie *Freelance*, *Kress* oder *Fiverr*, bei denen Sie potenzielle Kunden kennenlernen und direkt nach Ausschreibungen und neuen Projekten suchen können

Auch wenn das in Arbeit ausarten könnte: Stellen Sie sicher, dass Ihre Profile immer aktuell sind. Regelmäßig etwas Neues zu posten, hilft Ihnen außerdem dabei, vom Algorithmus etwas bevorzugt zu werden und so häufiger in die Feeds Ihrer Follower gespült zu werden. Wenn Sie als Illustrator Instagram oder als Sängerin YouTube nutzen, halten Sie nicht nur potenzielle Kunden auf dem Laufenden.

Wenn Sie Ihre Social-Media-Präsenz als eines Ihrer Haupt-Akquise-Werkzeuge nutzen möchten, empfiehlt sich ein kleiner **Redaktionsplan**: Tragen Sie dafür in eine Tabelle ein, wann Sie was zu welchem Anlass mit welcher Zielgruppe über welches Medium teilen möchten. Oft ist es möglich, diese Postings Wochen oder sogar Monate zuvor gebündelt vorzubereiten, so dass Sie im Alltag nicht mehr allzu viel Zeit damit verlieren.

Das Gute an Social Media ist es, dass Kommunikation nicht mehr wie bei den Tageszeitungen aus Papier eine Einbahnstraße ist: Durch die **Reaktionen** auf Ihre Posts erfahren Sie, was funktioniert und was nicht so gut ankommt. Etwas hängt die Verteilung der Likes und Kommentare auch am Algorithmus, jedoch geben die Rückmeldungen der User zumindest einen Eindruck davon, welche Schöpfungen am meisten Resonanz finden – und somit potenziell auch Ihre Miete zahlen.

Wenn Sie ein Fan von Listen und Auswertungen sind, können Sie die in den meisten Apps eingebauten **Analyse-Tools** nutzen, um sich genauere Einblicke zu verschaffen. Ihre Erkenntnisse können Sie für sich notieren und so systematisch analysieren, welche Ausrichtung Ihrer Posts und Inhalte zielführend sein könnte. Mit diesen Erkenntnissen können Sie zudem Ihre Zielgruppen überarbeiten oder Ihre Angebote verfeinern.

Unter anderem mit diesen Tools behalten Sie Ihre sozialen Medien im Blick

www.hootsuite.com

www.talkwalker.com

www.brandwatch.com

www.echobot.de

audiense.com

Besonders zu Beginn Ihrer Selbstständigkeit sollten Sie zwei **Dinge für sich ausloten**:

1. Welche thematische Ausrichtung und welche Hashtags Sie in welchem Netzwerk besetzen möchten
2. Wie viel Ihrer privaten Persönlichkeit Sie durchscheinen lassen möchten

Dabei geht es nicht nur um die Zahl der Klicks und Likes, sondern vor allem auch darum, womit Sie sich wohlfühlen und was zu Ihrer entstehenden Marke passt. Da Ihre persönliche Marke wächst und sich anfangs noch etwas verändern kann, können Sie Ihr Auftreten und Ihre Postings jederzeit dynamisch an Ihre Strategie anpassen. Wichtig ist dabei, dass Sie früher oder später an einem Punkt ankommen, mit dem Sie zufrieden sind. Ihre Social-Media-Persönlichkeit sollte irgendwann auch etwas zur Ruhe kommen und konsistent werden dürfen. Meist wird Ihre Marke aber von ganz allein erwachsen, während sie mit Ihnen und Ihrem Unternehmen wächst.

Was und wie oft Sie posten sollten, erkennen Sie nach einigen Wochen oder Monaten anhand der Reaktionen Ihres Publikums: Bei welcher Art von Postings ernten Sie die meisten Likes oder Kommentare? Zu welcher Uhrzeit scheint sich Ihre Zielgruppe am meisten auf den Social-Media-Plattformen rumzutreiben? Nehmen Sie sich gerade am Anfang Ihrer Selbstständigkeit regelmäßig Zeit, vielleicht wenn Sie Ihre Monatsplanung machen, um Ihre Social-Media-Postings auszuwerten und Ihre Strategie gegebenenfalls etwas anzupassen.

Netzwerk 5 | Berufsverbände

Für fast alle Branchen gibt es den passenden Berufsverband, etwa den Bundesverband junger Autoren, die Illustratoren Organisation oder den Bundesverband Musikunterricht. Branchenübergreifend setzt sich der Verband der Gründer und Selbstständigen für die Belange der Unternehmer ein.

Eine Mitgliedschaft versorgt Sie in der Regel mit Brancheninformationen, juristischer Unterstützung und Lobbyarbeit. Und meist haben diese Verbände auch einen Stammtisch, bei dem Sie Gleichgesinnte kennenlernen können. Das ist zwar ein recht indirekter Weg zu neuen Kundinnen, aber ein sehr effektiver. Denken Sie immer an die Macht der Empfehlung. Außerdem können Menschen, die in einem ähnlichen Bereich arbeiten, oft Unterstützung brauchen, so dass Sie auch auf diesem Weg an den einen oder anderen Auftrag kommen können.

Auswahl: Berufliche Netzwerke in Deutschland

- Allianz deutscher Designer (AGD) e.V., *agd.de*
- BDG Berufsverband der Deutschen Kommunikationsdesigner e.V., *bdg-designer.de*
- European Freelancers Movement, *freelancers-europe.org*
- Illustratoren Organisation e.V., *www.io-home.org*
- Deutscher Journalistenverband, *djv.de*
- Verband der Schauspiele, *ids-ev.eu*
- Verband der Gründer und Selbstständigen, *www.vgsd.de*

Netzwerk 6 | Alte Bekannte

Ein Netzwerk entsteht nicht über Nacht. Im Idealfall wächst und gedeiht es durchgehend – und deshalb fängt kaum jemand nach dem Schritt in die Selbstständigkeit bei null an. Wenn Sie sich nicht gerade die letzten zehn Jahre im Keller eingeschlossen haben, um heimlich das nächste große Ding auszubrüten, kennen Sie bereits eine Menge Leute: Kommilitonen und Schulfreundinnen, ehemalige Kollegen und Chefinnen. Diese Menschen können Ihnen sowohl eine Empfehlung auf LinkedIn hinterlassen als auch ein gutes Wort bei ihren Vorgesetzten einlegen, damit Sie den Zuschlag bekommen.

Netzwerk 7 | Die Community

Hierbei handelt es sich um die Königsdisziplin des Netzwerkens: Schließlich werden Sie hier selbst zum Leitwolf in Ihrem eigenen Social-Media-Rudel. Wenn Ihr Thema das Zeug hat, die Massen zu begeistern, können Sie digitale Gruppen eröffnen, in denen Sie einen Austausch der Nutzerinnen und Nutzer ermöglichen und moderieren. Eine treue Anhängerschaft lässt sich sehr viel leichter zum Empfehlen oder Kaufen hinreißen als völlig Fremde.

Der Haken daran: Community-Building braucht sehr viel Zeit und Herzblut. Wägen Sie Kosten und Nutzen ab. Und wenn Sie die Zeit erübrigen können, werden Sie der weise Leitwolf, der einen enormen Mehrwert für sein Rudel schafft.

Sammeln Sie fleißig Karma-Punkte

Lassen Sie uns für eine Sekunde ein mentales Räucherstäbchen entfachen. Stellen Sie sich vor, Ihr Netzwerk wäre Ihr beruflicher Kosmos, in dem jede Tat Konsequenzen hat: Gute Taten bringen gutes Karma, und schlechte Taten führen dazu, dass Sie in Ihrem nächsten Berufsleben als Wurm durch den Dreck kriechen müssen.

Beim Netzwerken ist es da ganz ähnlich: Wer kein Fairplay kennt oder nur seinen eigenen Vorteil sieht, der hat es auf Dauer meist recht schwer. Wenn Sie dagegen Ihr Wissen teilen und anderen aus Ihrem Netzwerk Hilfe anbieten, gelten Sie schnell nicht nur als Expertin auf Ihrem Feld – sondern erscheinen anderen gleich viel sympathischer. Mit ein paar guten Taten heimsen Sie ordentlich Karma-Punkte ein.

Wer diesen Spirit in sein Netzwerk trägt, wird meist belohnt. Vielleicht nicht immer direkt von der Person, der Sie ursprünglich bei Ihrem Weblayout unter die Arme gegriffen haben, aber irgendjemand wird Ihnen an anderer Stelle einen Gefallen tun. Teilen Sie Ihr Wissen, Ihre Zeit und Ihre Interessen mit anderen.

Dabei gilt es, den Mittelweg zwischen altruistischer Selbstausbeutung und berechnender Aufdringlichkeit zu finden. Als Gründerinnen und Gründer sitzen wir, so unterschiedlich unsere Leidenschaften auch sein mögen, dennoch in einem Boot. Also packen Sie gelegentlich mal an, wenn anderen das Ruder aus der Hand zu gleiten droht. Seien Sie versichert: Ihre Hilfe wird einen Menschen ein bisschen glücklicher machen – und wenn Sie auch selbst dieser Mensch sind.

Small Talk: Augen auf und durch!

Es tut mir leid, das sagen zu müssen: Aber Netzwerken ohne ein bisschen Small Talk ist fast unmöglich. Denn auch hier verhält es sich ähnlich wie beim Flirten. Kaum jemand möchte gerne beim ersten Date von der Diabetes-Diagnose Ihrer Mutter hören oder dass Ihr Hamster gestorben ist, als Sie drei waren, und Sie deshalb nun Bindungsängste haben. Solche Details können Sie sich aufsparen, bis Sie wissen, dass Ihr Gegenüber sich nicht mehr so leicht verschrecken lässt.

Lassen Sie Ihre Suche nach neuen Aufträgen erstmal zuhause, und gehen Sie ganz ohne Erwartungen an die ganze Sache heran. Auf einer Konferenz oder in der Pause eines Seminars ist der Einstieg in ein lockeres Gespräch besonders einfach: Fragen Sie Ihren Gesprächspartner einfach, was er über das Thema denkt. So entsteht meist in wenigen Minuten ein sehr authentisches Gespräch, durch das Sie einen neuen Bekannten finden.

Sollte Ihnen Small Talk so gar nicht liegen, gibt es dazu – so komisch es klingt – sehr hilfreiche Bücher. Als Faustregel können Sie sich auch an den folgenden Tipps orientieren:

- **Zuhören**: Hören Sie zu, und fragen Sie nach. Wir hören uns alle gerne reden – geben Sie Ihrem Gegenüber ausgiebig die Chance dazu. So wird er Sie sympathischer im Gedächtnis behalten, als wenn Sie ihn zugetextet haben.
- **Namen**: Auch wenn es manchmal im Eifer des Kommunikationsgefechts untergehen kann: Merken Sie sich unbedingt den Namen des Gegenübers – und erwähnen Sie diesen vielleicht ein, zwei Mal im Gespräch. So fühlt sich Ihr Gegenüber ernst genommen und gesehen. Und das gefällt fast jedem.
- **Wertschätzen**: Bleiben Sie mit Ihrer Aufmerksamkeit immer bei Ihrem Gegenüber. Wenn Sie anderen glaubhaft und authentisch das Gefühl vermitteln, dass Sie seine Wichtigkeit und Bedeutung erkennen, sammeln Sie augenblicklich Pluspunkte. Das geht mit ganz einfachen Dingen, wie Respekt für eine bestimmte Leistung auszusprechen oder einen cleveren Gedankengang explizit zu loben.
- **Ähnlichkeiten**: Betonen Sie Ähnlichkeiten. So schaffen Sie Sympathie. Zugleich können Sie auf elegante Weise auch ein paar Zusatzinfos über sich selbst einfließen lassen, ohne aufdringlich zu sein. Zudem neigen Auftraggeber eher dazu, Menschen zu engagieren, die ihnen selbst ähneln.
- **Kontakt**: Versuchen Sie, einen Kanal zu finden, auf dem Sie in Kontakt bleiben können. Über LinkedIn oder Instagram ist dieser Austausch mittlerweile meist sehr viel lebendiger, als wenn Sie sich eine Visitenkarte zustecken lassen, die dann irgendwo in der Schreibtischschublade verstaubt. Denn in den sozialen Medien können Sie sich sehr niedrigschwellig ins Gedächtnis rufen: Liken, kommentieren oder posten Sie. Und auch hier denken Sie fix nochmal an das erste Date und finden die Mitte zwischen Desinteresse und Stalking.

Warum Netzwerken sinnvoll ist

Wenn Sie nicht gerade Instagram-Ads schalten oder ausschließlich Ihre Angebote auf Xing posten, ist Ihr Netzwerk kein Ort für direkte Werbung. Dass aus einem Kontakt ein Kunde wird, kann manchmal sehr lange dauern – oder gar nicht passieren. Der große Vorteil liegt vielmehr darin, dass Ihr Netzwerk Sie empfiehlt. Durch diesen Vertrauensvorschuss überwinden Sie eine ganze Reihe von Hürden auf der Seite Ihrer Kundschaft. Doch auch wenn Sie einen Rat brauchen oder einen Job auslagern möchten, hilft ein starkes Netzwerk gerne weiter. Bei dem riskanten Balanceakt nach der Gründung zwischen Erfolg und Aufgeben können Sie sich auf das Netzwerk als robustes Sicherungsnetz verlassen.

Statement | Der lange Atem

»Schon während meines Studiums zur Informationsdesignerin habe ich angefangen, mir über Social Media ein Netzwerk aufzubauen. 50 Prozent meiner Aufträge kamen damals bereits über Xing. Heute konzentriere ich mich vor allem auf Instagram und LinkedIn, aber persönliche Empfehlungen und Netzwerken sind immer noch meine Hauptauftragsquelle. Netzwerken war für mich schon immer eine Goldgrube. Ich tausche mich gerne mit anderen aus – egal ob im Co-Working-Space in der Kaffeeküche, bei Meetups oder auf einer Konferenz. So habe ich Kontakte aus den unterschiedlichsten Bereichen gewonnen. Menschen, die mich mit ihrer Expertise ergänzen, sind hilfreich, wenn ich einem Kunden ein Komplettpaket anbieten möchte.

Über die sozialen Medien bleibt man im Austausch. Durch regelmäßiges Posten sieht mein Netzwerk, woran ich arbeite und mit welchen Themen ich mich beschäftige. Das führt auch zu spannenden Diskussionen. Natürlich entsteht nicht aus jedem Beitrag auch gleich ein neuer Auftrag. Neulich kam jemand auf mich zu, der mich vor drei Jahren bei einem Vortrag gesehen hatte und nun mit mir zusammenarbeiten wollte.

Man braucht teilweise einen langen Atem. Aber statt einfach nur zu verkaufen, findet man beim Netzwerken Menschen, mit denen es auf einer menschlichen Ebene super passt. Ich suche ja schließlich Kunden, die mir sympathisch sind. Wenn ich mich mit jemandem nur über den Job unterhalten kann, dann ist die Verbindung nicht so tief. Deshalb finde ich es wichtig, auch mal über Hobbys, Reisen oder irgendwelche anderen Interessen zu sprechen. Was den Menschen ausmacht, das sollte im Mittelpunkt stehen.«

Daniela Vey | Informationsdesignerin | Design. Konzeption. Social Media

Kapitel 7

Kalkulation und Preisverhandlung: Was bin ich wert?

Kann ich wirklich so viel Geld verlangen? Springt der Kunde dann ab? Diese Fragen nagen zu Beginn an vielen selbstständigen Gewissen. Deshalb möchte Ihnen dieses Kapitel die Angst nehmen, für Ihre Arbeit auch ein angemessenes Honorar zu verlangen. Denn: Ein Preis kann auch zu niedrig sein. Also nur Mut – Kunst muss nicht immer brotlos sein.

Van Gogh schwankte zwischen depressiven Episoden, Tobsuchtsanfällen und brennender Schaffenskraft. In einem seiner Anfälle griff er den Künstler Gauguin mit einem Rasiermesser an, ein anderes Mal schnitt er sich selbst das Ohrläppchen ab. Seine Biografie ist ein Quell der Künstlerklischees. Das Tragischste ist, dass er zu Lebzeiten nur wenige Bilder verkaufte – berühmt wurde er wenige Monate nach seinem Tod.

Die tragische Geschichte hinter seinen Gemälden macht einen großen Teil ihrer Faszination aus. Doch welken van Goghs Sonnenblumen für Sie, wenn Sie hören, dass das Gemälde zuletzt für etwa 40 Millionen Euro versteigert wurde?

Sie müssen sich weder ein Ohrläppchen abschneiden noch Ihren Tod vortäuschen, um mit Ihrer Arbeit auch wirtschaftlich erfolgreich sein zu dürfen. Während beispielsweise im englischsprachigen Raum die Creative Industry Kreativität und Wirtschaft leichtfüßig zusammenführt, erleben sich viele Kreative hierzulande als zerrissen zwischen ihrem freien Schaffen und dem Zwang, Miete, Essen und gelegentlich neue Farben, Saiten oder Kulis bezahlen zu müssen. Je näher sich jemand der Kunst fühlt, desto weiter weg ist er vom Geld.

Doch muss nicht Kunst zwingend brotlos sein, um wirklich gut zu sein. Denn hätten wir van Gogh nicht gegönnt, dass er selbst erlebt, wie sehr seine Bilder die Menschen berühren – und dass er von dieser Arbeit auch leben kann? Und auch mit Ihren kreativen Sonnenblumen dürfen Sie Geld verdienen, damit Sie ein gutes Leben führen können. Deshalb möchte dieses Kapitel mit Ihnen die Saat für Ihr wirtschaftliches Wachstum aussäen.

7.1 Kalkulation: Weil Sie es sich wert sind!

»*Was viel wert ist, kostet viel*«, sagte der Moralphilosoph Baltasar Gracián y Morales. Was wie ein Kalenderspruch klingt, war für ihn vor allem ein Hinweis auf die unterschiedlichen Bedeutungen von Begriffen wie Wert oder Kosten. Gerade bei kreativer Arbeit verschwimmt der Wert im kommerziellen Sinne mit dem ideellen und emotionalen Wert. Ein Gemälde beispielsweise hat neben dem reinen Materialwert eben auch noch den subjektiven Wert, der von den Betrachtenden ausgeht. Beide Aspekte kondensieren sich schließlich im kommerziellen Wert und damit im Preis des Gemäldes.

Und genauso sieht es auch mit den Kosten aus: Pinsel, Farbe und Leinwand lassen sich leicht einpreisen. Ihr Talent, Ihre Erfahrung und die Begeisterung Ihrer Kundschaft für Ihre Werke sind dagegen eher etwas vage Faktoren, die die Kosten beeinflussen. Bevor wir allerdings in einer philosophischen Debatte versacken, schauen wir uns einfach an, wie Sie Ihre Arbeit zu Geld machen können. Ja, Sie machen Ihre Arbeit gerne. Doch Sie wissen so gut wie ich, ab wann man sagt, dass jemand sein Hobby zum Beruf gemacht hat – nämlich, wenn er damit auch Geld verdient. Und damit Sie mit Ihrer Arbeit Geld verdienen können, brauchen Sie eines: Preise.

Preis 1 | Preise berechnen

Die erste Regel bei der Preisgestaltung lautet: Preise werden berechnet und nicht aus dem Bauch heraus festgesetzt. Wenn Sie als Solo-Selbstständiger alleine loslegen, beruht Ihre Kalkulation im Grunde auf zwei Dingen:

1. den von Ihnen effektiv pro Jahr abrechenbaren Arbeitsstunden
2. Ihren jährlichen privaten und geschäftlichen Ausgaben

Arbeitsstunden berechnen

Im ersten Schritt berechnen Sie Ihre effektiven Arbeitsstunden. Dazu gehört nur die Zeit, in der Sie mit Ihrer Kundschaft verrechenbare Ergebnisse hervorbringen. Die Zeit für Werbung, Buchhaltung und Akquise fließt in diese Berechnung nicht mit ein, da Sie damit ja nur sehr indirekt Geld verdienen.

Überschlagen Sie, wie viele Stunden sie am Tag produktiv arbeiten möchten, an wie vielen Tagen in der Woche und wie viele Wochen im Jahr. Ziehen Sie dabei auch ab, dass Sie vielleicht Urlaub machen, eine Konferenz besuchen oder eine Fortbildung machen wollen. In dieser Zeit arbeiten Sie nicht. Außerdem sollten Sie einen gewissen Puffer einrechnen, falls Sie eine Erkältung erwischt oder Sie sich die Finger brechen. Hier ein Beispiel:

1. **Wochen/Jahr**: Von den 52 Wochen im Jahr ziehen Sie 6 für Urlaub, 1 für eine Fortbildung oder Konferenzen ab und 2 für eventuelle Krankheitsphasen. Macht: 43 Wochen pro Jahr.
2. **Tage/Woche**: Da Sie gut mit sich umgehen wollen, setzen Sie dauerhaft auf Erholungsphasen und planen deshalb ein Wochenende ein. Sie arbeiten also an fünf Tagen die Woche, bis sich Ihre Geschäfte eingegroovt haben. Dann können Sie immer noch mehr oder weniger machen. Ob Sie Montag bis Freitag für Ihre Kundschaft da sind oder lieber einen freien Mittwoch statt eines klassischen Sonntags haben, bleibt dabei Ihnen überlassen. Hier geht es nur um die Anzahl der Tage in einer durchschnittlichen Woche.
3. **Stunden/Tag**: Zum Schluss sind Sie nochmal ganz ehrlich zu sich und überlegen, wie viel verrechenbare Zeit Sie pro Tag auf Dauer arbeiten können und wollen. Denken Sie daran: Wenn Sie einen Acht-Stunden-Tag anpeilen, sollten Buchhaltung, Akquise und Co. in diesen acht Stunden passieren. Entsprechend können Sie pro Tag nur vier bis sechs Stunden abrechnen.

   Für unser Beispiel gehen wir von fünf tatsächlichen Arbeitsstunden aus. Denn gerade am Anfang fressen die organisatorischen Aufgaben einen großen Teil Ihrer Arbeitszeit. Seien Sie dabei so realistisch wie möglich. Meist überschätzen wir, wie viele To-dos wir an einem Tag schaffen, und unterschätzen, wie lang wir uns mit einzelnen Teilaufgaben aufhalten können. Je näher Sie hier an Ihrer späteren Arbeitswirklichkeit sind, desto besser können Sie von Ihren Preisen auch leben.
4. **Berechnen**: Nun geht es ans Rechnen: Multiplizieren Sie die Zahl Ihrer täglichen Arbeitsstunden mit Ihren Wochenstunden und das Ergebnis mit Ihren geplanten Arbeitswochen: 5 × 5 × 43 = sind 1.075 Stunden, die Sie Ihren Kunden theoretisch pro Jahr verkaufen können.

Bedarf berechnen

Kommen wir nun zu den jährlichen privaten und geschäftlichen Ausgaben. Wir berechnen Ihren Bedarf: Wenn Sie Ihre Jahresstunden haben, haben Sie die halbe Miete. Und da sind wir direkt im Thema: Was brauchen Sie neben Ihrer Miete? Krankenversicherung? Ein Netflix-Abo? Haben Sie teure Hobbys oder günstige Arbeitsmittel?

Machen Sie sich eine Liste wie diese, die Sie je nach Ihrem Bedarf ergänzen oder kürzen können. Schätzen Sie dabei lieber großzügig, damit Sie einen gewissen finanziellen Spielraum haben.

Was brauche ich?	Jährliches Budget
Sozialversicherung	
Büromiete	
Steuervorauszahlung	
Kontoführung	
Steuerberatungskosten	
Sammelposten jährliche Ausgaben/Budgets/Versicherungen	
Sammelposten geplante Anschaffungen wie Laptop etc.	
Miete privat	
Nebenkosten/Internet	
GEZ	
Essen/Leben	
Hobbys	
Abos (Streaming, Fitnessstudio ...)	
Bausparen	
ÖPNV	
Versicherungen privat	
Kleidung	
Drogerieartikel/Haushalt	
Ausgaben für Kontaktlinsen	
Rücklagen Krankheit/Urlaub	
Rente	
ETFs	
Auto, Treibstoff, Versicherung	
Summe	

Sagen wir, Sie benötigen alles in allem 22.000 Euro im Jahr. Diesen Betrag teilen Sie anschließend durch Ihre Jahresstunden, sprich 22.000 Euro : 1.075 h = 20,47 Euro. Und damit haben Sie Ihren **Mindest-Stundenlohn**.

Dieser muss aber nicht zwingend Ihr nach außen kommuniziertes Standardhonorar werden. Hier handelt es sich schließlich um das niedrigste Honorar, von dem Sie alle Ihre Ausgaben bezahlen könnten. Ihre offiziellen Preise sollten also deutlich darüberliegen. Wie und warum das so sein sollte, erfahren Sie im Folgenden.

Wenn Sie sich noch unwohl damit fühlen sollten, ein recht hoch wirkendes Honorar zu fordern, können Sie auch zwei verschiedene Listen anfertigen: Eine mit Ihrem Wunscheinkommen, das Ihnen viel Raum für Ihre Sparziele und umfangreiche Hobbys lässt. Und eine Liste, die nur das unbedingt Nötige enthält. Beide Mindesthonorare dienen Ihnen als grobe Richtschnur. Vielleicht stoßen Sie dabei auch auf Posten, die Sie reduzieren möchten: Vielleicht reicht während der Gründungsphase ja ein Streamingdienst statt einer ganzen Palette von Video- oder Musikangeboten. Oder Sie reduzieren Ihre Sparraten vorübergehend, bis Sie die Entwicklung Ihrer Geschäfte besser abschätzen können. Wie viel Sie privat zurücklegen, können Sie schließlich dynamisch an Ihre Lebenssituation anpassen. Lassen Sie allerdings auch die folgenden Faktoren in Ihre Honorarplanung einfließen.

Preis 2 | Umrechnen in Pauschalen

Gerade in der Kreativbranche werden wir eher nach Output als nach reiner Zeit bezahlt. Während Arbeitnehmerinnen auch Geld bekommen, wenn sie sich in Meetings den Bauch gedankenverloren mit Keksen vollschlagen oder sich auf ihrem Bürostuhl um die eigene Achse drehen, können Kreative meist nur tatsächlich erbrachte Leistungen abrechnen: das gespielte Konzert, die Schulbuchillustration oder den fertigen Blog-Artikel. Eine Abrechnung nach Stundenlohn ist da eher die Ausnahme als die Regel. Damit Sie nicht ins Stammeln kommen, wenn eine Kundin fragt, was eine bestimmte Art von Illustration bei Ihnen kosten wird, sollten Sie sich noch vor dem ersten Kundengespräch Gedanken über mögliche Preise und Pauschalen machen.

Der einfachste Weg ist es, Ihren Stundenlohn als Basis für die Preise Ihrer Werke herzunehmen. Solange Sie noch Schwierigkeiten haben, die voraussichtlich benötigten Arbeitsstunden realistisch einzuschätzen, sollten Sie etwas weitsichtiger berechnen. Und natürlich können Sie bei den Preisen Ihrer Werke noch andere Faktoren einfließen lassen, wie die Originalität Ihres Gemäldes oder wie gut Sie Ihren Job machen. Schließlich schreibt ein geübter Journalist einen guten Artikel sehr viel schneller, als ein Laie ohne Erfahrung und entsprechende Ausbildung das tun würde. Würde er den Artikel nach Stunden abrechnen, würde der Profi finanziell schlechter dastehen als die blutige Anfängerin. Auftraggeber zahlen also idealerweise auch rückwirkend für Ihre Ausbildung und Ihre Erfahrung.

Hier ist die Faustformel

Mindest-Stundenhonorar multipliziert mit den vermutlich benötigten Arbeitsstunden plus Erfahrungsfaktor = Ihre Pauschale.

Preis 3 | Die Sache mit der Größe

Und manchmal ist die Größe eben doch entscheidend. Für Selbstständige gilt das vor allem in drei Bereichen:

- die Größe Ihres Unternehmens
- die Größe der Stadt, in der Ihr Unternehmen sitzt
- die Größe des Projekts

Unternehmensgröße

Der erste Faktor Unternehmensgröße hängt davon ab, ob Sie alleine unterwegs sind oder ein Unternehmen mit Mitarbeitenden gründen. Denn wenn Sie im Team unterwegs sind, können Sie Ihrer Kundschaft einen größeren Umfang an Fähigkeiten und eine höhere Umsetzungsgeschwindigkeit anbieten. Außerdem kann eine Agentur Ausfälle besser wegstecken, als wenn Sie als Einzelunternehmerin von der Migräne dahingerafft werden und mit Ihnen Ihre gesamte Arbeit zum Erliegen kommt. Entsprechend kann eine Agentur höhere Preise rechtfertigen als ein Einzelunternehmer. Auf der anderen Seite benötigen Sie allein auch deutlich weniger Geld, um Ihr Unternehmen am Laufen zu halten.

Unternehmenssitz

Der zweite Faktor ist der Unternehmenssitz: Es wird Sie wenig überraschen, dass die Büro- und Ateliermieten sich in Ballungsräumen und Szenestädten wie Berlin, München oder Hamburg deutlich von denen in Pirna, Herne oder Wiedenborstel unterscheiden. Dieser Faktor fließt natürlich in Ihr Honorar ein. Und ein bisschen zahlt Ihre Kundschaft auch immer für den Prestigefaktor, wenn sie lieber eine Regisseurin aus New York als aus Dinkelsbühl engagiert.

Projektumfang

Auch der Projektumfang hat Einfluss: Generell sollten Sie nicht allzu sehr von Ihrem berechneten Stundenhonorar nach unten abweichen. Doch wenn jemand mit einem großen Auftrag winkt, sollten Sie das Ganze nochmal durchrechnen. Denn wenn Sie beispielsweise für 15 Stunden pro Woche gebucht werden, und das über ein halbes Jahr, fällt einiges an Akquise-Arbeit weg. Entsprechend könnten Sie Ihrer

Kundin, wenn Sie nach einem Preisnachlass fragt, durchaus auch etwas entgegenkommen.

Bei mikroskopisch kleinen Aufträgen sollten Sie sich dagegen überlegen, ob es sich überhaupt lohnt, sie anzunehmen. Denn wenn Sie nur 30 Minuten abrechnen können, dann sind Sie vermutlich länger mit dem Schreiben des Angebots und der Rechnung beschäftigt als mit dem eigentlichen Auftrag.

Preis 4 | Am Markt orientieren

Ob wir etwas als billig oder als teuer empfinden, hängt davon ab, ob wir es kaufen oder verkaufen wollen. Mit dieser Erkenntnis im Hinterkopf können Sie auf die Suche nach dem passenden Preis gehen.

Berufsverbände und einschlägige Websites können Ihnen einen Überblick über die üblichen Preise und die entsprechenden Empfehlungen in Ihrer Branche geben. Gelegentlich gibt es leichte Schwankungen abhängig von der Region, in der Ihr Unternehmen ansässig ist.

Gerade wenn Sie erst am Anfang Ihrer Selbstständigkeit stehen, sorgt ein Blick auf diese Zahlen oft für ungläubiges Kichern: Wie wollen Sie diese Preise jemals am Markt durchsetzen? Doch eines nach dem anderen: Auch wenn Sie die Standardsätze überraschen mögen – sie verschaffen Ihnen einen Überblick über angemessene Preise. Natürlich gibt es immer auch den Neffen, der die Website für ein paar Euro zusammenflickt, oder die Bekannte der Bekannten, die ein Logo layouten kann. Doch echte Profis nehmen auch echte Preise.

Diese Marktorientierung ist zum einen für Ihre eigenen Preise wichtig, denn wenn Sie Ihre Werke zu günstig anbieten, könnte Ihre Kundschaft stutzig werden. Zum anderen machen Sie mit Dumping-Preisen den Markt kaputt und sorgen dafür, dass Ihre Mitstreiter in Erklärungsnot geraten. Wenn Sie nicht gleich zu Beginn Ihrer Freiberuflerkarriere die Ellbogen ausfahren wollen, sollten Sie auch an Ihre Kolleginnen und Kollegen denken, die von ihrer Arbeit ebenfalls gut leben wollen.

Hilfe aus dem Netz

Designerinnen können sich auf der Seite *www.vtv-online.de* über die Standardtarife informieren und ihre Honorare berechnen. Journalisten finden ähnliche Informationen auf der Seite des Deutschen Journalistenverbands *www.djv.de/startseite/info/beruf-betrieb/uebersicht-tarife-honorare*, und Illustratoren werden auf *illustratoren-organisation.de/fuer-mitglieder/erfolgreich-kalkulieren* fündig. Für fast jede kreative Branche gibt es im Internet eine passende Seite mit Tipps zur Honorargestaltung und den marktüblichen Preisen.

Gelegentlich empfehlen Websites, dass Sie Ihre Preise auch an der Nachfrage oder der Zielgruppe orientieren können. Der Haken daran ist jedoch, dass Sie dazu nur mit Mühe an verlässliche Daten kommen. Falls Sie Zeit und Geld für Marktforschung haben, helfen dabei Fragen wie: Ab welchem Preis ist Ihnen das Angebot zu teuer? Oder: Ab welchem Preis haben Sie das Gefühl, dass das Angebot keine gute Qualität haben kann. Nach einigen Honorarverhandlungen bekommen Sie jedoch auch so ein gutes Gefühl dafür, bei welchem Preis welche Art von Kunde zu Diskussionen neigt und bei welchem Honorar Sie sofort den Zuschlag bekommen. Diese Form der Rückmeldung ist meist ein recht guter Indikator dafür, ob Ihre Preise passen oder Sie nachjustieren sollten.

Preis 5 | Auslastungsfaktor einrechnen

Und hier kommt noch ein Extra-Sicherungsnetz für Ihre Rechnung: Eine Daumenregel besagt, dass Freischaffende etwa 30 Prozent ihrer Arbeitszeit mit Akquise, Werbung, Netzwerken oder Basteln am eigenen Webauftritt verbringen. Erfahrungsgemäß ist dieser Prozentsatz sogar etwas höher, bis Ihre Selbstständigkeit gut angelaufen ist.

Falls Sie Ihrer Stundenberechnung noch nicht ganz über den Weg trauen, können Sie Ihren Nettostundensatz mit einem Auslastungsfaktor von 1,3 multiplizieren. Für unser Beispiel bedeutet das, dass Sie den Stundensatz von 20,47 Euro mit dem Faktor 1,3 multiplizieren. So ergibt sich ein Honorar von 26,61 Euro. Damit können Sie sicher sein, dass Sie auch die Zeit entlohnt bekommen, in der Sie zwar nicht an einem Kundenprojekt werkeln, aber dennoch arbeiten. Dieses finanzielle Sicherungsnetz dürfen und müssen Sie sich genehmigen – und das mit jeder Stunde, die Sie abrechnen.

Preis 6 | Am Preis festhalten

»Ich hätte gerne 60 Euro pro Stunde … aber ihr seid ja ein kleines Unternehmen und wir finden da sicher einen gemeinsamen Preis … also vielleicht ist das etwas viel, aber ich komme euch da gerne entgegen, wie wäre es mit einem Rabatt?« – Stopp! Sie haben Ihre Preise nicht ohne Grund festgelegt. Sie dürfen und Sie müssen diesen Preis verlangen. Feilschen Sie sich also nicht selbst runter, bevor Ihr Gegenüber überhaupt etwas dazu sagen konnte.

Als ich mich nach ein paar Jahren als Angestellte wieder in Vollzeit selbstständig machte, habe ich meinen Kunden teils mein aktuelles Buch geschenkt oder ihnen ungefragt einen Rabatt gegeben, wenn das Projekt doch teurer wurde als erwartet. Und in der Regel lag der höhere Preis nicht an einer falschen Kalkulation oder einem mangelhaften Briefing – sondern daran, dass die Kundin sich während des Prozesses für einige Extras entschieden hatte. Und die dürfen auch extra kosten.

Lassen Sie uns daraus lernen: Klar, Sie dürfen immer nett sein und Ihren Kunden ein kleines Gimmick obendrauf legen. Aber Sie müssen sich nicht schlecht fühlen, weil Sie für Ihre Arbeit Geld verlangen. Oder glauben Sie, dass Angestellte sich schämen, wenn am Monatsende Geld auf ihrem Konto landet? Rumgeeier in Honorardingen wirkt nicht nur unsicher und dadurch auch unprofessionell – sondern sorgt auf Dauer auch für einen gewissen Grundstress.

Preis 7 | Preisliste anlegen

Was haben ein Luxushotel, ein Pflegedienst und die Pommesbude um die Ecke gemeinsam? Sie alle haben eine klare Preisliste. Statt für Pommes mit Mayo und Ketchup 2,50 Euro zu nehmen, berechnen Sie für eine Normseite im Lektorat 10 Euro. Sobald Sie Ihre Preise berechnet und festgelegt haben, schreiben Sie sich eine Preisliste auf und binden diese auch in Ihren Rahmenvertrag ein.

In einigen Branchen ist es durchaus üblich, die Preise auch auf der Website zu präsentieren. Sobald die Preise irgendwo ganz offiziell stehen, können Sie einfach auf ein Dokument verweisen, statt immer wieder neu mit sich und Ihrer Kundschaft in Verhandlung zu gehen. Zudem schaffen Sie mit einer solche Liste auch für Ihre Kundschaft einen klaren Überblick. So sieben Sie Menschen direkt aus, die am liebsten Hungerlöhne zahlen. Und sollte doch mal jemand feilschen wollen, können Sie sich immer noch überlegen, ob das für Sie okay ist. Und wenn nicht: Schauen Sie in Abschnitt 7.4 vorbei. In einer Preisliste können Sie verschiedene Elemente wie diese abbilden:

- Stundenhonorar
- Tagessatz
- Tagessatz vor Ort
- Tagessatz für einen halben Tag, remote
- Pauschale für eine Illustration, 1/8-Seite
- Lektorat, Normseite ohne Fußnotenprüfung
- Werkhonorar (Arbeitszeit × Stundensatz + Materialeinsatz)
- Nutzungshonorar (Werkshonorar × Nutzungsfaktor)
- Gesamthonorar (Nutzungshonorar + Werkshonorar)

Schreiben Sie unter Ihre Preisliste noch einen kleinen Vermerk, wie und wann Sie für gewöhnlich abrechnen und ob Sie diese Beträge zuzüglich Umsatzsteuer berechnen.

Preis 8 | Nachjustieren

Das Ziel Ihrer Preisgestaltung ist, dass Sie mit Ihrer Arbeit Geld verdienen können. Deshalb sollten Sie darauf achten, dass Sie stets wirtschaftlich vorgehen: Das bedeutet, dass Sie gelegentlich überprüfen, ob Ihre Preise zu Ihrem tatsächlichen Aufwand passen. Sollten Sie feststellen, dass Sie zwar 80 Prozent Ihrer Zeit in ein Projekt investieren, mit dem Sie allerdings nur 20 Prozent Ihres Umsatzes machen, sollten Sie entweder über eine andere Zielgruppe oder über ein Tuning Ihrer Preise nachdenken. Wenn Sie sich beispielsweise einen Stundenlohn von 45 Euro ausgerechnet haben, mit Ihren Einnahmen aber nur so gerade über die Runden kommen, sollten Sie ins Grübeln kommen:

- Vielleicht sind Sie einfach noch nicht so bekannt am Markt, dass Sie alle Ihre theoretisch verrechenbaren Stunden auch verkaufen können.
- Vielleicht ist Ihr Stundenlohn doch zu niedrig.
- Vielleicht passen Ihre Pauschalen noch nicht zu Ihrem Aufwand.

Ein Indikator für zu niedrige Preise kann es sein, wenn noch keiner Ihrer neuen Kunden gezuckt hat, wenn Sie Ihre Preise genannt haben. Gerade bei kleineren Unternehmen, Privatpersonen oder Start-ups gibt es oft einen Impuls, die Kosten für Ihre kreative Arbeit in ein vorher gesetztes Budget zu pressen. Sollten Sie sehr günstig sein, werden nur wenige Unternehmen gravierend nachjustieren wollen. Vor allzu niedrigen Preisen schützt Sie – zumindest in der Theorie – § 32 des Urheberschutzgesetzes. Denn diesem Paragrafen zufolge müssen kreative Leistungen »angemessen« und »branchenüblich« entlohnt werden.

Zudem sollten Sie Ihre Preise überdenken, wenn Sie das Gefühl haben, dass es mit der **Zahlungsmoral** in Ihrer Branche nicht allzu weit her ist: Mir ist es beispielsweise schon passiert, dass ein Interessent meine Unterstützung für 20 Stunden pro Woche buchen wollte. Er hatte meine Anwesenheit in der Agentur bereits groß vor versammeltem Team verkündet. Doch als es um konkrete Details ging, druckste der Agenturchef herum, und einen Tag vor Projektstart kam die Absage durch die Sekretärin – obwohl ich das besprochene Kontingent geblockt hatte. Der Agentur war ein wichtiger Kunde weggebrochen und so fehlte schlicht das Geld, um mich zu engagieren. Ich hatte einen klassischen Anfängerfehler begangen: Denn bevor nicht alles in knochentrockenen Tüchern ist, sollten Sie Vorsicht walten lassen. Sich auf ein Wort zu verlassen, zu dem es keinen festen Vertrag gibt, kann Sie wirtschaftlich hart treffen – vor allem, wenn Sie gleich Ihre halbe Arbeitswoche frei halten und deshalb keine weiteren Aufträge annehmen.

Fälle wie dieser gehören zum **unternehmerischen Risiko**. Und auch das sollte sich in Ihren Preisen widerspiegeln. Natürlich müssen damit in gewisser Weise die netten und vernünftigen Kundinnen die Schludrigkeit und Nachlässigkeit Ihrer säumigen Kunden ausgleichen – aber besser, Sie entscheiden sich für gute Preise und Ihr wirtschaftliches Überleben, als durch eine falsche Moralvorstellung pleitezugehen. Wenn Sie Ihr eigener Boss sind, dürfen Sie Ihre Preise selbst bestimmen. Und mit der Zeit entwickeln Sie auch ein Gespür dafür, welche Preise üblich sind und wann Sie womöglich sogar über das Ziel hinausschießen.

Am Anfang können Sie Ihre Preise noch recht leicht ändern und neuen Kunden die neuen Preise mitteilen. Wenn Sie sich schon etwas am Markt etabliert haben, können Sie bestimmte Anlässe für Anpassungen nutzen, etwa den Jahreswechsel. Das sollten Sie immer transparent kommunizieren. Wenn Sie mögen, können Sie bei Stammkunden die Preise auch erst später erhöhen oder einen entsprechenden Rabatt gewähren, so dass sie weiterhin erstmal denselben Preis zahlen. Verpflichtet sind Sie zu solchen Kulanzrabatten allerdings nicht. Damit es nicht allzu deutlich wird, dass Sie sich verkalkuliert haben, sollten Sie die Honorarsprünge eher moderat angehen. Auch hier ist wieder Ihr Bauchgefühl gefragt.

Preis 9 | Vorbild sein

Jeder Preis hat zwei Seiten: die, die ihn bekommt, und die, die ihn zahlt. Denken Sie deshalb auch beim Einkaufen von Dienstleistungen an Ihr Image als Unternehmerin oder Gründer, und zahlen Sie angemessen. Wenn Sie den Preis einer Ihnen zuarbeitenden Dienstleisterin drücken, wird sie nur wenig Motivation haben, langfristig mit Ihnen zusammenzuarbeiten. Denn sobald ihr jemand anderes das Geld bietet, das sie fordert, wird sie dorthin abwandern. Loyalität aufgrund von reiner Sympathie, Idealismus oder weil Ihr Projekt so toll ist, ist im Preis nicht inklusive. Seien Sie deshalb anständig, und bezahlen Sie auch andere gut. Und was Sie sich beim besten Willen nicht leisten können, muss eben verschoben werden.

Und, liebe Unternehmerinnen, gerade Frauen dürfen in Honorarverhandlungen deutlich mutiger sein. Darum wird es auch in Abschnitt 7.4 gehen. Sehen Sie sich in Ihrer Preisgestaltung als Unternehmerin deshalb immer auch als Vorbild für weibliche Gründerinnen und Freiberuflerinnen, die sich in ihren Forderungen immer noch mehr zurücknehmen als ihre männlichen Mitbewerber. Ermuntern Sie durch souveräne Preise auch andere dazu, sich nicht unter Wert zu verkaufen – schließlich sind Sie die Chefin!

Infobox: Honorar vs. Lohn

Der Unterschied zwischen Lohn, Gehalt und Honorar ist einfach: Angestellte bekommen Lohn oder Gehalt – und Selbstständige ein Honorar. Lohn und Gehalt zahlen Arbeitgeber netto an ihre Beschäftigten aus. Das Honorar dagegen erhalten Selbstständige brutto, so dass Steuern und Sozialabgaben davon noch abgehen.

7.2 Der Markt und seine Bedingungen: Was bin ich wirklich wert?

Das Bruttoinlandsprodukt (BIP) misst den Wert aller Waren und Dienstleistungen, die ein Land in einem Jahr hervorbringt. Es ist der Gradmesser des kommerziellen Erfolgs einer Volkswirtschaft. Der Politiker Robert Kennedy fasste es so zusammen: »*Das Bruttoinlandsprodukt misst alles, außer dem, was das Leben lebenswert macht.*« Denn im Leben geht es um mehr als nur um bloße Zahlen. Dennoch hat jeder und jede Einzelne von uns, als winziges Rädchen in der großen Volkswirtschaft, einen eigenen Wert auf dem Markt.

Unseren persönlichen **Marktwert** können wir, ähnlich wie beim BIP, an Zahlen messen:

- Wie viel verdienen wir im Jahr?
- Wie groß ist unser Gewinn, wenn wir alle Ausgaben von den Einnahmen abgezogen haben?
- Und müssen wir aktiv nach Kundschaft suchen oder rennt diese uns von ganz allein die Bude ein?
- Oder kurz: Was ist meine Arbeitskraft auf dem Markt wert?

Was bin ich wirklich wert?

Markt 1 | Warum Sie Ihren Marktwert erkennen sollten

Der wichtigste Grund, auf die Suche nach Ihrem Marktwert zu gehen, ist Ihre Preispolitik. Denn wenn Sie dabei feststellen, dass Ihre Gemälde im Vergleich zu den Malereien anderer Künstler total gehypt werden, hauen Sie sich mit Schnäppchenpreisen selbst übers Ohr. Ihr Marktwert hat also einen direkten Einfluss auf Ihre Einnahmen. Wenn Sie Ihren Marktwert kennen, können Sie gegenüber potenziellen Kundinnen selbstsicher auftreten und den in Ihrem Segment üblichen Preis fordern, ohne sich vor sich selbst oder Ihrem Gegenüber dafür rechtfertigen zu wollen. So hat Ihr Marktwert durchaus auch eine psychologische Dimension.

Markt 2 | Wovon Ihr Wert abhängt

Blättern Sie nochmal zurück ins erste Kapitel. Dort haben Sie sich überlegt, wo Ihre Talente liegen, was Sie besonders macht und welche Kenntnisse Sie jeden Tag in Ihre Arbeit einfließen lassen. Kurz noch mal ein Überblick, wovon Ihr persönlicher Marktwert abhängt:

- Ihre Ausbildung oder Ihr Studium
- Praktika, Berufserfahrungen und Weiterbildungen
- erfolgreiche Projekte und Auszeichnungen
- Prestige Ihrer bisherigen Auftraggebenden
- Know-how, Persönlichkeit und Soft Skills
- Ihr Ruf und Ihr Image in der Branche

Falls Sie ein Unternehmen mit mehreren Mitarbeitenden gründen wollen, leitet sich der Marktwert von sehr ähnlichen Punkten ab. Dabei kumulieren Sie das Wissen aller Teammitglieder. Wenn Sie den Wert Ihres Unternehmens an Zahlen aufhängen wollen, können Sie das Firmenkapital hernehmen, monatliche Klicks, die Anzahl der verkauften Bilder oder der gespielten Auftritte.

Ihren persönlichen Marktwert können Sie natürlich auch an Ihren Einnahmen messen – nur wird Ihnen das nicht viel bringen. Denn dann hätten Sie es mit einem Zirkelschluss zu tun: Wenn Sie für Ihre gute Arbeit schlechte Preise nehmen, nehmen Sie entsprechend wenig ein. Wenn Sie Ihren Wert an diesen niedrigen Einnahmen festmachen, werden Sie sich niemals trauen, mehr für Ihre Leistung zu nehmen. Deshalb sollten Sie nie nur auf die blanken Zahlen schauen, sondern auch weichere Indizien mit einbeziehen: etwa die Zufriedenheit Ihrer Kundschaft, die Rückmeldungen Ihrer Leserschaft oder die Nachfrage, also ob Sie aktiv in die Akquise gehen müssen oder Ihre Kunden von alleine zu Ihnen finden. Um Ihren Marktwert halbwegs realistisch einschätzen zu können, sollten Sie sich Ihre **Stärken und Schwächen** bewusst machen und sich auch mal auf die eigene Schulter klopfen.

Markt 3 | Der Vergleich

Der Philosoph Søren Kierkegaard fand: »*Das Vergleichen ist das Ende des Glücks und der Anfang der Unzufriedenheit.*« Mit Blick auf unsere Lebenszufriedenheit dürfen wir ihm da wohl Recht geben. Doch wenn es um unseren Marktwert geht, kommen wir nicht drumherum, auch mal nach rechts und links zu schauen.

Denn einen echten Wert auf dem Markt haben wir vor allem im Kontrast zu unserer **Konkurrenz**. In Kapitel 2 haben Sie bereits geklärt, was Sie von den anderen in Ihrem Feld unterscheidet und was Sie wirklich besonders macht. Je einzigartiger Sie im Vergleich sind und je begeisterter Ihre Zielgruppe ist, desto höher ist Ihr Marktwert. Dieser Wert ist leider nicht so leicht empirisch messbar und erfordert genaues Hinsehen und gegebenenfalls auch die eine oder andere Kundenbefragung.

Dass man über Geld nicht reden soll, mag in einigen Zusammenhängen stimmen – ist aber nicht immer sinnvoll. Falls Sie in der glücklichen Situation sind, andere Selbstständige in Ihrem Freundes- oder Bekanntenkreis zu haben, können Sie ja mal vorsichtig nachfragen. So bekommen Sie ein besseres Gefühl für die Preise und den Markt selbst. Wenn Sie beispielsweise von Malerei leben, können Sie bei einem Galeriebesuch ganz nebenbei ein bisschen Marktforschung betreiben und einen Blick auf die Preislisten Ihrer Mitbewerberinnen werfen. Ebenso finden Sie auf einschlägigen Websites wie *Freelancermap.de*, *Absolventa.de* oder *Kununu.com* auch Einblicke in die durchschnittlichen Gehälter und Honorare in Ihrer Branche. Und wenn Sie die Printform bevorzugen, werden Sie bei dem zu Ihrem Job passenden Berufsverband mit entsprechenden Infoheften versorgt.

Markt 4 | Die Sache mit dem Geschlecht

Hoppla, da sind Sie nun mitten in eine Kontroverse gestolpert. Und dennoch müssen wir uns kurz trauen, darüber zu sprechen: Denn momentan verdienen Frauen etwa sechs Prozent weniger für denselben Job als vergleichbar qualifizierte Männer.[1] Dieser Unterschied liegt unter anderem daran, dass sich viele Frauen noch nicht so recht trauen, ihr Gehalt oder ihre Honorare selbstbewusst zu verhandeln. Während einer Studie zufolge etwa 57 Prozent der männlichen Uniabsolventen ihr erstes Gehalt aktiv aushandeln, tun dies nur sieben Prozent der weiblichen Absolventinnen.[2]

Das Gute für Sie als Selbstständige ist: Sie verhandeln nicht nur einmal und arbeiten dann womöglich jahrelang für den einmal festgelegten Lohn. Als Selbstständige

1 *www.bmfsfj.de/bmfsfj/themen/gleichstellung/frauen-und-arbeitswelt/lohngerechtigkeit*

2 *www.zeit.de/arbeit/2020-07/gehaltsverhandlung-frauen-gender-pay-gap-selbstbewusstsein-diskriminierung*

können Sie bei jeder neuen Anfrage neu verhandeln. Dadurch trainieren Sie zum einen Ihren Verhandlungsmuskel, und zum anderen bauen Sie sich so nach und nach einen Kundenstamm aus angemessen zahlenden Kunden. Studien und Umfragen zeigen immer wieder, dass Frauen ihren Marktwert meist unterschätzen.

Verhalten

Die Einstufung des Marktwerts von Frauen liegt oft auch an verschiedenen Glaubenssätzen, die schon kleine Mädchen ganz beiläufig lernen: Mädchen sollen auch heute noch bescheiden, hübsch und lieb sein.[3] Das erkennen wir zum Beispiel daran, dass kleine Mädchen oft Komplimente für ihre Erscheinung, für das niedliche Kleidchen oder das stupsige Näschen bekommen, während kleine Jungs sich mit cleveren Baumeistern oder mutigen Actionhelden identifizieren dürfen.

Und auch wenn wir erwachsen sind, orientieren wir uns unbewusst an solchen oft ganz winzigen und doch scherenschnittartigen Überzeugungen: Jungs sind Abenteurer und Macher, während Mädchen lieb sind und schön aussehen.

Unter anderem aus dem im Kasten beschriebenen Grund nehmen sich Frauen sowohl beim Netzwerken als auch in Besprechungen oder Honorargesprächen tendenziell immer noch etwas mehr zurück als ihre männlichen Mitstreiter.[4] Männer scheuen sich deutlich weniger davor, kontroverse Meinungen einzubringen, sich Gehör zu verschaffen oder die eigenen Leistungen im besten Licht zu präsentieren.

Da diese Rollenbilder allerdings völlig willkürlich sind, dürfen Sie sich davon gerne befreien: Trauen Sie sich als weibliche Gründerin gerne etwas mehr zu, als Sie es gerade tun. Sie können genauso hoch auf den Baum klettern und genauso gut werfen wie die Jungs auf der anderen Seite des Verhandlungstischs. So nähern Sie sich allmählich Ihrem realen Marktwert. Und wenn Sie anschließend noch etwas Energie übrig haben, können Sie auch andere Gründerinnen und Selbstständige unterstützen und ermutigen – und auch sie so langsam etwas sensibler für ihren wirklichen Marktwert machen.

Markt 5 | Gehalt nachweisen

In vielen Kulturen sind Unternehmer hoch angesehen – aber nicht in allen. So sind in Deutschland viele Vermieter zögerlich, einem Freiberufler eine Wohnung anzubieten. Und freischaffende Sängerinnen haben oft Mühe, einen attraktiven Kredit zu bekommen. Denn Einkommen aus selbstständiger Arbeit gilt hierzulande immer noch als unsicherer als Lohn aus einem vermeintlich sicheren Angestelltenverhältnis. Doch spätestens seit der Corona-Pandemie wissen wir, dass Arbeitsplätze nie

3 *www.business-punk.com/2019/02/netzwerken-frauen*

4 ebd.

wirklich sicher sind. Und dennoch nagt sich das Label »finanziell nicht attraktiv« sacht ins Selbstbewusstsein vieler selbstständiger Kreativwirtschafter. Denn während Ärztinnen und Anwälte mit eigener Praxis oder Kanzlei hoch angesehen sind und eine entsprechende Behandlung am Markt erfahren, können die meisten Ballett-Tänzerinnen und Bildhauer davon meist nur träumen.

Deshalb kommt hier direkt der erste Tipp in Sachen Marktwert: Lassen Sie sich nicht von Banken, Vermietern oder Ämtern verunsichern! Ihr Wert als kreativer Mensch hängt von so viel mehr ab als davon, ob Sie nun angestellt oder selbstständig arbeiten.

Und dennoch werden Sie gelegentlich bei der Suche nach einer Mietwohnung mit dem unausgesprochenen Wunsch der Vermietenden nach einem unbefristeten Arbeitsvertrag mit einem noblen Gehalt konfrontiert. Verständlich, wollen sie doch Scherereien mit säumigen Mietzahlungen so gut es geht im Vorhinein ausschließen. Angestellte legen bei der Bewerbung um eine Wohnung meist einfach die letzten Gehaltsabrechnungen vor. Selbstständige zücken da am besten die Einkommenssteuererklärung.

Wenn die Selbstständigkeit noch frisch ist und noch keine Einkommenssteuererklärung vorliegt, geht auch eine betriebswirtschaftliche Auswertung, Einnahmen-Überschuss-Rechnung oder alternativ die letzten Gehaltsabrechnungen. Wenn die Vermieterin Ihnen dennoch nicht über den Weg trauen sollte, können Sie mit einer sogenannten Mietschuldenfreiheitsbescheinigung von Ihrem aktuellen Vermieter nachweisen, dass Sie bislang immer brav Ihre Miete gezahlt haben.

Markt 6 | Professionelle Marktforschung

Wenn Sie etwas Größeres vorhaben und das nötige Kleingeld übrig haben, ist Ihr Geld in eine professionelle Marktforschung gut investiert. Marktforschungsinstitute entwickeln für Sie Fragebögen, die die Mitarbeitenden im Anschluss mit repräsentativen Personen aus Ihrer Zielgruppe durchgehen: Ist Ihr Angebot gut verständlich? Wie gerne wollen sie es haben? Was wären sie bereit dafür zu zahlen? Und ab welchem Preis würden die potenziellen Kunden an der Qualität Ihres Angebots zweifeln? Für Produkt- oder Markttests, bei denen die Forscherinnen selbst die passenden Testpersonen suchen und in 1:1-Interviews befragen, müssen Sie meist tief in die Tasche greifen.

Deutlich günstiger wird es mit Anbietern wie Appinio (*www.appinio.com*), die sich vor allem auf Online-Befragungen stützen. Wenn Sie eine internetaffine Zielgruppe bedienen wollen, können Sie dort sogar als Solo-Selbstständige eine kostenschonendere Alternative zur klassischen Marktforschung finden. Mit einer solchen Umfrage können Sie beispielsweise Ihr perfektes Stundenhonorar herausfinden oder verschiedene Comic-Charaktere gegeneinander antreten lassen, bevor Sie eine ganze Comic-Reihe mit einer Figur zeichnen, die das Publikum nicht so sehr anspricht. Denn wenn Sie den Markt kennenlernen wollen, wollen Sie vor allem die Menschen kennenlernen, mit denen Sie es dort zu tun haben werden.

Kundenumfrage

Die günstigste Variante der Marktforschung ist die Kundenumfrage: Wenn Sie ein Projekt abgeschlossen haben, schicken Sie zusammen mit der Rechnung und einer netten Bitte einen Link zu einer selbstgehäkelten Umfrage an Ihre Kunden. Mit kostenlosen Tools wie *Google Formulare* oder *LimeSurvey* (*www.limesurvey.org/de*) können Sie nach einer kleinen Recherche, wie Sie die Fragen aufbauen sollten, eine eigene Umfrage zusammenstellen.

Versuchen Sie sich dabei möglichst kurz zu halten, um die Zeit Ihrer Kunden zu schonen. Wenn Sie die Fragen geschickt stellen, können Sie aus dem Feedback Rückschlüsse auf Ihren Markt und Ihren Wert ziehen.

7.3 Angebote und KVA: Ich mach dir einen Kostenvoranschlag, den du nicht ablehnen kannst

Meist dauert es gar nicht lange, bis die erste Kundschaft an Ihre Tür klopft. In der Regel klopfen Sie bei einem ersten Gespräch grob ab, was der Kunde braucht. Für einige Projekte kann es durchaus sinnvoll sein, bereits ein gemeinsames Briefing durchzugehen, damit Sie die Art und den Umfang des Projekts möglichst klar umreißen können.

Angebot 1 | Kostenvoranschlag vs. Angebot

Der Kostenvoranschlag (KVA) und das Angebot unterscheiden sich in einem wichtigen Punkt: Während beim Angebot der genannte **Gesamtpreis** bindend ist, dürfen Sie beim Kostenvoranschlag das veranschlagte Budget durchaus überschreiten.

Natürlich bleiben die im KVA genannten Stunden- oder Tageshonorare für die Zeit des Projekts verbindlich. Die geschätzte Stundenzahl darf jedoch vom Budget im KVA abweichen.[5]

Wenn Sie beispielsweise eine Anfrage bekommen, einem kleinen Start-up eine Website zu gestalten und zu betexten, können Sie ein Angebot mit einem Pauschalpreis machen. Wenn Ihre Kundin spezielle Wünsche hat, die deutlich mehr

5 *www.ihk-bonn.de/fileadmin/dokumente/Downloads/Recht_und_Steuern/Vertragsrecht/Kostenvoranschlag.pdf*

Zeit in Anspruch nehmen, als Sie vorher gedacht haben, sind Sie an den Preis gebunden. Deshalb sollten Sie den Umfang Ihrer Lieferung so klar umreißen wie möglich.

In einem solchen Fall empfiehlt sich der Kostenvoranschlag. Darin schreiben Sie ebenfalls genau, was eine Stunde kostet, was Sie von der Kundin brauchen und was Sie so alles machen werden und bis wann. Allerdings geben Sie nur eine grobe Stundenschätzung an, von der Sie durchaus auch abweichen dürfen. Idealerweise weisen Sie darauf in Ihrem Kostenvoranschlag nochmal hin, damit es auf der Seite Ihrer Kundin keine unangenehme Überraschung gibt. Als aufmerksame Dienstleisterin stehen Sie mit Ihrer Kundschaft ohnehin in regelmäßigem Austausch. Dabei können Sie andeuten, wenn der geplante Stundenumfang erschöpft ist und es bald etwas teurer werden könnte. Auf dieser Basis kann Ihre Kundin immer noch schauen, ob sie weiter mit Ihnen arbeiten möchte oder nach dem Ausschöpfen des ursprünglich veranschlagten Budgets die finanzielle Reißleine ziehen will.

Doch egal ob Kostenvoranschlag oder Angebot: Machen Sie es so konkret wie möglich. Schreiben Sie alles rein, was die Kundin bekommt, also wie viele Seiten, welche Größe und bis wann. Außerdem sollten Sie vermerken, was die Kundin dafür liefern muss und bis wann, damit die vereinbarte Deadline gehalten werden kann. Weisen Sie freundlich darauf hin, dass sich bei einer verspäteten Lieferung Ihre Deadline ebenfalls um die entsprechenden Tage verschieben wird.

Zudem sollten Sie ein Datum angeben, bis wann das Angebot gültig ist. So stellen Sie sicher, dass sich der Kunde schnell entscheidet und Sie Planungssicherheit haben. Sie können schließlich die für das Projekt nötigen Kontingente und Arbeitsstunden nicht ewig frei halten.

Angebot 2 | Was gehört rein?

Wie für vieles in diesem Land hat das deutsche Recht auch an Angebote einige Anforderungen. So gehören diese Angaben in ein rechtssicheres Angebot:

- **Kernangebot**: Was wollen Sie in diesem Fall für Ihren Kunden tun? Welche Tätigkeiten, Teilschritte oder Produkte umfasst das Projekt?
- **Varianten**: Gibt es verschiedene Optionen und Paketumfänge, zwischen denen Ihr Kunde wählen kann?
- **Kosten**: Was soll das Ganze kosten? Wie hoch ist Ihr Stückpreis oder der Stundenlohn und lauern an irgendeiner Stelle Zusatzkosten?
- **Rabatt**: Gewähren Sie Ihrem Kunden einen Rabatt? Bekommt er unter bestimmten Bedingungen Skonto? Unter welchen Bedingungen sinken die Gesamtkosten?

- **Nutzungsrecht**: Welche Nutzungsrechte räumen Sie Ihrem Gegenüber ein und möchten Sie diese in irgendeiner Weise staffeln, etwa dass die uneingeschränkten Nutzungsrechte einen Aufpreis kosten?
- **Feedbackschleifen**: Wie oft darf sich Ihr Gegenüber eine Anpassung wünschen? Wie aufwändig dürfen die Änderungen sein?
- **Meetings und Absprachen**: Wie oft treffen Sie sich mit Ihrem Gegenüber? Räumen Sie feste Zeiten ein, in denen Sie definitiv erreichbar sein werden? Wie viele Workshop- oder Besprechungsstunden sind im Preis inbegriffen?
- **Deadlines**: Wann können Sie liefern? Und bis wann brauchen Sie dafür eventuell Input Ihrer Kunden und Kundinnen?
- **Output**: Wie sieht das Ergebnis aus? Stellen Sie Ihre Ideen in einer Präsentation persönlich vor? Liefern Sie das Gemälde selbst aus?
- **Abrechnung**: Wie und wann rechnen Sie ab und welche Zahlungsbedingungen ermöglichen Sie Ihrem Kunden?
- **Haltbarkeitsdatum**: Bis wann sollte sich Ihr Kunde entscheiden und das Angebot annehmen oder ablehnen?
- **Ort**: Falls mal etwas schiefgehen sollte, welches Gericht ist dann für Sie zuständig, sprich in welcher Stadt ist Ihr Unternehmen ansässig?
- **Unterschrift**: Machen Sie unterhalb des KVA oder des Angebots deutlich, dass es sich hier um ein offizielles Dokument handelt, das vor der Zusammenarbeit von beiden Seiten unterzeichnet wird.

Definieren Sie Ihr Angebot so **konkret** wie möglich: Schreiben Sie alles rein, was der Kunde bekommt, also wie viele Seiten, welche Größe und bis wann. Außerdem sollten Sie vermerken, was der Kunde dafür liefern muss und bis wann, damit die vereinbarte Deadline gehalten werden kann. Weisen Sie freundlich darauf hin, dass sich bei einer verspäteten Lieferung Ihre Deadline ebenfalls um die entsprechenden Tage verschieben wird.

Verstehen Sie Kostenvoranschläge und Angebote bitte auch als Werkzeug, mit dem Sie sich vor ungeübten oder übergriffigen Kunden schützen können. Gerade wenn entweder Sie oder Ihr Kunde noch ganz am Anfang stehen, ist es ein bisschen wie bei kleinen Kindern: Sie suchen nach Grenzen. Statt darauf zu hoffen, dass Ihr Kunde schon weiß, was Sie meinen, können Sie auch einfach die Spielregeln vorgeben.

Besonders was **Feedbackschleifen** angeht, sollten Sie ganz klare Grenzen ziehen. Sonst denken gerade unerfahrene Kunden, dass sie ständig mit Änderungswünschen kommen können, die im Festpreis mit drin sind. Natürlich gilt hier: Je besser das Briefing, desto weniger Schleifen werden Sie drehen müssen. Aber wenn Ihre Kundin vielleicht selbst noch gar nicht so genau weiß, was sie will, baden Sie das womöglich in nicht enden wollenden Feedbackschleifen aus.

Angebotsdatum: 31.12.2021
Angebotsnummer: 20210516
Kundennummer: 7011253

Briefkopf
Musterkunde
Musterstraße
54321 Musterdorf

KVA: Redaktionelle Unterstützung

Sehr geehrte Damen und Herren,

wie besprochen finden Sie anbei eine Auflistung möglicher Dienstleistungen für das anstehende Projekt. Die folgenden Leistungen können Sie nach Belieben kombinieren.

Journalistische Artikel

- Artikel mit etwa 1.800 Zeichen
- 1 Feedback-Schleife
- Auf der Basis eines zuvor gelieferten Briefings
- Fertigstellung bis 31.12.2021
- Dafür liefert der Kunde bis zum 30.11.2021 den besprochenen Input.
- Pauschale Vergütung: 1234 Euro*

Journalistische Short-Whitepaper

- 4.500-5.000 Zeichen
- Inkl. SEO-Keyword-Recherche
- Integration der drei Top-Keywords in den Text
- Fertigstellung bis 31.12.2021
- Dafür liefert der Kunde bis zum 30.11.2021 den besprochenen Input.
- Pauschale Vergütung: 4567 Euro*

Der Nettopreis versteht sich zzgl. einer Mehrwertsteuer von 7%. In dem Preis ist eine wöchentliche Besprechung von einer Stunde via Zoom inbegriffen.

Durch das Begleichen der Rechnung erwirbt der Kunde die zeitlich und räumlich uneingeschränkten Nutzungsrechte für die erstellten Artikel. Das Angebot ist ab Ausstellung 14 Tage gültig.

-- --

Datum, Unterschrift Auftraggeber Datum Unterschrift, Auftragnehmerin

Maxima Mustermann | Journalistin | Autorin | Illustratorin
Musterstraße | 12345 Musterstadt | Atelierhaus Musterhaft e. V.
+49 0163-45678911 | mail@mustermann.de
www.mustermann.de | Steuernummer: 123/4567/8910
IBAN: DE12345678910112 | Musterbank Bank

Musterangebot

Mit einem kurzen Satz in Ihrem Angebot oder KVA beugen Sie dem vor. In einem Sternchentext könnten Sie zudem noch erklären, was bei Ihnen eine Feedbackschleife ist und was bereits ein neuer Auftrag ist. Schauen Sie dazu einmal in Abschnitt 9.7, in dem Sie lernen, elegant Grenzen aufzuzeigen. Zudem können Sie Ihre Angebote und KVA mit den AGB aus Abschnitt 8.1 verbinden, in denen Sie ebenfalls die Modalitäten einer möglichen Zusammenarbeit festhalten können.

Viele Online-Buchhaltungsprogramme bieten Ihnen bequeme Lösungen an, mit denen Sie einen Kostenvoranschlag zusammenklicken können. Die Hinweise zu den Nutzungsrechten müssen Sie dabei jedoch meist selbst händisch hinzufügen. Angaben wie diese können Sie als Vorlage speichern, so dass der Kostenvorschlag oder das Angebot sich irgendwann innerhalb weniger Minuten erstellen lässt. Auf Seiten wie *www.lexoffice.de* oder *www.sevdesk.de* finden Sie nähere Informationen dazu.

Angebot 3 | Im Paket

Je nachdem, was Sie gerne anbieten möchten, können Sie auch in Paketen denken. Das macht es Ihrer Kundschaft leichter, den passenden Umfang für ihr geplantes Projekt zu finden. Dieses Prinzip kennen Sie vielleicht von verschiedenen Apps: Manchmal brauchen Sie die Deluxe-Version, gelegentlich reicht das kleine Pro-Angebot, und häufig tut es auch die Gratislizenz.

Für unser Webdesign-Beispiel könnte das bedeuten, dass Sie ein Komplettpaket anbieten, bei dem Sie alleine oder im Team mit externen Dienstleistern Text, Design, Fotos und Webdesign liefern. Daneben kann es die kleine Textvariante geben, mit der es SEO-Texte und die passenden Stockbilder gibt. Und als Drittes bieten Sie die Hilfe zur Selbsthilfe und erklären Ihrem Kunden in einem Workshop, wie er seine Website selbst pflegen und überarbeiten kann. Den verschiedenen Kombinationsmöglichkeiten setzen nur die äußeren Ränder Ihres Bauchlandens Grenzen.

Angebot 4 | Den Deal abschließen

Wenn sich Ihr Kunde für ein Paket oder einen bestimmten Lieferumfang entschieden hat, streichen Sie alles aus dem KVA oder Angebot heraus, was Ihr Kunde für dieses Projekt nicht haben möchte. Die überarbeitete Fassung senden Sie zusammen mit Ihren AGB oder Ihrem Rahmenvertrag zurück an Ihren Kunden. Denn auch wenn Sie kreative Dienstleistungen anbieten, gehen Sie mit Ihrer Kundschaft eine ganz nüchterne Geschäftsbeziehung ein, die idealerweise mit beiden Beinen auf dem Boden des Gesetzes steht.

In der Regel können KVA, Angebot und Vertrag irgendwo in einer digitalen Schublade verschwinden. Doch wenn es mal zu Unstimmigkeiten kommt oder Ihr Kunde aus irgendeinem Grund nicht zahlen kann oder will, werden Sie sich über diesen etwas bürokratisch anmutenden Akt sehr freuen. Bestehen Sie aus diesem Grund auch darauf, dass Ihnen vor Projektstart ein unterschriebener KVA oder ein entsprechender Vertrag vorliegt. Auch eine formlose Mail, in der Ihr Kunde den AGB und dem Angebot zustimmt, sind rechtlich bindend und entsprechend ausreichend.

Sollte eine Kundin allerdings Ihre Bitte um eine Unterschrift oder eine Zustimmung einfach unter den Tisch fallen lassen oder es explizit ablehnen, weil Sie »auch so auf Augenhöhe« arbeiten können oder man sich doch vertraue, sollten Sie skeptisch werden: Wieso zögert dieser Mensch dabei, Ihren gut durchdachten und im Sinne der Kundin ausgearbeiteten KVA zu unterschreiben? Wieso scheut sich diese Person vor einem rechtsgültigen Vertrag? Und mal ganz ehrlich: Würden Sie ein Auto, ein Haus oder auch nur eine gebrauchte Bohrmaschine an jemanden verkaufen, der Angst vor einem Kaufvertrag hat?

Bieten Sie an, fragliche Abschnitte des KVA oder Angebots zu überarbeiten, falls es daran liegen sollte. Aber Sie dürfen auch deutlich machen, dass die offizielle Zustimmung in Form der Unterschrift eine Frage des Respekts ist. Denn schließlich sollten auch Ihre Geschäftspartner und Kundinnen ein Interesse an einem seriösen Auftreten haben – und dazu gehört ein klar vereinbarter Auftrag.

Mit Ihren Kostenvoranschlägen und Angeboten legen Sie für sich und Ihre Kundschaft die Grundlage für eine gute und entspannte Zusammenarbeit.

7.4 Preisverhandlung: Wie Sie verdienen, was Sie verdienen

Falls Sie schon mal auf einem Trödelmarkt, etwa bei eBay, verkaufen wollten oder auf einem Basar in einem anderen Land waren, kennen Sie das Spiel: Wer den ersten Preis einfach akzeptiert, zahlt den Feigling-Bonus. Wer nicht fragt, der nicht gewinnt.

Basar 1 | Das erste Kreuzchen machen

Falls Sie schon mal Tic Tac Toe gespielt haben, wissen Sie: Wer das erste Kreuzchen oder den ersten Kringel setzt, gewinnt meist. Denn wer sich als Erstes auf dem Spielfeld breit macht, der gibt die Richtung vor, während der andere nur noch reagieren kann.

Ähnlich ist es auch bei Honorarverhandlungen. Wer den ersten Zug macht, gibt die Diskussionsgrundlage vor – und gewinnt womöglich. Wenn Sie also mit einem Stundenhonorar von 100 Euro oder einem Auftrittshonorar von 600 Euro das erste

Kreuzchen machen, würde Ihr Gegenüber sehr knauserig dastehen, wenn er Ihnen nur 45 oder 200 Euro anbieten möchte. Andersherum könnte Ihr Gegenüber den ersten Kringel in einem derart niedrigen Bereich setzen. Ihn von da wieder in angemessenere Regionen zu bekommen, ist deutlich kniffeliger. Gehen Sie deshalb lieber in die Offensive, als auf ein Angebot zu warten. Das gilt vor allem dann, wenn Ihre potenzielle Kundin noch keine genaue Vorstellung von ihrem eigenen Budget hat. So fängt sie erst an, in einem Rahmen zu rechnen, der sich auch für Sie rechnet.

Wer das erste Kreuzchen oder den ersten Kringel setzt, gewinnt?

Basar 2 | Hören Sie auf zu reden

Bevor Ihre Kundschaft Ihre Arbeit wertschätzt und entsprechend honoriert, sollten vor allem Sie selbst Ihre Arbeit richtig toll finden und sich selbst ab und zu auf die Schulter klopfen. Und im Zweifelsfall hören Sie, nachdem Sie den Preis genannt haben, einfach auf zu reden, ohne sich selbst direkt wieder runterzufeilschen. Lassen Sie Ihr Angebot einfach mal einwirken, ohne selbst die Tür für einen eventuellen Preisnachlass ganz weit aufzumachen.

Basar 3 | Höher ansetzen

Auch wenn Sie sich mithilfe der letzten Abschnitte ein robustes Stundenhonorar ausgerechnet haben, von dem Sie, alle Eventualitäten eingerechnet, gut leben können, dürfen Sie natürlich trotzdem deutlich mehr verlangen. Wenn Sie sich ein Honorar von 30 Euro pro Stunde ausgerechnet haben, Ihre Mitbewerber aber meist um die 80 Euro nehmen, sollten Sie nicht weit nach unten abweichen. Denn dann könnten Ihre Kunden an Ihrem Marktwert zweifeln. Oder würden Sie einem Neuwagen viel zutrauen, den Sie für 5.000 Euro vom Werksgelände fahren dürften?

Beachten Sie immer: Runterhandeln geht immer, aber Raufhandeln ist sehr schwierig. Steigen Sie deshalb immer etwas über dem Wert ein, bei dem Sie idealerweise landen möchten. Wenn Sie zu niedrig einsteigen und zusätzlich runtergehandelt werden, werden Sie sich bei einer langfristigen Zusammenarbeit später ärgern. Wenn Sie gut sind und weiterempfohlen werden, bleibt Ihr niedriger Preis womöglich länger mit Ihrem Namen verbunden, als es Ihnen lieb ist.

Falls Sie Angst haben, dass ein Kunde wegen vermeintlich zu hoher Preise abspringt, gruselt es Sie an der falschen Stelle: Sie sollten sich eher davor fürchten, mit Dumping-Lohn-Zahlenden zusammenzuarbeiten. Folglich sollten Sie eher Angst vor schlechten Auftraggebern und nicht vor einem vernünftigen Stundenhonorar haben. Schlagen Sie deshalb gerne noch etwas auf Ihr berechnetes Honorar auf – Sie werden ohnehin voraussichtlich etwas heruntergehandelt. Und vielleicht klopfen Sie einmal subtil ab, wieso Ihr Gegenüber so gerne unterhalb der üblichen Preise einkaufen möchte? Denn vermutlich möchte er sich nicht die Blöße geben, einzugestehen, dass ihm das nötige Kleingeld für gute Arbeit fehlt.

Basar 4 | Realistisch bleiben

Eine überzogene Honorarforderung kann Sie dagegen so dastehen lassen, als würden Sie Ihren Marktwert nicht sonderlich realistisch einschätzen können. Im Zweifelsfall orientieren Sie sich einfach an den marktüblichen Preisen. Diese können Sie für die Verhandlung immer im Hinterkopf behalten.

Doch setzen Sie nicht einfach auf eine Durchschnittszahl aus dem Internet und nehmen ab sofort 80 Euro. Eine solch generische Zahl wirkt wenig durchdacht. Orientieren Sie sich deshalb an den krummen Zahlen Ihrer Berechnung. Auch wissenschaftliche Untersuchungen belegen: Krumme Preise wirken durchdachter und zeigen Ihrem Gegenüber so, dass Sie Ihren eigenen Wert kennen.[6] Und hier ist der Trick: Auftraggebende feilschen eher mit Menschen, die sich in ihrem Wert noch unsicher zu sein scheinen. Schließlich lassen diese sich viel leichter verunsichern und aus dem Konzept bringen.

---

6 *www.augsburger-allgemeine.de/themenwelten/wirtschaft/Arbeit-Bei-Gehaltsverhandlungen-lieber-krumme-Betraege-fordern-id27551857.html#:~:text=Bei%20Gehaltsverhandlungen%20lieber%20krumme%20Betr%C3%A4ge%20fordern,-Foto%3A%20Jens%20Schierenbeck&text=Das%20r%C3%A4t%20David%20Loschelder%20von,nach%2044%20700%20zu%20fragen*

Basar 5 | Die Blickrichtung ändern

Vielen Menschen in der Kreativwirtschaft rollen sich schon die Fußnägel auf, wenn sie das Wort Kreativwirtschaft hören. Was daran für gekringeltes Keratin an den Extremitäten sorgt, ist die Tatsache, dass Kreativität und Wirtschaft zu einem Wort verschmelzen. Für viele Kreative fühlt es sich irgendwie falsch an, für ihre Werke Geld zu nehmen. Und wenn sie es nicht bereits von sich aus denken, hat jemand von außen irgendwann mal darauf hingewiesen, dass man dafür doch nicht so viel Geld nehmen sollte.

Falls Sie sich auch mit solchen Glaubenssätzen rumquälen, wechseln Sie vor einer Honorarverhandlung kurz die Blickrichtung: Statt zu denken, dass Sie Ihrem Kunden Summe X abnehmen, sollten Sie stolz denken, was Sie Ihrem Kunden durch Ihre Arbeit ermöglichen: die tolle Werbung für das neue Produkt, die super Musik beim Firmenevent oder die Illustrationen, die seine Website aufwerten.

Basar 6 | Das Unternehmen aufteilen

Auch wenn in kreative Arbeit meist viel mehr Herzblut und persönliche Handschrift einfließt als in die eines Bürokaufmanns oder einer Kfz-Mechatronikerin: Es geht hier nicht um Ihren Wert als Mensch, den Sie mit Ihrem Gegenüber verhandeln. Spalten Sie bei Gehaltsverhandlungen Ihr Unternehmen in verschiedene Abteilungen auf: Während Ihre eigentliche Arbeit von der Kreativabteilung erledigt wird, übernimmt der Verkauf die Honorarverhandlungen. Stellen Sie sich also kurz vor, dass Sie nicht sich als Menschen auf den Markt tragen, sondern eine bestimmte Ware verkaufen wollen.

Basar 7 | Was ist letzte Preis?

Und was ist, wenn nicht Sie, sondern Ihr angehender Kunde das erste Angebot macht? Dann sind Sie am Zug: Passt das Angebot bereits für Sie? Wenn ja, können Sie sich freuen und unterschreiben. Wenn nein: Jetzt geht es ans Feilschen. Sie müssen nicht das erstbeste Angebot annehmen, sondern dürfen auch gerne einen Gegenvorschlag machen. Wenn Sie vor allem mit Unternehmen arbeiten, können Sie davon ausgehen, dass Ihr Gegenüber fast schon von einem Gegenangebot ausgeht. Also nur Mut! Was bei eBay Kleinanzeigen funktioniert, können Sie tatsächlich auch im Berufsleben nutzen.

Basar 8 | Schweigen wie ein Profi

Gut zu verhandeln ist eine wahre Kunst. Und wie in so vielen Situationen sind die besten Redner noch bessere Zuhörer. Vor allem im Geschäftskontext sollten sich Ihre Gespräche vor allem um Ihr Gegenüber und nur am Rande um Sie drehen. Stellen Sie Fragen und vor allem: Lassen Sie den anderen ausreden. Widerstehen Sie dem Impuls, das Gespräch schnell wieder zurück auf sich selbst zu bringen. Finden Sie zunächst heraus, was Ihr Gegenüber braucht. Je mehr Sie ins Gespräch kommen, desto eher bekommen Sie auch ein Gespür für dessen Persönlichkeit, Ansprüche und mögliche Budgets.

Erst wenn sich Ihr Gegenüber angenommen und verstanden fühlt, können Sie sehr dosiert einen Werbeblock zu Ihren eigenen Fähigkeiten einfügen. Dabei lassen Sie ebenso wie nach dem Nennen von konkreten Leistungsumfängen und Preisen das Gesagte einwirken, indem Sie eine Künstlerpause machen. Eine kurze Schweigepause auszuhalten, wird Ihr Gegenüber eher als Zeichen von Selbstbewusstsein denn als Unsicherheit empfinden: Der Unsichere plappert – und der Souveräne schweigt.

Basar 9 | Reden wie ein Profi

Nutzen Sie die Macht des Unbewussten: Wenn Sie Ihr Gegenüber spiegeln, wirken Sie direkt viel sympathischer. Damit ist vor allem gemeint, dass Sie die Wortwahl Ihres Gesprächspartners aufgreifen. Wenn er beispielsweise seine Besprechungen als Meetings bezeichnet, verwenden Sie im weiteren Verlauf des Gesprächs ebenfalls das Wort Meeting. Aus Taktgefühl sollten Sie das auch gegebenenfalls bei eventuell ungenau ausgesprochenen fremdsprachlichen Worten tun. So sorgen Sie mit minimalem Aufwand dafür, dass Ihr Gegenüber sich im Umgang mit Ihnen wohl fühlt – und eher empfänglich für Honorarverhandlungen ist.

Basar 10 | Spielräume schaffen

Es ist völlig in Ordnung, wenn Sie auf Ihren Preisen bestehen. Damit Sie Ihrer Kundschaft einen Eindruck von Kulanz und Entgegenkommen vermitteln, können Sie dennoch gewisse Spielräume ermöglichen. So können Sie beispielsweise Ihr eigenes Equipment mit zum Fotoshooting bringen und die Miete für die Geräte nicht zusätzlich berechnen. Oder Ihre Kundin übernimmt die Keyword- oder Bildrecherche selbst, während Sie das Webdesign und die Texte machen. So ermöglichen Sie Ihrer Kundschaft einen günstigeren Preis, während Sie an Ihrem gewünschten Honorar festhalten.

Basar 11 | Konkret werden

Damit Sie einen konkreten und rechtsgültigen Kostenvoranschlag schreiben können, sollten Sie vorab ganz genau abklären, was Ihre Kundin möchte und was sie nicht braucht. Erklären Sie, was in der Projektpauschale enthalten ist, was nicht dazugehört, ob Sie Besprechungen nach Stunden abrechnen und was es zusätzlich geschenkt gibt, wie Sie Ihre Gemälde einpacken und aus welchen Optionen der Auftraggebende wählen kann. Deshalb ist es wichtig, innerhalb des Honorargesprächs Preise und mögliche Leistungen klar anzusprechen. Je transparenter Sie kommunizieren, desto besser wird Ihrem Gegenüber bereits der Start in die Zusammenarbeit gefallen.

Basar 12 | Argumente liefern

Runden Sie Ihr Angebot mit einer verbalen Boiler-Plate ab: Als Boiler-Plate bezeichnen Marketingprofis einen Abbinder unterhalb einer Pressemitteilung oder einer Produktinformation, in der ein Unternehmen einen kurzen Überblick über seinen Werdegang und seine Erfolge gibt.

Wenn Ihre potenzielle Kundin Sie also noch nicht so gut kennt, dürfen Sie nach dem Abstecken Ihrer Preise nochmal kurz betonen, warum Sie dieses Geld auch wert sind. Besonders elegant binden Sie Ihre Boiler-Plate ein, wenn Sie erwähnen, für wen Sie bereits ein vergleichbares Konzept geschrieben oder ein Kostüm geschneidert haben. Hier geht es nicht um überhebliches Angeben, sondern darum, Ihrem angehenden Kunden einen Eindruck von Ihrem Können zu geben. Idealerweise verweisen Sie auf Projekte, die Ihr Gegenüber im Netz finden kann, um sich selbst nochmals von Ihrem Können vergewissern zu können und sich über die Entscheidung für Sie noch etwas mehr zu freuen.

Basar 13 | Entkräften Sie Gegenargumente

Nach einigen Monaten in Ihrer Selbstständigkeit kennen Sie die üblichen Phrasen: *Können wir noch was am Preis machen? Trauen Sie sich das denn zu? Ui, das ist aber ganz schön teuer! Also Ihre Konkurrentin XY nimmt aber viel weniger* ... Und so weiter und so fort.

Die besten schlagfertigen Antworten fallen uns erst lange nach der entsprechenden Situation ein. Schreiben Sie sich deshalb solche Sätze nach jeder Honorarverhandlung auf. Wenn Ihnen eine charmante und konstruktive Antwort einfällt, halten Sie diese auch fest. Denn früher oder später wird Ihnen derselbe oder ein ähnlicher Satz wieder begegnen – und dann haben Sie ganz schlagfertig die perfekte Antwort auf der Zunge.

Basar 14 | Rollenspiele

Bevor Sie Ihr erstes Honorargespräch haben, heißt es: üben, üben, üben. Mit einer Freundin oder einem Kollegen können Sie ausprobieren, wie Sie sich von eventuellem Gegenwind elegant frisieren lassen, statt bei der ersten Brise einzuklappen. Lassen Sie sich auf dieses Experiment einfach mal ein. Im Zweifelsfall ist es auch lustig, alle Eventualitäten durchzuspielen, wenn Sie Ihrem sturen oder dreisten Gegenüber kühn die Stirn bieten. Je öfter Sie sich selbst mutige und selbstbewusste Sätze sagen hören, desto mehr festigt sich auch Ihr Mut, mit so etwas in einer echten Honorarverhandlung zu reagieren.

Basar 15 | Nachverhandeln

Es ist nicht einfach, aber falls Sie mit sehr niedrigen Stundensätzen oder Preisen in die Selbstständigkeit gestartet sind, werden Sie schon bald nachjustieren wollen. Manchmal kann das bedeuten, dass Sie sich ganz einfach von einigen Kunden trennen, die die neuen Preise nicht tragen wollen, und neue Kundinnen annehmen, die Ihre Preise gerne zahlen. Wenn Sie allerdings an Ihrem aktuellen Kundenstamm hängen und einfach nur gerne etwas mehr verdienen möchten, geht es an einen sehr sensiblen Fall des Verhandelns. Schließlich wollen Sie nun für dieselbe Leistung mehr Geld haben. Dafür zu argumentieren und es zu rechtfertigen, erfordert eine gute Portion Verhandlungsgeschick.

Basar 16 | Cool bleiben

Gehaltsverhandlungen können sich schnell persönlich anfühlen. Da unsere Kunst und unsere Kreativität ein wesentlicher Teil unserer Persönlichkeit und unserer Identität sind, könnten wir das Feilschen persönlich nehmen. Lassen Sie das einfach. Machen Sie Ihren Wert nicht an Zahlen fest. Hier geht es allein darum, dass Sie von Ihrer Arbeit leben wollen.

Andersherum möchte Ihr Kunde natürlich auch am liebsten möglichst wenig bezahlen. Diesen Wunsch können wir vermutlich alle nachvollziehen. Hier hilft die größte Tugend der 1990er Jahre: Coolness. Freunde der Philosophie können sich hier auch an der stoischen Ruhe orientieren. So oder so: Für Ihre kreative Arbeit sind Emotionen super, verschwenden Sie diese deshalb nicht unnötig in Gehaltsverhandlungen.

Basar 17 | Rollenstereotypen ablegen

Während die meisten Männer mit Selbstverständlichkeit ihre Preise nach außen tragen und auch bei Nachverhandlungen wenig zögerlich sind, fällt es vielen Frauen immer noch schwer. Denn jahrzehnte-, ja sogar jahrhundertelang sollten Frauen vor allem brav, still und zurückhaltend sein. Selbst etwas zu fordern und für sich einzustehen, ist eine vergleichsweise neue Verhaltensweise für Frauen. Lassen Sie diese Klischees getrost hinter sich. Schon die Philosophin Simone de Beauvoir schrieb: »*Frauen, die nichts fordern, werden beim Wort genommen – sie bekommen nichts.*« Es geht nicht um Ihre Person und schon gar nicht um Ihre Geschlechterzugehörigkeit – sondern allein um Ihr Werk. Und dafür dürfen Sie auch einstehen.

Basar 18 | Inspiration suchen

Wenn Ihnen ein paar motivierende Sprüche den nötigen Schubs zu gewinnbringenden Honorarverhandlungen bringen, können Sie entsprechende Accounts bei Instagram oder LinkedIn abonnieren. Accounts wie *Frau verhandelt* (*frauverhandelt.de*) oder *t3n.de* liefern Ihnen täglich Tipps und Inspirationen. Genauso können Sie bei vielen dieser Accounts auch Informationen zu Coachings finden. Alternativ können Sie über Ihre lokale Wirtschaftsförderung oder ganz klassisch über das Internet nach einem Job-Coach suchen, der Sie fit für die Verhandlung macht.

Statement | Alternativen statt Preissenkung

»Ich erkläre dem Kunden oder der Kundin, dass allein beim Preis kein Spielraum besteht. Sie kommen bis heute ausschließlich auf mich zu, um meine Leistung in Anspruch zu nehmen. Ich generiere meine Anfragen bisher ausschließlich organisch und schalte keine Werbung oder betreibe Akquise. Ich biete meine Zeit, mein Know-how und meine Erfahrung zu einem für mich vereinbaren Betrag an.

Wenn sich Kundinnen oder Kunden den Preis nicht leisten können, biete ich an, die Leistung auf einen essenziellen Teil des Angebots zu reduzieren. Alternativ gab es auch schon den Fall, dass ein Kunde und ich uns die Arbeit geteilt haben und der Kunde so Kosten einsparen konnte.«

Michael Otto | Storyteller

Statement | Nein zu Feilschern

»Mit Feilschern zu arbeiten, ist nicht schön. Da steht die Zusammenarbeit unter keinem guten Stern. Ich mache Ausnahmen, wenn mich ein Job beruflich weiterbringt, sei es durch neue Kontakte, sei es durch die Option, via Learning by Doing neue Fertigkeiten in die Wildbahn zu entlassen.«

Sascha Nieroba | Nagel & Kopf

7.5 Arbeiten ohne Bezahlung: Für Ruhm und Ehre

»*Wenn ihr auf meiner Feier gratis spielt, ist das total gute Werbung für euch*« ist ein klassischer Satz, mit dem knauserige Menschen talentierte Sänger und Musikerinnen zu kostenloser Arbeit überreden wollen. Dabei müssen Sie nicht nur den eigentlichen Auftritt und die Anfahrt dorthin berücksichtigen, sondern auch Ihre Ausbildung und Erfahrung, Ihre Zeit und Ihr Talent. Damit Sie all das in die Waagschale werfen wollen, muss die Gegenseite schon mit etwas mehr aufwarten als mit bloßer Werbung. Wenn sich nicht zufällig ein paar Talentscouts auf dieser Party tummeln, machen Sie mit solchen Angeboten einen ganz schlechten Deal. Wo verläuft also der schmale Grat zwischen einer guten Referenz und schlichter Ausbeutung?

Gratis 1 | Werbung und Referenzen

Kreative Menschen arbeiten oft, weil es ihnen Spaß macht, und nicht, weil sie dadurch reich werden wollen. Doch wo endet der Spaß, und wo beginnt die Dreistigkeit? 2013 sorgte der freie Journalist Nate Thayer für Aufsehen, als er einen Mail-Wechsel mit der US-amerikanischen Zeitschrift The Atlantic veröffentlichte. Darin fragte The Atlantic bei Thayer an, ob sie einen Artikel, den er bereits in einem anderen Medium veröffentlicht hatte, übernehmen dürften. Er lehnte ab, da er die alleinigen Nutzungsrechte bereits verkauft hatte. Daraufhin bat The Atlantic, dass er einen ähnlichen Artikel schreibt, weil er ihnen so gut gefallen hatte. Thayer hakte nach: Länge, Deadline, Bezahlung? Zu allen drei Punkten hatte The Atlantic eine sehr konkrete Vorstellung – vor allem zum Preis: Der sollte nämlich gleich null sein.

Thayer sagte ab, da er vom Schreiben leben muss und seine Arbeit nicht verschenken will. Die Reaktion überraschte ihn, denn The Atlantic erwiderte, dass sie sogar erfahrenen Autoren maximal 100 Dollar zahlten. Und Thayer solle bedenken, dass theatlantic.com pro Monat 13 Millionen Menschen erreicht.[7] Nachdem Thayer diese Unterhaltung veröffentlicht hatte, fassten sich Journalistinnen und Autoren weltweit an den Kopf: halb aus Unverständnis, halb aus Resignation. Nachdem jahrzehntelang junge Menschen danach gierten, was mit Medien zu machen, verkommt der Journalismus mehr und mehr zur Billiglohnbranche – und manchmal eben auch zur Gar-kein-Lohn-Branche.

An der kostenlosen Arbeit scheiden sich nach wie vor die Geister: Die einen halten es für eine echte Chance, die anderen für echte Ausbeutung. Es kann damit anfangen, dass ein Probeartikel bei Journalisten nicht entlohnt wird oder Speaker auf Messen gratis auftreten, während die Messeveranstalter Geld für den Eintritt der Leute nehmen, die Gratis-Speaker sehen wollen. Häufig werden Pitches nicht bezahlt, wenn der Auftrag nicht zustande kommt, egal wie viel Arbeit Sie bereits in die Ausarbeitung der Ideen gesteckt haben. Immer wieder kommen Plattformen und Magazine um die Ecke, die einen Gratisartikel haben wollen.

Begrenzt macht das auch Sinn, wenn Sie Ihre Reichweite im Internet steigern wollen. Dabei sollten Sie aber immer auch bedenken, dass nicht jeder Lesende immer auf den Namen der Autorin schaut und es sich deshalb unter Umständen selbst bei einer hohen Reichweite des Artikels gar nicht so sehr lohnt, das gratis zu machen. Genauso werden auch Musiker nicht reich, wenn sie ihre Songs gratis ins Netz stellen – aber vielleicht kommen dann mehr Leute zu Konzerten, kaufen Tickets oder was von Merch-Stand.

---

7 *natethayer.wordpress.com/2013/03/04/a-day-in-the-life-of-a-freelance-journalist-2013*

Was würden Sie also tun? Vier bis acht Stunden Arbeitszeit investieren, um sich den fetten Namen ins Portfolio schreiben zu können? Oder ablehnen, einfach aus Prinzip? Dürfen Sie dabei eventuell entstehendes Videomaterial für Ihre eigenen Werbezwecke nutzen? Was springt für Sie dabei heraus?

Die Kernfrage ist hier nicht: Was ist anderen Ihre Arbeit wert, sondern was ist sie Ihnen wert? Können und vor allem wollen Sie es sich leisten, dass Ihre Arbeit wie ein Hobby honoriert wird? Oder verbuchen Sie eine solche Referenz als Investition in Ihre Bekanntheit? Die Antwort darauf können Sie sich nur selber geben. Hören Sie dabei aber immer auch mit einem Ohr auf Ihr Bauchgefühl: Wenn Sie kein gutes Gefühl dabei haben, müssen Sie es auch nicht machen.

Gratis 2 | Pro bono und Karma-Punkte

»*We make a living by what we get, but we make a life by what we give*«, fand der britische Staatsmann Winston Churchill. Mit diesem schönen Spruch drückte Churchill zwei wichtige Punkte aus:

1. Unser Leben besteht aus mehr als Arbeit.
2. Wer ein gutes Leben führen möchte, sollte nicht nur Geld scheffeln, sondern vor allem auch etwas an seine Mitmenschen zurückgeben.

Dabei geht es aber keineswegs nur um Spenden und das Teilen von materiellen Gütern. Die Idee der Pro-bono-Arbeit stammt vom lateinischen Ausdruck *pro bono publico*, was so viel heißt wie »Zum Wohle der Öffentlichkeit«. Gemeint ist mit Pro bono freiwillige professionelle Arbeit, die Sie entweder sehr günstig oder sogar kostenfrei leisten. Der Gedanke dahinter: In einem starken sozialen Netzwerk wäscht eine Hand die andere.

Das gilt auch für Ihr berufliches Umfeld. Denn während Sie bei der Arbeit gegen eine Referenz vom Gegenüber mehr oder weniger dazu gedrängt werden, Ihre Arbeit zu verschenken, machen Sie das bei der Pro-bono-Arbeit gerne und von sich aus. Während der Corona-Pandemie boten viele Kreative ihre Dienste pro bono an, um kleinen, von der Krise gebeutelten Unternehmen oder Künstlerinnen unter die Arme zu greifen.

Auch im Sinne eines Ehrenamts bringen Selbstständige ihre Talente in Organisationen und Vereine ein, ohne im Gegenzug einen finanziellen Ausgleich zu erwarten. Dabei tauschen sie ihre Arbeit gegen das gute Gefühl, sich für eine gute Sache eingesetzt zu haben. Es geht also vielmehr um Sinn und Erfüllung als um Bekanntheit oder Marktwert. Es spricht dennoch nichts dagegen, Ihre Pro-bono-Arbeit in Ihrem Portfolio zu erwähnen. Mit diesem Gedanken im Hinterkopf können Sie die Unternehmen und Einrichtungen, die Sie unterstützen möchten, auch strategisch auswählen.

Gratis 3 | Wettbewerbe

Manchmal arbeiten Kreative nicht nur gratis, sondern zahlen sogar dafür, ohne Honorar antreten zu dürfen. Bei einigen Newcomer-Contests und Kunstwettbewerben wird eine meist recht überschaubare Teilnahmegebühr fällig. Dafür erhalten die Teilnehmenden die Chance, ein Stipendium, eine Finanzspritze oder einen Plattenvertrag zu gewinnen. Die Investition in die Startgebühr kann unter zwei Bedingungen durchaus sinnvoll sein:

1. Wenn Sie eine realistische Chance auf den Sieg haben.
2. Wenn der Wettbewerb ein gewisses Renommee hat.

Letzteres ist wichtig, da manch findiges Geschäftsmodell darauf basiert, aufstrebenden Künstlerinnen, Dichtern oder Musikerinnen Geld aus der Tasche zu ziehen, ohne einen brauchbaren Gewinn in Aussicht zu stellen. Schon mit einer halbherzigen Google-Suche kommen Sie Windeiern schnell auf die Schliche. Wenn der Wettbewerb Ihnen sinnvoll erscheint: Ran an die Pinsel, das Schlagzeug oder die Tasten, und los geht's.

7.6 Zahlungsverzug: Was tun, wenn der Kunde nicht zahlt?

Und dann gibt es da noch einen ganz anderen Grund, aus dem Sie unbezahlte Arbeit machen: weil Sie einfach nicht bezahlt werden. Denn manchmal zahlen Kunden einfach nicht, was Sie ihnen geliefert haben. Wenn die Zahlungsfrist in Ihrer Rechnung verstrichen ist, ohne dass das Geld auf Ihrem Konto angekommen ist, sollten Sie folgende Schritte der Reihe nach durchgehen:

1. **Kontaktieren** Sie den säumigen Kunden. Manchmal ist die Rechnung auch einfach untergegangen oder es gab einen Zahlendreher in der IBAN. Schicken Sie die Rechnung nochmal als Reminder mit der Bitte, binnen einer Woche zu zahlen. Alternativ können Sie natürlich auch anrufen und fragen, ob etwas mit der Rechnung nicht gestimmt hat und sie deshalb noch nicht bezahlt wurde.
2. **Ratenzahlungen** können eine Möglichkeit sein, falls Sie Ihren Kunden finanziell auf dem falschen Bein erwischt haben und er sich mit Ihrem Auftrag überhoben hat. Damit er sich nicht gleich den Rücken bricht, können Sie ihm zwei oder auch mehr Raten anbieten. Wenn es Ihnen sinnvoll erscheint, können Sie dafür einen kleinen Aufschlag berechnen.
3. **Mahnen** können Sie, wenn der Kunde bislang immer noch nicht reagiert hat. Mahngebühren dürfen Sie nur in Höhe Ihrer tatsächlichen Kosten, also etwa für das Porto für eine per Einschreiben verschickte Mahnung, geltend machen. Bei sehr hohen Rechnungsbeträgen könnten Sie über Verzugszinsen nachdenken.

Diese dürfen nach BGB fünf Prozentpunkte über dem aktuellen Basiszinssatz liegen. Den aktuellen Prozentsatz finden Sie auf der Website der Bundesbank. Auch wenn Ihr Kunde sich durch die verschluderte Zahlfrist nicht gerade als Top-Level-Premium-Kunde präsentiert hat, sollten Sie aus Kulanz keine Mahngebühr verlangen. Da Sie ohnehin keine allzu hohen Mahngebühren berechnen dürfen, sollten Sie um Ihrem eigenen Image willen einfach darauf verzichten.

4. **Anzahlungen** sind sinnvoll, wenn Sie mit einem bereits einmal säumig gewordenen Kunden ein weiteres Projekt angehen wollen. Sollten Sie es mit größeren Rechnungssummen zu tun haben, auf die Sie zwingend sofort angewiesen sind, könnten Vorauszahlungen hilfreich sein. So können Sie beispielsweise 30 Prozent vor Projektbeginn fordern, 40 Prozent nach der ersten Lieferung und 30 Prozent nach Projektabschluss. Alternativ können Sie auch Skonto, also einen Kostennachlass bei pünktlicher Zahlung einräumen, um dem Trödelonkel Beine zu machen. Denn etwas weniger Geld ist immer noch besser als kein Geld.
5. **Rechtsschutzversicherungen** bieten je nach Paket an, dass sie das Mahnwesen für Sie übernehmen. Wenn die Mahnung von einem juristischen Profi kommt, macht das bei bummelnden Kunden gleich etwas mehr Eindruck, als wenn Sie selbst an die Zahlung erinnern. Außerdem signalisieren Sie so, dass Sie Besseres zu tun haben, als hinter Ihrem Geld herzurennen.
6. **Zahlungsausfallversicherungen** ersetzen Ihnen den Schaden, wenn ein Kunde nicht zahlt. Je nach Versicherung ist ein Rechnungsbetrag von um die 5.000 Euro bei Neukunden blind gedeckt. Das beutet, dass Sie acht Wochen nach Rechnungsstellung die nicht beglichene Rechnung an den Versicherer schicken können. Dieser versucht es nochmals im Guten, Ihren Kunden zur Zahlung zu bewegen. Wenn dieser Schritt ohne Erfolg bleibt, ersetzt der Versicherer Ihnen den Ausfall abzüglich einer Gebühr – alles Weitere klärt der Versicherer direkt mit dem Kunden. Zudem bieten die meisten Versicherer an, dass Sie ohne deren Wissen eine Creditreform-Abfrage über Ihre säumigen Kunden abrufen können.
7. **Gerichtliche Mahnverfahren** können Monate, manchmal sogar Jahre dauern. Zudem müssen Sie ohne eine entsprechende Rechtsschutzversicherung für die Verwaltungskosten in Vorkasse gehen. Meist handelt es sich dabei aber nur um einen zweistelligen Eurobetrag. Anwaltskosten entstehen dafür nicht. Erst wenn Ihr Kunde die Rechnung anzweifelt oder andere Probleme damit äußert, kann es zu einem kostenpflichtigen Rechtsstreit kommen.
8. **Inkassounternehmen** helfen Ihnen weiter, wenn keiner der anderen Schritte Ihnen Ihr Honorar eingebracht hat. Sie sind der letzte Ausweg und eine eher unschöne Variante, an Ihr Geld zu kommen. Dabei verkaufen Sie die Schulden Ihres Kunden an das Inkassounternehmen. Sie treten einen gewissen Prozentsatz der Rechnungssumme an das Inkassounternehmen ab. Dafür stößt es für Sie ein außergerichtliches Mahnverfahren an. Ab diesem Punkt hat das Inkas-

sounternehmen ein eigenes Interesse daran, an das Geld zu kommen. Ob Sie diesen Schritt gehen wollen, sollten Sie sehr von Ihrem aktuellen Kontostand und Ihrem Bauchgefühl abhängig machen.

Kapitel 8

Verträge, AGB und Abrechnung: Ernten, was Sie säen

Ja, Kunst und Kommerz passen nur mäßig zusammen: Musik-Fans klagen seit Jahrzehnten, wenn ihre geliebte Underground-Band den Sprung ins Music-Business geschafft hat. Doch längst schicken auch alteingesessene Punk-Bands Verträge und Allgemeine Geschäftsbedingungen raus, bevor Sie beim nächsten Tour-Stopp das Hotelzimmer auseinandernehmen. Und auch Sie möchte dieses Kapitel ermuntern, etwas offener gegenüber dem Kleingedruckten zu werden – schließlich kann es Ihnen einigen Ärger ersparen.

Das Wichtigste zuerst: Bitte vergessen Sie das kleine »s« am Ende der AGB. Denn das Ganze nennt sich nicht allgemeine Geschäftsbedingungens – auch wenn viele Menschen das zu glauben scheinen. Widerstehen Sie tapfer der Versuchung, das Dokument AGBs zu nennen. Ich glaube an Sie!

8.1 Verträge und AGB

Jetzt, da wir das Grundlegende geklärt haben, können wir uns ansehen, was sich hinter AGB und Verträgen verbirgt: Im Wesentlichen haben wir es hier mit dem Kleingedruckten Ihrer Arbeit zu tun. Und wenn es um das Kleingedruckte geht, gibt es drei Wege:

1. Sie arbeiten ganz ohne Vertrag zusammen.
2. Ihr Kunde legt einen Vertrag vor.
3. Sie legen einen Vertrag vor.

Kleingedruckt 1 | Zusammenarbeit ohne Vertrag

Gerade in der Kreativbranche ist es recht üblich, auch ohne Vertrag zusammenzuarbeiten. Wenn Sie ohne Netz und doppelten Boden – und ohne Vertrag – mit

Ihrem Kunden zusammenarbeiten wollen, sollten Sie dennoch vorher klären, was genau im Umfang liegt: Wenn Sie beispielsweise eine Redaktion und deren Arbeitsweise bereits gut kennen und mit dem vorgeschlagenen Honorar einverstanden sind, geht das natürlich auch ohne Vertrag.

Sie dürfen davon ausgehen, dass Sie einfach einen Artikel liefern und bei Rückfragen gegebenenfalls kleinere Anpassungen am Text vornehmen. Da diese Arbeitsweise in den meisten Redaktionen üblich ist, kommen Sie hier eigentlich auch ohne Vertrag aus. Da viele Magazine und Blogs allerdings gerne Ihre Geschichte exklusiv nutzen möchten, ist ein Vertrag unumgänglich. Denn wenn es Ihnen nicht ausdrücklich untersagt ist, dürfen Sie Ihr Werk so oft Sie möchten auch an andere Verlage und Redaktionen verkaufen. Mehr zu den juristischen Hintergründen erfahren Sie in Kapitel 10.

Kommunikation per Mail

Wenn Sie dennoch gerne etwas Sicherheit haben möchten, sollten Sie die Kommunikation per Mail laufen lassen. So haben Sie im Streitfall einen Beleg über das, was Sie besprochen haben. So können Sie beispielsweise nach der telefonischen Auftragsklärung eine kurze Zusammenfassung per Mail an Ihren Kunden in spe schicken. Sollte dieser nicht ausdrücklich widersprechen, kann eine solche Mail bei einem hoffentlich nicht eintretenden Rechtsstreit hilfreich sein. Das gilt auch für Feedback. Denn es gibt Menschen, die ablehnen, Rechnungen zu begleichen, weil Ihnen etwas schlicht nicht gefällt. Ein solch unprofessionelles Verhalten lässt sich durch schriftlich festgehaltenes und möglichst detailliert abgefragtes Feedback leichter in den Griff bekommen.

Kleingedruckt 2 | Bestandteile eines Vertrags

Wenn Sie ein Fan der Mehrfachverwertung sind und Ihre Illustrationen oder Texte gerne mehrfach verkaufen möchten, können Sie also einfach hoffen, dass es niemand merkt – und Ihnen niemand einen Vertrag vorlegen möchte, um das zu unterbinden. Alternativ können Sie eventuelle Diskussionen auch umgehen, indem Sie Ihrer Kundschaft selbst einen Vertrag vorlegen. Doch egal, ob Sie selbst die Initiative ergreifen oder Ihre Kundin Ihnen einen Vertrag vorlegt, können Sie prinzipiell zwischen diesen Vertragsformen wählen:

- **Rahmenvertrag**: Er hält ganz generell die Rahmenbedingungen der Zusammenarbeit fest: Wie hoch ist das Honorar pro Stunde, pro Artikel oder Illustration? Was müssen Sie liefern? Was dürfen Sie fordern? Diese Vertragsform kommt vor allem bei einer langfristigen und regelmäßigen Zusammenarbeit zum Einsatz.
- **Projekt- oder Werkvertrag**: Einen solchen Vertrag setzen Sie für ein fest eingrenzbares Projekt auf. Wenn Sie etwa eine Spielanleitung schreiben, Graphic Recording bei einer Vortragsreihe machen oder Bass auf dem nächsten Santana-

Album spielen, haben Sie einen konkreten Anfangs- und einen zeitlichen Endpunkt für Ihr Projekt. Meist klärt ein Projektvertrag, wie die Abnahme läuft, was Ihr Auftraggeber liefern muss und bis wann und woran Ihr Erfolg gemessen wird.

- **Dienstvertrag**: Ein Dienstvertrag ist etwas weniger konkret umrissen. Doch auch im Dienstvertrag wird die Leistung von Diensten vereinbart, zum Beispiel wenn Sie als externe Beraterin in ein Unternehmen geholt werden. Ein konkretes Ziel wird dabei jedoch nicht vereinbart. Mit einem Dienstvertrag bucht der Auftraggeber freie Mitarbeiter zu seinem Team hinzu, wenn er für einen überschaubaren Zeitraum schnell zusätzliche Mitarbeiter braucht. Beinhaltet der Dienstvertrag eine feste Projektlaufzeit, können beide Seiten nur aus wichtigem Grund kündigen. Idealerweise umfasst der Vertrag auch Klauseln dazu, unter welchen Bedingungen Sie oder Ihre Kundin aus dem Vertrag aussteigen dürfen.

Worauf Sie bei Verträgen achten sollten:

- **Umfang**: Halten Sie so genau wie möglich fest, was zu Ihrer Arbeit gehört und im Preis inbegriffen ist, was Sie zusätzlich berechnen und wo Ihre Grenzen liegen.
- **Honorar**: Auch Preise und Honorare gehören in den Vertrag. Halten Sie an dieser Stelle auch fest, ob und in welcher Höhe Umsatzsteuer fällig wird. Zudem können Sie in diesem Abschnitt festhalten, wann oder in welcher Taktung Sie abrechnen oder Ihr Auftraggeber Ihr Honorar überweist.
- **Überarbeitung**: Achten Sie darauf, dass die Anzahl und der Umfang eventueller Feedbackschleifen explizit festgelegt sind. Alles andere führt im Zweifelsfall zu Diskussionen.
- **Kündigung**: Halten Sie fest, unter welchen Bedingungen Sie oder Ihre Kundin den Vertrag kündigen dürfen? Sollte es durchaus absehbar sein, dass Sie früher aus dem Vertrag rausmöchten, sollten Sie über die Vereinbarung von Abschlagszahlungen nachdenken. Bei einem Vertrag Ihres Auftraggebers sollten Sie hier ganz genau hinsehen: Ist der Vertrag auch an dieser Stelle fair oder räumt sich der Auftraggeber ein großzügigeres Recht ein als Ihnen?
- **Rechte**: Besonders wichtig ist, welche Nutzungs- und Verwertungsrechte Sie veräußern wollen. Die Feinheiten dazu finden Sie in Kapitel 10.
- **Material**: Zudem können Sie in den Vertrag aufnehmen, ob Ihre Auftraggeberin Ihnen Arbeitsmaterialien stellt oder ob Sie für die Nutzung Ihrer eigenen Filmkamera oder Ihres Studios eine zusätzliche Gebühr erheben und wie sich diese gestaltet.
- **Haftung**: Auch wenn es unangenehm scheint: Halten Sie fest, wer für Schäden haftet und was genau als Schaden gilt. Einige Auftraggeber schreiben sehr hohe Vertragsstrafen in ihre Verträge. Lassen Sie die Haftung auf die Haftungssumme Ihrer Berufshaftpflichtversicherung begrenzen, oder schließen Sie Klauseln zu

leichter Fahrlässigkeit aus. Denn nachzuweisen, wer letzten Endes die Schuld trägt, ist nicht immer ganz so einfach. Fixieren Sie deshalb, wie Sie vertragliche Risiken untereinander aufteilen wollen.

Kleingedruckt 3 | AGB

Während sich Arbeits-, Werks- und Rahmenverträge meist auf ganz konkrete Aufträge und Projekte beziehen, halten Sie in den allgemeinen Geschäftsbedingungen die Grundsätze Ihrer Arbeit fest. Dabei haben alle Vertragsarten gewisse Schnittmengen. Um den Arbeitsaufwand beim Schreiben Ihrer Verträge möglichst gering zu halten, können Sie Ihre Preisliste und einen ganz konkreten Kostenvoranschlag mit Ihren allgemeinen Geschäftsbedingungen verbinden und in einem Dokument an Ihre Kunden schicken. Damit Sie für alle Eventualitäten gewappnet sind, empfehlen sich folgende Punkte für Ihre AGB:

- **Termine und Lieferfristen**: Wann, wie und unter welchen Bedingungen wollen Sie Ihre Arbeit erledigen?
- **Leistungsumfang, Vergütung, Nutzungsrecht**: Welche Rechte räumen Sie Ihrem Kunden ein? Was darf er mit Ihrem Werk machen – und was muss er dafür zahlen?
- **Garantiehonorar**: Dieser Abschnitt ist für die AGB von Autoren und Illustratorinnen besonders interessant: Sie bekommen häufig ein Garantiehonorar, das sie auf jeden Fall erhalten, auch wenn das Buch ein Flop wird. Wenn das Buch doch gut läuft, bekommen sie zusätzlich ein Absatzhonorar, also einen gewissen Anteil an jedem verkauften Buch. Genauso können Sie hier ein Ausfallhonorar vereinbaren, das gezahlt werden muss, wenn beispielsweise ein Konzert spontan abgesagt werden muss.
- **Wettbewerbsklausel**: In dieser Klausel kann Ihre Auftraggeberin ausschließen, dass Sie für ihre Konkurrenz arbeiten. Dieses Verbot kann sogar noch einige Zeit nach Ende Ihrer Zusammenarbeit gelten. Sie dürfen beispielsweise dann nicht für Provinzblatt A und gleichzeitig für Provinzblatt B schreiben. Schließlich ist es recht schwierig, für beide Zeitungen zwei derart unterschiedliche Artikel zu verfassen, dass beide Blätter ihre Eigenständigkeit behalten. Zudem ist die Klausel beliebt, wenn Sie gegebenenfalls sensible Interna mitbekommen, die Ihrer Konkurrenz einen Vorteil verschaffen könnten.
- **Künstlersozialkasse**: Aus Kulanzgründen können Sie in Ihren AGB auf die KSK-Pflicht hinweisen. Denn wie Sie in Kapitel 10 erfahren werden, sind manche Auftraggeber dazu verpflichtet, in die Künstlersozialkasse einzuzahlen, egal ob Sie dort Mitglied sind oder nicht.
- **Haftung und Gewährleistung**: Hier schreiben Sie rein, wer für was verantwortlich ist und was passiert, wenn sich eine der Vertragsparteien danebenbenimmt.

- **Datenschutz für Kundendaten, DSGVO**: In diesem Abschnitt schildern Sie, wie Sie mit den Daten Ihrer Kundschaft umgehen, was Sie damit machen und was die Kunden tun müssen, damit Sie sie für immer vergessen.
- **Schlussbestimmung**: Hier halten Sie kurz und knapp fest, unter welchen Bedingungen Ihre AGB gelten und in welcher Abhängigkeit die einzelnen Klauseln zueinander stehen.

Kleingedruckt 4 | Und jetzt geht's ans Verträgeschreiben

In Deutschland herrscht das, was sich im Juristen-Sprech *Vertragsautonomie* nennt. Das bedeutet, dass Sie alles in Ihre Verträge reinschreiben dürfen, was Sie wollen. Auch deshalb haben immer noch viele Arbeitgeber Klauseln in ihren Arbeitsverträgen, die juristisch nichtig sind. Seien Sie vernünftiger – und schreiben Sie nur Klauseln in Ihre Verträge, die wirklich sinnvoll sind und mit beiden Beinen auf dem Boden des Gesetzes stehen. Im Internet finden Sie zahlreiche Muster, an denen Sie sich orientieren können. Bitte beachten Sie dabei: Auch Verträge und AGB unterliegen, wie fast jede andere Textkreation, dem Urheberrecht.

Verträge von Kunden und Kundinnen?

Natürlich können Sie immer hoffen, dass Ihre Kundschaft schon die passenden Verträge in der Schublade hat. Und wenn Sie mit größeren Unternehmen zusammenarbeiten, wird das sicher auch so sein. Doch für den wahren Spirit der Kreativen sollten Sie auch hier der Boss bleiben und vorbereitete Verträge in der Schublade haben.

Wenn Sie selbst Musterverträge und AGB ausarbeiten, sind diese erstens genauso, wie Sie es wollen, berücksichtigen zweitens alle Punkte, die Ihnen wichtig sind, und geben Ihnen drittens das Gefühl, dass Sie Ihr Business voll im Griff haben. Außerdem wirken Sie direkt sehr viel professioneller, wenn Sie mit einem Vertrag Transparenz und Klarheit für beide Seiten schaffen. Und natürlich geben Sie so die Regeln vor – und Ihre eigenen Regeln sind immer vorteilhafter als die Ihres Gegenübers.

Ein Vertrag ist immer Verhandlungssache – sowohl Sie als auch Ihr Gegenüber können am Ursprungsvertrag vor der Unterzeichnung noch Finetuning vornehmen. Damit Ihre Verträge wasserdicht und sinnvoll sind, sollten Sie zu Beginn Ihrer Selbstständigkeit etwas Geld in die Hand nehmen und Ihre Verträge von einem Juristen prüfen lassen. Bei einigen Rechtsschutzversicherungen ist eine solche Vertragsprüfung inklusive. Das Geld für eine Vertragsprüfung ist in jedem Fall gut investiert.

8.2 Abrechnung

Eine der besten Momente im Leben von Selbstständigen ist es, wenn Sie Ihre erste Rechnung stellen können. Damit ernten Sie den ersten Lohn für Ihre eigene Arbeit. Das Wichtigste am Rechnungen-Schreiben ist die Vorarbeit: Eine Rechnung sollte nie ihren Empfänger überraschen. Noch bevor Sie auch nur eine Zeile schreiben oder einen Pinselstrich machen, sollten Sie mit Ihrer Kundschaft klar vereinbaren, was Sie wie wofür berechnen. Schauen Sie dafür gerne in Abschnitt 7.1 für die Preisgestaltung und in Kapitel 10 für den rechtlichen Rahmen Ihrer Arbeitsverträge. Hier finden Sie die wichtigsten Punkte für Ihre Erntezeit:

Rechnung 1 | Was in die Rechnung gehört

Wenn Sie eine Rechnung für eine Kundin schreiben, erstellen Sie ein offizielles und juristisch relevantes Dokument. Deshalb füllen Sie dieses Dokument vor allem mit gesetzlich vorgeschriebenen Pflichtangaben. Wenn Sie mögen, können Sie zusätzlich noch einen persönlichen Touch hinzufügen.

Das sind die Pflichtangaben:

- **Vollständiger Name** und Anschrift des Auftraggebers: Diese Angaben kommen in das Adressfeld, auch wenn Sie die Rechnung als PDF verschicken.
- Ihre **Steuernummer** oder Umsatzsteuer-Identifikationsnummer: Mit dieser Nummer kann das Finanzamt Ihre Rechnung bei einer Prüfung Ihrer Person oder Ihrem Unternehmen zuordnen.
- **Ausstellungsdatum** der Rechnung: Das Rechnungsdatum ist sowohl für Ihre Buchhaltung als auch für das Zahlungsziel und eventuelle Mahnungen wichtig.
- **Fortlaufende Rechnungsnummer**: Die fortlaufenden Nummern stellen sicher, dass Ihre Rechnungen einmalig sind. Dabei ist weder vorgegeben, wie die Rechnungsnummern genau aussehen sollen, noch dass die Nummernfolge lückenlos sein muss. So nutzen viele Selbstständige für ihre Rechnungsnummern eine Kombination aus dem Rechnungsjahr, dem Ausstellungsmonat und einer schlichten, fortlaufenden Nummer. Stellen Sie etwa Ihre 13. Rechnung im Jahr 2021 im April, würde sich daraus diese rechtlich einwandfreie Rechnungsnummer ergeben: 20210413.
- **Anzahl und Umfang** der erbrachten Leistungen: Vor allem im Sinne der Transparenz gegenüber Ihrer Kundschaft sollten Sie genau aufschlüsseln, wie lange Sie für was gebraucht haben und welche Teilaufgaben Sie hier abrechnen. Sollten Sie Mitglied in der Künstlersozialkasse sein, sollten die Benennungen Ihrer Leistungen eindeutig einer oder mehreren der von der KSK akzeptierten Tätigkeiten zuzuordnen sein. Diese Liste finden Sie auf der Website der KSK.

- **Nutzungsrechte**: Wenn Sie mit Ihrer Kundin einen Rahmen- oder Werksvertrag unterzeichnet haben, dann sind hier die Fronten geklärt. In diesem Fall reicht es aus, hier kurz und knapp darauf zu verweisen, dass Sie diese und jene Rechte einräumen. Welche es gibt, erfahren Sie in Kapitel 10. Sollten Sie jedoch ohne Vertrag arbeiten, sollten Sie in der Rechnung die Chance nutzen und deutlich machen, was genau hier gekauft wird und welche Pflichten Ihre Kundin hat.
- **Leistungszeitraum** oder Zeitpunkt der Lieferung: Eine rechtskräftige Rechnung benötigt immer auch einen Leistungszeitraum. Wenn Sie beispielsweise monatlich abrechnen, kann der Leistungszeitraum ganz schlicht »Juli« lauten. Das schreiben Sie einfach oben in die Betreffzeile und sind mit dem Thema durch. Dabei geht es nicht um die Projektlaufzeit, sondern um den Zeitraum, für den Sie nun eine Rechnung stellen. Sollten Sie ein Projekt im Block abrechnen, dann können Sie natürlich auch die entsprechende Projektlaufzeit angeben, auch wenn sich diese über mehrere Monate erstreckt.
- **Mehrwertsteuer** oder Berufung auf Kleinunternehmerregel: Sollten Sie nicht umsatzsteuerpflichtig sein, fügen Sie bitte unter die Auflistung Ihrer Leistungen eine Formulierung wie diese ein: »Gemäß § 19 UStG wird keine Umsatzsteuer berechnet.« Wenn Sie dagegen Umsatzsteuer abführen müssen, dann weisen Sie sowohl den Nettopreis als auch gesondert die zu zahlende Umsatzsteuer aus. Steuerrechtlich wichtig ist, dass Sie den konkreten Steuerbetrag auf der Rechnung angeben.
- **Konkretes Zahlungsziel**: Damit ist gemeint, bis wann Ihre Kundin die Rechnung spätestens beglichen haben muss. Wenn Sie mögen, können Sie auch Rabatte einräumen, wenn Ihre Kundschaft schneller zahlt. Der sogenannte Skonto macht die Abrechnung allerdings nur kompliziert – und Sie verdienen weniger.

Zudem können Sie diese freiwilligen Angaben ergänzen:

- **Kundennummer**: Wenn Abschnitt 6.3 Sie dazu inspiriert haben sollte, Kundennummern zu vergeben, geben Sie diese auf der Rechnung an. Wichtig ist dabei, dass Sie sich nicht willkürlich bei jeder Rechnung eine neue Nummer ausdenken, sondern jedem Kunden einmal eine Nummer zuordnen und diese auf jeder Rechnung nutzen.
- **Rabatte**: Wenn Sie mögen, können Sie Ihrer Kundschaft Rabatte einräumen, beispielsweise wenn Sie Ihre Preise erhöht haben und einem Stammkunden zeigen möchten, dass Sie jetzt mehr wert sind, ihm aber dennoch die günstigen Konditionen ermöglichen möchten. Oder vielleicht haben Sie einen Vorweihnachtsrabatt, um Ihren Absatz zu erhöhen. All das ist erlaubt. Weisen Sie diesen Rabatt deutlich erkennbar unterhalb Ihrer Leistungen aus. Der negative Betrag des Preisnachlasses sollte dann von der Rechnungssumme abgezogen werden. Erst danach schlagen Sie die eventuell auszuweisende Umsatzsteuer auf.

IME

Rechnungsdatum: 30.09.2021
Rechnungsnummer: 20210935
Kundennummer: 4021752

Mia Musterunternehmerin | Musterstr. 123 | Musterort
Musterauftraggeber
Musterstraße 567
12345 Ober-Musterursel

Rechnung Nr. 20210935 – September

Sehr geehrte Damen und Herren,
für meine Leistungen erlaube ich mir Ihnen folgende Posten in Rechnung zu stellen.

Pos.	Beschreibung	Ust.	Menge	Einheit	Einzelpreis	Gesamtpreis
1	Journalistische Texte	7 %	3,5	Stunde	65 €	227,50 €
2	Besprechung	19 %	2,5	Stunde	65 €	162,50 €
3	Illustrationen	7 %	5	Stück	120 €	720,00 €
4	Stammkundenrabatt	-	1	Pauschale	-120 €	-120,00 €

Gesamt netto: 990,00 €

Zzgl. Umsatzsteuer 7 % = 57,93 €

19 % =30,88

Rechnungsbetrag: 1.078,81€

Das Leistungsdatum entspricht dem Rechnungsdatum, soweit nichts anderes erwähnt wird. Bitte überweisen Sie den gesamten Betrag ohne Abzüge unter Berücksichtigung der genannten Zahlungsfrist auf das unten genannte Konto. Es gilt das gesetzliche Zahlungsziel von 14 Tagen.

Mit meinem Dank für die gute Zusammenarbeit und freundlichen Grüßen

Dr. Mia Musterunternehmerin

Dr. Mia Musterunternehmerin | Musterstr. 123 | 12345 Musterort
mobil: 0163-987655 | mail@munsterunternehmerin.de |
www.musterunternehmerin.de | Steuernummer: 123/5678/1111
IBAN: DE123456789012 |Musterbank

Musterrechnung

- **Design**: Sie können Ihre Rechnungen selbstverständlich in Ihr eigenes Layout überführen. Falls Sie sich Firmenfarben oder bestimmte grafische Elemente für Ihren Außenauftritt überlegt haben, darf auch Ihre Rechnung sich in Ihre Design-Welt einfügen.
- **Persönlichkeit**: Natürlich dürfen Sie trotz aller Professionalität auch etwas Charme in Ihre Dokumente einbringen. Am Ende Ihrer Rechnung dürfen Sie beispielsweise für die gute Zusammenarbeit danken oder ausdrücken, dass Sie sehr gerne weitere Aufträge übernehmen. Sie dürfen auch in einem solchen Dokument Sie selbst sein – aber versuchen Sie mit Floskeln und einer allzu blumigen Sprache sparsam umzugehen.

Rechnung 2 | Oooops! – Eine Rechnung korrigieren

Es kann schon mal passieren, dass Sie einen Zahlendreher in Ihre Rechnungssumme einbauen oder versehentlich andere Posten berechnen, den Kundennamen falsch schreiben oder die Rechnung auf ein falsches Datum ausgestellt haben. Das ist zwar immer etwas peinlich. Aber da die meisten Kunden selber Menschen sind, haben die sicher schon mal einen ähnlichen Fehler gemacht. Entsprechend wird Ihnen das mit großer Wahrscheinlichkeit niemand nachtragen. Es gibt also keinen Grund, mit dem Nägelkauen anzufangen – Sie müssen lediglich die Rechnung korrigieren. Wie Sie das machen, hängt davon ab, zu welchem Zeitpunkt der Fehler auffällt.

Korrigieren

Sollte Ihnen der Fehler direkt nach dem Rausschicken aufgefallen sein, können Sie meist einfach den Fehler berichtigen und der Kundin die berichtigte Variante schicken. Bitten Sie zusätzlich noch darum, dass die falsche Rechnung vernichtet wird, so dass sie nirgends auftaucht und für Chaos und Verwirrung sorgt. Rein rechtlich dürfen Sie eine falsche Rechnung auch einfach handschriftlich korrigieren und dann rausschicken. Da das jedoch recht unprofessionell und zerstreut wirkt, sollten Sie sich die Zeit dafür nehmen, die Rechnung einfach nochmal zu schreiben.

Rechtlich kann Ihr Kunde auch auf einer offiziellen Korrektur-Rechnung bestehen. Ein solches Korrekturschreiben muss diese Punkte enthalten:

- Name und Anschrift von Ihnen und Ihrem Kunden
- Hinweis auf die zu korrigierende Rechnung inklusive der ursprünglichen Rechnungsnummer und des Datums, an dem Sie die Rechnung gestellt hatten
- und natürlich: die Korrektur des fehlerhaften Inhalts

Ihr Kunde muss anschließend die fehlerhafte zusammen mit der korrigierten Rechnung aufbewahren.

Beide Formen der Korrektur sind allerdings nur möglich, wenn Sie Ihre Rechnungen manuell erstellen. Sollten Sie mit einem Buchhaltungsprogramm arbeiten, über das Sie auch Ihre Umsatzsteuererklärung abwickeln, würde die Korrekturrechnung als weitere Rechnung gebucht werden. Entsprechend müssten Sie für diese Rechnung doppelt Umsatzsteuer abführen. In diesem Fall müssten Sie wohl oder übel die fehlerhafte Rechnung stornieren.

Stornieren

Sollte die Rechnung bereits bezahlt und damit das Geldkind bereits in Ihren Kontobrunnen gefallen sein, wird das Ganze leider etwas komplizierter. Grundsätzlich hat Ihre Kundschaft einen Rechtsanspruch darauf, dass Sie die Rechnung korrigieren. Denn nur eine Rechnung, die alle gesetzlichen Pflichtangaben enthält, darf von der Steuer abgesetzt werden. Und darauf legen vor allem Geschäftskunden großen Wert. Wenn Sie die fehlerhafte Rechnung stornieren, sind Sie und Ihre Kundschaft rechtlich auf der sicheren Seite. Sollten Sie eine Buchhaltungssoftware nutzen, führt diese Sie ganz leicht durch den Storno-Prozess.

Rechnung 3 | Easy Going: Buchhaltung einfach halten

In Kapitel 10 tauchen wir in die wunderbare Welt der Paragrafen und Zahlen ein. Hier sei nur kurz gesagt: Machen Sie es sich mit Ihrer Buchhaltung so einfach wie möglich. Und am leichtesten haben Sie es, wenn Sie nicht kurz vor Fälligkeit Ihrer Steuererklärung in Panik verfallen und alle Rechnungen und Belege zusammenkramen und verzweifelt zu einer Steuererklärung zusammenkleben.

Gewöhnen Sie sich deshalb gleich an, jede Rechnung direkt in Ihre Buchhaltung einzutragen. Sollten Sie sich für eine Buchhaltungssoftware entscheiden, können Sie bei vielen dieser Lösungen Ihre Rechnungen direkt über das Programm schreiben. Dadurch sind diese automatisch in Ihrer Buchhaltung erfasst. Wenn Sie dagegen eine Rechnung händisch in Word, Pages und Co. verfassen, tragen Sie den Rechnungsbetrag und alle nötigen Angaben am besten direkt nach dem Erstellen der Rechnung in Ihre Buchführung ein. Wenn Sie sich diesen kurzen zusätzlichen Schritt gleich mitangewöhnen, wird Buchhaltung für Sie ein Spaziergang.

Rechnung 4 | Erntezeit: Fristen einhalten

Eine Rechnung zu schreiben, kann am Anfang etwas dauern. Allzu viel Zeit sollten Sie sich allerdings nicht lassen. Denn in der Regel haben Selbstständige und Unternehmen sechs Monate Zeit, um eine Leistung oder ein Produkt in Rechnung zu stellen. Da Sie Miete zahlen und Essen kaufen möchten, ist eine zügige Abrechnung auch in Ihrem Sinne.

Kapitel 9

Selbstorganisation: Wie lege ich los?

Die Badekappe sitzt, gefühlt hunderte Leitersprossen liegen bereits hinter Ihnen. Jetzt müssen Sie nur noch eine einzige Sache machen: springen. Wenn Sie schon mal vom 5-Meter-Brett gesprungen sind, kennen Sie das Kribbeln in der Magengrube, das Sie überfällt, wenn Sie mit den Zehenspitzen an der Kante stehen und in die Tiefe blicken. Dieses Gefühl kann in Ihnen aufsteigen, wenn Sie Ihren Mut zusammengenommen, Ihren festen Job gekündigt haben – und kurz davor sind, sich kopfüber in die Selbstständigkeit zu stürzen. Denn irgendwann muss die Phase des detaillierten Planens und der Vorfreude enden und der realen Umsetzung weichen. Jetzt heißt es: Luft anhalten und ab ins kalte Wasser.

9.1 Projektmanagement: Der heilige Gral des organisierten Chaos

Als Solo-Selbstständige oder Freiberufler sind Sie ein ganzes Unternehmen in einer Person. Deshalb liegt auch das Projektmanagement in Ihrer eigenen Hand. Dadurch können Sie sich alle Freiheiten in Ihr Arbeitsleben einplanen, die Sie sich wünschen, und zugleich das Chaos überschaubar halten.

Gral 1 | Das Projekt definieren

Sie können nur managen, was Sie auch kennen: Deshalb ist der erste Schritt des Projektmanagements, dass Sie Ihr Projekt wirklich gut kennenlernen. Damit es ein Erfolg wird, sollten Sie sich vor dem Start in die eigentliche Arbeit ganz klare Ziele setzen: Wen wollen Sie erreichen? Bis wann und warum? Schauen Sie dazu gerne in Abschnitt 1.3 vorbei, um sich smarte Ziele zu setzen. Um das Projekt auch für Ihren Kunden klar zu umreißen, können Sie ein Briefing erstellen, wie es in Abschnitt 9.2 beschrieben wird. Es muss allen Parteien bewusst sein, was zu tun ist.

Genauso müssen Sie wissen, ob Sie vielleicht Zuarbeiten von anderen Selbstständigen brauchen oder ob Sie bestimmte Waren oder Equipment einkaufen müssen, bevor es losgehen kann.

Gral 2 | Babysteps machen

Wenn Sie Ihre Ziele kennen, können Sie größere Projekte in Meilensteine unterteilen, diese in kleinere Teilschritte und diese wiederum in Babyschritte. Je kleiner Sie das Projekt unterteilen, desto besser ist Ihr Überblick über all Ihre To-dos und desto besser können Sie die Zeit einschätzen und planen, die Sie dafür brauchen werden. In der Regel hängen die einzelnen Schritte voneinander ab, so dass Sie diese chronologisch abarbeiten. Sollte das nicht der Fall sein, sollten Sie Ihre To-dos priorisieren.

- Welche Aufgabe verdient Ihre ungeteilte Aufmerksamkeit?
- Was könnte am anstrengendsten werden und sollte deshalb zuerst erledigt werden?
- Was kann später erledigt werden?

Um herauszufinden, was als Erstes ansteht und was wegkann, können Sie die Eisenhower-Matrix nutzen.

Eisenhower-Matrix

Die Eisenhower-Matrix ist eine Methode, mit der Sie Ihre Aufgaben und Ihre Zeit managen. Mit dieser Methode unterscheiden Sie wichtige und dringende Aufgaben von unwichtigen und nicht dringenden Aufgaben. Der Trick dabei: kleine und schnell zu erledigende Aufgaben erledigen Sie sofort – aber nur wenn diese wichtig und dringend sind. Statt also erst aufzuschreiben, dass Sie noch die Post frankieren müssen, machen Sie es einfach. Wenn dieses To-do allerdings nicht zu den wichtigen und dringenden Aufgaben gehört, können Sie es entweder delegieren, mit einer Software automatisieren oder ganz streichen. Das gilt im Übrigen für alle Aufgaben, die weder dringend noch wichtig sind. Dennoch verzetteln wir uns gerade bei den Dingen, die gar nicht notwendig sind.

Die Eisenhower-Matrix will uns dabei helfen, statt einfach blind draufloszuarbeiten, die wirklich notwendigen Aufgaben zu erkennen. Um diese Methode durchzuziehen, brauchen Sie etwas Selbstdisziplin. Dabei hält sie Ihnen jedoch den Rücken frei, weil Sie nicht dringende, nicht wichtige Aufgaben immer wieder von Ihrem Arbeitsplatz verjagt.

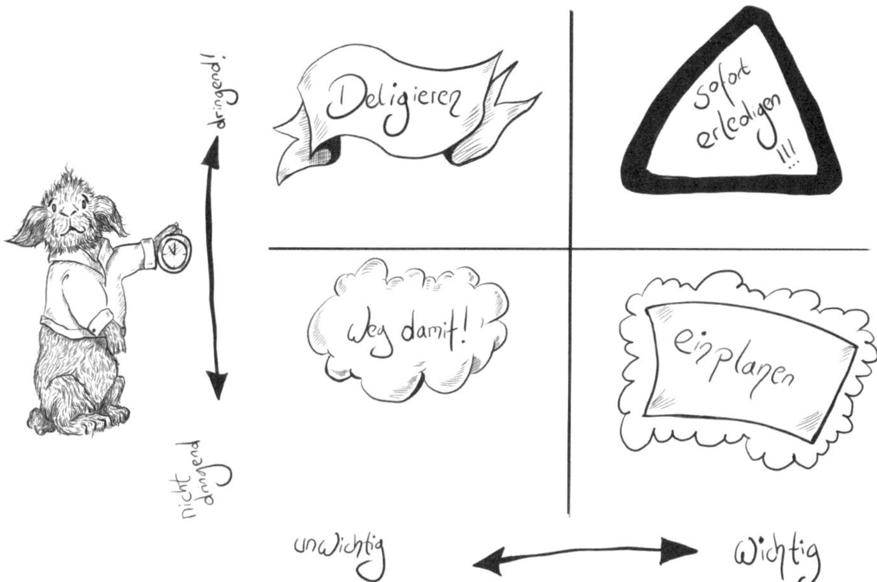

Die Eisenhower-Matrix: Ordnen Sie die Aufgaben den vier Bereichen zu.

Gral 3 | Alles schön durchplanen

Der wichtigste Teil des Projektmanagements ist die Planung. Sie sollten regelmäßig eine kurze Planungssitzung mit sich selbst vereinbaren. Ich persönlich plane sonntagabends die kommende Woche, und am letzten Tag des Monats, nachdem ich alle Rechnungen geschrieben habe, plane ich den folgenden Monat. Zudem nutze ich ein Flipchart für eine grobe Quartalsplanung: In welcher Kalenderwoche schreibe ich welches Kapitel für das nächste Buch und wann erwarten die Redaktionen welche Artikel von mir?

Bei langfristig geplanten Themen und Projekten ist eine solche Planung durchaus möglich. Je kürzer der zu planende Zeitraum ist, desto kleinteiliger werden die einzuplanenden To-dos. In diese Planung können Sie die Eisenhower-Methode einbinden: Sammeln Sie alle To-dos, die in der zu planenden Phase anstehen, in einer großen Liste.

Auch wenn Ihr kreatives Gehirn das Durcheinander liebt und Listen anstrengend findet: Kratzen Sie für Ihr Unternehmen ein bisschen Selbstdisziplin zusammen. Es gibt zahlreiche Methoden, mit denen Sie Ihr kreatives Chaos in professionelle Bahnen lenken:

- **Scrum** stammt ursprünglich aus der agilen Software-Entwicklung und hilft vor allem Teams dabei, Teilaufgaben auf verschiedene Unternehmensbereiche und

Teammitglieder zu verteilen. Dabei werden sogenannte Sprints von zwei oder vier Wochen geplant. In diese Sprints plant das Team alle Aufgaben ein, für die zuvor die benötigten Zeiten für die Erledigung festgelegt wurden. Zum Konzept von Scrum gehören verschiedene Rollen wie Scrum Master und Project Owner. Ebenso gibt es verschiedene Arten von Besprechungen wie das Daily oder die Sprintplanung, die feste Bestandteile der Arbeit mit Scrum sind. Für Start-ups kann Scrum durchaus eine gute Methode sein, die Aufgaben eines Teams zu managen. Für Soloselbstständige ist Scrum dagegen weniger sinnvoll.

- **Kanban-Board** ist eine Methode, mit der Sie Workflows, wie die aus Abschnitt 9.2, abbilden können. In der Regel besteht ein Kanban-Board aus drei oder mehr Spalten, durch die die einzelnen To-dos durchwandern. So kann es beispielsweise die Spalten »To-do«, »in Bearbeitung«, »gegenlesen« und »Fertig« geben. Je nachdem, welchen Bearbeitungsstand die Aufgabe hat, rutscht sie in die entsprechende Spalte. Sollte eine Aufgabe überarbeitet werden müssen, kann sie auch wieder in eine der vorherigen Spalten geschoben werden.

  Das Kanban-Board kann sowohl in einem Scrum-Team als auch von Soloselbstständigen für ihre Projektplanung verwendet werden. Besonders hilfreich ist das Kanban-Board für große Projekte, etwa für Buchprojekte oder Produktentwicklungen. In Abschnitt 11.1 erfahren Sie mehr über Tools und Software, mit denen Sie Ihr Kanban-Board anlegen können.
- **Bullet Journal** wird vor allem von Kreativen geliebt, denn in ihm wird sowohl geplant als auch der Kreativität freien Lauf gelassen. Auf Pinterest und Instagram finden Sie unendlich viele Ideen, wie Sie Ihr Bullet Journal aufbauen können. Das Bullet Journal, oder kurz BuJo, ist ein schlichtes, leeres Notizbuch, das Ihnen als Kalender, Gedankensammlung und Planungshilfe dient. Zudem nutzen viele ihr BuJo dafür, neue Gewohnheiten und kleine Erfolge zu tracken. Besonders für Solo-Selbstständige in der Kreativbranche kann das Bullet Journal eine Bereicherung in ihrem Projektmanagement sein. Für Menschen, die lieber mit digitalen und synchronisierbaren Tools arbeiten, ist das BuJo dagegen weniger geeignet.
- **Calendar Blocking** ist eine sehr schlanke Methode, um Ihre Aufgaben zu planen – nur mit Ihrem Kalender. Mehr dazu finden Sie in Abschnitt 9.4. Diese Methode macht vor allem für Solo-Selbstständige Sinn, die viele verschiedene Projekte zur selben Zeit im Blick behalten wollen.

Gral 4 | Gleich und Gleich sich gesellen lassen

Bündeln Sie ähnliche Aufgaben: Für Mails, Telefonate oder Besprechungen sollten Sie einen gemeinsamen Zeitpunkt finden. Wenn Ihr Gehirn einmal im Gesprächsmodus ist, fällt ein zweites Telefonat gleich viel leichter, vor allem leichter, als den

Kopf gleich wieder in eine komplexe Kreationsaufgabe zu stecken. So nutzen Sie Ihre Zeiten effizienter und können lästige Orga-Aufgaben schneller abhaken.

Gral 5 | Alles schön in Watte packen

Planen Sie Puffer ein. Immer. Meist dauern die Teilaufgaben länger, als Sie denken, vor allem, wenn unvorhergesehene Zusatzaufgaben von einer anderen Kundin reinflattern. Überraschen Sie lieber, indem Sie früher fertig werden, als zu knapp zu planen und dann entweder die Deadline reißen zu lassen oder reuig um eine Verlängerung bitten zu müssen. Die Daumenregel hier ist: Planen Sie doppelt so viel Zeit für die Teilschritte ein, als Sie denken. Es dauert immer länger, und so sind Sie auch sicher vor unerwarteten To-dos aus anderen Projekten.

Gral 6 | Puzzle spielen

In der Regel arbeiten Selbstständige an mehr als einem Projekt gleichzeitig. Zusätzlich gibt es noch einen ganzen Haufen von organisatorischen Aufgaben, die die Selbstständigkeit mit sich bringt. Bedenken Sie bei Ihrer Projektplanung stets alles, was Sie in einem bestimmten Zeitraum erledigen müssen. Denn um sich wirklich auf ein Projekt konzentrieren zu können, müssen die Rahmenbedingungen stimmen: Und das schaffen Sie durch eine stressfreie Arbeitsorganisation.

Tragen Sie sich deshalb Termine für die Umsatzsteuererklärung oder für das Schreiben von Weihnachtskarten an Ihre Kundschaft als Termine ein. So geht nichts verloren, und Sie managen Ihre Projekte gelassen und professionell. Puzzeln Sie alle projektbezogenen und organisatorischen Aufgaben so in Ihre To-do-Liste oder Ihren Kalender, dass es ein stimmiges Bild ergibt. Achten Sie dabei bitte darauf, die Liste auch irgendwann zu schließen – denn auch Sie dürfen Feierabend machen.

Calendar Blocking

Mit dem in Abschnitt 9.4 vorgestellten Calendar Blocking sehen Sie auf einen Blick, wann wieder Platz in Ihrem Kalender für neue Aufträge ist. Kleinere Aufträge können Sie manchmal auch in die Lücken puzzeln.

Gral 7 | Glasklar kommunizieren

Wenn Sie ein Produkt wie ein Bild liefern oder einen Gesangsauftritt auf einer Hochzeit gestalten sollen, ist die Lage meist recht klar. Wenn Sie jedoch für Ihre Kundschaft Konzepte, Redaktionspläne oder ganze Kampagnen erarbeiten, sollten Sie häufiger in die Abstimmung gehen. Deshalb ist die Kommunikation mit Ihrer Kundschaft ein entscheidender Faktor für ein erfolgreiches Projektmanagement.

Wie Sie gesehen haben, ist die Abstimmung mit Ihren Auftraggebern zentral für den Erfolg der Zusammenarbeit. Daraus folgt auch, dass Sie Ihrer Kundin klarmachen dürfen, wenn ihre Erwartungen an der Realität vorbeigehen. Das Projektmanagement beginnt also bereits beim Briefing. Schüchternheit und falsche Vorsicht sind im Projektmanagement fehl am Platz. Schließlich möchten Sie Ihrer Kundschaft super Arbeit liefern – und dafür müssen Sie klar und deutlich kommunizieren. So wirken Sie souverän und demonstrieren Ihre Erfahrungen mit derartigen Projekten, schließlich wissen Sie, was realistisch ist und was Sie lieber anders gestalten sollten.

Zusammenfassung

Am Ende jedes Gesprächs sollten Sie zudem das Besprochene kurz und möglichst schriftlich zusammenfassen und die nächsten Schritte ankündigen. Dafür ist es auch hilfreich, dass Ihre Kundschaft weiß, wie und wann Sie gut zu erreichen sind.

Gral 8 | Helferlein einspannen

Mit digitalen Tools wie *Asana* oder *Trello* können Sie Ihr Projektmanagement virtuell aufräumen. Welche Tools Ihnen wie helfen können, erfahren Sie in Abschnitt 11.1.

Außerdem dürfen Sie als Selbstständige immer auch externe Hilfe ins Boot holen. Wenn Sie zu viele Aufträge haben oder Teilschritte besser bei Experten auf diesem Feld aufgehoben ist, können Sie Aufgaben auch an andere Dienstleister auslagern. Diesen Schritt sollten Sie nicht fürchten, weil Sie sich dann überflüssig machen, sondern feiern, weil Sie damit noch mehr das Gefühl haben, ein Unternehmen zu leiten.

Gral 9 | Regelmäßiges Planen

Damit Ihre Arbeit einen gewissen roten Faden hat und Sie den Überblick über all Ihre organisatorischen To-dos behalten, helfen Ihnen Checklisten. Idealerweise haben Sie

- eine wöchentliche Checkliste
- eine monatliche Checkliste
- eine Checkliste für das Quartal

Versuchen Sie sich dabei möglichst zu fokussieren und sich auf drei Hauptziele zu konzentrieren. Sie können sich dafür an den nachstehenden Beispielen orientieren und diese ergänzen oder streichen, was nicht zu Ihrer Arbeitsweise passt. Ich blocke mir am letzten Tag des Monats drei Stunden für meine Monats- und ebenso viel für meine Quartalsplanung. Zudem verabrede ich mich danach meist mit einer Freundin zum Essen – als Belohnung und um den erfolgreichen Monat oder das Quartal zu feiern.

So könnte Ihre Planung für die Woche, den Monat oder das Quartal aussehen.

Wochenplanung

Notieren Sie zunächst die drei wichtigsten Ziele in dieser Woche.

1. ____________________________________
2. ____________________________________
3. ____________________________________

Tragen Sie ein, was Sie wann zu erledigen haben, beispielsweise in einer solchen Tabelle:

Montag		
Was?	**Wann?**	**Wie lange?**
Dienstag		
Was?	**Wann?**	**Wie lange?**
usw.		

Monats-Checkliste

Notieren Sie, welche drei Dinge letzten Monat erfolgreich gewesen sind:

1. ____________________________________
2. ____________________________________
3. ____________________________________

Bedenken Sie diese Checkliste für den Monatsabschluss.

	Kontostände prüfen
	Zahlungseingänge überprüfen
	Rechnungen zahlen
	Buchhaltung
	Rechnungen stellen
	Mahnungen schreiben
	Auswertung der Zeiterfassung für den vergangenen Monat
	Offene Aufgaben gegebenenfalls in Folgemonat übernehmen
	Datensicherung und Backups

Die drei wichtigsten Ziele für den kommenden Monat sollten Sie notieren:

1. ______________________________
2. ______________________________
3. ______________________________

Auch eine Planung für den kommenden Monat sollte es geben:

	Zeit- und Projektplanung für Folgemonat machen
	Externe Dienstleister einplanen und informieren
	Social-Media-Posts vorplanen
	Blog-Einträge planen/Bloggen
	Akquise
	Website-Wartung

Quartalsplanung

Diese drei Dinge sind letzten Quartal erfreulich gewesen:

1. ______________________________
2. ______________________________
3. ______________________________

Bedenken Sie folgende Punkte für Ihren Quartalsabschluss.

	Umsatzsteuer-Voranmeldung
	Steuervorauszahlung überweisen
	Follow-up bei potenziellen Kunden
	Akquise-Planung: Wer könnte interessant werden?
	Budgets überprüfen
	Wie lange brauche ich für welche Aufgabe?
	Erfassung der Werke für die Verwertungsgesellschaften
	Komme ich meinen Jahreszielen näher?

Notieren Sie, welche drei Dinge im kommenden Quartal im Fokus stehen:

1. ______________________________________
2. ______________________________________
3. ______________________________________

Denken Sie auch an die Planung für das kommende Quartal:

	Fortbildungen und Lernziele planen
	Automatisierungen und Outsourcing planen
	Ziele festlegen und Positionierung überprüfen
	Profile auf Akquise-Plattformen und Social Media pflegen
	Portfolio überarbeiten
	CV aktualisieren

9.2 Workflow: Gute Arbeit in gelenkten Bahnen

Hurra! Sie haben Ihren ersten Kunden von sich überzeugt und einen Auftrag an Land gezogen. Nach einem kurzen Freudentänzchen macht sich bald wieder das Sprungturmgefühl in der Magengegend breit.

Jetzt ist Zeit für Regel 1 der Selbstständigkeit: keine Panik. Ab sofort ist Ihre unternehmerische Souveränität gefragt. Spätestens jetzt sollten Sie sich ein paar Gedanken dazu machen, wie Ihr Arbeitsablauf aussehen soll:

- Welche Phasen durchlaufen die meisten kreativen Projekte?
- Wann brauchen Sie welche Information von Ihrer Kundschaft?
- Und was hilft Ihnen, das Projekt entspannt und kreativ umzusetzen?

Ihr Workflow wird sich mit den Monaten und Jahren verbessern und immer mehr zu einer entspannten Routine entwickeln.

Fangen wir also erstmal mit einem scherenschnittartigen Ablauf an.

Phase 1 | Das Briefing

Idealerweise erstellen Sie sich zu Beginn Ihrer Selbstständigkeit für jede Ihrer Dienstleistungen oder jedes Ihrer Produkte ein Muster-Briefing. So können Sie selbstbewusst genau die Fragen stellen, die wichtig sind, um Ihrer Kundschaft möglichst direkt das zu liefern, was sie sich vorgestellt hat.

Wenn Sie Besprechungen nicht abrechnen, können Sie etwas Zeit sparen, indem Sie Ihrer Kundin das Briefing vorab zuschicken und darum bitten, dass sie das Briefing vor dem ersten Austausch ausfüllt. So hat sich Ihre Kundin bereits einige Gedanken gemacht, bevor Sie sich abstimmen, und hat klarere Ideen und Erwartungen, als dies ohne die Vorarbeit der Fall wäre. Denn wenn jemand sagt: »Ich weiß nicht, ich vertraue Ihnen«, heißt das nicht, dass Ihrem Gegenüber nachher alles auch wirklich gefallen wird. Hier sollten Ihre Warnlampen angehen. Jeder Mensch, der einen Auftrag vergibt, hat Erwartungen. Wer das Gegenteil behauptet, hat einfach nur noch nicht genug darüber nachgedacht.

Das klingt erstmal alles recht technisch. Aber wenn Sie von Kunst und Kultur leben wollen, müssen Sie schon im High-End-Segment unterwegs sein, um nur noch das zu machen, was Sie sich selbst ohne Vorgaben ausgedacht haben. Solange Sie Ihr Geld auch und vor allem mit Auftragsarbeiten verdienen, sollten Sie immer aus der Sicht Ihrer Kundschaft denken. Mit dem Briefing machen Sie auch deutlich, was Sie von Ihrer Kundin brauchen.

Ein Briefing hat zwei Ziele:

1. Sie wissen ganz genau, was Sie tun sollen.
2. Ihre Kundschaft weiß, was sie bekommen wird.

Ein Briefing ist ein eleganter Weg, um die Erwartungen an Ihre Arbeit zu managen: Mit einem Briefing umreißen Sie ganz klar, wer wann was liefert und wie das Ergebnis aussehen soll.

Was sollte in Ihrem Briefing auftauchen?

- **Ziel des Projekts**: Was genau ist der tiefere Sinn hinter dem Auftrag? Was will Ihr Kunde mit der Zusammenarbeit bezwecken? Will er mehr Erholung in sein Leben lassen, indem Sie ihm seine Arbeit abnehmen? Will er sein Produkt ansprechender für den Markt der Generation 50+ machen? Finden Sie es heraus.
- **Zielgruppe**: An wen soll sich das Ergebnis richten? Ist Ihr journalistischer Artikel für IT-Expertinnen gedacht? Sollen Ihre Illustrationen 3-jährige Kinder mit Angst vor dem Zahnarzt ansprechen? Fragen Sie so genau wie möglich nach, um zu verstehen, welchen Sprachstil, welche Farbpalette oder welche inhaltlichen Aspekte Sie berücksichtigen sollten.
- **Umfang**: Diesen Punkt haben Sie schon für Ihren Kostenvoranschlag abgeklopft. Dennoch können Sie im Briefing nochmal fixieren: Wie lang soll der Auftritt sein, wie viele Zeichen soll der Text haben oder welches Format das Gemälde? In diesen Abschnitt Ihres Briefings gehört auch, wie und in welcher Form Sie Ihr Werk liefern: als PowerPoint, als Vektor-Datei oder sorgfältig verpackt und frei Haus? Zudem sollten Sie klären, ob Sie bei Veranstaltungen Ihr eigenes Equipment mitbringen sollen oder die Kundin dieses bei einem anderen Anbieter bucht.
- **Muster**: Hat Ihr Gegenüber vielleicht schon etwas im Hinterkopf, an das Sie sich in Ihrer Arbeit anlehnen sollten? Gerade im Design-Bereich kann diese Frage dem Problem vorbeugen, dass Sie ästhetisch in eine ganz andere Richtung denken als Ihr Kunde.
- **Besonderheiten**: Gibt es besondere Herausforderungen? Soll die Website beispielsweise barrierefrei werden? Hat Ihr Kunde schon mal schlechte Erfahrungen mit jemandem aus Ihrer Branche gemacht? Was war da der Streitpunkt? Wenn Sie mögliche Fallstricke aus den Schilderungen Ihres Gegenübers heraushören, fragen Sie nochmals gezielt nach. So verhindern Sie vielleicht, dass es auch in Ihrer Zusammenarbeit Unstimmigkeiten gibt.
- **Input**: Machen Sie Ihrem Gegenüber deutlich, an welchen Stellen er ins Spiel kommt und etwas liefern muss. Idealerweise legen Sie bestimmte Zeiten fest, zu denen Sie Informationen und Rückmeldungen brauchen, damit Sie die Deadline einhalten können.
- **Fristen**: Gibt es saisonale Einschränkungen und Zeitdruck, weil etwas beispielsweise für das Weihnachtsgeschäft fertig sein soll? Wann ist die Deadline? Verhandeln Sie hier ruhig mit Blick auf Ihr Auftragsbuch, das Sie im folgenden Kapitel näher kennenlernen werden. Besprechen Sie in diesem Zuge auch, bis wann Ihr Kunde Input und Feedback liefern muss, damit die Deadline gehalten werden kann. Dafür können Sie sich je nach Dauer und Umfang des Projektes auf gemeinsame Meilensteine einigen. So unterteilen Sie die Zusammenarbeit in Teilabschnitte, und beide Seiten sind sich stets darüber im Klaren, wer was wann zu tun hat.

- **Kommunikation**: Zusätzlich zu allen direkt auf das Projekt bezogenen Fragen können Sie im Briefing auch abfragen, wie Ihre Kundschaft am liebsten kontaktiert wird: Per Telefon oder Video-Call, per Mail, Messenger oder persönlich? Dazu gehört auch, wie Sie eventuell zu erstellende Dateien liefern sollen: über die Cloud der Kundin oder ganz klassisch per Mail? Sollen Sie für die Projektlaufzeit im Daily oder in der Wochenplanung dabei sein? Oder möchte der Kunde gerne möglichst wenig von Ihrer Arbeit mitbekommen und einfach am Ende das fertige Ergebnis geliefert bekommen?

Je nach Branche können hier auch andere Elemente relevant sein. Nach den ersten Projekten wissen Sie von ganz allein, was Sie für ein gut laufendes Projekt fragen müssen. Wenn Sie ein standardisiertes Briefing in der Hinterhand haben, kann Ihre Kundschaft es einfach ausfüllen und Ihnen zusenden. Am persönlichsten und sinnvollsten ist es jedoch, das Briefing persönlich oder telefonisch durchzugehen. So fallen Zwischentöne leichter auf, und Sie haben unmittelbar die Chance, Nachfragen zu stellen.

Versuchen Sie, mögliche Erwartungen so konkret wie möglich zu umreißen. Schreiben Sie alles mit, und schicken Sie Ihrem Gegenüber im Anschluss das gemeinsam erarbeitete Briefing nochmal zur Abnahme zu. Es wird Ihnen ab sofort als Fahrplan für Ihr gemeinsames Projekt dienen.

Phase 2 | Die Entwürfe

In der Regel werden Menschen zu unseren Kunden, weil wir etwas können, was sie nicht können oder nicht können wollen. Deshalb sollten selbstständige Kreative immer berücksichtigen, dass ihre Kundschaft meist etwas weniger talentiert darin ist, sich Designs, Bilder oder Musikstücke vorzustellen, bevor sie tatsächlich hör- oder sichtbar sind. Deshalb sind Entwürfe wichtig: Sie zeigen Ihrer Kundschaft, in welche Richtung es gehen kann.

Dabei ist es essenziell, dass Sie Ihrem Gegenüber Raum geben, sich gegen etwas zu entscheiden und einen Ansatz abzulehnen. Es ist auch okay, wenn Ihr Gegenüber nur weiß, was es nicht will – für alles andere sind Sie ja da. Um eine Idee dafür zu bekommen, was Ihr Kunde stattdessen möchte, stellen Sie offene Fragen. Begründen Sie, warum Sie etwas empfehlen. Wenn Ihr Gegenüber noch etwas skeptisch wirkt oder an der Idee hängt, die es mitgebracht hat, finden Sie heraus, warum das so ist.

Sie können auch noch etwas Zeit geben, damit sich die Kunden sammeln und dann später mit einer konkreteren Idee aufwarten. Setzen Sie in dieser Phase lieber etwas mehr auf Abstimmung. So ersparen Sie sich Überarbeitungen, nachdem Sie schon viel Zeit und Energie in die Umsetzung investiert haben.

Diskussionsgrundlage
Betrachten Sie Ihre Entwürfe bitte nicht als Produktvorstufen, sondern als Diskussionsgrundlage, auf deren Basis Sie die Arbeitsrichtung ausloten. Idealerweise legen Sie deshalb möglichst unterschiedliche Entwürfe vor. Denken Sie bei Ihrem Kostenvoranschlag oder bei Ihrer Honorarberechnung daran, diese Arbeit mit einzupreisen.

Phase 3 | Das Arbeiten

In dieser Phase findet die eigentliche Arbeit statt. Nun geht es vor allem um Sie und Ihre Bedürfnisse. Schauen Sie dafür gerne auch in die Kapitel zu Zeitmanagement und Deep Work.

Behalten Sie dennoch immer Ihre Kundschaft im Blick: Schicken Sie gelegentlich ein Lebenszeichen. Fragen Sie nach, wenn Sie unsicher sind, und geben Sie bei einer sehr langen Arbeitsphase ab und zu einen Zwischenstand bekannt. Sie können bereits bei der Abstimmung des Briefings besprechen, an welchen Punkten im Prozess Sie von sich hören lassen werden. In dieser Phase bearbeiten Sie auch alle organisatorischen Aspekte des Projekts, beispielsweise produzieren Sie jetzt auch die Flyer für das Konzert oder kümmern sich um die Stromversorgung in der Location. Alles, was in Ihre Zuständigkeit fällt, erledigen Sie in dieser Phase oder bereiten es wenigstens vor.

Phase 4 | Das Liefern

Im Briefing legen Sie fest, wann und in welcher Form Sie Ihre Ergebnisse liefern werden. In dieser Phase ist vor allem Sorgfalt gefragt. Manche Kreative, die etwas zum Chaos und weniger zum Perfektionismus neigen, sollten jetzt alle Selbstdisziplin zusammenkratzen, die sie finden können: Lesen Sie fertige Texte nochmal sorgfältig gegen, korrigieren Sie Pixel und checken Sie nochmal, ob Ihre Datei den Vorgaben der Druckerei entspricht.

Phase 5 | Das Feedback

Je besser Sie beim Briefing und beim Vorstellen der Entwürfe hingehört haben, desto weniger fällt in dieser Phase an. Prüfen Sie, ob das Feedback beziehungsweise die darauffolgenden Überarbeitungen im Rahmen des vorher vereinbarten Leistungsumfangs bleiben. Wenn die Anpassungen für Sie vertretbar sind, feilen Sie an Ihrem Werk.

Sie dürfen aber auch freundlich darauf hinweisen, wenn die Änderungen daran liegen, dass Ihr Kunde seine Meinung geändert hat und nun doch etwas anderes haben möchte. Wenn die Überarbeitung eigentlich ein neuer Auftrag ist, können

Sie gegebenenfalls nachverhandeln. Betrachten Sie es aber bitte in jedem Fall als Teil Ihres professionellen Auftretens, Feedback offen und wertfrei anzunehmen. Schließlich möchten Sie Ihrer Kundschaft das liefern, was diese haben möchte. Mehr zum Feedback finden Sie auch in Abschnitt 12.3.

Phase 6 | Die Evaluation

In dieser Phase haben Sie die Pflicht bereits abgeschlossen – und begeben sich direkt zur Kür. Die Evaluation machen Sie weniger für den Kunden, dessen Projekt Sie gerade abgeschlossen haben, sondern für sich und Ihre zukünftigen Kunden. Um herauszufinden, was Sie verbessern können und was Sie genauso weitermachen sollten, können Sie Ihre Kundschaft um eine Evaluation bitten. Das bedeutet, dass Sie eine Umfrage aufsetzen und diese nach Projektende an Ihre Kundschaft verschicken. Die Fragen sollten so gestellt sein, dass die Ergebnisse eindeutig sind und Sie daraus konkrete Handlungen für sich ableiten können. Welche Software Ihnen beim Erstellen der Umfragen helfen kann, erfahren Sie in Abschnitt 11.1.

Wie Sie eine solche Umfrage sinnvoll aufbauen, können Sie für Ihre spezielle Branche und Ihre Dienstleistungen mit einer Internetrecherche herausfinden. Versuchen Sie, die Umfrage möglichst kurz zu halten, um die Zeit Ihrer Kunden zu schonen. Wenn Sie das Gefühl haben, dass Ihre Kundin zufrieden war, können Sie sie auch um eine Bewertung bei LinkedIn, Google und Co. bitten.

9.3 Terminierung und Auftragsbuch

Auch wenn es jetzt noch nicht so aussehen mag: Meist nimmt eine Selbstständigkeit schon nach kurzer Zeit immer mehr Fahrt auf. Vor allem wenn Sie am Anfang aus falscher Bescheidenheit noch recht geringe Preise nehmen, werden sich die Aufträge schon bald in Ihrem Posteingang und auf Ihrem Schreibtisch stauen. Manche Aufträge sind schnell erledigt, andere laufen über Monate. Einige machen Ihnen unglaublich viel Spaß, zu anderen müssen Sie sich etwas zwingen. Und irgendwie muss alles eines Tages fertig werden. Hier soll es nun erstmal darum gehen, wie Sie neue Aufträge koordinieren und Ihre Verfügbarkeit planen.

Was ist ein Auftragsbuch? Manchmal ist die Antwort schockierend schlicht: Ein Auftragsbuch kann ein einfacher Kalender sein – egal ob aus Papier oder digital. In diesen tragen Sie alle Teilabschnitte und To-dos für Ihre Projekte ein. Werfen Sie dafür gerne auch einen Blick in Abschnitt 9.4, in dem sich alles um das Zeitmanagement und die Terminplanung dreht. Alternativ oder zusätzlich können Sie auch eine To-do-Liste pflegen, in der Sie alle Ihre Aufträge eintragen, nummerieren und in

Teilschritte unterteilen. Die Kalendermethode hat dabei den Vorteil, dass Sie direkt erkennen können, an welchen Tagen noch Lücken für neue Aufträge sind.

Freuen Sie sich darauf

Einer der schönsten Momente im Verlauf Ihrer Selbstständigkeit könnte etwa sein, wenn Sie das erste Mal zu einem Kunden zu sagen: »Entschuldigen Sie, aber ich kann erst in zwei Monaten wieder neue Aufträge annehmen – aktuell bin ich leider ausgebucht.« Und während Sie sich über das »leider« in diesem Satz noch still ins Fäustchen lachen, schauen Sie bereits, wie Sie den neuen Auftrag in Ihrer Planung unterbringen können.

Planen 1 | Projekt umreißen

Stecken Sie den Stundenumfang ab, den Sie für das geplante Projekt voraussichtlich benötigen. Legen Sie am Anfang Ihrer Selbstständigkeit nochmal 15 bis 20 Prozent drauf: Solange Sie noch keine umfangreichen Erfahrungswerte haben, unterschätzen Sie möglicherweise den tatsächlichen Aufwand.

Planen 2 | Ziele herausfinden

Finden Sie heraus, bis wann Ihre Kundin Ergebnisse sehen möchte. Wie Sie das herausfinden? Fragen Sie ganz offen, bis wann Sie idealerweise fertig sein sollen.

Planen 3 | Termine zusammenpuzzeln

Gleichen Sie diesen Wunsch mit Ihrem Auftragsbuch ab: Was steht in den nächsten Tagen und Wochen an? Wie viele Stunden brauchen Sie voraussichtlich für welches Projekt? Welche Termine stehen an – und wo sind die Zeitfenster, in denen Sie an Ihrem neuen Projekt arbeiten können? Wenn Sie alle Häppchen und Teilschritte Ihrer Projekte in Ihren Kalender schreiben, bekommen Sie schnell einen Überblick, wo sich wieder eine Lücke für neue Aufgaben auftut. Kleinere Projekte können Sie auch in die Lücken puzzeln. Ein Auftrag, der etwa vier Stunden in Anspruch nimmt, lässt sich hervorragend an vier Nachmittagen umsetzen, ohne dass es in Stress ausartet.

Planen 4 | Mitarbeit einfordern

Setzen Sie Fristen, bis wann Sie Feedback zum Briefing oder anderen Input brauchen, damit Sie die Deadline halten können. Diese Fristen dürfen und müssen Sie auch gegenüber Ihrer neuen Kundin kommunizieren. Es ist völlig okay, Ihren Auftraggeber in die Pflicht zu nehmen. Schließlich kann das Projekt nur den Geschmack des Kunden treffen, wenn dieser weiß, was er will – und das dürfen Sie an dieser Stelle deutlich machen.

Planen 5 | Eine Deadline setzen

Ja, Sie haben richtig gelesen: Sie setzen die Deadline – und niemand sonst. Das ist der Deal beim Auftragsbuch. Denn wenn etwas schneller fertig werden soll, dann muss die Kundin entweder tiefer in die Tasche greifen. Oder sie muss bei der Qualität Abstriche machen.

Meist sind Auftraggeber aber bereits daran gewöhnt, dass sie bei guten Dienstleistern eine gewisse Wartezeit in Kauf nehmen müssen. Dass es bei Ihnen nicht sofort losgehen kann, ist schließlich ein Zeichen für Ihre Beliebtheit am Markt. Schaffen Sie also einen realistischen Erwartungshorizont, und setzen Sie eine realistische Deadline mit einem Puffer, damit Sie stressfrei gute Leistung liefern können und Ihre Kundin im Zweifelsfall mit Ihrem Tempo überraschen können.

Überstunden-Alarm

Ja, es ist verlockend, alle Aufträge anzunehmen, die sich Ihnen bieten, weil jeder Auftrag auch mehr Taler in der Tasche bedeutet. Behalten Sie bei jeder Anfrage Ihr angestrebtes Profil im Hinterkopf. Überlegen Sie sich auch kurz, wie viele Stunden Sie diese Woche schlafen, essen oder mit anderen Menschen sprechen möchten. Wenn es um Ihr Auftragsbuch geht, sind wir schnell tief in der Diskussion über Ihre Work-Life-Balance. Da diese so wichtig ist, setzt sich Abschnitt 9.6 näher damit auseinander.

Hier sei nur gesagt: Bleiben Sie realistisch und versuchen Sie, sich nicht versehentlich selbst auszubeuten. Ausnahmen schleichen sich leichter in unseren Alltag, als es uns lieb ist. Und schon wird aus einer entspannten 30-Stunden-Woche ein Job, der jeden Agenturinsassen wie einen faulen Abiturienten im Gap-Year aussehen lässt. Kurz: Achten Sie immer darauf, dass auch Selbstständige Feierabend machen dürfen. Ein Kunde, der Druck ausübt, ist entsprechend selten ein attraktiver Kunde.

9.4 Zeitmanagement: Gut Ding braucht keine Weile

Wir nutzen sie aus, vertreiben sie oder schlagen sie sogar tot: Wir sind nicht sonderlich nett zu ihr. Dabei ist die Zeit unsere wertvollste Ressource – denn aus ihr besteht unser Leben. Deshalb sollten wir sie wertschätzen und uns nicht nur darüber beklagen, dass wir zu wenig davon haben. Eigentlich ist es nicht die Zeit, die uns fehlt, sondern die Fähigkeit, unsere Arbeit effizient zu strukturieren: Wer genug trödelt, bekommt den Tag auch irgendwie rum.

Der Philosoph und Soziologe Cyril Northcote Parkinson wusste, wie er seine Zeit effektiv einsetzt: Neben verschiedenen Lehr- und Forschungsaufträgen schrieb er 60 Bücher, vom leichten Unterhaltungsroman bis zur wissenschaftlichen Abhandlung. Und er schaute ganz genau hin. Vor allem die öffentliche Verwaltung faszinierte ihn, weil die Zeit in den Mühlen der Verwaltung pulverisiert zu werden schien. Also stellte er – halb ernst, halb getrieben von seinem britischen Humor –

die Parkinsonschen Gesetze auf. Das bekannteste davon lautet: »*Arbeit dehnt sich in genau dem Maß aus, wie Zeit für ihre Erledigung zur Verfügung steht*« – und nicht in dem Maß, wie komplex sie tatsächlich ist.

Wenn wir acht Stunden Zeit für eine Aufgabe haben, brauchen wir auch acht Stunden. Mindestens. Wenn wir Parkinson glauben, könnten wir viele Aufgaben auch in deutlich kürzerer Zeit erledigen. Wenn wir uns also klarere Zeitrahmen stecken, haben wir am Ende voraussichtlich dasselbe geschafft und dennoch etwas Zeit übrig. Kurz: Was lange währt, wird auch nicht besser.

Zeit 1 | Die perfekte Zeit für alles

Kennen Sie diesen Punkt am Nachmittag, an dem selbst der stärkste Kaffee Ihre Augenlider nur mit Mühe oben halten kann? Wenn Sie das kennen, dann wissen Sie auch, dass unsere Leistungsfähigkeit über den Tag schwankt. Auf der Suche nach einem effizienten Zeitmanagement sollten Sie also auch Ihren Biorhythmus beachten. Keine Sorge: Dabei handelt es sich nicht um ein esoterisches Konzept irgendwelcher okkulter Energien, sondern um eine auf zahlreichen Befragungen basierende grobe Einteilung des Tages in verschiedene Phasen:[1]

- **7–9 Uhr | Aufwachen**: Die meisten Menschen brauchen morgens etwa zwei Stunden, um geistig und körperlich in die Gänge zu kommen. Deshalb startet der durchschnittliche Tag mental zwischen 7 und 9 Uhr.
- **10–12 Uhr | Konzentration**: In dieser Phase laufen Sie kognitiv zur Höchstform auf. Deshalb bietet es sich in der Zeit an, Deep Work zu machen und die mental forderndsten Aufgaben in dieser Zeit anzugehen. Der Haken daran: Wenn Sie diese Phase nicht nutzen, gibt es die nächste Chance auf geistige Höchstleistung erst am nächsten Tag. Versuchen Sie deshalb, diese Zeit von Meetings und organisatorischen Aufgaben frei zu halten. Besser nutzen Sie diese Zeit für alles, was volle Hirn-Power fordert.
- **12–14 Uhr | Plateau**: Ihre Konzentration freut sich auf die Mittagspause: Das ist die beste Zeit für weniger anspruchsvolle Aufgaben wie E-Mails, Ablage und alles, was Sie einfach so wegarbeiten können. Und nicht ohne Grund ist das die beste Zeit für das Mittagessen oder einen Spaziergang.
- **14–16 Uhr | Nachmittagstief**: Bei den meisten Menschen kommt es jetzt zu einem kleinen Durchhänger. Wenn Sie es sich erlauben können, gönnen Sie sich in dieser Phase doch einfach ein kurzes Mittagsschläfchen. 15 Minuten sind optimal, um danach erfrischt und wach weiterzumachen. Genießen Sie damit einen der Vorzüge der Selbstständigkeit. Auch der britische Staatsmann Winston Churchill soll auf seinen Mittagsschlaf sogar bestanden haben. Sitzungen

1 U.a. *sportsmedicine-open.springeropen.com/articles/10.1186/s40798-018-0162-z*

und Besprechungen waren in dieser Zeit untersagt. Wenn Sie kein Fan des Tagschlafs sind, ist jetzt die perfekte Zeit zum Aufräumen oder um unaufwändige Mails zu beantworten.

- **16–18 Uhr | Stimmungshoch**: In dieser Zeit erfreuen sich die meisten Menschen bester Laune, wenn sie nicht gerade im Feierabendverkehr stecken. Diese Phase ist also ideal für Meetings und alles, bei dem etwas Menscheln gebraucht wird.
- **17–19 Uhr | Sport**: Jetzt werden die Sportschuhe geschnürt. Am frühen Abend ist unser Körper bereit für unsere physischen Höchstleistungen.[2] In dieser Zeit fühlt sich Ihr Workout besonders effektiv an. Auch alles, was eine gute Hand-Augen-Koordination erfordert, wie Malen oder Handwerken, passt gut in diesen Zeitraum.
- **19–22 Uhr | Entspannter Abend**: Wenn Sie noch schnell ein Brainstorming machen wollen, ist jetzt die beste Zeit. Jetzt können Sie Ihre Gedanken wandern lassen. Denn wer müde ist, dessen innerer Kritiker geht auch langsam schlafen. Und das können Sie natürlich auch tun.

Zeit 2 | Rhythmus finden

Keine Angst: Sie müssen nicht von 7 bis 22 Uhr arbeiten. Die Auflistung soll lediglich als Überblick dienen, wann Ihnen welche Aufgaben voraussichtlich am leichtesten von der Hand gehen. Selbst die größten High-Performer arbeiten nicht acht Stunden unter Volldampf: Sie teilen sich ihre Aufgaben einfach nur geschickt über den Tag auf. Um Ihren persönlichen Rhythmus herauszufinden und ob Sie eher der frühe Vogel oder die späte Eule sind, können Sie für eine oder zwei Wochen protokollieren, wann Sie geistig am fittesten, am kreativsten und am müdesten waren.

Zeit 3 | In der Ruhe liegt die Kraft

Wenn Sie Ihre Zeit effektiv nutzen, können Sie früher Feierabend machen. Und wer morgens schon alles gibt, darf mittags auch einen Gang runterschalten. Kleine Pausen erhalten unsere Leistungsfähigkeit: Wenn wir unsere Arbeit in Sprints von 60 bis 90 Minuten einteilen und uns danach ein Fünf-Minuten-Päuschen gönnen, sind wir am produktivsten.

Zeit 4 | Den Frosch essen

Der Management-Forscher Brian Tracy glaubt, dass wir den Frosch zuerst essen sollten, wenn wir wirklich produktiv sein wollen. Damit meint er, dass wir Aufga-

---

2 U. a. *sportsmedicine-open.springeropen.com/articles/10.1186/s40798-018-0162-z*

ben zuerst angehen sollen, die froschähnliche Eigenschaften haben: Sie sind glitschig und schwer greifbar, zerren mit ihrem Gequake an unserer Aufmerksamkeit, und wenn wir nicht aufpassen, dann hüpft entweder die Aufgabe oder Ihre Aufmerksamkeit weg.

Deshalb sind viele Arbeits- und Motivationsforschende der Meinung, dass wir uns zu Beginn einer Arbeitsphase mit dem größten und schwierigsten Brocken auseinandersetzen sollten. Wenn unsere Kraft und Motivation nachlassen, können wir uns dann ganz entspannt dem Kleinkram widmen. Aber wenn der Frosch vom Tisch ist, wird alles andere gleich viel einfacher. Zudem bleibt das gute Gefühl, schon richtig etwas geleistet zu haben.

Zeit 5 | Abschalten

»*Die Kunst des Ausruhens ist ein Teil der Kunst des Arbeitens*«, war der Schriftsteller John Steinbeck überzeugt. Als kreativer Kopf wusste er natürlich, wovon er sprach. Denn in einem überarbeiteten Geist versiegen irgendwann die guten Ideen. Damit wir nach einer intensiven Arbeitsphase wieder aufladen können, sollte die Pause unseren Geist etwas schonen: Ballern Sie sich nicht mit Informationen, News-Feeds oder YouTube-Videos zu. Machen Sie idealerweise etwas ganz anderes, als Sie während des Arbeitstags machen: Gehen Sie spazieren, räumen Sie den Geschirrspüler ein, kochen oder zeichnen Sie, oder machen Sie Sport. Danach fallen Ihnen komplexe Aufgaben wieder leichter und gehen dadurch auch schneller.

Zeit 6 | Calendar Blocking

Wenn Sie etwas zu Chaos neigen, hilft ein solides und möglichst einfaches System. Der einfachste Weg, um alle Aufgaben Ihrer selbstständigen Arbeit im Blick zu behalten, nennt sich Calendar Blocking. Dabei tragen Sie alles, was in dieser Woche passieren soll und auf was Sie sich freuen, in Ihren Kalender ein. Sie benötigen also nur einen Kalender und eine relativ realistische Einschätzung, wie lange Sie für Ihre Aufgaben brauchen.

Natürlich können Sie auch mit einem analogen Papierkalender Calendar Blocking betreiben. Mit einem digitalen Kalender ist es allerdings etwas leichter: Sie können Termine problemlos verschieben oder sie als sich wiederholende Serie eintragen. Zudem können Sie Kundinnen zu Ihren Terminen einladen und Anhänge, Links oder Orte im Kalendereintrag hinterlegen. Jedes Smartphone bringt seine eigene Kalender-App mit. Entscheiden Sie sich am besten für einen Kalender, den Sie auf Ihrem Computer und Smartphone abonnieren können.

Kalender organisieren

Benennen Sie Ihre Kalender, und unterteilen Sie Ihre Aufgaben und Termine nach einem klaren und möglichst simplen Muster. Bei mir fällt unter Termine beispielsweise alles, für das ich etwas anderes als eine Jogginghose anziehen und das Haus verlassen muss. Projekte und To-dos unterscheiden sich dadurch, dass Projekte Aufgaben sind, die ich für Kunden übernehme. To-dos sind dagegen alle Aufgaben, die ich für mein Business erledige, wie Rechnungen schreiben, Buchhaltung oder Akquise. Bei der Organisation helfen Ihnen meine 5 P für das Calendar Blockings:

- **Prognose**: Überlegen Sie sich, wie lang Sie wirklich für eine Aufgabe brauchen. Meist brauchen wir länger, als wir vorher gedacht haben. Falls Sie ein Time-Tracking-Tool nutzen, kann ein Blick auf abgeschlossene Projekte bei einer realistischen Einschätzung helfen.
- **Prioritäten**: Bevor es an die eigentliche Planung geht, überlegen Sie sich, was Vorrang hat: Steht bald ein Marathon an, für den Sie fit sein möchten? Planen Sie zunächst Ihr Training ein. Oder rückt die Deadline für ein wichtiges Projekt immer näher? Dann liegt hier Ihre Priorität. Überlegen Sie sich kurz, was diese Woche und diesen Monat im Fokus steht.
- **Planung**: Planen Sie Ihre Woche und Ihren Monat. Schreiben Sie jede Aufgabe und jeden Aufgabenblock in Ihren Kalender: Morgens eine halbe Stunde, um E-Mails zu schreiben oder eine Stunde am letzten Tag des Monats, in der Sie Rechnungen schreiben. Alle Aufgaben, die regelmäßig anstehen, können Sie als Serientermin einplanen.
- **Pause**: Planen Sie Mittagspausen ein. Denn nur wer auch mal Pause macht, kann auf lange Sicht gute Arbeit leisten. Legen Sie gleich einen sich wöchentlich wiederholenden Termin dafür an. Natürlich dürfen Sie Ihre Pause flexibel verschieben, wenn Sie früher Hunger haben oder ein Termin Ihre Tagesstruktur verändert.
- **Puffer**: Kaum etwas ist so wichtig wie Puffer. Sie geben Ihnen die Freiheit, flexibel auf die Wünsche Ihrer Kunden einzugehen. Außerdem helfen sie Ihnen, nicht in Panik zu verfallen, wenn eine Aufgabe doch mal etwas länger gedauert hat oder ein unerwarteter Anruf Sie aus der Konzentration gelockt hat.

Aufgaben eintragen

Mithilfe der 5 P können Sie nun Ihre Aufgaben über Ihre Woche verteilen. Tragen Sie sich die Zeitblöcke so ein, dass Sie ausreichend Zeit für jede Aufgabe haben. Schließlich soll Sie das Calendar Blocking unterstützen – und nicht stressen.

Wenn Sie mögen, können Sie sich Erinnerungen in die einzelnen Termine eintragen, die Sie 30 oder 15 Minuten vor Beginn der nächsten Aufgabe daran erinnern, Ihre aktuelle Aufgabe abzuschließen.

KW 39	Mo. 21.	Di. 22.	Mi. 23.	Do. 24.	Fr. 25.
	07:00 **Jogging-Runde**		07:00 **Jogging-Runde**		07:00 **Jogging-Runde**
	08:00 **E-Mails** im Home-Office	08:00 **E-Mails** im Home-Office	08:00 **E-Mails** im Home-Office	08:00 **E-Mails** im Home-Office	08:00 **E-Mails** im Home-Office
	09:15 **Logo für Kunde 1** im Büro	09:15 **Website überarbeiten** im Büro	09:15 **Artikel für Magazin XY** im Büro	09:15 **Bloggen** im Büro	09:15 **Kapitel schreiben** im Büro
	11:15 **Artikel für Magazin XY** im Büro			11:00 **Artikel für Magazin XY** im Büro	
	13:15 **Mittagspause**	13:15 **Mittagspause**	13:15 **Mittagspause**	13:15 **Mittagspause**	13:15 **Mittagspause**
	14:30 **Akquise** im Büro	14:30 **Artikel für Magazin XY** im Büro	14:30 **Artikel für Magazin XY** im Büro	14:30 **Artikel für Magazin XY** im Büro	14:30 **Puffer**
	17:00 **Yoga unterrichten** Yogastudio		18:00	17:30 **Eis essen mit AB**	17:15 **After Work Party bei Kunde YZ**

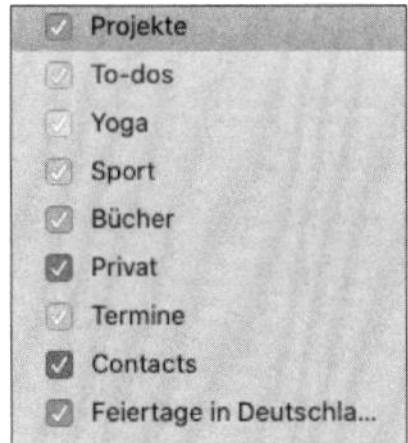

Mögliche Organisation des Kalenders

Und das haben Sie davon:

- **Organisation**: Sie behalten Ihre To-dos im Blick: Statt mit zig To-do-Zettelchen und Erinnerungs-Apps zu arbeiten, können Sie alles ganz einfach in den Kalender eintragen. So sehen Sie, wenn Sie einen Termin mit Ihrem Zahnarzt ausmachen möchten, wo Sie wirklich noch eine Lücke in Ihrem Tag haben.
- **Projektmanagement**: Sie lernen, große Projekte in kleine Teilaufgaben aufzuteilen. Jeder einzelne Task bekommt einen Termin: Sie müssen ein Angebot für Kunde XY schreiben? Tragen Sie einen Termin von 15 Minuten ein. Oder müssen Sie einen Blog-Post verfassen? Räumen Sie eine Stunde in Ihrem Kalender dafür frei.

- **Auftragsbuch**: Während Sie eine To-do-Liste mit Ideen und Aufgaben überfluten kann, zeigt Ihnen Ihr Kalender schnell, wo Ihre Grenzen verlaufen. Sie sehen auf einen Blick, wann Sie wieder Zeit haben, ein neues Projekt anzunehmen. Dadurch vermeiden Sie, dass Sie sich übernehmen und sich Ihr Job in Ihre Freizeit frisst.
- **Kollaboration**: Sie können sich Termine mit Kundinnen blocken und diese direkt dazu einladen. Über die Notizfunktion im Termin können Sie zudem wichtige Infos mit ihnen teilen.
- **Selbstmanagement**: Indem Sie auch private Termine und Sport eintragen, machen Sie sich selbst deutlich, dass Sie auch als Freiberuflerin Freizeit haben dürfen.

Behalten Sie bei allem Calendar Blocking jedoch dieses Zitat von Kurt Tucholsky stets im Hinterkopf: »*Ein voller Terminkalender ist noch lange kein erfülltes Leben*.« Sorgen Sie in Ihrem Zeitmanagement deshalb für ausreichend Puffer, um beruflichem Stress vorzubeugen. Und vor allem: Machen Sie auch Ihr Privatleben zu einer Priorität. Sie brauchen nicht mehr Zeit oder einen überteuerten Planer aus einer Instagram-Werbung – Sie brauchen einfach nur eine grobe Strategie, die Ihnen Luft zum Atmen, Leben und zum kreativen Denken lässt.

Statement | Das Aufschieben aufschieben

»Prokrastinieren, das ewige Aufschieben, kann man wohl als Berufskrankheit vieler Kreativer bezeichnen. Ich bin von dieser Berufskrankheit ebenfalls betroffen, allerdings ist es bei mir wohl eher ein milder Fall. Viele Kollegen legen erst unter massivem Zeitdruck richtig los – damit komme ich weniger gut zurecht. Ich habe weniger das Problem, Deadlines nicht einzuhalten, aber ich mache mir oft unnötigen Stress. In den letzten Jahren habe ich aber meine Wege gefunden, auch den Stress aufzuschieben.

Ich habe einen recht eulenartigen Tagesrhythmus, der einer der Gründe fürs Freelancen war: Morgens habe ich manchmal etwas Anlaufschwierigkeiten, dafür arbeite ich gerne abends und nachts. Da ich überwiegend von zuhause arbeite und Familie habe, bin ich selten wirklich ungestört. Andererseits habe ich so die Möglichkeit, spät abends und am Wochenende zu arbeiten. Und da kommt der Stress ins Spiel: Wer zuhause arbeitet, bei dem ist der Gedanke immer präsent, jetzt produktiv sein zu müssen. Meine Tage sind also eher strukturlos, dafür aber sehr flexibel. Da liegt es nah, einige Aufgaben etwas vor mir herzuschieben und mit dem zu beginnen, was mir am meisten Spaß macht.

Deshalb funktionieren für mich fremdbestimmte Deadlines von zwei bis acht Wochen am besten. Für mich selbst beschließe ich meist, eine oder zwei Wochen davor fertig zu sein. Dann gibt es keine Probleme, wenn irgendwas dazwischenkommt – und das ist auch für meine Kunden sehr angenehm. Aufträge, die keine oder nur eine sehr schwammige Deadline haben, schiebe ich manchmal auf, besonders, wenn sie wenig Spaß versprechen oder schwierig sind. Manchmal verhandle ich mit meiner Prokrastinationsneigung, wenn ich mehrere Aufträge und vielleicht noch ein eigenes Projekt gleichzeitig habe. Wenn ich dann prokrastiniere, arbeite ich meist einfach an einem der anderen

Projekte. So bin ich dennoch einigermaßen produktiv. Die eigenen Projekte helfen mir sehr dabei, motiviert zu bleiben.

Aber es bringt auch nichts, gegen das Bedürfnis nach Entspannung, Bewegung, Sonnenlicht, Schlaf, Sozialkontakten und gegen die Grenzen der eigenen Konzentrationsfähigkeit zu verbissen anzukämpfen. Wer kreativ bleiben will, braucht ab und zu auch mal eine Pause. Damit auch dafür genug Zeit bleibt, nutze ich einen einfachen Zeitspartrick: Ich stelle Fragen. Man kann viele zeitraubende und frustbeladene Korrekturschleifen vermeiden, indem man sichergeht, dass man die Wünsche und Bedürfnisse des Kunden wirklich verstanden hat, bevor man loslegt. Man sollte das Briefing sehr sorgfältig lesen, recherchieren und bei jeder kleinen Unklarheit nachfragen. Zum Abschluss fasse ich dann nochmal verbal zusammen, was ich mit dem Kunden besprochen habe und was ich mir vorstelle, bevor ich dann loslege.«

Hannah Böving | Illustratorin

9.5 Deep Work – Mach weniger, aber mach es besser!

Hier pingt es, da schiebt sich eine Notification ins Bild. Und am Bildschirmrand weist eine rote 35 auf einen Stapel ungelesener E-Mails hin. Nebenher klicken wir uns mit einem Daumen durch eine Lektion in der Fremdsprachen-App, und zum Abschluss gibt es noch ein paar Lernvideos von *Udemy* oder *Domestika*. Durch die Digitalisierung sind wir so vernetzt wie nie zuvor. Wir arbeiten von Düsseldorf aus für Redaktionen in New York und gewinnen Einblicke und Wissen in schier unbegrenztem Maße. Doch mit dem unbegrenzten Zugang zu globalem Wissen und der ständigen Erreichbarkeit trat auch der Drang, sofort zu reagieren, in unser Leben: Wir stehen im wahrsten Sinne des Wortes unter Strom.

Wenn eine E-Mail reinflattert und wir nur kurz nachsehen, brauchen wir danach etwa 23 Minuten, um wieder völlig auf das fokussiert zu sein, was wir davor gemacht haben.[3] Manche Forschende glauben sogar, dass wir bis zu zehn IQ-Punkte einbüßen, wenn wir uns von einer E-Mail oder einer Textnachricht ablenken lassen.[4] Doch das ist keineswegs ein Grund, die Digitalisierung für das Werk des Teufels zu halten. Denken wir nur einmal zurück an den Philosophen Platon: Vor über 2.000 Jahren warnte er vor Büchern, weil sie uns lernfaul und dumm machen würden. Das erscheint uns heute ziemlich skurril.

Und egal, ob es das Buch, das Radio oder das Fernsehen war: Mit jedem neuen Medium tauchten immer auch diejenigen auf, die vor lauter Gefahren die Chancen völlig aus dem Blick verloren. Akzeptieren wir also als Erstes, dass das Internet erst-

3 *www.ics.uci.edu/~gmark/chi08-mark.pdf*

4 *hbr.org/2019/12/how-to-overcome-your-checks-email-distraction-habit*

mal ein wichtiger Bestandteil unseres Berufslebens bleiben wird. Und statt uns über die medialen Möglichkeiten zu beschweren, können wir ganz bewusst aus dem Hamsterrad aussteigen und Strategien finden, um unser Leben trotz und mithilfe der Digitalisierung besser zu machen.

Das Motto »Work hard, play hard« funktioniert nur für kurze Zeit.
Auf Dauer braucht gute Arbeit mehr Gelassenheit.

Dass uns die digitale Welt jede Menge Ablenkungen bietet, ist auch dem Informatik-Professor und Sachbuchautor Cal Newport aufgefallen. Doch statt sich weiter gedankenverloren durch seinen Instagram-Stream zu scrollen, hat er nach einer Lösung für unsere digitale Tüdeligkeit gesucht. Seine Lösung nennt er **Deep Work**: ein Bündel aus Methoden und Tricks, mit denen wir wieder mehr Konzentration in unser Arbeitsleben locken. Mit Newports Ideen und den Erkenntnissen der Arbeitsforschung nutzen Sie digitale Techniken effizient und fokussiert.

Deep Work 1 | Ziele festlegen und priorisieren

Bevor Sie in den Zug steigen, müssen Sie wissen, wohin es gehen soll. Genauso ist es auch mit Deep Work: Machen Sie sich bewusst, was genau Sie erreichen wollen. Denn nur wenn Sie das Ziel vor Augen haben, können Sie sich wirklich in die Arbeit vertiefen. Dabei können Ihnen die smarten Ziele aus dem ersten Kapitel ebenso helfen wie eine schlichte To-do-Liste. Setzen Sie sich eine Frist für das gesamte Projekt und jeweils für die einzelnen Teilaufgaben, die dafür nötig sind. Und jedes Mal, wenn Sie einen Punkt von Ihrer To-do-Liste streichen, belohnt Sie Ihr Gehirn mit ein paar Glückshormonen.

Deep Work 2 | Routinen und Rituale aufbauen

Deep Work funktioniert am besten, wenn Sie sich um die äußeren Bedingungen möglichst wenig Gedanken machen müssen. So müssen Sie sich keine Gedanken mehr um das Wie machen und können mit voller Konzentration in das Was eintauchen. Klären Sie dafür diese vier W:

- **Wo (Ort)**: Finden Sie den perfekten Ort für Ihre Deep-Work-Phase. Ob im stillen Kämmerchen, im Straßencafé oder mit geräuschunterdrückenden Kopfhörern im Großraumbüro: Finden Sie heraus, an welchem Ort Ihre Ideen besonders fokussiert fließen.
- **Wann (Dauer)**: Um Parkinsons Gesetz ein Schnippchen zu schlagen, setzen Sie sich vor Ihrer Deep-Work-Phase einen Zeitraum, in dem Sie die anstehende Aufgabe erledigen wollen. Beispielsweise können Sie künftig jeden Morgen 15 Minuten in Ihr Manuskript investieren oder zweimal pro Woche zwischen 10 und 12 Uhr an Ihrem größten Projekt arbeiten.
- **Wie (Struktur)**: Wie soll Ihr Deep-Work-Modus aussehen? Sie sind der Boss, Sie geben die Regeln vor. Welche der noch kommenden Deep-Work-Tricks möchten Sie in Ihre Routine integrieren? Dürfen Sie sich während der Deep-Work-Phase einen Kaffee holen oder bleibt der Hintern eisern auf dem Stuhl? Gerade für den Start können Sie sich Ihre Regeln aufschreiben und bei Bedarf modifizieren, wenn andere Regeln Ihnen besser beim Fokussieren helfen.
- **Was (Hilfsmittel)**: Was brauchen Sie, um gut arbeiten zu können? Frisches Wasser für die Pinsel, einen heißen Kaffee oder entspannte Musik? Bereiten Sie Ihre Playlist und alles andere vor Beginn der Phase vor, so dass Ihre Gedanken ganz bei Ihrer Aufgabe bleiben können.

Deep Work 3 | Zeiten planen

In Abschnitt 9.4 haben Sie sich bereits Gedanken über Ihren Kalender und Ihre Zeitplanung gemacht. Die Terminierung Ihrer Aufgaben ist ein wesentlicher Bestandteil von Deep Work. In diesem Kontext sei also nur nochmal erwähnt, dass ein Plan nur dann etwas bringt, wenn Sie sich auch daran halten. Und letzten Endes ist es das Ziel von Deep Work, dass Sie Ihre Vorsätze und Ziele auch wirklich umsetzen.

Deep Work 4 | Unerreichbar werden

Ein kleiner Schritt in Richtung Konzentration und auch Richtung Zufriedenheit ist es, das E-Mail-Postfach ab und zu einfach auszuschalten. Denn jede Mail ist eine Ablenkung, die uns aus der Konzentration für unsere aktuelle Handlung herausreißt. In der Regel sind Kunden sehr verständnisvoll, wenn Sie Ihre »Öffnungszeiten« transparent machen und erklären, dass Sie zwischen 10 und 12 Uhr telefonisch nicht erreichbar sind und auch für Meetings nicht zur Verfügung stehen. Denn in dieser Zeit machen Sie Deep Work – und das erhöht schließlich auch die Qualität Ihrer Arbeit.

Deep Work 5 | Notifications abschalten

Immer, wenn wir eine kleine rote Zahl neben einer unserer Apps sehen, schüttet unser Gehirn ein kleines bisschen Dopamin aus. Immer, wenn jemand uns schreibt, etwas likt oder kommentiert hat, frohlockt unser Gehirn für einen kurzen Moment.

Was erstmal nach einem sehr leicht erkauften Spaß klingt, kann allerdings zu einer kleinen Sucht werden: Wir wollen die winzigen Kicks immer öfter erleben und gucken deshalb ständig, ob sich irgendwo eine kleine rote Zahl auf unserem Smartphone regt. Psychologen nennen das auch den *Dopamine Loop*, also die Dopamin-Schlaufe.[5] Durch den Loop können wir nie wirklich genug bekommen – von den schönen Bildchen der Social Media und der digitalen Aufmerksamkeit wildfremder Menschen.

Befreien Sie sich von einem Stückchen virtuellem Stress und schalten Sie die Notifications, also die kleinen roten Benachrichtigungen, auf Ihrem Smartphone ab. Ebenso können Sie Ihren Sperrbildschirm von den fast durchgehend reinrieselnden Mails, Nachrichten und Benachrichtigungen befreien und so für mehr digitale Ruhe sorgen.

Deep Work 6 | Weniger Multitasking

Wenn wir versuchen, alles gleichzeitig zu machen, führt das nur dazu, dass alles liegen bleibt. Denn: Multitasking ist ein Mythos. Unser Gehirn ist nicht dafür gemacht, sich auf verschiedene Aufgaben gleichzeitig zu konzentrieren. Vor allem

5 *www.psychologytoday.com/us/blog/brain-wise/201802/the-dopamine-seeking-reward-loop*

nicht, wenn es sich dabei um komplexe Dinge geht. Verabschieden Sie sich vom Multitasking, und freuen Sie sich auf fokussiertes Arbeiten.

Deep Work 7 | Achtsamkeit und Abschalten

»*Wohin du auch gehst, geh mit deinem ganzen Herzen*«, empfahl der Philosoph Konfuzius. Und über 2.500 Jahre später sollten wir uns darauf zurückbesinnen. Denn was Sie auch tun, tun Sie es mit ganzem Herzen. Das mag etwas kitschig klingen. Doch ist dieser Ansatz der Weg zu erfüllender Arbeit. Denn was Sie unachtsam und halbherzig machen, das begeistert weder Sie noch Ihre Kundschaft – und dann können Sie es fast auch lassen. Machen Sie Deep Work zu der Zeit, in der Sie mit Leidenschaft und Begeisterung arbeiten.

Deep Work 8 | Erfolge messen

Schreiben Sie zumindest am Anfang ein Erfolgstagebuch. So gewinnen Sie einen Überblick darüber, welche Methoden und Routinen gut funktionieren und wo Sie noch nachjustieren können. So stellen Sie auch fest, ob Sie sich ein zu starres Korsett geschneidert haben, in dem Sie viel zu wenig Platz zum kreativen Atmen haben. Genauso erkennen Sie, was Ihnen wirklich beim effizienten Arbeiten hilft.

Statement | Deep Work als Schlüssel zur Produktivität

»Unmittelbar nach meiner Entwicklung zum Freiberufler habe ich gemerkt, dass ich feste Zeiten (2 bis 3 Stunden) brauche, in denen ich mich wirklich nur auf die Arbeit konzentriere und zwischendrin nichts anderes tue. Das ist für mich wichtig, weil ich nicht wie beim Angestelltenverhältnis 24/7 in der Thematik des Projekts bin, sondern parallel verschiedene Projekte betreue. Um da der Aufgabe gerecht zu werden, muss ich für mich selbst den Fokus bei der Arbeit wahren.«

Michael Otto | Storyteller

9.6 Work-Life-Balance: Ausgeglichen arbeiten

»*Selbstständig heißt selbst und ständig*«, spötteln angestellte Menschen immer wieder, wenn sie von der Arbeitslast ihrer selbstständigen Mitmenschen hören. Und schaut man auf die Statistik, scheint an dem abgetragenen Spruch durchaus etwas dran zu sein: 24,7 Prozent der Solo-Selbstständigen arbeiten mehr als 48 Stunden pro Woche, bei den Selbstständigen mit Beschäftigten sind es sogar 46 Prozent. Im Vergleich: Nur 5,3 Prozent der Angestellten dehnen regelmäßig ihren Feierabend aus.[6]

6 *www.destatis.de/Europa/DE/Thema/Bevoelkerung-Arbeit-Soziales/Arbeitsmarkt/Qualitaet-der-Arbeit/_dimension-3/04_ueberlange-arbeitszeiten.html*

Während das Arbeitsrecht vorsieht, dass wir maximal 8 Stunden, manchmal vielleicht auch bis zu 10 Stunden pro Tag arbeiten und dann ein erholsames Wochenende einlegen,[7] sind Selbstständige für sich selbst selten guten Arbeitgeber. Das zeigt sich auch daran, dass 35 Prozent der Solo-Selbstständigen in einer Umfrage angaben, dass ihnen die Trennung zwischen Beruf und Privatem nur mäßig gelingt.[8]

Lange bevor die Industrialisierung, die Arbeitsteilung und die Digitalisierung unsere Arbeitswelt ordentlich getunt haben, teilte der Philosoph Friedrich Nietzsche die Menschen in zwei Gruppen: »*in Sklaven und Freie; denn wer von seinem Tage nicht zwei Drittel für sich hat, ist ein Sklave, er sei übrigens, wer er wolle: Staatsmann, Kaufmann, Beamter, Gelehrter*.«[9] Viele Selbstständige sind also nicht nur ihre eigenen Chefs – sondern zugleich auch ihre eigenen Sklaven. Denn eine gesunde Balance zwischen Freizeit und Arbeit scheint eine der größten Herausforderungen der Selbstständigen zu sein.

Balance 1 | Ernst der Lage erkennen

Der erste Schritt zu einer gesunden Work-Life-Balance ist die Erkenntnis, dass Freizeit kein zu vernachlässigender Luxus ist, sondern wirklich wichtig für Sie und auch für Ihre Arbeit. Wer über das gesunde Maß hinaus arbeitet, erhöht sein Risiko für Depression, Diabetes und Herz-Kreislauf-Erkrankungen.[10] Das liegt unter anderem daran, dass Viel-Arbeitende oft schlecht schlafen.

Wenig überraschend schlägt sich das in der Qualität ihrer Arbeit nieder: Denn überarbeitete und unausgeruhte Menschen machen deutlich mehr Fehler. Das ist schon seit dem 19. Jahrhundert bekannt: Damals stellten Industrielle fest, dass ihre Mitarbeiter kostspielige Fehler machten, wenn sie mehr als 9 Stunden pro Tag arbeiteten. Deshalb entschied sich der Autohersteller Henry Ford als einer der Ersten dafür, die tägliche Arbeitszeit auf 8 Stunden zu reduzieren. Die Konkurrenz kritisierte ihn erst heftig. Doch bald änderten sie ihre Meinung: Denn Fords Geschäfte waren so produktiv wie nie. Und bald setzte sich die auf 40 Stunden reduzierte Arbeitswoche weltweit durch.

Auch wenn Sie keine Autos zusammenschrauben, können Sie aus Henry Fords Erkenntnis lernen: Achten Sie darauf, dass Sie genügend freie Zeit haben, damit Sie weiterhin Ihr Bestes geben können.

---

7 *www.gesetze-im-internet.de/arbzg/BJNR117100994.html#:~:text=Die%20werkt%C3%A4gliche%20Arbeitszeit%20der%20Arbeitnehmer,Stunden%20werkt%C3%A4glich%20nicht%20%C3%BCberschritten%20werden*

8 *www.freelancermap.de/marktstudie*

9 Friedrich Nietzsche: Werke in drei Bänden. München 1954, Band 1, S. 620

10 *hbr.org/2015/08/the-research-is-clear-long-hours-backfire-for-people-and-for-companies*

Balance 2 | Preise anpassen

Oft arbeiten wir so viel, weil wir unsere Miete zahlen wollen. Viele Berufe sind derart schlecht bezahlt, dass wir uns eine Work-Life-Balance augenscheinlich kaum leisten können. Wenn das der Grund für Ihre zugunsten der Arbeit verschobene Work-Life-Balance sein sollte, werfen Sie gerne nochmal einen Blick in Kapitel 7: Wenn Sie angemessene Preise nehmen, müssen Sie sich irgendwann nicht mehr so sehr abrackern.

Sollte das in Ihrer eigentlichen Branche partout nicht möglich sein, könnten Sie über eine Mischkalkulation nachdenken, bei der Sie auch Einnahmen in einer anderen, besser bezahlten Branche erzielen. Auch wenn das natürlich nicht ideal ist, kann der Mix im Sinne Ihrer Work-Life-Balance und damit für Ihre Lebenszufriedenheit durchaus sinnvoll sein.

Balance 3 | Rhythmen nutzen

Ach, das kann ich auch morgen noch machen … Kennen Sie das? Dann kennen Sie auch das Gefühl, wenn aus entspanntem Bummeln irgendwann hausgemachter Stress wird. Eine kleine Prise Selbstdisziplin kann Ihnen dabei helfen, Ihre Projektplanung entspannt umzusetzen. Wenn Sie sich einen Plan machen: Halten Sie sich daran. Und wenn Sie merken, dass Ihre Pläne immer wieder zu ambitioniert sind: Dann bauen Sie größere Puffer ein und planen künftig mehr Zeit für jeden Teilschritt ein, als Sie es bisher getan haben.

Zeitmanagement erfordert etwas Erfahrung. Eine Erfahrung kann ich Ihnen jedoch vorwegnehmen: Das ewige Aufschieben wirkt nur auf den ersten Blick bequem. Denn durch Bummeln machen Sie unbewusst Anleihen bei Ihrem Zukunfts-Ich – das Ihr Getrödel dann in Nacht- und Wochenendschichten ausbaden muss.

Arbeitsrhythmus

Oft entstehen Aufschieben und Unkonzentriertheit, weil wir müde oder unruhig sind. Versuchen Sie deshalb, Ihren optimalen Arbeitsrhythmus zu finden. Studien zeigen, dass zwischen 8 und 17 Uhr, also in der Zeit, in der die meisten Menschen in Mitteleuropa arbeiten, die Leistung keineswegs konstant ist. Häufig ist es sogar so: Bis zu einem gewissen Punkt steigt die Produktivität mit der Zahl der gearbeiteten Stunden – danach sitzen wir nur noch vor dem Bildschirm und driften gedanklich in die Ferne.

Forschende empfehlen daher, die Arbeitszeit zugunsten der Produktivität zu reduzieren. Mehr dazu finden Sie in Abschnitt 9.5 zu Deep Work und in Abschnitt 9.4 zum Zeitmanagement. Wenn wir unsere Arbeit effizienter gestalten, können wir früher fröhlich ins Feierabendland aufbrechen.

Balance 4 | Die Axt schärfen

Stellen Sie sich vor, Sie schmeißen Ihren wunderbaren Kreativjob hin und werden Forstarbeiter. Weil Sie eine tiefe Abneigung gegen Kettensägen haben, ziehen Sie mit einer scharfen Axt in den Wald. Mit schwungvollen Schlägen beginnen Sie, einen Baum nach dem anderen zu fällen. Sie hacken und hacken mit Elan, doch irgendwann wird es immer mühsamer, Ihre Arme immer lahmer. Ihre schlagkräftige Kollegin sieht, dass Ihr Kopf rot erblüht und Sie deutlich angestrengt aussehen. Und weil sie schon einen Verdacht hat, fragt sie: »Wann hast du denn das letzte Mal deine Axt geschärft?« Die Axt schärfen? Für so etwas hatten Sie einfach keine Zeit, Sie waren schließlich mit Baumfällen beschäftigt.

Und die Moral von der Geschicht'? Stumpfe Äxte hacken nicht. Und genauso verhält es sich auch mit Ihren eigenen Kräften: Wenn Sie sich nicht ab und zu erholen, also Ihre kreative Axt schärfen, wird Ihnen das Hacken immer schwerer fallen.

Wie bleibt Ihre Axt scharf? Indem Sie sich jeden Tag zumindest eine kleine Pause gönnen und gelegentlich auch Urlaub machen. Versuchen Sie, Ihre Pausen so zu gestalten, dass Sie den Kopf wirklich frei bekommen und an etwas anderes als Ihre Arbeit denken. Auch wenn Sie merken, dass die Gedanken und Ideen an einem Tag mal nicht so fließen, können Sie sich gelegentlich eine kleine spontane Auszeit gönnen. Denn da Sie kein Angestellter sind, der sich acht Stunden pro Arbeitstag brav an seinem Schreibtisch befinden muss, können Sie Ihre Zeiten deutlich flexibler gestalten. Nutzen Sie diesen Freiraum – und schärfen Sie Ihre Axt.

Balance 5 | Arbeitszeiten festlegen

Feste Arbeitszeiten sind bei Gründerinnen und Solo-Selbstständigen eher selten. Dennoch können Sie für sich festlegen, wann Sie morgens anfangen möchten und wann Sie abends aufhören. Wenn Sie eher eine Nachteule sind, können Sie auch abends anfangen und morgens aufhören – wichtig ist nur, dass Sie Ihren eigenen Rhythmus kennen. Unser Körper und unser Kopf mögen Konstanz, wenn es um unsere Aufwachzeiten geht. Deshalb sollte sich irgendwann eine Startzeit bei Ihnen einpendeln. Diese Zeiten können Sie auch gegenüber Ihrer Kundschaft kommunizieren, so dass diese weiß, wann Sie gut zu erreichen sind und für Besprechungen und Besuche zu haben sind. Dabei müssen Sie sich nicht am Acht-Stunden-Tag orientieren, schließlich sind Sie keine Fließbandarbeiterin, deren Schichten mit denen ihres Kollegiums verzahnt sind. Für die Kommunikation nach außen reichen auch ein paar Stunden am Tag.

So können Sie sich bei schönem Wetter die Freiheiten der Selbstständigen gönnen: Nach ein paar Stunden am Morgen genießen Sie die Sonne und machen sich vielleicht am Abend nochmal ans Werk. Finden Sie die perfekte Balance zwischen stabilisierender Routine und beflügelnder Freiheit.

Balance 6 | Organisieren und Delegieren

Einer der größten Zeitfresser bei vielen Selbstständigen sind die vielen organisatorischen Aufgaben. Deshalb ist es sinnvoll für Ihre Work-Life-Balance, dass der Anteil an Ihrer Arbeitszeit, in dem Sie sich mit Buchhaltung, Akquise und Werbung beschäftigen, immer kleiner wird. Und das idealerweise nicht, weil Sie etwas weglassen, sondern weil Sie Ihre Organisation effizienter gestalten. Durch Tools und Software können Sie sich diese Arbeit deutlich erleichtern. Im Interesse Ihrer Work-Life-Balance sollten Sie möglichst schnell nach der Gründung einen entspannten Workflow für all Ihre To-dos jenseits Ihres Kerngeschäfts finden.

Je nach Auftragslage und Höhe Ihres Umsatzes können Sie auch einige Aufgaben an andere Selbstständige abtreten: Entweder, indem Sie Ihren Kunden eine Kollegin empfehlen, die den Auftrag komplett für Sie übernimmt, oder indem Sie Teilaufgaben abgeben und nachher das fertige Gesamtpaket an Ihre Kundschaft ausliefern. Vor allem, wenn Sie vor lauter Aufträgen kaum zum Schlafen kommen, kann das Auslagern durchaus sinnvoll sein. In Abschnitt 12.6 finden Sie einige Ideen dazu, wie Sie das anstellen können.

Balance 7 | Gesundheit wertschätzen

Wie wichtig unsere Gesundheit ist, merken wir oft erst, wenn Sie uns abhandenkommt. Machen Sie sich bitte eines bewusst: Zu Ihrem unternehmerischen Risiko gehört auch die Gefahr, dass Sie durch Krankheit Arbeits- und damit Verdienstausfälle haben können. Sich um Ihre Gesundheit zu kümmern, ist also auch für Ihr Einkommen wichtig. Sport und Wellness sind damit kein dekadenter Luxus, sondern auch wirtschaftlich unabdingbar.

Räumen Sie deshalb Sport, Bewegung und aktive Entspannung einen festen Platz in Ihrer Tagesplanung ein. Zudem sollten Sie Ihren Arbeitsplatz möglichst ergonomisch einrichten, so dass Ihr Rücken sich auch an langen Arbeitstagen wohlfühlt. Wenn Sie mögen, können Sie auch im Studio oder Atelier in einer kurzen Pause die Yogamatte ausrollen und etwas Schwung in die Gelenke und die Wirbelsäule bringen. Sich um Ihre körperliche und geistige Gesundheit zu bemühen, ist der Kern Ihrer Work-Life-Balance.

Balance 8 | Leben leben

Leben und Arbeiten sollten keine Gegensätze sein. Deshalb ist die Work-Life-Balance als ausgewogenes Verhältnis von Arbeit und Freizeit zu verstehen. Doch leider frisst sich allzu oft die Arbeit in die Freizeit. Und so sagen wir unseren Freunden ab, wenn wir eine Deadline haben. Dabei sagen wir in der Regel vor allem den Freundinnen ab, die am verständnisvollsten sind – und gerade mit denen sollten wir Zeit verbringen. Auch Wochenenden und Urlaub sind mit gutem Grund erfunden worden. Wenn Sie also auf lange Sicht selbstständig sein möchten, sollten Sie auch dem Privaten einen angemessenen Raum in Ihrem Leben einräumen.

Statement | Arbeiten, Leben, Schlafen

»Ich bin überglücklich, dass ich als Aktivistin und Künstlerin meine wahre Profession gefunden habe. Tatsächlich fühlt sich mein berufliches Dasein klischeemäßig so an, als hätte ich meine Leidenschaft zum Beruf gemacht, und deshalb ganz anders, als sich Arbeit früher angefühlt hat.

Meine Arbeit und mein Leben sind im Laufe der letzten zehn Jahre immer stärker zusammengewachsen. Ich als Person und das, was ich tue, sind für mich nicht voneinander zu trennen. Deshalb betrachte ich das Life als Teil meiner Arbeit. Meine persönliche Weiterentwicklung ist ein wesentliches Element meiner Arbeit und in meinem Leben. Deswegen denke ich das Learn – also das Lernen – in der Aufteilung meines Zeitbudgets immer mit. Das Sleep – den Schlaf – brauche ich, um funktionieren zu können und mich gesund zu fühlen. Ich glaube, dass jede Person ihre individuelle Work-Life-Learn-Sleep-Balance hat.

Ich arbeite ständig an der Balance. Es kann schon mal passieren, dass ich drei oder vier Tage nur im Homeoffice sitze und Sachen abarbeite und gar nicht merke, wie die Zeit verfliegt. Deshalb verabrede ich mich mit Freunden und Freundinnen zum Kochen und Sportmachen, um das Life nicht zu vernachlässigen. Denn mir ist ein inspirierendes und unterstützendes Umfeld sehr wichtig – beruflich und privat. Mir geht es darum, Wohlfühlzonen zu kreieren. Auch deshalb versuche ich, meine Aufgaben und Termine so zu arrangieren, dass ich in der Regel keinen Wecker stellen muss und von alleine aufwache. Ich fühle mich sonst oft gerädert. Für kreative Arbeit ist es extrem wichtig, dass in einem selbst eine Grundentspannung herrscht, da sich die Kreativität sonst nicht voll entfalten kann.«

Jasmin Mittag | Aktivistin und Künstlerin

Statement | Zementierte Deadlines

»Ich bin kein Fan von Selbstoptimierung, trotzdem gehört eine große Portion Selbstdisziplin zur Selbstständigkeit. Wer für seine Arbeit bezahlt werden will, muss liefern. Die Deadline ist zementiert, von da an wird zurückgerechnet. Ganz wichtig: Als Freiberufler kannst du niemandem einen Krankenschein einreichen. Achte auf deine Gesundheit, so gut es geht. Seit Jahren sind meine wöchentlichen Sporteinheiten fester Bestandteil meines Arbeitstages und gehören nicht zur Freizeit. Ein ›Ach, die Stunde Laufen kriege ich heute noch irgendwann unter‹ funktioniert nicht. ›Irgendwann‹ ist niemals. Immer. Sport gehört auch nicht in die Mittagspause, da wird gegessen.

Und zu guter Letzt brauchst du ein gutes, belastbares Netzwerk aus Kolleginnen und Kollegen, die dir aus- und weiterhelfen, wenn es bei dir mal klemmt. Und Freunde. Denn schließlich verbringt man sein Leben ja auch so ganz gerne. Ansonsten halte ich es mit dem alten Goethe: ›Mein Rat ist daher, nichts zu forcieren und alle unproduktiven Tage und Stunden lieber zu vertändeln und zu verschlafen, als in solchen Tagen etwas machen zu wollen, woran man später keine Freude hat.‹«

Sascha Nieroba | Nagel & Kopf | text. marke. mensch.

9.7 Nein sagen

Was würden Sie anders machen, wenn Sie Ihr Leben nochmal leben könnten? Darüber hat sich die Krankenschwester Bronnie Ware viele Gedanken gemacht. Und sie hat mit anderen viel darüber geredet: Ware hat viele Sterbende die letzten drei Monate ihres Lebens begleitet. Da sie wussten, dass das Leben sich dem Ende zuneigt, begannen sie langsam Bilanz zu ziehen. Darüber hat Ware ein Buch geschrieben: »5 Dinge, die Sterbende am meisten bereuen«. Und ganz oben in der Liste stand: »Ich wünschte, ich hätte den Mut gehabt, ein selbstbestimmtes Leben zu führen, nicht das Leben, das andere von mir erwartet haben.«[11]

Damit es uns auf dem Sterbebett einmal anders geht, sollten wir unser Leben in die Hand nehmen. Manche Menschen scheinen einfach zu warten, bis ihnen das Leben zustößt. Sie reagieren, statt zu agieren. Selbstständig zu arbeiten, bedeutet dagegen auch, selbstbestimmt zu leben. Ihre Selbstständigkeit kann Ihnen dabei helfen, ein Leben nach Ihren Maßen zu schneidern. Dafür sind zwei Wörter entscheidend: Ja und Nein.

Egal ob privat oder beruflich: Bei jeder Entscheidung sollten wir uns fragen, ob wir wirklich aus voller Überzeugung »Ja!« dazu sagen können oder ob wir uns einfach nur dazu verpflichtet fühlen. Denn wenn wir nicht aus voller Überzeugung »Ja« sagen können, dürfen wir auch »Nein!« sagen. Vor allem zu Beginn der Selbstständigkeit, wenn Ihnen noch die Erfahrungswerte fehlen, fragen Sie sich vielleicht: Wann darf ich »Nein« sagen? Kurze Antwort: Immer. Es ist schließlich Ihr Leben, und als Selbstständige haben Sie viele Freiheiten und damit die Macht über Ihre Jas und Neins. Die längere Antwort ist: Immer, wenn es für Sie richtig ist. Auch wenn es finanziell nicht immer rund läuft, ist es nicht zwingend sinnvoll, zu jedem Auftrag »Ja« zu sagen.

Nein 1 | Nein zu Ablenkungen

Wenn ich mich auf eine Aufgabe konzentrieren muss, zum Beispiel, wenn ich einen wissenschaftlichen Text lektoriere oder etwas schreibe, stelle ich mein Telefon auf »Nicht stören« und schalte mein Mail-Postfach ab. Da uns wissenschaftlichen Stu-

11 Bronnie Ware: The Top Five regrets of the dying. Huffington Post

dien zufolge E-Mails von der Arbeit immer wieder ablenken,[12] ist ein selbstbewusstes Nein an dieser Stelle Gold wert. Denn nur so haben Sie eine Chance, konzentriert in Ihre aktuelle Aufgabe einzutauchen und einen guten Job zu machen. Mehr dazu finden Sie im Abschnitt 9.5 über Deep Work.

Nein 2 | Nein zum Selbst-und-ständig-Mythos

Auch Selbstständige brauchen Pausen. Um unsere Arbeitskraft und unsere Kreativität auf Dauer zu erhalten, sind diese Pausen enorm wichtig. Deshalb sollten wir den Mythos »*Selbstständig heißt selbst und ständig*« endlich beerdigen: Klar sind wir immer selbstständig, andere sind auch immer angestellt – und trotzdem arbeiten sie nicht ohne Unterbrechung. Es ist okay, am Wochenende eine Pause zu machen und keine Mails zu beantworten. Wenn es nicht anders mit Ihren Kunden besprochen ist, erwartet Ihr Kunde höchstwahrscheinlich gar nicht, dass Sie ihnen immer sofort antworten. Und bestenfalls erlaubt er sich selbst, sonntags freizuhaben.

Nein 3 | Nein zu unangemessenen Forderungen

In Abschnitt 7.3 haben wir uns Kostenvoranschläge und damit auch die Zahl möglicher Feedbackschleifen angesehen. Und schnell zeichnete sich dabei ab, dass Sie für die eine oder andere Kundin auch immer ein Nein in der Schublade haben sollten. Denn wenn Ihre Kundin nach der vierten Feedbackschleife fragt oder jetzt doch eine ganz andere Idee hat, dann müssen Sie das nicht einfach hinnehmen. Sie dürfen Nein sagen, wenn durch das Feedback ein ganz neuer Auftrag entstehen würde. Wenn Ihr Gegenüber plötzlich die Grundausrichtung ändert und Sie das nicht ahnen konnten, dann muss Ihre Flexibilität nicht inklusive sein. Gönnen Sie sich etwas Selbstbewusstsein, und sagen Sie, warum Sie damit nicht einverstanden sind.

Nein 4 | Nein, wenn Sie sich treu bleiben möchten

Sie wollen Fußballreporterin werden, haben aber eine Anfrage von einem Beauty-Magazin bekommen? Wenn Sie das Thema interessiert: gut. Nehmen Sie das Honorar mit und haben Sie Spaß an der Arbeit. Doch wenn das Thema Sie von Ihren Zielen wegführt, ist es nicht immer sinnvoll, den Auftrag anzunehmen. Wenn Sie sich ein solides Portfolio aufbauen möchten, benötigen Sie Zeit und Konzentration auf genau die Projekte, die Sie wirklich machen möchten. Alles am Rand bezahlt zwar Ihre Miete, kann Ihnen aber schlechtestenfalls die Zeit rauben, die Sie brauchen, um Ihre wahren Ziele zu erreichen.

---

12 *blog.akad.de/wp-content/uploads/2013/10/Studie_Markgraf_2013_Arbeitswelten_im_Wandel.pdf*

Nein 5 | Nein zu Geizhälsen

Es gibt Kunden, die wollen viel für wenig. Wenn Sie zehn Stunden in einen Text oder eine Grafik stecken müssen, für die Sie pauschal 100 Euro bekommen, oder eine Tagespauschale von 85 Euro brutto für eine Redaktionsschicht erhalten sollen, die zwischen 8 und 12 Stunden lang sein kann, ist das kein gutes Geschäft. Dazu dürfen Sie ohne schlechtes Gewissen ganz klar Nein sagen – sogar wenn Sie knapp bei Kasse sind –, weil sich solche Aufträge einfach nicht rechnen. Schließlich verkaufen Sie sich so unter Ihrem Wert und zeigen Ihrem Gegenüber damit, dass diese Bezahlung für Sie okay ist. Das ist sowohl aus ethischen als auch aus rein wirtschaftlichen Gründen nicht sinnvoll – schließlich verdienen Sie so noch nicht mal Mindestlohn. Und das, obwohl Sie sich gegen unternehmerische Risiken finanziell absichern müssen.

Vorsicht!

Wer sich Ihre Dienstleistungen eigentlich nicht leisten will oder kann, wird an allen Ecken und Enden versuchen, mehr für sein Geld herauszuholen: Wenn Ihnen eine Kundin kein ausreichendes Briefing liefert, aber trotzdem zig kostenfreie Feedback-Schleifen fordert, sollten Sie sich überlegen, ob die Bilanz für Sie stimmt. Denn wer den Wert Ihrer Arbeit nicht erkennt, der bezahlt Sie nicht nur schlecht, der behandelt Sie auch so. Solche Kunden sind nicht nur ungünstig für Ihr Selbstwertgefühl, sondern auch für Ihr Konto. Gute Arbeit hat ihren Preis.

Nein 6 | Nein, wenn Sie keine Zeit haben

Es ist eine Sache der Fairness – Ihnen gegenüber und Ihrer Kundschaft gegenüber –, nicht mehr Aufträge anzunehmen, als Sie erledigen können. Wenn Ihr Auftragsbuch voll ist, ist ein Nein nur fair. Anderenfalls beuten Sie entweder sich selbst aus oder liefern einem zahlenden Kunden nicht die Qualität, die er verdient hat. Aus einem solchen Nein können Sie oft auch ein »Ja, aber« machen und fragen, ob Sie sich zu einem späteren Zeitpunkt nochmals melden dürfen oder das Projekt auch etwas warten kann.

Nein 7 | Nein zu ermüdenden Mikro-Entscheidungen

Steve Jobs entschied sich dafür, jeden Tag Jeans und Rollkragenpulli zu tragen. So sparte er sich eine Entscheidung pro Tag und konnte seinen Verstand für Wichtigeres nutzen. Er betrachtete sein Leben als Ganzes: Wenn er seine Willenskraft auf unwichtige Entscheidungen wie seine Garderobe verschwendete, würde sie ihm abends womöglich ausgegangen sein, wenn er sie vielleicht dringend brauchte. Denn unsere Fähigkeit, Entscheidungen zu treffen, ist wie ein Muskel: Je häufiger wir ihn nutzen, desto müder wird er über den Tag.

In der Psychologie nennt es sich Entscheidungsmüdigkeit: Wenn wir über den Tag oder in einer anstrengenden Phase viele Entscheidungen treffen müssen, fällt es uns zunehmend schwerer und schwerer. Deshalb dürfen Sie beherzt Nein zu Mikro-Entscheidungen sagen. Ein gewisses Maß an Routinen und Standardentscheidungen hält Ihren Entscheidungsmuskel fit und kraftvoll.

Nein 8 | Nein zu endlosen To-do-Listen

Ein bisschen ist selbstständig zu sein, als würden Sie in einer Sandgrube sitzen, die aus Aufgaben, To-dos und Teilzielen besteht: Wenn Sie rausklettern und sich am Rand hochziehen wollen, graben Sie sich nur weiter ein. Sie müssen Stützpfeiler einbauen, um von Ihren Aufgaben nicht verschüttet zu werden.

Ich bin davon überzeugt, dass gute und kreative Arbeit nur entstehen kann, wenn unser Geist ausgeruht ist. Wenn Sie Ihr Auftragsbuch ständig überbuchen, werden Sie irgendwann keine Kraft mehr haben. Um Ihre Energiereserven zu schonen, haben kluge Köpfe die Stop-doing-Liste erfunden: Sie ist die gesunde und befreiende kleine Schwester der To-do-Liste. Statt unzählige Aufgaben aufzukritzeln, halten Sie auf Ihrer Stop-doing-Liste alles fest, was Sie nicht mehr machen möchten: E-Mails nicht mehr unmittelbar nach dem Eintreffen beantworten, nicht mehr für den unverschämten Kunden arbeiten und nicht mehr 16 Stunden nonstop am Schreibtisch sitzen ohne Zeit für Sport oder Freunde.

Ähnlich wie bei Neujahrsvorsätzen schreiben Sie möglichst übersichtlich wenige, aber prägnante Punkte auf: Was klaut Ihnen den Fokus und die Energie, obwohl es Ihnen wenig bringt? Schreiben Sie es auf. Diese Liste hängen Sie möglichst gut sichtbar irgendwohin. So prägt sich Ihre Stop-doing-Liste ein und wird auch optisch zur Gewohnheit.

Nein 9 | Nein dazu, immer lieb zu sein

Warum sollten Sie immer lieb sein? Auch wenn jemand zu Ihnen nicht nett ist? Leider fällt es vielen Menschen immer noch schwer, Nein zu sagen – selbst wenn sie es denken. Oft basiert das verschwiegene Nein auf der falschen Annahme, dass unser Gegenüber immer ein Ja hören will. Dabei versuchen andere manchmal einfach nur abzuklopfen, ob Sie das generell machen möchten, ob Sie es können oder ob Sie vielleicht jemanden kennen. Wenn Sie Ihrem Gegenüber unterstellen, bereits eine Antwort im Kopf zu haben, wenn es Sie fragt, bringen Sie sich selbst in Zugzwang.

Gönnen Sie sich etwas weniger Gedankenarbeit und lassen Sie die andere Person doch einfach selbst reagieren, statt es im Kopf vorwegzunehmen – und womöglich falschzuliegen. Legen Sie die Angst ruhig ab, dass Sie jemanden enttäuschen könnten. Sie reden hier nicht mit Ihrer erwartungsvollen Mutter, sondern mit einem

Kunden, der Ihre Arbeit schätzt, Sie aber nicht als Person beurteilt. Befreien Sie sich selbst von den Erwartungen, die nur in Ihrem eigenen Kopf entstehen.

Nein 10 | Nein zu Nein

Es gibt tausende Wege, Nein zu sagen. Und selten müssen Sie Ihr Nein wirklich aussprechen. Da das Wort häufig als undiplomatisch, kompromisslos und manchmal sogar als aggressiv wahrgenommen wird, dürfen Sie auch zum Wort »Nein« Nein sagen. Um bestimmt aufzutreten, können Sie durchaus auch eine andere, offenere Sprache nutzen. Sie finden von ganz alleine Ihren Weg, etwas abzulehnen, mit dem Sie nicht einverstanden sind – ganz ohne »Nein« zu sagen.

Machen Sie sich bewusst: Es ist Ihr Unternehmen, also gelten Ihre Regeln. Dabei kann ein Nein manchmal sehr kraftvoll sein: Es gibt Situationen, in denen Ihnen ein Auftrag nicht weiterhilft. Ein Nein kann dabei helfen, Ihre Kräfte sinnvoll und nachhaltig einzuteilen – und dauerhaft kreativ arbeiten zu können. So können Sie Ja zu allem sagen, was Sie begeistert.

9.8 Arbeitsplatz – Wo Ihre Kreativität zuhause ist

Um erstmal nur den kleinen Zeh ins kalte Wasser des Kreativwirtschaft-Haifischbeckens zu strecken, beginnt für viele Kreative ihre Selbstständigkeit mitten in ihrer Komfortzone: in ihrem eigenen Zuhause. Doch wenn sich abzeichnet, dass Sie gerne auch auf Dauer selbstständig arbeiten möchten, ändern sich womöglich Ihre Bedürfnisse. Wenn Sie vorwiegend von zuhause aus und nur selten vor Ort bei Ihrer Kundin arbeiten, könnte das Bedürfnis nach einem speziell auf Sie abgestimmten Arbeitsplatz wachsen. Musikerinnen und Sängern ist es meist schnell klar, dass sie einen Raum brauchen, in dem sie proben und ihre Instrumente lagern können. Grafikdesignern und Journalistinnen dämmert es meist erst später, dass ihr Arbeitsplatz auch mehr Raum einnehmen darf als das kleine Fleckchen Esstisch, auf dem sie ihren Laptop abstellen.

Nach meiner Gründung war mir recht schnell klar, dass ich gerne in einem externen Büro arbeiten möchte. Zum einen, weil mir so die Trennung zwischen Arbeit und Freizeit leichter fällt, zum anderen, weil dadurch Treffen mit meiner Kundschaft einfacher sind. Zunächst suchte ich nach zwei oder drei anderen Selbstständigen, die sich ein Büro teilen wollten. Kurz war ich auch in einem Co-Working-Space. Doch dann erfuhr ich per Zufall von einem freien Atelier in einem Atelierhaus in meiner Stadt. Seither miete ich einen eigenen Raum für mein kreatives Schaffen. Für mich ist mein Atelier ein Raum der Inspiration, an dem ich schreibe, zeichne und male und mich gelegentlich mit Kunden treffe. Ein schöner Nebeneffekt ist die Gemeinschaft: Im Haus ist immer jemand da, der einen Tipp, eine Idee oder einfach nur Zeit für eine Kaffeepause hat. Die Mischung aus meinem eigenen Atelier zum konzentrierten Arbeiten und dem kreativen Miteinander ist für mich optimal.

Arbeitsplatz 1 | Wo wollen Sie arbeiten?

Welcher Arbeitsplatz zu Ihnen am besten passt, ist natürlich eine Typfrage. Deshalb finden Sie hier die Vor- und Nachteile verschiedener Arbeitsformen:

Homeoffice vs. externer Arbeitsplatz

Im Verlauf Ihrer Selbstständigkeit werden irgendwann zwei Kontrahenten in den Ring steigen: der heimische Arbeitsplatz und das externe Büro. Werfen wir also einen kurzen Blick auf die Muskeln, die beide spielen lassen.

	Heimisches Arbeitszimmer	Bürogemeinschaft, Atelier oder Probenraum
Vorteile	kein Pendeln oder Anfahrtszeit	echte Kommunikation mit anderen Menschen
	Ruhe für volle Konzentration	Austausch mit Menschen aus unterschiedlichen Berufszweigen
	Flexibilität für Mittagsschläfchen, Joggen in der Pause oder für Care-Arbeit	klare Trennung zwischen Arbeit und Freizeit
	keine Kosten für Miete und Einrichtung	repräsentativer Ort für Treffen mit Kunden
		Atmosphäre inspiriert dazu, sich auf das Werk zu fokussieren
		Farben oder Instrumente müssen nicht weggeräumt werden
Nachteile	Entgrenzung zwischen Arbeit und Freizeit	Extrakosten für die Miete und eventuell nötige Einrichtung
	wenig Möglichkeit für Treffen mit Kunden	Anfahrtszeit
	viele Möglichkeiten zur Ablenkung und Prokrastination	
	bedingt von der Steuer absetzbar	

Co-Working vs. eigenes Büro

Manchen Kreativen fehlt zuhause einfach der nötige Fokus – oder ein gelegentliches Gespräch mit anderen Menschen. Deshalb haben in den letzten Jahren in immer mehr Städten Co-Working-Spaces eröffnet: große Lofts oder Bürogebäude, in denen einzelne Tische oder Arbeitsplätze gebucht werden können.

Dort können sich Selbstständige für einen Tag, eine Woche oder einen Monat einen Platz mieten. Je nach Tarif ist Kaffee, die Nutzung eines Besprechungsraums und Internet bis zum Abwinken im Preis inbegriffen. Gelegentlich ist es auch möglich, eigene Arbeitsmittel wie Bücher oder Stifte in einem Schließfach abzulegen. Im Wesentlichen buchen sich Co-Worker aber einen flexiblen Arbeitsplatz an einem der großen Tische, der jeden Tag ein anderer sein kann.

Das Gute daran: Wenn Sie beruflich viel in verschiedenen Städten arbeiten, können Sie die Zeit vor oder nach einem Kundentermin an einem echten Arbeitsplatz statt in einem Café verbringen. Ob Sie eher der Café- oder der Co-Working-Typ sind, verrät Ihnen mit großer Wahrscheinlichkeit Ihr Bauchgefühl. Wenn Ihr Bauchradar noch kein klares Ergebnis liefert, können Sie das Co-Worken auch einfach mal ausprobieren, denn in der Regel können Sie dort Verträge für sehr kurze Zeiträume abschließen.

Ein weiterer Vorteil sind die Gespräche in den Pausen: Denn in Co-Working-Spaces tummeln sich meist Menschen aus ganz unterschiedlichen Arbeitsbereichen. Für einen Tipp, ein paar Handgriffe bei einem Projekt oder sogar für eine längere Kooperation findet sich in der Kaffeeküche oft genau die richtige Person. Oft bieten Co-Working-Spaces gezielt Events an, bei denen sich die Co-Worker kennenlernen können.

Wenn Sie dagegen lieber ein Büro für sich allein haben und sich ohne andere Menschen drumherum besser konzentrieren können, empfiehlt sich ein eigenes Büro oder Atelier. Ein solches finden Sie gelegentlich auch in einem Co-Working-Space, häufiger jedoch in ausgewiesenen Bürogemeinschaften oder -gebäuden. Dabei haben Sie den Vorteil, dass Sie Ihr Zeug abends einfach am Platz liegen lassen und morgens an derselben Stelle weitermachen können. Auch beschwert sich kein Vermieter, wenn Sie Farbe auf den Boden kleckern, denn dafür wurden Ateliers erfunden. Zudem können Sie die Adresse Ihres Büros statt Ihrer privaten Anschrift im Impressum Ihrer Website angeben.

Auch gegenüber Kundinnen und potenziellen Käufern können Sie mit einem Atelier, Studio oder Büro ganz anders auftreten. Ihre Bilder in einem professionellen Umfeld vorstellen zu können, wirkt gleich ganz anders, als wenn Sie Ihr neuestes Werk erstmal hinter dem Sofa in Ihrem heimischen Wohnzimmer hervorkramen müssen. In Ihrem eigenen Büro können Sie sich die Arbeitsatmosphäre schaffen, in der Sie am besten kreativ sein können: ganz ohne Ablenkungen. In Atelierhäusern und Bürogemeinschaften finden Sie zusätzliche Inspiration durch die Werke und die Gespräche mit anderen Künstlerinnen.

Mindestmietdauer

Dafür müssen Sie sich allerdings meist länger festlegen: In der Regel liegt die Mindestmietdauer für Büros oder Ateliers bei sechs Monaten, gelegentlich fordert der Vermieter jedoch gleich, dass Sie sich für mehrere Jahre verpflichten. Das ist juristisch jedoch nur zulässig, wenn Sie dadurch nicht unangemessen benachteiligt werden, wie es in § 307 des BGB heißt. Deshalb ist eine Mindestmietdauer von mehr als vier Jahren weder üblich noch zulässig. Sie sehen: Wenn Sie einen externen Arbeitsplatz mieten möchten, sollten Sie sich mit Ihrer Entscheidung für eine dauerhafte Selbstständigkeit sicher sein.

Arbeitsplatz 2 | Ein guter Arbeitsplatz

Zuhause ist es doch am schönsten. Zu diesem Schluss kommt nicht nur die kleine Dorothy im Zauberer von Oz, sondern auch viele Selbstständige. Damit das auch auf lange Sicht so bleibt, ist ein auf Ihre Bedürfnisse abgestimmter Arbeitsplatz hilfreich. Die Investition in dessen Einrichtung kann durchaus auch schon vor den ersten großen Einnahmen sinnvoll sein. Denn Ihr Rücken freut sich über einen guten Schreibtischstuhl ebenso, wie sich gutes Equipment für Ihre Tonaufnahmen oder ein anständiges Zeichen-Tablet schnell bezahlt machen.

Die Einrichtung Ihres Arbeitsplatzes sollten Sie idealerweise bereits in Ihre Berechnung für das Startkapital mit einfließen lassen. Denn hier würden Sie an der falschen Stelle sparen. Klar sollten die einzelnen Teile finanziell im Rahmen bleiben, solange Sie die Auftragslage nicht überblicken können. Dennoch verdienen Ihr Arbeitsmaterial und der Ort, an dem Sie künftig acht oder noch mehr Stunden verbringen werden, Ihre Aufmerksamkeit. Bei Dingen, die lange halten, dürfen Sie sich gerne auch etwas gönnen: Entscheiden Sie sich ruhig für die 80-Euro- statt für die 20-Euro-Maus, wenn sie besser in der Hand liegt. Wenn Sie diese täglich nutzen, ist die Preisdifferenz von 60 Euro gut angelegt. Es muss nicht immer alles High-End sein, aber auch hier gilt in der Regel: Wer billig kauft, kauft zweimal.

Entscheidend ist, dass Ihr Arbeitsplatz vier Kriterien erfüllt:

- Er sorgt für Konzentration und Ruhe zum Arbeiten
- Er verschafft Ihnen Inspiration und regt zu neuen Ideen an.
- Er hält alles bereit, was für Ihren Job wichtig ist.
- Er ist ergonomisch an Sie angepasst.

Ergonomie | Schaffen Sie sich einen Wellness-Arbeitsplatz

Für alle, die viel am Schreibtisch sitzen, gelten diese Grundregeln:

- Stellen Sie den Schreibtischstuhl so ein, dass Ober- und Unterschenkel einen rechten Winkel bilden. Bei kurzen Beinen hilft ein Hocker, bei langen ein Sitzkissen.
- Der Tisch ist genau so hoch, dass Ihre Ober- und Unterarme einen 90-Grad-Winkel ergeben.
- Richten Sie die Tastatur und den Bildschirm so aus, dass Sie mittig davor sitzen, um eine ungünstige Rotation der Wirbelsäule zu vermeiden.
- Der Bildschirm sollte etwa 60 bis 80 Zentimeter von Ihren Augen entfernt sein.
- Die oberste Zeile am oberen Bildschirmrand sollte ungefähr 25 Zentimeter tiefer liegen als unsere Augenhöhe. Stellen Sie Ihren Laptop gegebenenfalls auf einem Stapel Bücher ab, oder besorgen Sie sich einen Monitorständer, um die optimale Höhe des Bildschirms zu gewährleisten. Wenn Sie den Nacken dauerhaft nach unten senken, ist das nicht nur schlecht für Ihre Haltung, sondern auch für Ihre Stimmung[13].

Doch auch wenn der Arbeitsplatz ganz streberhaft auf Ihren Körper abgestimmt ist, lechzt Ihr Körper irgendwann nach Bewegung. Falls Sie sich für einen höhenverstellbaren Tisch entscheiden, können Sie zwischen Sitzen und Stehen wechseln. Alternativ können auch einige Minuten auf einem Sitzball statt auf dem Schreibtischstuhl für Schwung in der Rückenmuskulatur sorgen. Sportmuffel sollten es damit allerdings nicht übertreiben, da Sitzbälle eine gewisse Grund-Fitness in der Rückenmuskulatur erfordern. Und im Zweifelsfall hilft klassische Bewegung: ein kurzer Spaziergang in der Mittagspause, ein paar Kniebeugen nach jedem Telefonat oder zehn Minuten Yoga speziell für Büromenschen. So bleiben Sie auch am Schreibtisch lange fit.

Arbeitsplatz 3 | Digitale Nomaden vs. 9-to-5-Job

Ganze Unternehmen lassen sich aus dem heimischen Schlafzimmer führen. Doch warum im Bett bleiben, wenn wir auch in einer Hängematte schaukeln können? Deshalb werfen wir jetzt noch einen Blick auf eine ganz besondere Form des Arbeitens aus der Ferne: das tatsächliche Arbeiten in der Ferne.

Bevor es abends in der Strandbar noch einen Mango-Lassi gibt, tippen sich digitale Nomadinnen vorher durch die digitale Welt – und verdienen so ihren Lebensunterhalt. Dieser Lebensstil hat in den letzten Jahren enorm an Beliebtheit gewonnen. Und warum auch nicht? Denn wenn Sie schon die Freiheit haben, von überall aus

13 *www.nytimes.com/2018/01/25/smarter-living/bad-text-posture-neckpain-mood.html*

zu arbeiten, und wenn Sie nicht durch Ihre Familie an einen bestimmten Ort gebunden sind, können Sie die neuen digitalen Chancen doch auch nutzen.

Reiselustigen bringt das Leben als digitaler Nomade nicht nur das nötige Kleingeld, sondern auch etwas Tagesstruktur und Sicherheit. Wer in Bali, Neuseeland oder Guatemala arbeitet, schafft sich so ein kleines Zuhause-Gefühl – in ihrem Laptop. Und wenn Sie sich Tausende von Kilometern weit weg mal einsam fühlen: Halten Sie sich an Ihrem Laptop fest. Alles, was dann noch zu tun ist: Genießen Sie die Kultur, das Essen, lernen Sie die Menschen kennen, und lassen Sie sich davon zu Neuem inspirieren. Schauen wir also kurz in das Handgepäck der digitalen Nomaden.

Nomade 1 | Internet

Die Grundlage Ihrer Arbeit als digitaler Nomade ist ein stabiler und bezahlbarer Zugang zum Internet. Je nach Branche und Sicherheitsbedürfnis Ihrer Kundschaft kann auch ein VPN-Client sinnvoll sein. Sollte es Sie in ein Entwicklungsland verschlagen, sollten Sie in diesem Fall über die Anschaffung einer Powerbank für Ihren Laptop nachdenken, da ein VPN recht viel Strom frisst.

Nomade 2 | Erreichbarkeit

Je nach Kunde sollten Sie bestimmte Zeiten vereinbaren, zu denen Sie erreichbar sind. Das kann gerade bei großer Zeitverschiebung sinnvoll sein. Für Ihren Traum vom digitalen Nomadentum müssen Sie unter Umständen auch Besprechungen in der Nacht in Kauf nehmen. Besorgen Sie sich für dringende Anrufe eine lokale SIM-Karte, um Kosten zu sparen. Längere Meetings können Sie kostengünstig über Internettelefonie oder über Dienste wie Skype, Zoom oder Teams abwickeln. Zudem sollten Sie vor Ihrer Abreise klären, wann und unter welchen Bedingungen Sie nach Deutschland zurückkehren.

Nomade 3 | Transparenz

Das führt uns direkt zur Transparenz. Wenn Sie von unterwegs weiterhin für Unternehmen in Ihrer alten Heimat arbeiten möchten, ist Ihre neue Freiheit nur semifrei: Sie werden sich weiterhin mit Ihren Kunden und Kundinnen abstimmen müssen. Machen Sie allen Beteiligten gegenüber transparent, dass Sie womöglich in einer anderen Zeitzone leben werden. Teilen Sie zudem mit, wann und auf welchem Weg Sie am besten zu erreichen sind und wie schnell Sie gedenken zu antworten.

Nomade 4 | Steuern

Wenn Sie vorhaben, dauerhaft unter Palmen zu leben, sollten Sie sich mit einer Steuerberaterin zusammensetzen. Dann ändern sich die Bedingungen: Wie viel

Steuern zahlen Sie an welches Land? Wo zahlen Sie in die Rente ein und in welchem Land bekommen Sie dann Rente? Verschaffen Sie sich hier noch vor Ihrer Abreise Klarheit. Denn solche Dinge regeln sich nur mit Mühe aus der Ferne.

Nomade 5 | Visa

Außerhalb der EU brauchen Sie zur Einreise meist ein Visum. Wie lange Sie darauf warten müssen, wie lange Sie damit im jeweiligen Land bleiben dürfen und was Sie dafür alles tun müssen, ist sehr unterschiedlich. Informieren Sie sich deshalb rechtzeitig nach den Konditionen. Da es bei Unstimmigkeiten auch schon mal einige Tage dauern kann, bis Sie einreisen dürfen, sollten Sie das bei Ihrer Arbeitsplanung und der Festlegung wichtiger Deadlines berücksichtigen.

Nomade 6 | Netzwerke

Wie schon mehrfach erwähnt, brauchen Sie als Unternehmerin oder Selbstständiger ein Netzwerk, auf das Sie sich verlassen können. Das gilt auch und besonders für digitale Nomaden. Über Social Media finden Sie unzählige Gleichgesinnte, die Sie mit Tipps und Tricks versorgen können oder Sie sogar für die ersten Tage am neuen digitalen Arbeitsplatz auf ihrer Couch beherbergen. Wenn Sie Schwierigkeiten mit den lokalen Behörden bekommen oder krank werden sollten, können einheimische Bekannte eine große Hilfe sein.

Nomade 7 | Motivation

Wenn Sie von der Hängematte aus schon den Strand sehen können, müssen Sie sich schon etwas zusammenreißen, um den Laptop aufzuklappen, statt das Surfboard unter den Arm zu klemmen. Um dieses Leben stressfrei genießen zu können, sollten Sie an einer Tagesstruktur festhalten: Stehen Sie beispielsweise früher auf, wenn Sie vor der Arbeit surfen wollen. Je nach Wind und Wellen können Sie danach noch ein Nickerchen machen oder ganz traditionell einen Acht-Stunden-Arbeitstag beginnen. Lassen Sie sich von der neuen Kultur um sich herum inspirieren statt ablenken. Und es heißt ja nicht, nur weil die große weite Welt vor Ihrer Tür wartet, dass Sie Ihre Arbeit vernachlässigen müssen. Denn das würde im Umkehrschluss bedeuten, dass Sie zuhause nur gute Arbeit machen, weil Ihr Leben sonst stinklangweilig ist – und das ist ja hoffentlich nicht der Fall.

Nomade 8 | Ein dickes Fell

Nicht jeder wird es toll finden, was Sie machen. Zum einen aus Neid und Missgunst, zum anderen, weil häufiges Fliegen ökologisch zu Recht in der Kritik steht. Falls Sie sich für dieses Leben entscheiden sollten, werden Sie also nicht nur Begeisterung ernten. Die Meinung anderer Menschen sollte grundsätzlich nie zur Richtschnur für unser Leben werden. An dieser Stelle sollten Sie sich jedoch mental darauf vorbereiten, dass Sie etwas mehr hinter Ihrer eigenen Entscheidung stehen müssen, als Sie es bei anderen Lebensentscheidungen mussten.

9.9 Urlaub und Auszeiten

Eine der wichtigsten Lernaufgaben, die Ihre Selbstständigkeit an Sie stellen wird, ist es, Urlaub zu machen. Was so einfach klingt, ist für viele Selbstständige gerade am Anfang eine echte Herausforderung. Denn vor allem, wenn Sie alleine starten, kann niemand für Sie einspringen, falls etwas sein sollte. Und wenn Sie nicht arbeiten, dann nehmen Sie logischerweise auch nichts ein. Während Angestellte meist vor Vorfreude Schmetterlinge im Bauch haben, wenn sie an ihren Urlaub denken, haben Gründer oft erstmal ein mulmiges Gefühl in der Magengegend. Denn: Entspannen will gelernt sein. Und erfordert etwas Planung. Deshalb können Sie die folgenden Prinzipien auch auf Krankheitsphasen oder eine Elternzeit anwenden.

Das Schönste an der Schule waren die Ferien – und auch die Arbeit macht mit Urlaub viel mehr Spaß.

Entspannt 1 | Freizeit gönnen

Sie sind Ihr eigener Boss. Das hat viele Vorteile. Doch oft vergessen wir dabei, dass wir auch uns selbst gegenüber Führungsqualitäten beweisen müssen. Dazu gehört, dass Sie Ihrer wichtigsten Arbeitskraft Erholungsphasen gönnen: sich selbst. Denn wenn wir überarbeitet sind, können wir irgendwann nicht mehr frei und kreativ denken. Doch während wir uns darauf fokussieren, dass mehr Arbeit auch mehr Geld bedeutet, kann der Gedanke an eine Auszeit Stress auslösen. Als Angestellte empfinden wir es als unser gutes Recht, einige Wochen im Jahr ohne einen Gedanken an unsere Arbeit Urlaub zu machen. Viele Selbstständige müssen es allerdings erstmal lernen, ihren geliebten Job loszulassen.

Entspannt 2 | Dranbleiben

Es ist ebenso umstritten wie unorthodox: das Work-Life-Blending. Mit diesem hippen Wort bezeichnen Arbeitsforschende die Vermischung von Arbeit und Freizeit. Denn für manche ist ein bisschen Arbeit entspannter als gar keine Arbeit.

Für viele Führungskräfte, Macherinnen und Freiberufler ist Work-Life-Blending eine Methode, um Stress zu reduzieren: Statt sich nach dem Urlaub durch hunderte von Mails zu wühlen, schauen viele von ihnen auch während der vermeintlichen Auszeit in ihr Postfach. Schnell antworten, etwas weiterleiten oder löschen erscheint Karrieremenschen wie dem Kommunikationsberater Frank Behrendt die stressfreiere Alternative zu sein. In seinem Buch »Liebe dein Leben, nicht deinen Job« gesteht er auch, dass es ihn im Urlaub stresse, nicht zu wissen, ob seine Mitarbeiter ohne ihn zurechtkommen.[14]

Ob Sie eher der Cold-Turkey-Typ sind, der eine klare Trennung und den kalten Entzug von der Arbeit braucht, oder ob Sie auch im Urlaub entspannt ein dünnes Band zu Ihrer Kundschaft halten möchten, ist eine sehr persönliche Entscheidung. Schon beim Lesen dieses Abschnitts wird Ihnen Ihr erster Impuls dazu die für Sie gesunde Richtung weisen.

Entspannt 3 | Urlaub einrechnen

Urlaub müssen Sie sich leisten können. Deshalb haben Sie in Kapitel 7 Ihre Standardhonorare berechnet und darin arbeitsfreie Zeiten eingerechnet. Nehmen Sie diesen Aspekt in Ihrer Preisgestaltung sehr wichtig. Wenn Sie allzu niedrige Preise fordern, werden Sie logischerweise mehr arbeiten müssen, um sich Miete und Essen kaufen zu können. Planen Sie zudem ein Budget für den Urlaub selbst ein, also für Hotels, Zugtickets oder das neue Schüttelzelt.

14 Vgl. Frank Behrendt: Liebe dein Leben und nicht deinen Job, S. 169

Entspannt 4 | Konten trennen

Wenn es um Ihren Urlaub geht, kann die Trennung Ihres privaten Girokontos von Ihrem offiziellen Geschäftskonto für etwas mehr Urlaubsentspannung sorgen: Wenn Sie sich jeden Monat dasselbe Gehalt vom Geschäfts- auf das Privatkonto überweisen, bleiben Überschüsse einfach auf dem Geschäftskonto liegen. Dieser Überschuss gleicht Zeiten ohne Einnahmen aus. Dass Sie auch während Ihres Urlaubs wie ein Angestellter Gehalt bekommen, hat einen wichtigen psychologischen Effekt: So können Sie im Urlaub besser abschalten und müssen nicht über das Zahlen Ihrer Miete nachdenken. Dieser Trick ist vor allem für Selbstständige mit noch recht geringen Einnahmen hilfreich.

Entspannt 5 | Freiheiten nutzen

Das Schöne an der Selbstständigkeit ist, dass Sie in weiten Teilen selbst entscheiden können, wann und wie viel Sie arbeiten. Wenn Sie weniger Aufträge haben, dürfen Sie sich durchaus auch einen freien Tag gönnen. Sie müssen nicht am Acht-Stunden-Tag festhalten und Ihren Tag mit Bastelarbeiten an Ihrer Website oder ziellosen Skizzen füllen. Sie dürfen auch freinehmen, um Kajak fahren oder einkaufen zu gehen oder einfach im Bett liegen zu bleiben. Wenn Sie keine konkrete Deadline vor sich haben, dürfen Sie arbeitsärmere Zeit zum Entspannen und Aufladen nutzen.

Entspannt 6 | Zeiten planen

Viele Unternehmen erleben saisonale Schwankungen, wenn es um ihre Aufträge geht. So gibt es im Journalismus um die Sommerferien meist eine Saure-Gurken-Zeit, und bei Alleinunterhaltern ist die Hochzeits- und Weihnachtssaison meist die Hauptarbeitszeit. Nach ein, zwei Jahren in Ihrer Selbstständigkeit haben Sie ein gutes Gefühl für diese Schwankungen. Tragen Sie sich diese gegebenenfalls in den Kalender ein, damit Sie über die Jahre ein Gefühl für den perfekten Zeitpunkt für einen längeren Urlaub bekommen. Denn wenn der Markt ohnehin wie leergefegt ist, können Sie getrost Ihre Koffer packen.

Entspannt 7 | Urlaub verkünden

Sagen Sie Ihren Kundinnen Bescheid, dass Sie einige Zeit nicht erreichbar sein werden. So ist nicht nur Ihre Kundschaft informiert, sondern Sie nehmen sich gleichzeitig den Druck, immer und überall erreichbar sein zu müssen. Lassen Sie Ihrer Kundschaft etwas Vorlauf, so dass sie eventuelle Deadlines umplanen kann. Natürlich können Sie auch eine automatische Abwesenheitsnotiz in Ihrem Mail-Postfach hinterlegen. Wenn sich das in Ihrem Job anbietet, können Sie proaktiv nach einer Urlaubsvertretung suchen und diese bei Ihrer Kundin vorstellen.

Entspannt 8 | Überwintern

Viele Selbstständige können ortsunabhängig arbeiten und nutzen ihre Freiheit, um irgendwo an einem warmen Ort zu überwintern. Sie können die meiste Zeit des Jahres ihr gewohntes Leben leben, zu Netzwerkveranstaltungen in ihrer Region und Konferenzen im ganzen Land gehen, Kontakte knüpfen, Aufträge einheimsen – und in der kalten Jahreszeit zu Palmen, Strand und Meer flüchten. Wenn diese Option für Sie interessant ist, hat Abschnitt 9.8 einige Ideen für Sie.

9.10 Checkliste Arbeitsorganisation

	Ort: Finden Sie einen Arbeitsort, der Sie inspiriert, motiviert und an dem sie fokussiert arbeiten können.
	Plan: Planen Sie Ihre Projekte grob.
	Häppchen: Teilen Sie Ihre Projekte in kleine Teilschritte und einzelne To-dos auf.
	Ordnung: Setzen Sie Prioritäten und streichen Sie eventuell nicht dringende oder nicht nötige Aufgaben.
	Bündeln: Erledigen Sie ähnliche Aufgaben im Block.
	Fokus: Planen Sie zwei Stunden für Deep Work pro Tag ein.
	Puffer: Schaffen Sie Leerlauf in Ihrem Kalender, und planen Sie großzügig.
	Reden: Kommunizieren Sie Ihre Verfügbarkeit und Ihre Nicht-Verfügbarkeit klar nach außen.
	Absage: Sagen Sie gegebenenfalls Nein zu Aufträgen, die Sie nicht entspannt erledigen können.
	Technik: Nutzen Sie digitale Tools, um Struktur zu schaffen und einfache Aufgaben zu automatisieren.
	Abgeben: Lagern Sie Aufgaben aus, wenn Sie selbst nicht dazu kommen.
	Analyse: Tracken Sie die Zeit, die Sie für verschiedene Aufgaben brauchen, und werten Sie diese monatlich aus.
	Auszeit: Achten Sie auf eine gesunde Work-Life-Balance, und lernen Sie, Urlaub zu machen.

Kapitel 10

Steuern, Versicherungen, Recht: Worauf muss ich achten?

In diesem Kapitel müssen Sie stark sein: Es führt uns zum unbeliebtesten Thema der Selbstständigkeit: den Regularien, mit denen wir uns eigentlich gar nicht so gerne beschäftigen möchten. Damit Sie nach der Startphase Ihrer Selbstständigkeit ganz entspannt bleiben können, finden Sie in diesem Kapitel einen Überblick über die wichtigsten Punkte.

10.1 Buchhaltung

Vorneweg: Sie kommen nicht drum herum. Das Gesetz verlangt es von allen Selbstständigen, dass sie Buch führen. Nehmen Sie sich gerne einen Moment, um sich damit abzufinden – und dann schauen wir uns an, wie Sie diesen zugegeben lästigen Teil Ihrer Selbstständigkeit möglichst entspannt erledigt bekommen.

Im Prinzip bedeutet Buchführung vor allem, dass Sie Ihre Einnahmen und Ausgaben gegenüber dem Finanzamt nachvollziehbar und rechtssicher belegen können. Was genau das Finanzamt dafür von Ihnen haben möchte, hängt von der Rechtsform Ihres Unternehmens ab. Also: Wie geht das und was ist dabei zu beachten?

Buchhaltung 1 | Das Geschäftskonto

Auch wenn es immer heißt: »*Vor dem Gesetz sind alle gleich*« – für Girokonten stimmt das nicht so ganz. § 675e des Bürgerlichen Gesetzbuchs unterscheidet zwischen Verbrauchern und Geschäftskunden. Und diese Unterscheidung treffen auch Banken. Freiberufler oder selbstständige Einzelunternehmerinnen sind nicht dazu verpflichtet, ein separates Geschäftskonto zu führen. Rechtlich dürfen sie all ihre Einnahmen und Ausgaben über ein privates Girokonto laufen lassen. Sie müssen lediglich sicherstellen, dass alle Buchungen nachvollziehbar sind und der abbuchende oder überweisende Betrieb erkennbar ist.

Andere Geschäftsformen sind gesetzlich dazu verpflichtet, ein Geschäftskonto zu eröffnen. Kapitalgesellschaften beispielsweise müssen ein Geschäftskonto führen. So können Sie zum Beispiel erst eine GmbH ins Handelsregister eintragen lassen, wenn Sie das Gesellschafterkapital auf einem offiziellen Geschäftskonto hinterlegt haben. Ein solches Konto ist also notwendig, damit eine GmbH handlungs- und geschäftsfähig ist.

Auch wenn sie es nicht müssen, kann ein solches Konto auch für Freiberuflerinnen und Einzelunternehmer durchaus sinnvoll sein. Damit ist nicht nur ein von Ihrem privaten Girokonto separates Konto gemeint, sondern ein explizit von Ihrer Bank als Geschäftskonto ausgewiesenes Konto. da die Verbraucherschutzbestimmungen für private Konten mehr Transparenz fordern als für geschäftliche Konten. Zwar müssen Sie dann je ein Auge auf Ihrem privaten und Ihrem Geschäftskonto haben und bei den meisten Banken eine zusätzliche Kontoführungsgebühr bezahlen, doch ein Geschäftskonto hat durchaus Vorteile:

- Sie haben Ihre Geschäftseinnahmen und -ausgaben leichter im Blick.
- Sie nutzen Ihre Konten wie von der Bank vorgesehen.
- Sie können Ihre Kontoauszüge als Belege nutzen, ohne private Ausgaben verstecken zu müssen.
- Die meisten Geschäftskonten ermöglichen Ihnen, Ihre Buchungssätze an Ihre Steuerberaterin zu übermitteln.

Buchhaltung 2 | Kontenaufteilung

Ihre Buchführung soll Ihnen idealerweise Ihre selbstständige Arbeit erleichtern und sie nicht unnötig verkomplizieren. Deshalb empfiehlt es sich noch vor dem Start in die Selbstständigkeit, ein cleveres **Kontenkonzept** auszutüfteln. Dafür sollten Sie als Erstes eine oder mehrere Banken finden, deren Konditionen, Kosten und Investitionsgebiete zu Ihrem Geschäftsmodell und Ihren Grundwerten passen. Für einen bequemen Überblick über Ihre Finanzen entscheiden Sie sich für ein Privat- und ein Geschäftskonto, an die jeweils ein Tagesgeldkonto angeschlossen ist. So reicht eine Anmeldung beim Online-Portal aus, um beide Konten einzusehen.

Durch die Trennung in Ihr geschäftliches und Ihr privates Konto gleichen Sie Schwankungen in Ihren Einnahmen ganz einfach aus: Richten Sie sich dafür einen Dauerauftrag ein, der einmal im Monat einen festen Betrag von Ihrem Geschäfts- auf Ihr Privatkonto überweist. Verwenden Sie für eine bessere Übersicht den Verwendungszweck »Privatentnahme Unternehmergehalt«. Wenn Sie in einem Monat überdurchschnittlich viel einnehmen, verbleibt so ein Überschuss auf Ihrem Geschäftskonto, der Sie ganz entspannt über klammere Zeiten hinwegträgt. Ihr Privatkonto bekommt so von eventuellen Flauten nichts mit.

Ein weiterer Vorteil dieser Kontenstrategie ist, dass Sie auf einen Blick erkennen, wie es um Ihre Selbstständigkeit bestellt ist und ob Sie im Plus sind oder sich langsam den roten Zahlen nähern. Durch die getrennten Konten machen Sie sich Ihre betriebswirtschaftlichen Auswertungen und Ihre Buchführung einfacher. Das hilft Ihnen auch, wenn Sie Ihrer Steuerberaterin oder einem Buchprüfer Ihre Kontobewegungen offenlegen. Außerdem müssen Sie nicht umständlich alle privaten Ausgaben mit Scham und einem dicken Edding aus Ihren Kontoauszügen tilgen: Was privat ist, bleibt privat, und was zu Ihrem Unternehmen gehört, liegt schön getrennt auf einem anderen Konto.

Beachten Sie dabei, dass Geschäftskonten ohne Dispositionskredit (Dispo) auskommen müssen. Deshalb sollte immer ausreichend Geld auf Ihrem Geschäftskonto liegen, damit Sie Miete, Lieferanten und Ihr eigenes Unternehmergehalt zahlen können. Falls Sie einen Kredit benötigen, fragen Sie bei Ihrer Bank nach einem sogenannten Kontokorrentkredit. Ob Sie diesen bekommen oder nicht, macht die Bank von Ihren Zahlungseingängen und damit von der Entwicklung Ihres Geschäfts abhängig. In der Regel fragen Banken Sie zusätzlich nach einer Steuererklärung, einer Betriebswirtschaftlichen Auswertung (BWA) oder anderen Dokumenten, die Auskunft über Ihre aktuelle Ausgaben- und Einnahmenverteilung geben.

Im **Vier-Konten-Konzept** nutzen Sie die beiden Tagesgeldkonten, um Rücklagen anzulegen: Auf Ihr privates Tagesgeldkonto können Sie monatlich einen Betrag für jährliche Ausgaben wie Versicherungen oder für einen Notgroschen einrichten, wenn die Geschäfte mal nicht so rund laufen oder Sie krank sind. Dasselbe können Sie natürlich auch mit Ihrem geschäftlichen Tagesgeldkonto machen. So ist die Versuchung deutlich geringer, das Geld einfach auszugeben. Deshalb ist es auch sinnvoll, Steuern, Umsatzsteuer und andere jährliche Ausgaben auf Ihr geschäftliches Tagesgeldkonto umzuschichten. In Ihrem Kassenbuch können Sie diese Buchungen als Privatentnahmen und -einzahlungen verbuchen – je nachdem, in welche Richtung die Buchung geht.

Buchhaltung 3 | Geschäftsausgaben

Wenn Sie sich einen neuen Laptop oder ein Tablet für Ihre Arbeit kaufen oder einen Kunden zu einer Besprechung auf einen Kaffee einladen, dann tätigen Sie eine Geschäftsausgabe. Auf Ihr Unternehmen bezogene Ausgaben können Sie steuerlich geltend machen. Das bedeutet, dass Sie Ihre Ausgabe oder zumindest einen Teil davon von der Summe Ihrer Einnahmen abziehen können. Entsprechend verringert sich die Summe Ihres zu versteuernden Einkommens – und damit das, was Sie an Steuern ans Finanzamt abgeben müssen. Abschnitt 10.2 beschäftigt sich damit ausführlicher. Ihre Buchführung ist der Weg zu einer schlüssigen und rechtssicheren Steuererklärung.

Ein Teil Ihrer Buchführung besteht darin, dass Sie all Ihre Ausgaben belegen können und die Quittungen und Kassenzettel sorgfältig speichern oder abheften. Sie können Ihre Belege sowohl digital ablegen als auch auf Papier abheften, Sie sollten sich dabei allerdings für eine der beiden Methoden entscheiden: Entweder scannen Sie alle Quittungen und sichern diese gemeinsam mit allen digitalen Rechnungen, oder Sie drucken per Mail reinflatternde Rechnungen aus und heften sie zu Ihren Kassenbons.

Beachten Sie bitte, dass Sie alle Belege zehn Jahre nach Einreichen der dazugehörigen Steuererklärung aufbewahren müssen. Deshalb empfiehlt es sich bei Kassenzetteln, die auf Thermopapier gedruckt wurden, sie abzufotografieren und digital aufzubewahren, denn wird das Papier etwas zu warm, ist der Bon mit etwas Pech nicht mehr lesbar. Auch bei der digitalen Aufbewahrung sollten Sie auf Nummer sicher gehen und regelmäßige Backups von Ihren Buchhaltungsdaten anlegen.

Damit Sie wissen, welche Belege Sie aufbewahren müssen, schauen wir uns die wunderbare Welt der Geschäftsausgaben genauer an. Zu den Geschäftsausgaben gehören unter anderem:

- Verbrauchsgüter wie Bleistifte oder Kopierpapier
- Hardware, Software und Maschinen
- Büro- oder Ateliermiete
- Strom, Wasser und Internet für Ihre Geschäftsräume
- Fahrzeuge
- Telefongebühren und Smartphone
- Dienstleistungen
- Werbemittel und Webhosting
- Geschenke für Ihre Kundschaft
- Kreditzinsen für betriebliche Anschaffungen
- Bewirtungskosten, wenn Sie Ihre Geschäftspartner einladen

Wenn es um Ausgaben geht, die Sie auch privat nutzen, wie Ihren Internetanschluss, den Firmenwagen oder das heimische Arbeitszimmer, können Sie diese meist nur anteilig von den Steuern absetzen. Darauf kommen wir in Abschnitt 10.2 nochmal zu sprechen. Auch Ausgaben aus Ihrer Startphase, wie Honorare für Coaches oder das Erstellen einer Website, können Sie als Geschäftsausgaben buchen. Dafür müssen Sie allerdings bereits eine Steuer- oder Gewerbenummer haben.

Vorsicht

Generell sollten Sie jedoch nur das absetzen, was auch wirklich für Ihre Arbeit nötig ist. Denn wenn Sie zu viel privat anmutende Dinge auflisten, könnte das Finanzamt stutzig werden und nachfragen. In diesem Fall sollten Sie gut begründen können, was Sie mit der Hightech-Drohne oder dem glamourösen Ballkleid anstellen wollen. Sie sollten idealerweise also nicht nur einen schriftlichen Beleg über die jeweilige Ausgabe haben – sondern auch wissen, wofür die Ausgabe nötig war.

Buchhaltung 4 | Einnahme-Überschuss-Rechnung (EÜR)

In Abschnitt 8.2 haben wir uns damit beschäftigt, wie Sie eine korrekte Rechnung schreiben. Wenn alle brav bezahlen, haben Sie also bald schon Ihr erstes selbstständig erarbeitetes Geld auf dem Konto.

Bei Ihren Einnahmen unterscheidet das deutsche Steuerrecht zwischen den Einnahmen aus selbstständiger Arbeit und denen aus einem Gewerbebetrieb: Erstere stammen aus freiberuflichen Tätigkeiten und Letztere, wenig überraschend, aus einem Gewerbe. Für eine kleine Auffrischung, was den Unterschied angeht, können Sie gerne nochmal in Kapitel 3 zurückblättern. Denn für Ihre Buchführung ist die Rechtsform Ihres Unternehmens von großer Bedeutung: Während Freiberufler eine einfache Einnahme-Überschuss-Rechnung abgeben dürfen, müssen Kapitalgesellschaften eine doppelte Buchführung vorlegen.

Wenn Ihr Job zu den freien Berufen zählt, nehmen Sie sich jetzt einen Moment, um einen kleinen Freudentanz aufzuführen – generell und wegen der deutlich einfacheren Buchführung. Im Prinzip können Sie dem Finanzamt Ihre Buchführung, also eine Liste Ihrer Einnahmen und Ihrer Ausgaben, in einer schlichten Tabelle vorlegen. Manche Selbstständige nutzen dafür eine vorformatierte Excel-Tabelle aus dem Internet oder erstellen sich mit etwas Geduld selbst eine.

Vorlagen im Internet
www.fuer-gruender.de/wissen/unternehmen-gruenden/finanzen/buchfuehrung/euer/vorlage

Alternativ dazu gibt es auch von den Anbietern von Steuersoftware entsprechende Programme wie von Wiso, Papierkram oder Lexoffice, mit denen Sie die einzelnen Posten Ihrer Einnahme-Überschuss-Rechnung erfassen können. Tragen Sie zu jeder Einnahme und jeder Ausgabe die folgenden Informationen ein:

- **Datum der Einnahme oder der Ausgabe** und falls dieses Datum abweichend sein sollte, zusätzlich das Datum, wann das Geld abgebucht wurde oder auf Ihrem Konto eingegangen ist
- **Nummer des Belegs** (ja, das bedeutet, Sie sollten Ihre Belege durchnummerieren) und ein Buchungstext, damit sich die Mitarbeitenden im Finanzamt etwas darunter vorstellen können

- den **Betrag** und gegebenenfalls die enthaltene Umsatz- oder Mehrwertsteuer
- das **Sachkonto**, also welcher Art die Ausgabe oder Einnahme ist: Dafür gibt eine ganze Liste von gesetzlichen Standards, etwa »Zeitschriften und Fachbücher«, »Bürobedarf« oder »EDV und Software«. Auf der Seite *steuertipps.de/lexikon/s/sachkonten* finden einen Überblick über alle zulässigen Sachkonten.

Ihre Einnahme-Überschuss-Rechnung können Sie entweder mittels Ihres Buchführungsprogramms über eine digitale Schnittstelle direkt ans Finanzamt übermitteln oder die gefragten Posten aus Ihrer Tabelle in das Online-Formular des Finanzamtes (Elster) übertragen. Je ordentlicher und gewissenhafter Sie Ihre Buchführung machen, desto schneller haben Sie Ihre Pflicht erfüllt.

Buchhaltung 5 | Doppelte Buchführung

Bei der Einnahme-Überschuss-Rechnung schreiben Sie jede Einnahme und jede Ausgabe fein säuberlich auf. Die einfache Buchführung bleibt allerdings den Freiberuflern und Kleinunternehmerinnen vorbehalten, die nicht im Handelsregister eingetragen sind und deren Geschäftsprozesse überschaubar sind. Für alle anderen Einzelunternehmer und auch für landwirtschaftliche Betriebe gilt die Einkommensgrenze. Ab einem Umsatz von 600.000 Euro und einem Gewinn von 60.000 Euro im Jahr müssen Sie sich leider von der EÜR verabschieden – und die Ärmel hochkrempeln: Jenseits dieser Grenzen müssen Sie eine doppelte Buchführung machen.

Bei der doppelten Buchführung, die auch Doppik genannt wird, müssen Sie eine **Bilanz** und eine **Gewinn- und Verlustrechnung** (GuV) erstellen – also zwei Ergebnisse am Ende des Jahres aus Ihren Büchern hervorzaubern. Dafür gibt es zwei verschiedene Konten: das Konto und das Gegenkonto. Dabei handelt es sich aber nicht um separate Girokonten, sondern um Bereiche Ihrer Buchführung. Auf diese theoretische Trennung geht auch der Name »doppelte Buchführung« zurück.

Wie bei der Einnahme-Überschuss-Rechnung gibt es auch bei der doppelten Buchführung verschiedene Sachkonten. Doch während bei der EÜR entweder Einnahmen oder Ausgaben auf die jeweiligen Sachkonten wie »Reisekosten« oder »Schreibwaren« gebucht werden, sind diese Sachkonten hier in Soll und Haben unterteilt. Wenn Sie beispielsweise einen PC kaufen, geht der Kaufbetrag von Ihrem geschäftlichen Girokonto ab. Auf dem Girokonto entsteht dadurch ein Minus, das Sie in Ihrer Buchführung im Sachkonto »Hardware« als Soll verbuchen. Zugleich – und hier kommt das Doppelte in die Buchführung – entsteht ein Plus und damit ein Zuwachs auf der Haben-Seite in Ihrem Betriebsvermögen. Denn schließlich haben Sie nicht einfach nur Geld ausgegeben, sondern einen echten Gegenwert randvoll mit Chips und Platinen dafür erhalten. Die Kosten für den PC gehen also vom buchhalterischen Konto ab, während sich der Gegenwert auf dem Gegenkonto niederschlägt.

Aus diesen Buchungen ergeben sich zum einen **Bestandskonten**, die in **Aktiva** wie Grundstücke und Gebäude, Finanzanlagen, Kasse, Bank, Forderungen, Betriebs- und Geschäftsausstattung und **Passiva** wie Eigenkapital, Verbindlichkeiten, Rückstellungen und passive Rechnungsabgrenzungsposten unterteilt werden. Am Jahresende ergibt sich daraus die Bilanz.

Zum anderen leiten sich aus den Buchungen auch **Erfolgskonten** ab, aus denen Sie zum Jahresabschluss die Gewinn- und Verlustrechnung (GuV) ermitteln. Auch wenn diese Unterscheidungen und Aufteilungen sehr komplex anmuten, sorgen sie beim Finanzamt für mehr Klarheit. Durch die GuV und die Bilanz kann das Finanzamt auf einen Blick erkennen, wie es um die aktuelle Finanzlage Ihres Unternehmens bestellt ist.

Wie mache ich das?

Natürlich gibt es auch für diese Art der Buchung Angebote und Programme wie *Datev*, *Sage* oder *Sevdesk*, die Sie bei der richtigen Zuordnung der Posten unterstützen. Doch gerade für frischgebackene Gründer ist es sinnvoll, die doppelte Buchführung an eine professionelle Steuerfachkraft abzugeben. Die Kosten können Sie natürlich auch von der Steuer absetzen.

Auch wenn Sie sich der doppelten Buchführung noch nicht gewachsen fühlen oder einfach keine Lust darauf haben, dürfen Sie diese aufwändige Aufgabe an jemanden auslagern, der dafür mehr Leidenschaft und eine fundierte Ausbildung mitbringt als Sie. Hier einige nützliche Links:

- *www.erfolg-als-freiberufler.de/doppelte-buchfuehrung-fuer-freiberufler*
- *www.buchhaltung-einfach-sicher.de/grundlagen-doppelte-buchfuehrung*
- *wirtschaftslexikon.gabler.de/definition/doppelte-buchhaltung-34658*
- *www.existenzgruender.de/DE/Unternehmen-fuehren/Unternehmenssteuerung/Unternehmenszahlen-erfassen-Rechnungswesen/Doppelte-Buchfuehrung/inhalt.html*

Buchhaltung 6 | Entspannter Workflow

Das Wichtigste an Ihrer Buchführung ist, dass sie korrekt und wasserdicht ist. Und am zweitwichtigsten? Dass sie nicht nervt! Denn vor allem zu Beginn Ihrer Selbstständigkeit haben Sie viel zu tun: Sie kennen viele Prozesse noch nicht so gut, müssen erstmal Workflows finden und sich irgendwie in die neue Form der Arbeit eingrooven. Da sollte Ihre Buchführung so einfach wie möglich sein. Denn – Hand aufs Herz – was nervt, das schieben wir auf, bis es noch viel mehr nervt.

Also: Sobald Sie etwas für Ihr Business kaufen, fotografieren Sie den Bon, nummerieren diesen mit einer fortlaufenden Nummer, heften ihn ab und legen das Foto zu seinen Freunden in einen digitalen Ordner. Danach geben Sie die entsprechenden Angaben in Ihr Buchführungs-Tool ein. Auch wenn das aufwändig klingt: Mit ein bisschen Übung dauert dieser Prozess vielleicht zwei Minuten. Wenn Sie sich das gleich von Anfang an angewöhnen, machen Sie sich den Jahresabschluss und damit auch die Steuererklärung sehr viel einfacher. Denn so müssen Sie nicht erst mühsam Ordnung in Ihren Quittungsknubbel bringen und dann alles mühsam eingeben – sondern müssen die entsprechende EÜR nur noch mit ein paar Klicks abschließen. Eine App oder ein Computerprogramm spart Ihnen, wenn Sie nicht zufällig einen soliden Hintergrund im Steuerrecht haben, dabei Zeit und Nerven.

Die beliebtesten und umfangreichsten Buchführungsprogramme für Selbstständige

- *testen.lexoffice.de/web*
- *sevdesk.de*

Wenn Sie keine Muße haben, Ihre Ausgaben und Einnahmen sofort in Ihr Buchhaltungsprogramm einzugeben, können Sie sich dafür auch einen festen Termin im Kalender setzen, etwa jeden Freitag, 30 Minuten bevor Sie ins Wochenende starten. Oder einmal im Monat, wenn Sie sich ohnehin mit Ihren Rechnungen beschäftigen. Mit dieser Routine erleichtern Sie auch einer Expertin die Arbeit, an die Sie womöglich Ihre Buchhaltung auslagern möchten. Und dadurch sparen Sie in der Regel Geld.

Machen Sie es sich also so einfach, wie es nur geht, und übernehmen Sie das regelmäßige Buchen von Einnahmen und Ausgaben als Teil Ihrer Arbeitsroutine. So klappt es dann auch ganz entspannt mit dem Finanzamt.

10.2 Steuern

Haben Sie sich auch schon mal gefragt, wieso Menschen freiwillig Steuerberaterin oder Steuerfachgehilfe werden wollen? Wenn ja, dann gehören Sie zu den vielen Kreativen, denen das Wort Steuer den Angstschweiß auf die Stirn treibt. An dieser Stelle wünschen Sie sich vielleicht, doch lieber ein festes Arbeitsverhältnis zu haben. Denn Angestellten wird die Steuer vor der Auszahlung bereits von ihrem Lohn abgezogen, deshalb müssen sie nicht zwingend eine Steuererklärung machen. Bei Selbstständigen ist das anders: Sie sind verpflichtet, eine Steuererklärung abzugeben. Aber wie es im Norddeutschen so treffend heißt: »*Nützt ja nichts*« – Leiden und Jammern helfen leider wenig gegen das Gesetz. Also nur Mut, Sie kriegen das schon hin. Und wenn nicht, dann holen Sie sich eben Hilfe. Damit Sie einen besseren Überblick über das Thema bekommen, finden Sie hier die wichtigsten Dinge, die Sie zu den Steuern wissen sollten.

Arten von Steuern

Die Familie der Steuern hat viele Mitglieder, die wie in jeder guten Familie alle einen anderen Vornamen haben: Dabei sind Einkommens-, Mehrwert-, Umsatz- und Gewerbesteuer für Selbstständige in der Kreativwirtschaft die wichtigsten.

Steuer 1 | Einkommenssteuer

Die Einkommenssteuer zahlen Sie, wie der Name durchblicken lässt, auf Ihr Einkommen. Dabei versteuern Sie Ihren Gewinn, der sich aus Ihrer Einnahme-Überschuss-Rechnung oder Ihrer doppelten Buchführung ergibt. Das gilt auch, wenn Sie nebenher noch einer nicht-selbstständigen Tätigkeit nachgehen.

Der Staat hat durchaus ein Herz für Geringverdiener, deshalb zahlen Singles erst ab aktuell (Stand Herbst 2021) 9.744 Euro Einkommenssteuer. Für Ehepaare liegt der sogenannte Grundfreibetrag bei insgesamt 18.816 Euro. Erst wenn Ihr Gewinn diese Grenze übersteigt, müssen Sie Einkommenssteuer zahlen. Ab der Freibetragsgrenze bis zu einem Einkommen von 57.919 Euro im Jahr steigt der Steuersatz progressiv von 14 auf 42 Prozent. Zwischen 57.919 Euro und 274.612 Euro wird der sogenannte Spitzensteuersatz von 42 Prozent fällig, und darüber gehen 45 Prozent der Einnahmen an das Finanzamt. Damit hat Deutschland einen der höchsten Steuersätze weltweit.

Berechnung der Einkommenssteuer

Auf der nachfolgenden Website können Sie Ihre voraussichtliche Einkommenssteuer berechnen:
www.bmf-steuerrechner.de/ekst/eingabeformekst.xhtml

Steuer 2 | Umsatzsteuer

Die Umsatzsteuer kennen Sie vielleicht auch unter einem anderen Namen: Wenn Sie ein Buch, einen Apfel oder ein Auto kaufen, zahlen Sie zusätzlich zum eigentlichen Kaufpreis bei fast allem, was Sie in Deutschland kaufen, auch Mehrwertsteuer. So heißt diese Steuer, wenn Sie in einem Buchladen nach ausgiebigem Stöbern Ihre Beute bezahlen. Wenn Sie dasselbe Buch als Verlag verkaufen, werden aus den sieben Prozent Mehrwertsteuer auf Ihrer Seite sieben Prozent Umsatzsteuer. Und wenn Sie das Buch als Unternehmerin für Ihre Recherche kaufen, zahlen Sie die sieben Prozent als Vorsteuer. Es ist dasselbe Geld, hat aber je nachdem, wer es bezahlt oder einnimmt, einen anderen Namen.

Der Unterschied zwischen **7 und 19 Prozent Umsatzsteuer** ist für Freiberufler besonders relevant: Da vor allem Produkte und Dienstleistungen, bei denen Urheberrechte erworben werden, mit 7 statt 19 Prozent besteuert werden, dürfen Freiberufler in den meisten Fällen die vergünstigte Umsatzsteuer anwenden. Wenn Sie unterrichten oder Ihre Bilder als Drucke verkaufen, müssen Sie allerdings 19 Prozent Umsatzsteuer aufschlagen. Wer fix um die Ecke denken kann, überlegt jetzt vielleicht: Darf ich 19 Prozent Umsatzsteuer einnehmen und dennoch in der Künstlersozialkasse (siehe Abschnitt 10.4) bleiben, die einen Fetisch in Sachen Urheberschaft und Schöpfungshöhe hat? Kurze Antwort: Ja! Schließlich dürfen sich auch Lektoren über die KSK versichern, die ihre Arbeit mit 19 Prozent Umsatzsteuer abrechnen.

Wer entscheidet?

Bitte beachten Sie aber immer, dass die Entscheidung über 7 oder 19 Prozent letzten Endes beim Finanzamt liegt. Wenn Sie nur 7 Prozent berechnen, das Finanzamt dann aber 19 Prozent passender findet, müssen Sie schlimmstenfalls die Differenz nachzahlen.

Wichtig bei der Umsatzsteuer ist, dass diese zu keinem Zeitpunkt Ihnen gehört: Wenn Sie umsatzsteuerpflichtig sind, schlagen Sie diese zwar auf Ihre Rechnungen auf, allerdings geben Sie diese 1:1 ans Finanzamt weiter. Dabei dürfen Sie die Mehrwertsteuer, die Sie als Unternehmer ausgeben, von dem abziehen, was Sie ans Finanzamt überweisen müssen. Das gilt natürlich nur für Ausgaben, die mit Ihrem Unternehmen zu tun haben. Wenn Sie dazu neigen, alle Einnahmen auszugeben, sollten Sie die eingenommene Umsatzsteuer sofort nach Zahlungseingang auf ein separates Sparkonto legen. So ist sie sicher verwahrt, bis Sie sie ans Finanzamt überweisen müssen.

Wenn Sie ausschließlich mit anderen Unternehmen arbeiten, kann es durchaus von Vorteil sein, wenn Sie sich freiwillig für die Umsatzsteuerpflicht entscheiden. Sollten Sie dagegen vor allem mit Verbraucherinnen und Endkunden arbeiten, steigt der Preis Ihrer Yogastunden oder Ihrer Malerei dadurch auf einen Schlag um 7 bis 19 Prozent, wenn Sie die Steuer nicht von Ihren eigenen Einnahmen zahlen möchten. Dann könnte für Sie die Kleinunternehmer-Regelung spannend sein.

Die Kleinunternehmer-Regelung

Ob Sie als Kleinunternehmer gelten oder nicht, hängt von Ihrem Umsatz ab. Beachten Sie hier unbedingt, dass Umsatz nicht dasselbe wie der Gewinn ist, der bei der Einkommenssteuer relevant ist: Der Umsatz ist alles, was Sie ohne Abzüge einnehmen. Er ist relevant für Ihren Status als Kleinunternehmer. Wenn Ihr Umsatz unter 22.000 Euro liegt, dürfen Sie Ihre Rechnungen nach der Kleinunternehmer-Regelung ohne Umsatzsteuer stellen. In Ihren Rechnungen müssen Sie explizit darauf hinweisen, dass Sie gemäß § 19 UStG die Kleinunternehmer-Regelung für sich in Anspruch nehmen und deshalb ohne Umsatzsteuer abrechnen.

Wenn Sie allerdings in einem Jahr über die magische 22.000-Euro-Grenze kommen, sind Sie ab dem 1. Januar des Folgejahres umsatzsteuerpflichtig.[1] Die Gesamtumsatzgrenze von 22.000 Euro bezieht sich dabei auf ein ganzes Kalenderjahr: Falls Sie im laufenden Kalenderjahr gründen, rechnen Sie Ihre Einnahmen hoch. Wenn Sie beispielsweise im Oktober starten und direkt 1.500 Euro einnehmen, im November 2.400 Euro und im Dezember 1.800 Euro, addieren Sie alles, teilen es durch die drei Monate und multiplizieren diese Durchschnittseinnahmen mit den 12 Monaten eines vollen Jahres. Folglich rechnen Sie so:

- 1.500 € + 2.400 € + 1.800 € = 5.700
- 5.700 € : 3 = 1.900 €
- 1.900 € × 12 = 22.800 €

Damit liegen Sie bereits in Ihrem Gründungsjahr über der Grenze und müssen ab dem Folgejahr Umsatzsteuer abführen. Behalten Sie deshalb bitte auch während des laufenden Jahres Ihre Einnahmen im Blick. Schließlich merkt das Finanzamt erst, nachdem Sie Ihre Steuererklärung eingereicht haben, dass Sie gegebenenfalls bereits seit Jahresbeginn umsatzsteuerpflichtig sind.

Falls Sie in einem Jahr wieder unter die 22.000-Euro-Grenze sinken, können Sie gegenüber dem Finanzamt in einem formlosen Schreiben erklären, dass Sie ab dem 1. Januar des folgenden Jahres wieder auf die Umsatzsteuerpflicht verzichten und zur Kleinunternehmerschaft optieren. Ob das erstrebenswert ist, steht auf einem anderen Blatt. Denn ob Sie von Jahreseinnahmen unter 22.000 Euro gut leben können, hängt von Ihrem Lebensstandard ab. Dennoch ist die Kleinunternehmer-Regelung meist nur für Menschen interessant, die nebenbei selbstständig sind.

Steuer 3 | Gewerbesteuer

Menschen, die nicht als Freiberufler, sondern als Gewerbetreibende gelten, müssen zusätzlich zu allen anderen Steuern auch Gewerbesteuer zahlen. Bis 24.500 pro Kalenderjahr müssen Unternehmen keine Gewerbesteuer zahlen. Wenn Sie also einen Gewinn von 124.500 Euro machen, müssen Sie lediglich auf 100.000 Euro 3,5 Prozent, also 3.500 Euro Gewerbesteuer zahlen. Hinzu kommt ein je nach Stadt oder Gemeinde variierender Prozentsatz der sogenannten Hebesteuer. Mit etwas Pech kann die Gewerbesteuer so sehr hoch ausfallen.

Als Freiberuflerin haben Sie das Privileg, keine Gewerbesteuer zahlen zu müssen. Sie sollten jedoch vorsichtig sein und wirklich nur abrechnen, was in die Katalogberufe aus Kapitel 3 fällt. Denn falls das Finanzamt bei einer Prüfung findet, dass Sie gewerblich tätig sind, werden Sie gewerbesteuerpflichtig – und das auch rück-

1 *www.existenzgruender.de/DE/Gruendung-vorbereiten/Gruendungswissen/Steuern/Kleinunternehmerregelung/inhalt.html*

wirkend. Sollte der nach der Prüfung als Gewerbe geltende Teil Ihres Gewinns jedoch unterhalb des Freibetrags von aktuell 24.500 Euro liegen, sind Sie aus dem Schneider. Es kann allerdings sein, dass Ihre als gewerblich geltende Tätigkeit eine so große Rolle einnimmt, dass das Finanzamt auch Ihre restlichen Tätigkeiten als gewerblich einstuft und Sie so komplett nicht mehr als Freiberufler gelten. Bevor Sie Ihren Schwerpunkt verändern, sollten Sie also nochmal mit dem Steuerberater oder dem Finanzamt Rücksprache halten.

Steuer 4 | Steuernummer

Bei Ihrer Anmeldung als Selbstständige haben Sie eine Steuernummer bekommen. Diese geben Sie auf all Ihren Rechnungen an. So kann das Finanzamt Ihnen Ihre Rechnungen zuordnen und Sie auch in den Ausgaben Ihrer Auftraggeberinnen eindeutig ausfindig machen. Natürlich müssen Sie diese Nummer auch in Ihrer Steuererklärung angeben.

Falls Sie zwei oder mehrere unterschiedliche Tätigkeitsfelder bedienen, also zum Beispiel tagsüber Journalistin und am Abend Yogalehrerin sind, schickt Ihnen das Finanzamt meist nach der ersten Steuererklärung, bei der die unterschiedlichen Tätigkeitsfelder auffallen, eine zweite Steuernummer zu. Ab diesem Zeitpunkt buchen Sie Ihre journalistische Tätigkeit auf die eine Nummer und die Yoga-Einnahmen und -Ausgaben auf die andere. Diese Trennung ist jedoch bei Solo-Selbstständigen nur relevant für die Einkommenssteuer – nicht für die Umsatzsteuer. Das heißt konkret: Sie legen für jede Ihrer Steuernummern eine EÜR und eine Einkommenssteuererklärung an. Ihre Umsatzsteuer geben Sie jedoch zusammen an und reichen die entsprechende Erklärung gesammelt unter Ihrer ursprünglichen Steuernummer ein. Da sich hier regionale Unterschiede ergeben könnten, sollten Sie dazu kurz Rücksprache mit Ihrem zuständigen Finanzamt halten, falls Sie eine zweite Steuernummer bekommen. Der Normalfall ist die Arbeit mit einer einzigen Steuernummer – was Ihre Buchführung und die Steuererklärung deutlich erleichtert.

In Ihrem Buchführungsprogramm können Sie diesen Spezialfall über die sogenannte »umsatzsteuerliche Organschaft« regeln. Ihre Buchhaltung für die Einkommenssteuer buchen Sie dagegen weiterhin auf Ihre separaten Steuernummern.

Tipp

Nicht jedes Steuerprogramm kann diesen Spezialfall abwickeln. Bei WISO Steuer können Sie jedoch die Einnahmen und Ausgaben aus einer oder mehreren weiteren Einnahme-Überschussrechnungen angeben (*www.buhl.de/steuer*).

Steuer 5 | Steuervorauszahlung

Wenn Sie angestellt sind, holt sich das Finanzamt jeden Monat einen bestimmten Betrag von Ihrem Bruttogehalt, bevor Ihr Arbeitgeber Ihnen Ihr Nettogehalt überweist. Wenn Sie selbstständig sind, landen alle Einnahmen brutto auf Ihrem Konto, und Sie überweisen selbst die Einkommenssteuer an das Finanzamt. Selbstverständlich können Sie dem Finanzamt dafür auch ein SEPA-Mandat erteilen, damit Sie nicht selbst an die Überweisung denken müssen. Als Selbstständige zahlen Sie dabei nicht mehr monatlich, sondern in der Regel einmal im Quartal einen Abschlag an das Finanzamt.

Die Höhe dieses Abschlags ergibt sich entweder bei Neulingen aus Ihrer Schätzung vor Ihrer Gründung oder bei alten Hasen aus der Einkommenssteuererklärung des Vorjahres. Der Vorteil ist, dass Sie bei einer halbwegs realistischen Schätzung und geringer Abweichung vom Vorjahr keine hohen Nachforderungen vom Finanzamt erwarten müssen. Die Berechnungsgrundlage ist also das tatsächlich zu versteuernde Einkommen, sprich alle voraussichtlichen Einnahmen abzüglich aller absehbaren Ausgaben. Natürlich wünscht man sich da gerade zu Beginn der Selbstständigkeit eine magische Glaskugel, da das Einkommen noch etwas in den Sternen steht. Aber als vorbildliche Leserin und braver Leser haben Sie ja einen soliden Finanzplan aufgestellt, mit dem Sie Ihre voraussichtliche Steuerlast ganz gut abschätzen können.

Steuer 6 | Fristen

Eine Frist haben wir damit nun schon kennengelernt: Die quartalsweisen Vorauszahlungen Ihrer **Einkommenssteuer** werden immer zum 10. des letzten Monats eines Kalendervierteljahres fällig, das heißt konkret am 10. März, 10. Juni, 10. September und 10. Dezember.

An den 10. eines jeden Monats können sich zudem diejenigen gewöhnen, denen das Finanzamt schriftlich mitgeteilt hat, dass sie monatlich eine **Umsatzsteuervoranmeldung** einreichen sollen. Meist ist aber eine quartalsweise Umsatzsteuervoranmeldung gefordert, die jeweils bis zum 10. Januar, April, Juli und Oktober (bzw. bis zum ersten Werktag nach dem 10.) fällig wird.

Wenn Sie Ihre **Steuererklärung** selbst machen, reichen Sie diese bis zum 31. Juli des Folgejahres ein. Ihr Steuerberater darf sich mehr Zeit lassen: bis zum letzten Februartag des übernächsten Jahres. Wenn Sie die Frist verbummeln, riskieren Sie eine Geldstrafe oder dass das Finanzamt einfach schätzt, wie viel Sie verdient haben – und das fällt meist zu Ihren Ungunsten aus. In Notfällen können Sie das Finanzamt aber auch mit einem formlosen Schreiben um eine Fristverlängerung bitten.

Steuer 7 | Elster

Das Finanzamt ist seit einigen Jahren in der digitalen Gegenwart angekommen. Deshalb müssen Sie als Selbstständige gemäß § 25 Absatz 4 des Einkommenssteuergesetzes ihre Steuererklärung digital an das Finanzamt übermitteln. Die altmodische Erklärung auf Papier hat für Selbstständige ausgedient. Stattdessen fordert das Finanzamt seit einigen Jahren die **El**ektronische **St**euer-**Er**klärung oder kurz ELSTER.

Um Elster nutzen zu können, benötigen Sie ein Elster-Zertifikat. Dieses können Sie über die Website der Finanzverwaltung unter *www.elster.de* anfordern. Anschließend bekommen Sie per Mail oder ganz analog per Post Ihre Aktivierungsdaten zugestellt. Mit diesen können Sie Ihr Zertifikat herunterladen. Es dient Ihnen ab sofort als Sicherheitsschlüssel, mit dem Sie Ihre Steuererklärung einreichen oder später Ihren Bescheid abrufen können. Außerdem brauchen Sie eine Steuernummer und Ihre Steueridentifikationsnummer, die Sie automatisch vom Finanzamt geschickt bekommen. Sollten Sie noch keine Steuernummer haben, können Sie diese mit Ihrem Zertifikat über »Mein Elster« auf *www.elster.de* beantragen.

Das Schöne an diesem Zertifikat ist, dass Sie sich damit eindeutig gegenüber dem Finanzamt ausweisen können. Sie müssen also nichts mehr ausdrucken oder unterschrieben per Post ans Finanzamt schicken. Mit dem Klick auf den Daten-übermitteln-Button haben Sie Ihre Steuererklärung offiziell und abschließend eingereicht.

Steuer 8 | Software

Ihre Steuererklärung direkt in die digitalen Elster-Bögen einzutragen, ist etwas komplizierter und dauert daher meist länger, als wenn Sie für Ihre Steuererklärung eine entsprechende Software nutzen. Während Sie Elster gratis nutzen können, kostet eine gute Steuersoftware meist zwischen 30 und 300 Euro pro Jahr, abhängig vom jeweiligen Leistungsumfang. Wenn Sie sich für die Angebote der Marktführer wie Buhl, Wiso oder Sage entscheiden, können Sie Ihre Daten mit wenigen Klicks über die Software in die Elster-Formulare einspeisen.

Wie wir bereits in Abschnitt 10.1 gesehen haben, besteht die Steuererklärung bei Selbstständigen aus zwei Teilen: der Einnahme-Überschuss-Rechnung (EÜR) und der eigentlichen Steuererklärung. Mit Ihrem Buchhaltungsprogramm oder Ihrer selbstgebastelten Excel-Tabelle erstellen Sie die EÜR. Die so ermittelten Daten zu Ihren Einnahmen und Ausgaben fügen Sie anschließend entweder über die Import-Funktion Ihrer Software oder händisch in Ihr Steuerprogramm ein. Der Vorteil der Steuersoftware ist, dass sie Sie behutsam an die digitale Hand nimmt und Sie souverän durch den Paragrafen-Dschungel führt. Mit Tipps und Fehlermeldungen geben Sie schnell an allen Stellen die passenden Zahlen und Informationen in die Eingabemaske ein.

Der größte Unterschied zwischen den zahlreichen Softwareangeboten liegt darin, ob Sie eine umfassende Buchhaltungs- und Steuerlösung suchen oder ein schlankes Programm allein für Ihre Steuererklärung wollen. Umfassende Angebote, etwa von

Sevdesk, *Lexoffice* oder *Papierkram*, begleiten Sie durch das ganze Jahr. Darüber können Sie Ihre gesamte Buchhaltung, Angebots- und Rechnungserstellung und Ihr Mahnwesen abwickeln – und natürlich Ihre Steuererklärung machen.

Zahlen können Sie monatlich oder mit einem Nachlass auch einmal im Jahr. Die Preise variieren je nach Zahlungsmodalitäten und den dazugebuchten Extras zwischen 100 und 300 Euro im Jahr. Der Vorteil der Komplettlösungen ist, dass Sie so alle Informationen und Belege an einem Ort sammeln. Zudem ermöglichen es die meisten Angebote, dass Sie Ihren Account und Ihre Daten für Ihre internetaffine Steuerberaterin freigeben können. So kann diese Ihre Steuererklärung leichter anfertigen.

Allerdings entscheiden Sie sich bei webbasierten Lösungen dafür, Ihre Daten auf einem fremden Server abzulegen. Wenn Sie dabei Sicherheitsbedenken haben, fühlen Sie sich womöglich mit den etwas weniger umfangreichen Desktop-Anwendungen von Buhl, Wiso oder der Steuersparerklärung etwas wohler. Diese bekommen Sie bereits für etwa 30 Euro für das jeweilige Steuerjahr.

Anbindung an Elster

Entscheiden Sie sich Ihren Nerven zuliebe für eine Software, die eine Anbindung an Elster zulässt. So können Sie Ihre Daten sortieren und gleich über das Programm an das Finanzamt schicken. Das gilt sowohl für Ihre Einkommens- als auch für Ihre Umsatz- und Gewerbesteuererklärung. Als kleines Gimmick können Sie die Kosten für Ihre Steuersoftware von den Steuern absetzen.

Steuer 9 | Steuerberatung

Wie gerade schon angerissen, können Sie Ihre Unterlagen und Informationen mit einer Software selbst verwalten und dennoch mit einer Steuerberaterin zusammenarbeiten. Die Betonung liegt hier aber auf *können* – Sie *müssen* nicht: Selbstständige sind rechtlich nicht dazu verpflichtet, einen Steuerberater zu haben.

Wenn Sie eine korrekte Steuererklärung auch allein hinbekommen, dürfen Sie das auch ganz im Sinne des selbstständigen Einzelkämpfers alleine machen. Es ist möglich, dass Sie sich selbst so sehr ins Steuerrecht reinfuchsen, dass Sie Ihre Steuern auch ohne eine Steuerberaterin machen können. Wichtig ist allerdings grundsätzlich, dass Sie Ihre Steuersachen ordentlich und verantwortungsbewusst erledigen. Heißt: Keine Buchung ohne Beleg. Zudem sollten Sie, auch wenn es selbstverständlich klingt, ganz genau hinsehen, damit Sie Einnahme und Ausgabe bei der Buchung nicht verwechseln. Am Ende des Jahres sollten Sie Ihre Buchhaltung nochmal auf diese Punkte hin prüfen.

Sollten Sie zur doppelten Buchführung verpflichtet sein und nicht zufällig in einem früheren Leben Steuerfachangestellter waren, sollten Sie Ihre Fähigkeiten und

Kenntnisse jedoch realistisch einschätzen: Bekommen Sie das wirklich alleine hin, eine wasserdichte Steuererklärung hinzulegen? Es ist keine Schande, Aufgaben, die einem nicht liegen und im Zweifelsfall auch einfach keinen Spaß machen, an Profis abzugeben. In eine Steuerberatung investieren Sie Ihr Geld meist sehr sinnvoll. In vielen Fällen ist die Steuerersparnis zwar ähnlich hoch wie die Kosten für die Beratung. Aber Sie sparen in jedem Fall Zeit und Nerven und ziehen auch rechtlich den Kopf aus der Schlinge. Denn wenn Sie Ihre Steuererklärung selbst machen, stehen Sie alleine für eventuell schlampige oder falsche Angaben gerade.

Hilfen bei der Steuererklärung

Als Solo-Selbstständige könnten Sie es jedoch gerade am Anfang Ihrer Selbstständigkeit auch schaffen, EÜR und Steuererklärung selbst zu meistern. Neben der Steuersoftware helfen Ihnen Bücher wie »Freiberufler – Fit fürs Finanzamt« von Constanze Elter, die meist kostenlosen Seminare der lokalen Wirtschaftsförderung oder die gute alte Google-Suche weiter. Auf diesen Wegen erhalten Sie auch einen Eindruck von den möglichen Kosten einer Steuerberatung. Alternativ können Sie auch einige Steuerberater abtelefonieren und sich eine grobe Schätzung geben lassen.

Die entscheidende Frage ist also: Können Sie Ihr Chaos überblicken – oder haben Sie kein Chaos in Ihrer Buchhaltung? Gerade in der Kreativwirtschaft tummeln sich Menschen, die einen Aktenbeutel besitzen: Während strukturiertere Menschen ihre Akten brav abheften oder nummeriert auf einer Festplatte ablegen, stopft manch anderer Belege und Rechnungen in eine Plastiktüte und hofft, dass die Regierung die Steuererklärung abgeschafft hat, bis der Beutel überquillt.

Wenn Sie zum Team Aktenbeutel gehören, sollten Sie ernsthaft über einen Steuerberater nachdenken. Denn wenn Sie nur eine Steuernummer haben, kann sich ein Profi schnell einen Überblick über Ihren Beutelinhalt machen und das Ganze für Sie mit dem Finanzamt abhandeln. Da der Aufwand für die Beraterin so höher ist, wird sie Ihnen vermutlich etwas mehr berechnen als Ihren strukturierteren Kollegen. Aber so sparen Sie sich den Stress, sich selbst kümmern zu müssen. Und hey, immerhin heben Sie ja offensichtlich all Ihre Belege auf – Glückwunsch dazu!

Steuer 10 | Belege

Egal ob Ihre Akten also in einem Ordner oder einem Beutel schlummern: Wichtig ist, dass Sie alle Einnahmen und Ausgaben belegen können. Wenn Sie so viel Selbstdisziplin zusammenkratzen können, nummerieren und verwalten Sie diese wie in Abschnitt 10.1 beschrieben.

Lassen Sie sich bitte nicht davon irritieren, dass Sie keine Quittungen oder Belege mit Ihrer Steuererklärung einreichen müssen. Denn das Gesetz verpflichtet Sie, Jahresabschlüsse und Eröffnungsbilanz, Inventardokumente, Kontoauszüge und Rechnungen sowie Bücher und Zollunterlagen **zehn Jahre** lang aufzubewahren. Alle Unterlagen, die nicht direkt in diese Kategorien fallen, müssen sich **sechs Jahre** nach Ablauf des entsprechenden Geschäftsjahrs ein Büro mit Ihnen teilen. Da Sie vermutlich keine Lust haben, Ihre Akten regelmäßig zu durchforsten, behalten Sie als Daumenregel einfach die zehn Jahre im Kopf, damit gegen Sie auf Nummer sicher. Danach dürfen Sie nach Herzenslust schreddern, häckseln oder wegwerfen, was Ihre Regale unnötig füllt.

Nehmen Sie diese Regel ernst, denn es kann durchaus sein, dass das Finanzamt Sie bei einer ihrer Stichproben-Prüfungen auswählt und Sie fast zehn Jahre alte Belege zu Ihren steuerlich geltend gemachten Buchungen vorlegen müssen. Spätestens in einer solchen Situation zahlen sich Ihre nummerierten und strukturiert abgelegten Belege und Quittungen aus. Denken Sie dabei auch kurz darüber nach, dass viele Kassenzettel auf Thermopapier gedruckt werden. Manchmal verschwindet die Tinte nach einigen Jahren von den Bons. Deshalb empfiehlt es sich, alle Belege zu fotografieren und digital sicher abzulegen.

Steuer 11 | Absetzen

Manch einer setzt sich auf die Cayman Islands ab, um weniger Steuern zu zahlen. *Absetzen* und *Steuern* scheinen eine fast so innige Beziehung zu haben wie *Steuern* und *Hinterziehen* oder *Hinterziehung* und *Gefängnis*. Wenn Sie Ihr Leben am liebsten in Freiheit verbringen, sollten Sie also auf dem Pfad der Tugend bleiben und nur absetzen, was Sie auch absetzen dürfen: Ihre betrieblichen Einkäufe dürfen Sie zum Beispiel ganz legal von der Steuer absetzen. So können Sie, ganz ohne Ihr Vermögen in einem Steuerparadies zu verbuddeln, Steuern sparen. Zu den beliebtesten Absetzbarkeiten gehören diese:

- **Miete** für ein extern angemietetes Büro oder Atelier, ebenso ein Anteil an Ihrer privaten Miete, wenn Sie einen klar erkennbaren Arbeitsplatz zuhause haben
- **Anschaffungen** wie Computer oder Pinsel, die Sie für Ihre tägliche Arbeit brauchen. Da der jährliche Betrag hier gedeckelt ist, können Abschreibungen sinnvoll sein. Hier unterscheiden sich die Vorgaben etwas nach Art der Anschaffung.
- **Internet und Handyanschlüsse**, die Sie nur dienstlich nutzen, oder bis zu 20 Prozent eines privaten Anschlusses, den Sie auch für Ihren Beruf nutzen.[2]
- **Dienstwagen**, den Sie vollständig für den Job nutzen. Wenn Sie ihn jedoch entweder vorwiegend dienstlich oder vorwiegend privat nutzen, können Sie das Auto und die damit verbundenen Kosten unter je anderen Bedingungen von der

2 *selbststaendigkeit.de/news/grundertipps/was-selbststaendige-internet-telefon-beachten-sollten*

Steuer absetzen. Einige Finanzämter lassen sich auch darauf ein, ein Dienstfahrrad steuerlich gelten zu lassen.

- **Bücher und Zeitschriften**: Gerade die schreibende Zunft kommt hier im Jahr auf ein erstaunliches Sümmchen an Literatur, die sie für ihre Recherche nutzt und entsprechend von der Steuer absetzen darf. Bleiben Sie auch hier ehrlich.
- **Abos und Mitgliedschaften** dürfen Sie absetzen, wenn diese eindeutig auf Ihren Job bezogen sind. Dazu gehören etwa die Beiträge zu Berufsverbänden oder Abos von Fachmagazinen.
- **Porto und Bürobedarf** fallen in fast jeder Selbstständigkeit an. Diese dürfen Sie natürlich absetzen.
- Alle verbrauchbaren **Arbeitsmittel** können Sie von der Steuer absetzen. In einigen Bereichen empfiehlt es sich, mit den Pauschalbeträgen zu arbeiten, die Sie ohne Angabe von Belegen pauschal absetzen dürfen.
- **Dienstleistungen und Beratung** dürfen Sie immer dann steuerlich geltend machen, wenn diese eindeutig auf Ihre Arbeit bezogen sind.
- **Fortbildungen** sind für Selbstständige fast noch wichtiger als für Angestellte. Deshalb dürfen Sie bis zu 4.000 Euro pro Jahr steuerlich geltend machen.
- **Reisen und Bewirtung**, um sich mit Kunden auszutauschen, dürfen Sie von der Steuer absetzen. Auch hier sollten Sie immer belegen können, warum die Reise oder die Bewirtung nötig war. Machen Sie sich am besten einen Vermerk neben die Rechnung, mit wem Sie wann und warum essen waren oder warum Sie wohin gereist sind.
- **Kosten für Kranken- und Pflegeversicherung** sowie für Ihre Altersvorsorge gehören zu den Sonderausgaben. Diese gehören zwar nicht in die Einnahme-Überschuss-Rechnung, dennoch können Sie diese Kosten unter »Vorsorgeaufwendungen« von der Einkommenssteuer absetzen.

Gerade am Anfang Ihrer Selbstständigkeit ist es zu empfehlen, sich beraten zu lassen. Wenn Sie vor den gelegentlich recht üppigen Honoraren der Steuerberater zurückschrecken, sollten Sie zumindest Fachliteratur oder ein Steuerseminar speziell für Selbstständige in Erwägung ziehen. Wenn Sie sich etwas eingearbeitet haben, haben Sie Ihre Steuern schnell auch selbst im Griff. Bis dahin ist guter Rat im wahrsten Sinne des Wortes Gold wert.

10.3 Versicherungen

Von kreativer Arbeit leben zu wollen, erfordert Mut. Doch bei aller Abenteuerlust und Aufbruchsstimmung darf sich auch ab und zu ein kleines Stimmchen Gehör verschaffen, das sagt: »Aber was wäre, wenn ...?« Damit dieses Stimmchen Ihnen nicht nachts um drei ins Ohr säuselt, während Sie verzweifelt versuchen, einzuschlafen, können Sie es sanft mit ein paar Versicherungen zudecken und ihm ein Schlaflied von Ombudsstellen und watteweichen Sicherungsnetzen singen.

Aber welche Versicherungen sind wirklich sinnvoll, welche sind Pflicht – und welche eigentlich überflüssig?

Sicher 1 | Krankenkasse

Vielleicht haben Sie sich auch schon mal darüber gewundert, dass sich viele US-Amerikaner mit Händen und Füßen und ihrem Wahlzettel gegen eine flächendeckende Krankenversicherung wehren. Glühende Republikaner lehnen sie meist aus einem Grund ab: Sie sei der erste Schritt zum Sozialismus. Doch hier wird ein Solidarprinzip kurzerhand mit einer politischen Staatsform gleichgesetzt. Denn in eine Krankenkasse zahlen wir ein, ob wir nun krank sind oder nicht. Dass sich das nicht nur für die Gemeinschaft, sondern auch für uns selbst lohnt, zeigt ein weiterer Blick in die USA: Wer dort eine ernste Krankheit hat, muss das Geld für die Behandlung erstmal zusammenbekommen. Und die kann sehr teuer werden. Da überlegen viele Menschen es sich zweimal, ob sie zum Arzt gehen. Und so verschleppen sie zum Teil Krankheiten, die man früh erkannt noch gut hätte behandeln können. Deshalb ist der allgemeine Gesundheitszustand der Menschen in Ländern mit einer solidarischen Krankenversicherung im Schnitt höher als in Ländern, in denen jeder um seine eigene Gesundheit kämpft.

Daher gilt seit 1. Januar 2009 in Deutschland eine allgemeine Krankenkassenpflicht (§ 193 VVG): Wer seinen Hauptwohnsitz in Deutschland hat, ist verpflichtet, jeden Monat in die Krankenkasse einzuzahlen – auch als Selbstständiger. Da sich Selbstständige ohne jede Einkommensgrenze ihre Krankenkasse frei aussuchen können, werben die privaten und gesetzlichen Krankenkassen um die Wette.

Gesetzliche Krankenversicherung

Was die Kasse bezahlt, hängt etwas von der Krankenkasse und noch viel mehr von den gesetzlichen Vorgaben ab: Manche Krankenkassen setzen stark auf Prävention und bezahlen viele Scans und Screenings, spendieren Yoga- und Entspannungskurse und verschenken sogar Jahresabos für Meditations-Apps.

Welche gesetzliche Krankenkasse Sie wählen, hängt also vor allem davon ab, was diese Ihnen bietet und wo deren Schwerpunkt liegt. Denn die Beitragssätze und Zusatzbeiträge der gesetzlichen Krankenkassen hängen von Ihren Einnahmen ab. Grundsätzlich zahlen Sie als freiwillig gesetzlich Versicherter monatlich mindestens 167,79 Euro. Unabhängig von ihrem Gesundheitszustand oder ihrem Alter bekommen die gesetzlich Versicherten auch in verschiedenen Krankenkassen zu 95 Prozent dieselben Leistungen.

Wenn Sie mehr Leistungen haben möchten, können Sie eine gesetzliche Versicherung auch mit einer oder mehreren privaten Zusatzversicherungen aufmotzen. Wenn Sie sich beispielsweise um Ihre Zahngesundheit sorgen, können Sie Ihre gesetzlichen Standardleistungen mit einer privaten Zahnzusatzversicherung aufstocken. Ebenso können Sie sich bei der Krankenkasse Ihrer Wahl über Krankentagesgeld informieren, so dass Sie auch bei längerer Krankheit etwas besser abgesichert sind.

Für Ihre Beiträge zur gesetzlichen Krankenversicherung bekommen Sie genau dasselbe wie Angestellte. Allerdings ist die sogenannte Einkommensbemessungsgrenze für freiwillig gesetzlich Versicherte häufig höher als der Beitrag bei privaten Krankenversicherungen. Das kann die privaten Versicherungen gerade für junge Gründer interessant machen.

Private Krankenversicherung

Im Prinzip dürfen sich vier Gruppen von Menschen privat krankenversichern:

- Verbeamtete
- Selbstständige
- Studierende
- Angestellte, die die sogenannte Jahresarbeitsentgeltgrenze
  von aktuell 64.350 Euro brutto pro Jahr übertreffen

Auch bei privat krankenversicherten Angestellten und Beamten übernimmt der Arbeitgeber bis zum Höchstsatz die Hälfte des Beitrags. Selbstständige zahlen hier natürlich den kompletten Betrag selbst.

Aber nur weil es möglich ist, ist es nicht zwingend auch sinnvoll, sich als Selbstständige privat zu versichern. Denn bevor wir uns das Für und Wider etwas näher ansehen, sollten Sie sich klarmachen: Wenn Sie sich für die private Krankenversicherung entscheiden, ist der Rückweg in die gesetzliche Krankenkasse nicht einfach. Sie müssen schon wirklich gute Gründe haben, warum Sie nach Jahren, in denen Sie die Gemeinschaft nicht mitgetragen haben, wieder in die Solidargemeinschaft aufgenommen werden sollten.

In vielen Fällen ist der Weg in die private Krankenkasse eine Einbahnstraße. Und es gibt noch eine weitere Hürde: Die privaten Krankenkassen dürfen Sie durchaus auch ablehnen, wenn Sie in einen bestimmten Tarif möchten. Das kann zum Beispiel passieren, wenn Sie eine Vorerkrankung haben, die für die Krankenkasse teuer werden könnte. Allein in den Basis- und den Standardtarif müssen private Krankenkassen alle Menschen aufnehmen.

Meist bieten private Krankenkassen einen größeren Leistungsumfang. Auf den ersten Blick scheinen private Krankenkassen für Selbstständige mit noch recht überschaubarem Einkommen günstiger als die gesetzlichen zu sein. Doch der Teufel steckt hier im Kleingedruckten: Was Ihre private Krankenkasse zahlt und wo Sie selbst in die Tasche greifen müssen, hängt von Ihrem Tarif ab.

Generell sollten Sie allerdings über ein gewisses Finanzpolster verfügen, wenn Sie sich für eine private Krankenversicherung interessieren: Während die Arztpraxen direkt mit gesetzlichen Krankenkassen abrechnen, flattert bei den privat Versicherten nach jedem Arztbesuch die entsprechende Rechnung erstmal in den privaten Briefkasten. Den aufgerufenen Betrag müssen Sie dann in der angegebenen Zahlungsfrist begleichen. Falls Sie mal ins MRT müssen oder eine komplizierte OP haben, müssen Sie schon eine ganze Menge auf der hohen Kante haben. Nachdem Sie die Rechnungen bei der Krankenkasse eingereicht haben, bekommen Sie die Kosten erstattet.

Die Vorteile der privaten Kassen sind, dass Sie meist weniger lange auf Termine bei einem Spezialisten warten müssen. Zudem werden Sie mit einem teureren Tarif von Spezialisten und renommierten Fachärztinnen bevorzugt und mit den neusten Methoden behandelt. Bei den günstigeren Tarifen, die vielen Gründenden finanziell besonders attraktiv erscheinen, erhalten Sie dagegen meist sogar weniger Leistungen als bei einer gesetzlichen Krankenkasse.

Informieren Sie sich

Sie können sich sowohl bei privaten als auch bei gesetzlichen Krankenkassen Angebote und Informationen einholen und diese mit Ihren Bedürfnissen und Ihrem Budget abgleichen. Solange Sie noch unsicher sind, wie Ihre Geschäfte laufen werden, ist eine flexible Wahl sinnvoll, bei der Sie sich gegebenenfalls noch umentscheiden können, wenn sich die Umstände ändern. Prüfen Sie außerdem, ob Sie gegebenenfalls in die KSK aufgenommen werden können. Dazu erfahren Sie in Abschnitt 10.4 mehr.

Sicher 2 | Pflegeversicherung

Selbstständige, die sich freiwillig gesetzlich versichern, sind über die freiwillige Mitgliedschaft in der gesetzlichen Krankenversicherung automatisch auch pflegeversichert. Aktuell zahlen Selbstständige 3,05 Prozent ihres Einkommens in die Pflegeversicherung ein, wenn sie Kinder haben. Ohne Kinder sind es 3,3 Prozent. Privat Krankenversicherte können entweder bei ihrer oder auch bei einer anderen Krankenkasse eine private Pflegeversicherung hinzubuchen.

Sicher 3 | Gesetzliche Rente

Gleich vorneweg: Das Thema Rente ist vor allem für Selbstständige recht komplex, deshalb gibt es Abschnitt 10.5, in dem es um Ihre Altersvorsorge geht. Hier sei nur kurz erwähnt, dass viele Selbstständige gesetzlich dazu verpflichtet sind, in die staatliche Rente einzuzahlen. Das trifft vor allem auf die meisten freien Berufe, auf Handwerker und auch auf Selbstständige mit nur einem Auftraggeber zu. Für kreativ arbeitende Menschen besteht die Möglichkeit, die Rentenbeiträge über die Künstlersozialkasse zu zahlen. Abschnitt 10.4 erklärt Ihnen, unter welchen Bedingungen das möglich ist und was Sie davon haben.

Sicher 4 | Haftpflichtversicherung

Je nach Beruf kann diese Versicherung Ihre Existenz schützen. Als freie Malerin werden Sie vermutlich recht selten verklagt werden, weil jemand sich durch eines Ihrer Bilder plagiiert fühlt. Als freier Journalist dagegen können Sie sehr wohl mal jemandem derart auf die Füße treten, dass die Schadenssumme Sie mit etwas Pech in sehr kurzer Zeit in die Privatinsolvenz treiben kann. Zum Glück sind solche Fälle sehr selten und lassen sich in der Regel durch gründliche Recherche und Kalkül vermeiden. Doch leider nun mal nicht immer.

Generell gibt es zwei Arten von Haftpflichtversicherungen:

- Die **Berufshaftpflicht** sichert meist Einzelunternehmer gegen Schäden ab.
- Die **Betriebshaftpflichtversicherung** schützt vor allem Unternehmen und Betriebe.

Bei manchen Versicherungen gehört dazu auch eine **Vermögensschadenhaftpflichtversicherung**. Denn während die Berufshaftpflicht Sie vor allem gegen Personen- und Sachschäden absichert, schützt die Vermögensschadenhaftpflicht Ihr Vermögen. Auch können Sie bei manchen Verträgen eine Cyber-Versicherung mitbuchen, die Sie bei einem Hackerangriff auffängt.

Da die Versicherer sich der unterschiedlich hohen Risiken und Schadenssummen bewusst sind, hängt Ihr jährlicher Beitrag vor allem von Ihrem Beruf, aber auch von der Höhe Ihrer Einnahmen ab. Wie bei allen Versicherungen empfiehlt es sich auch hier, mehrere Angebote mit verschiedenen Umfängen von unterschiedlichen Versicherungen einzuholen und das passende Angebot herauszupicken. Generell sollten Sie jedoch auch mit Ihren Auftraggeberinnen vertraglich fixieren, wer für was haftet. Denn Sie müssen nicht in allen Fällen das volle Risiko alleine tragen. Schauen Sie dazu gerne nochmal in Abschnitt 8.1.

Sicher 5 | Unfallversicherung

Wenn Sie für Ihren Beruf ständig auf Achse sind oder am liebsten mit dem Fahrrad zu Ihren Geschäftsterminen radeln, fährt die Gefahr eines Unfalls immer mit. Aber auch wenn Ihr Sitzball Ihnen in der Telefonkonferenz unterm Hintern platzt und Sie mit dem Steiß auf den Boden prallen oder wenn Sie im Büro stolpern und sich das Schlüsselbein am Türrahmen brechen, ist das offiziell ein Arbeitsunfall.

Für manche Berufe gibt es eine Versicherungspflicht über die zuständige **Berufsgenossenschaft**. Das gilt etwa für freie Bildjournalisten oder Grafikdesignerinnen, die sich über die Berufsgenossenschaft mit dem schönen Namen Energie Textil Elektro Medienerzeugnisse oder kurz BG versichern können. Eine kurze Internetsuche gibt meist schon Aufschluss darüber, ob Sie sich über eine Berufsgenossenschaft versichern müssen oder nicht.

Für unter anderem folgende Berufsgruppen ist eine Berufshaftpflicht sogar gesetzlich verpflichtend oder von der Berufskammer vorgeschrieben:

- Rechtsanwältinnen, Notare, Steuerberaterinnen
- Wirtschaftsprüferinnen
- Ärzte und Apothekerinnen
- Architekten und Ingenieurinnen
- Versicherungsvertreterinnen
- Immobilienverwalter und Immobilienmaklerinnen
- Kreditvermittlerinnen, Finanzanlagenvermittler

Doch auch ohne eine gesetzliche Verpflichtung kann eine Unfallversicherung für manche Berufsgruppen sinnvoll sein: für Tänzer oder freiberufliche Sportlehrerinnen beispielsweise. Überlegen Sie sich, welche Unfallrisiken mit Ihrem Job einhergehen können und die Investition in eine Versicherung notwendig machen könnten. Zudem sollten Sie sehr genau angeben, was Sie machen. Denn sonst kann es trotz eines wenig riskanten Berufs teuer werden: Die VBG beispielsweise sortiert Sie, wenn Sie das Verwaltungsdeutsch nicht ganz durchschauen, in eine Versicherungsstufe ein. Da die VBG die Risikofaktoren allerdings nicht offen kommuniziert, kann es gegebenenfalls teuer werden, auch wenn Ihr größtes Risiko ist, dass Ihr Schreibtischstuhl unter Ihnen nachgibt. Die Abbuchung erfolgt zudem erst in der Mitte des Folgejahres, so dass Sie im Zweifelsfall erst recht spät bemerkten, wie hoch die Kosten sind.

Sicher 6 | Inhaltsversicherung

Was vielleicht komisch klingt, ist die Business-Variante der allseits beliebten Hausratversicherung. Mit der Inhaltsversicherung versichern Sie Ihr Atelier, Ihr Studio oder Ihr Büro und das was darin steht und passiert. Gelegentlich wird die Inhaltsversicherung auch als Sach- oder Betriebsversicherung bezeichnet. Sie schützt Ihr Inventar und Ihre Lagerbestände. Manche Versicherer bieten sogenannte Allgefahren-Versicherungen an, die sowohl die technische als auch die kaufmännische Einrichtung absichern – und das auch, wenn Sie mobil oder zuhause arbeiten. Je nach Versicherungsmodell können auch private Geräte wie Ihr Smartphone oder ein betrieblich genutztes Dienstfahrrad mitversichert werden.

Die Höhe des Betrags errechnet sich aus verschiedenen Faktoren, etwa Ihrem Job, wie teuer Ihre Gerätschaften sind, ob Ihre Tür ein bombensicheres Schloss hat oder sich einfach knacken lässt, wie viel Umsatz Sie im Jahr machen und wie leicht mögliche Einbrecher durch die Fenster einsteigen können. Die Inhaltsversicherung macht vor allem Sinn, wenn Sie teures Equipment an Ihrem Arbeitsplatz aufbewahren.

Sicher 7 | Berufsunfähigkeitsversicherung

Wie der Name erahnen lässt, versichern Sie sich hiermit gegen eine eventuelle Berufsunfähigkeit. Wenn Sie beispielsweise nicht mehr als Ballerina arbeiten können, weil Sie Arthrose in den Zehengelenken bekommen oder eine Augenerkrankung Ihnen die Arbeit als Grafikerin unmöglich macht. Wenn Sie nachweislich keinen Spitzentanz mehr auf die Bühne und keinen geraden Strich mehr aufs Papier bringen können, springt die Versicherung ein und zahlt einen Teil Ihres Lebensunterhalts.

Doch wenige Versicherungen sind so umstritten wie diese. Denn immer wieder hört man, dass die Versicherungen im Falle des Falles versuchen, sich aus der Verantwortung zu stehlen. Entweder versuchen sie, die Berufsunfähigkeit nur auf eine Arbeitsunfähigkeit in einem bestimmten Bereich und damit die Höhe der fälligen Zahlung zu reduzieren. Oder die Beiträge sind schon zu Beginn aufgrund Ihres Einstiegsalters oder einer Vorerkrankung so hoch, dass Sie das Geld für die Versicherung fast besser auf eigene Faust zur Seite legen können.

Prüfen Sie deshalb genau, welche Arten von Krankheiten überhaupt abgesichert wären. Kopfarbeiter können beispielsweise aus der Sicht vieler Versicherer auch vom Rollstuhl aus noch wunderbare Arbeit leisten. Außerdem sollten Sie beim Eintritt in die Berufsunfähigkeitsversicherung möglichst jung sein. Denn mit jedem Jahr steigt der Beitrag deutlich an, so dass es sich ab Mitte dreißig manchmal gar nicht mehr lohnt, einzutreten. Hier sollten Sie sich umfassend informieren, ob Ihnen diese Versicherung wirklich ruhigere Nächte beschert.

Sicher 8 | Rechtschutz

Wenn Sie Rechtsstreitigkeiten am Horizont aufziehen sehen, bietet sich eine Rechtschutzversicherung an. Allerdings sollten Sie Ihre hellseherischen Fähigkeiten weit in die Zukunft ausdehnen, denn die meisten Rechtschutzversicherungen ergreifen erst dann für Sie Partei, wenn Sie mindestens seit sechs Monaten Kunde sind. Gelegentlich bieten Versicherungen auch an, Ihr Mahnwesen zu übernehmen, Ihre Verträge zu prüfen oder im Streitfall zu vermitteln. Das kann in einigen Fällen durchaus sinnvoll sein, vor allem wenn Sie sich noch nicht sicher sind, wie Sie Ihre Rahmenverträge aufsetzen sollen, und diese im laufenden Prozess juristisch wasserdicht verbessern möchten.

Eine Rechtschutzversicherung ist nicht für alle Selbstständigen nötig. Sollten Sie jedoch bereits eine Rechtschutzversicherung für Ihre Mietwohnung oder Ihr aktuelles Angestelltenverhältnis haben, können Sie diesen Vertrag gegebenenfalls entweder entsprechend erweitern oder von der Angestellten- auf die Selbstständigen-Variante umstellen. Die Kosten für Ihren Rechtschutz hängen vom Leistungsumfang ab, davon, ob Sie weitere Bereiche des Lebens wie etwa den Straßenverkehr mitversichern möchten, wie viel Sie verdienen und ob Sie sich trauen, beim Vertragsabschluss etwas zu feilschen. Denn manchmal haben Maklerinnen noch etwas finanziellen Spielraum.

Tipp

Eine Überlegung wert ist der Gedanke, Ihren Rechtschutz bei einer Versicherung abzuschließen, bei der Sie noch keine Versicherung haben. So können Sie bei einem eventuellen Rechtsstreit mit einer Ihrer Versicherungen Ihre Rechtschutzversicherung ans Werk lassen.

Berufsverbände

Je nachdem, was Sie in Ihrer Selbstständigkeit vorhaben, können Sie einige Versicherungen auch über einschlägige Berufsverbände erhalten. So können selbstständige Journalistinnen über ihre Mitgliedschaft im Deutschen Journalisten-Verband (DJV) von einer soliden und auf ihre Belange spezialisierten Rechtschutzversicherung profitieren.

Sicher 9 | Welche Versicherungen brauche ich, wenn ich nur nebenher selbstständig bin?

Wenn Sie in Teilzeit selbstständig sein möchten, gelten für Sie in vielen Dingen besondere Regeln. Bei einer Rechtschutzversicherung etwa müssen Sie sich meist entscheiden, ob Sie Ihre abhängige Beschäftigung oder Ihre Selbstständigkeit versichern möchten. Bei der Renten-, der Kranken- und Pflegeversicherung wird es für Sidepreneure kompliziert: Ob Sie über Ihr Angestelltenverhältnis oder Ihre Selbstständigkeit sozialversicherungspflichtig sind, hängt davon ab, wie viele Stunden Sie in welchem Bereich arbeiten und was Sie jeweils dabei verdienen. Im Zweifelsfall können Sie einfach bei Ihrer Krankenversicherung anrufen und nach den Konditionen fragen.

Sicher 10 | Worauf sollte ich bei der Auswahl des Versicherers achten?

Im Wesentlichen empfehlen die Versicherungsexperten, auf zwei Dinge zu achten:

1. Der Sitz der Versicherung ist in Deutschland.
2. Die Versicherung bietet bei Beschwerden gegen sie eine Schlichtung durch einen Ombudsmann an.

Wenn Sie sich zu Ihren Versicherungen eingehender beraten lassen wollen, sollten Sie allerdings lieber ein paar Euro investieren und zur **Verbraucherzentrale** gehen, statt einen Versicherungsmakler um Rat zu fragen. Denn die Expertinnen bei der Verbraucherzentrale prüfen mit Ihnen Verträge und finden heraus, was Sie wirklich brauchen. Denn anders als ein Makler, der von Provisionen lebt, hat die Beraterin bei der Verbraucherzentrale kein persönliches Interesse daran, welche Versicherung Sie am Ende auswählen.

Hinweis
Bei der Verbraucherzentrale können Sie keine konkreten Verträge abschließen. Sie hilft Ihnen jedoch dabei, zu wissen, welche Art von Versicherung für Sie sinnvoll ist und welche nicht. Ebenso können die Expertinnen gute von schlechten Angeboten unterscheiden.

Wer erfolgreich selbstständig sein möchte, muss sich wohl oder übel auch einige Paragrafen anhören.

Persönliche Risiken abwägen

Abgesehen von Ihrer Sozialversicherung können Sie es mit den Versicherungen auch ruhig angehen lassen. Sie können also theoretisch auch erstmal starten und dann in Sachen Sicherheit nachlegen, wenn Ihre Einnahmen stimmen. Denn wenn Sie sich gleich zu Beginn überversichern, fehlt Ihnen finanziell womöglich die Luft zu atmen. Überlegen Sie sich, welche Gefahren in der freien Wirtschaft auf Sie warten und was Ihnen schlaflose Nächte bereiten könnte. Werfen Sie dann noch mal einen Blick in Ihren Finanzplan. Wie viel Absicherung können Sie sich jetzt schon leisten? Wie viel sollten Sie sich jetzt schon leisten? Und was können Sie sich noch überlegen, wenn Sie schon etwas Fuß fassen konnten?

10.4 KSK – Die Künstlersozialkasse

Viele Menschen, die mit der Selbstständigkeit liebäugeln, schrecken die oft sehr hohen Kosten für Rentenversicherung, Krankenkasse und Pflegeversicherung ab. Denn hier zahlen Selbstständige selbst und bekommen nicht die Hälfte vom Arbeitgeber dazu, wie es bei Angestellten der Fall ist. Und da vor allem Künstlerinnen, Musiker oder Schauspielerinnen meist mit recht überschaubaren Budgets in ihre Freiberuflichkeit starten, greift ihnen die Künstlersozialkasse (KSK) unter die Arme. Diese in Europa einzigartige Behörde übernimmt den Arbeitgeberanteil an Krankenkasse, Rentenversicherung und Pflegeversicherung – und fördert so die Kulturlandschaft in Deutschland.

Etwa 180.000 freie Künstlerinnen, Journalisten und Publizisten profitieren derzeit von diesem Angebot. Sie gehören zur erlesenen Gruppe, die die KSK heiß und innig liebt, schließlich sparen sie dadurch eine ganze Menge Geld. Doch wer sich etwas in die düsteren Ecken der Social Media und auf einschlägige Blogs verirrt, der stößt bald auch auf eine ganze Reihe von Menschen, die mit der KSK eher unangenehme Bekanntschaft gemacht haben. Damit Sie bald schon zu den KSK-Fans gehören, kommt hier nun ein kleines FAQ für Sie:

KSK 1 | Was ist das und was habe ich davon?

Aktuell beträgt der Beitrag zur Rentenversicherung 18,6 Prozent des Einkommens, 14,6 Prozent werden für die Krankenversicherung und nochmal 3,3 Prozent für die Pflegeversicherung bei kinderlosen Selbstständigen fällig. Bei einem Jahreseinkommen von 10.000 Euro kommen so monatlich 150,61 Euro zusammen. Während der Arbeitgeber bei Angestellten 50 Prozent davon übernimmt, zahlen Selbstständige das ganz allein.

Und hier kommt die KSK ins Spiel: Sie übernimmt die Hälfte – so als wären Sie angestellt. Dabei bleiben Sie in der gesetzlichen Krankenversicherung Ihrer Wahl versichert. Doch statt über einen Arbeitgeber zahlen Sie Ihren Beitrag über die KSK an Ihre Krankenkasse. Dasselbe gilt für die Pflege- und die Rentenversicherung. Die KSK ist also ein guter Weg, um weiterhin in die gesetzliche Rentenversicherung einzuzahlen. Während sich viele Selbstständige auf eigene Faust für ihre Rente absichern, haben Sie so ein weiteres Rentenstandbein. Kurz: Durch die KSK können Sie einiges an Geld sparen. Sollten Sie privat oder freiwillig gesetzlich versichert sein, können Sie schriftlich einen Zuschuss bei der KSK beantragen.

KSK 2 | Was muss ich tun, um reinzukommen?

Damit Sie zu den KSK-Liebhabern gehören können, müssen Sie einige Kriterien erfüllen:

1. Sie müssen selbstständig einen künstlerischen oder publizistischen Beruf ausüben,
2. von dem Sie zumindest zum Teil leben,
3. und Sie müssen das auch noch beweisen können.

Die Liste der Berufe, die die KSK durchwinkt, hat große Schnittmengen mit den Berufen, die nach dem Steuerrecht als freie Berufe gelten: Für die Aufnahme in die KSK muss Ihr Beruf unter das Künstlersozialversicherungsgesetz fallen. Sie können auch mehrere Berufe aus dieser Liste gleichzeitig ausüben. Dabei müssen Sie lediglich einen Schwerpunkt angeben. Die Liste finden Sie auf der Website der Künstlersozialkasse.

Bei »neueren« Berufen, etwa dem des Webtexters, könnte es zu Nachfragen kommen, etwa wie viel Zeit Sie auf das Programmieren eines Virenschutzes für Ihre digitalen Texte verwenden. Solche Rückfragen lassen sich jedoch meist sehr schnell und nachhaltig klären. Allerdings versucht die KSK auch hier langsam mit der Zeit zu gehen und erkennt auch manche programmierende Tätigkeit als kreative und damit förderungswürdige Arbeit an. Schauen Sie auch dafür gerne in die Liste der KSK.

Wenn Ihr angestrebter oder bereits ausgeübter Beruf in der Liste aufgeführt ist, beginnen Sie damit, entsprechende Belege zusammenzusuchen: Das können Einladungen zu Ausstellungen oder Zeitungsberichte über Ihre Konzerte sein, Rechnungen über Ihre kreativen Dienstleistungen oder eine Abrechnung von Ihrem Verlag.

Völlige Frischlinge haben also wenig Chancen, in die KSK aufgenommen zu werden. Wenn Sie einige Belege gesammelt haben, können Sie einen Aufnahmeantrag ausfüllen. Diesen finden Sie ebenfalls auf der Website der KSK. Aufgrund der großen Bandbreite an kreativen Berufen bleibt die KSK etwas vage, wenn es um die

Art der gewünschten Nachweise geht. Behalten Sie deshalb im Hinterkopf, dass es sich um eine Behörde handelt: Stellen Sie sicher, dass Ihre Unterlagen vollständig, schlüssig und eindeutig sind. Schicken Sie also lieber ein paar Belege zu viel als zu wenig.

Wenn etwas fehlt, kann es ein paar Wochen dauern, bis Sie Post bekommen und gegebenenfalls dazu aufgefordert werden, etwas nachzureichen. Da es hier um viel Geld geht, werden Ihre Unterlagen sehr genau geprüft. Wenn Sie schnell aufgenommen werden wollen, sollten Sie also gleich beim ersten Anlauf alles beisammenhaben.

Bis Ihr Antrag bewilligt ist, zahlen Sie weiterhin freiwillig versichert in Ihre Krankenkasse ein. Falls Sie Teil der KSK werden, zahlt Ihnen die gesetzliche Krankenkasse Ihre zu viel gezahlten Beiträge zurück. Die KSK verrechnet das Guthaben meist mit den in dieser Phase nicht gezahlten Beiträgen zur Renten- und Pflegeversicherung. Lassen Sie sich deshalb am besten bestätigen, wann Sie Ihren Aufnahmeantrag gestellt haben. Denn wenn Sie aufgenommen werden, ist dies der Tag, bis zu dem Ihre Beiträge rückwirkend berechnet werden.

Wichtig ist außerdem, dass Sie nachweisen können, dass Sie hier nicht einfach nur ein Hobby anmelden – sondern wirklich Ihren Lebensunterhalt als Künstler oder Publizistin bestreiten. Sie müssen:

- selbstständig erwerbstätig sein,
- und zwar nicht nur vorübergehend,
- und vorwiegend im Inland tätig sein
- und dabei mindestens 3.900 Euro im Jahr einnehmen.

Berufsanfänger dürfen in den ersten drei Jahren allerdings auch weniger verdienen.

KSK 3 | Wie hoch ist der Beitrag?

Die KSK zieht von Ihnen monatlich einen Sammelbetrag für Rentenversicherung, Pflegeversicherung und Krankenkasse ein. Um dessen Höhe zu ermitteln, sind gerade am Anfang ein bisschen Fingerspitzengefühl und noch ein paar übersinnliche Fähigkeiten gefragt. Denn Ihr Beitrag basiert auf Ihrer Schätzung, was Sie im nächsten Kalenderjahr einnehmen werden. Von den Einnahmen dürfen Sie Ihre voraussichtlichen Geschäftsausgaben abziehen. Diesen Betrag geben Sie sowohl vor Ihrer Aufnahme in die KSK als auch jeden Herbst für das kommende Jahr zusammen mit einer Prognose an, in welchem Tätigkeitsfeld Sie Ihre Haupteinnahmen erwarten.

Auf der Grundlage dieser Schätzung berechnet die KSK Ihren monatlichen Beitrag. Da Selbstständige jedoch selten Planungssicherheit haben, können Sie jederzeit

Ihre Schätzung nach oben oder unten korrigieren und zahlen dann ab dem folgenden Monat den entsprechend angepassten Beitrag. Auf Websites wie *www.freie-wildbahn.de* oder *www.freiberufler-werden.de* finden Sie Rechner, die einen recht exakten Eindruck von Ihrem voraussichtlichen Beitrag geben.

Ehrlich sein

Was dabei wichtig ist: Seien Sie bitte ehrlich. Es gibt immer wieder Berater, die dazu raten, zu niedrig anzusetzen, damit Sie Geld sparen. Aber zum einen bekommt Ihr Zukunfts-Ich dann weniger Rente, zum anderen kann das ernste Konsequenzen haben. Denn da die Krankenkassen auf dem Solidarprinzip und die Rente auf einem umgekehrten Generationenvertrag beruhen, sollten wir hier fair zu unseren Mitmenschen sein.

Und wenn Sie einfache ethische Erwägungen noch nicht überzeugen sollten, können Buchprüfungen, Strafzahlungen oder der Ausschluss aus der KSK Sie vielleicht umstimmen. Wenn Sie nach bestem Wissen und Gewissen eine Schätzung abgeben und diese, wenn nötig, berichtigen, können Sie ein sehr langes und glückliches Leben an der Seite der KSK haben.

KSK 4 | Muss ich dafür Vollzeit-Künstler sein?

Prinzipiell: Ja. Denn schließlich wurde die Künstlersozialkasse erfunden, um – Überraschung – Künstler zu unterstützen. Allerdings ist sich die KSK der Lebensrealität vieler Künstlerinnen und Publizisten bewusst und weiß auch, dass sich der Lebensunterhalt nicht immer allein mit kreativer Arbeit bestreiten lässt. Deshalb gibt es verschiedene Szenarien, in denen Sie auch in Teilzeit kreativ sein dürfen.

Beispiel 1 | Überwiegend künstlerisch

Sie arbeiten je 20 Stunden als selbstständiger Künstler und 20 Stunden in einer anderen selbstständigen Tätigkeit oder in einem Angestelltenverhältnis. Als Künstler verdienen Sie 1.000 Euro, mit den nicht künstlerischen Arbeiten 750 Euro. In diesem Fall gelten Sie hauptsächlich als Künstler und zahlen Ihre Sozialversicherung über die KSK. Für Ihre Nebentätigkeit zahlen Sie ebenfalls Abgaben, allerdings nur für die Krankenkasse.

Beispiel 2 | Überwiegend angestellt

Wenn Sie allerdings mehr mit Ihrer nicht-künstlerischen Tätigkeit verdienen und mehr als 20 Stunden in diesem Beruf arbeiten, gilt der umgekehrte Fall: Sie zahlen Ihre Sozialabgaben über Ihren Hauptjob und zahlen an die KSK lediglich einen Beitrag zur Rentenversicherung. Diese Variante ist sehr bequem, wenn Sie gegebenenfalls später wieder in Vollzeit künstlerisch arbeiten wollen. Schließlich sind Sie dann bereits Mitglied und können einfach aufstocken, ohne erneut das Aufnahmeprozedere zu durchlaufen.

Beispiel 3 | Überwiegend nicht-künstlerisch

Da die KSK Künstlern ermöglichen möchte, von ihrer Kunst zu leben, fliegen alle raus, die keine Künstler sind. Wenn Sie mehr als die Hälfte der Beitragsbemessungsgrenze der Rentenversicherung mit Ihrem nicht-künstlerischen Job verdienen, dann gelten Sie für die KSK nicht mehr als schutzwürdiger Künstler. 2020 lag diese Grenze im Westen bei 6.900 Euro und im Osten bei 6.450 Euro monatlich. Verdienen Sie mit Ihrem nicht-künstlerischen Beruf also etwas mehr als 3.200 Euro, glaubt die KSK, dass Sie auch allein über die Runden kommen. Und Sie müssen sich selbst um Ihre Sozialversicherung kümmern.

KSK 5 | Moment, wie war das noch gleich mit den 7 Prozent Umsatzsteuer?

Wenn Sie Abschnitt 10.2 aufmerksam gelesen haben, können Sie nun denken, dass Sie nur in die KSK kommen, wenn Sie als Umsatzsteuerpflichtiger immer 7 Prozent Umsatzsteuer abrechnen.

So strikt ist das allerdings nicht. Denn auch andere freie Berufe wie etwa Lektoren, die keine Urheberrechte erwerben und keine Nutzungsrechte vergeben und entsprechend 19 Prozent Umsatzsteuer abrechnen, dürfen in die KSK. Außerdem dürfen Sie ohnehin bis zu 450 Euro jeden Monat beziehungsweise 5.400 Euro im Jahr mit nicht-künstlerischen Tätigkeiten verdienen und gelten dennoch als Vollzeit-Künstler. Gut, dass wir drüber gesprochen haben.

KSK 6 | Komm ich aus der KSK auch wieder raus?

Natürlich. Solange Sie künstlerisch tätig sind, bleiben Sie Mitglied – auch wenn Sie immer mehr verdienen. Die KSK verlassen können Sie entweder teilweise, wenn Sie beispielsweise eine sozialversicherungspflichtige Teilzeitstelle annehmen. Dann zahlen Sie wie in Beispiel 2 nur noch einen Beitrag in die Rentenversicherung. Wenn Sie allerdings irgendwann fast ausschließlich nicht-künstlerisch tätig sind, können Sie die KSK verlassen. Wenn Sie mehr als 5.362 Euro im Monat verdienen, können Sie sich von der gesetzlichen Krankenversicherungspflicht befreien lassen. Aber Vorsicht: Wer einmal raus ist, kommt nie wieder rein.

Sie können die KSK aber auch unfreiwillig verlassen: Wenn Sie Ihre Jahresprognose zu spät oder gar nicht an die KSK schicken oder Ihr geschätzter Beitrag extrem nach unten abweicht und Sie damit aufgeflogen sind. Doch auch wenn Sie nach dem Gründungsjahr drei Jahre in Folge weniger als 3.900 Euro jährlich mit Ihrer kreativen Arbeit verdienen, fliegen Sie womöglich raus. Dann liegen Sie unter der sogenannten Geringfügigkeitsgrenze – und Ihre künstlerische Tätigkeit gilt eher als Hobby denn als Beruf.

KSK 7 | Und wann ist die KSK nichts für mich?

Zum einen, wenn Sie die Kriterien nicht erfüllen – oder nicht mehr erfüllen wollen. Denn wenn Sie Ihren Schwerpunkt etwas verlagern und beispielsweise lieber vor allem als systemische Beraterin arbeiten und nicht mehr nur von Ihrem Ausdruckstanz leben wollen, müssen Sie sich entscheiden: Rein oder raus? Denn sobald Ihre Haupteinnahmen nicht mehr klar dem künstlerisch-publizistischen Bereich zugeordnet werden, fliegen Sie bei einer Prüfung raus.

Lassen Sie sich nicht in Ihrer Entwicklung einschränken

Entsprechend könnte die Sorge um Ihre Zugehörigkeit zur KSK Ihre beruflichen Entscheidungen beeinflussen. Sollten Sie also rechts und links von Ihrer Kunst noch anderes tun wollen, könnte die KSK Ihre strategische Planung einschränken. Denn Ihre Business-Strategie sollte nicht von der Höhe Ihres Krankenkassenbeitrags abhängen.

KSK 8 | Wer wird abgelehnt?

Wenn Sie im Internet etwas über die KSK erfahren wollen, stoßen Sie bald auf viele laute Stimmen, die ihrem Ärger Luft machen. Denn bei manchen Menschen dauert der Antragsprozess nicht nur lange – sondern er ist auch noch erfolglos. Wenn sich Ihr Beruf nicht den von der KSK aufgelisteten Berufen zuordnen lässt oder Sie zu wenig mit Ihrer Kunst verdienen, scheitert der Antrag. Alternativ können auch unvollständige Unterlagen zur Ablehnung führen. Rein theoretisch können Sie dann einen neuen Antrag stellen und dabei begründen, warum Sie den ersten Antrag aufgeben möchten. Oder Sie investieren Zeit und Geld in einen Rechtsstreit und bringen der KSK bei, dass Ihr Job sehr wohl zu ihren Zielen passt.

KSK 9 | Wie kann die KSK für Auftraggeber zum Problem werden?

Und hier ist auch schon die zweite Gruppe der Menschen, die die KSK nicht leiden können: Denn damit sich Künstlerinnen und Publizisten über die finanzielle Erleichterung freuen können, müssen manche Unternehmen in die KSK einzahlen. Während der Bund 20 Prozent der Mittel stellt, kommen weitere 30 Prozent aus den Töpfen der Unternehmen, die mit freiberuflichen Kreativen zusammenarbeiten. Allerdings ist dafür unerheblich, ob die beauftragten Kreativen auch tatsächlich KSK-Mitglieder sind: Es geht allein um die beauftragte Tätigkeit und ob diese in die Liste der KSK-Berufe fällt. Auch wenn Sie auf die Mitgliedschaft in der KSK verzichten, muss Ihre Kundschaft dennoch zahlen.

Wenn ein Unternehmen beispielsweise einen Webtexter oder eine private Bildungseinrichtung einen Graphic Recorder bucht, dann muss es 4,8 Prozent des Rechnungsbetrags zusätzlich an die KSK entrichten, so will es das Gesetz. Eine formlose Meldung an die Künstlersozialkasse reicht dafür aus. Da überraschend viele Unternehmen und Veranstalter das jedoch nicht wissen, können Sie in Ihren AGB darauf aufmerksam machen. Verpflichtet sind Sie dazu nicht, aber dieser Hinweis ist ein kulanter und transparenter Service für Ihre Kunden.

10.5 Altersvorsorge

Na, haben Sie sich schon um Ihre Rente gekümmert? Mit kaum einer Frage kann man sein Gegenüber schneller zu nervösen Ausflüchten oder betretenem Schweigen drängen. Doch mit der Rente ist es wie mit dem Klimawandel: Wenn wir jetzt nichts tun, sehen wir später alt aus. Dabei ist es die leichtere Aufgabe, mit Ende 60 alt auszusehen – für das Leben nach der Rente vorzusorgen, ist dagegen schon schwieriger. Denn während Sie den Start in die Selbstständigkeit planen, direkt ans Aufhören zu denken, mag etwas befremdlich wirken. Aber denken Sie bei all Ihren Geschäftsentscheidungen immer auch an Ihr Zukunfts-Ich: Es wird Ihnen sehr dankbar sein, wenn Sie gelegentlich an es denken – und vorsorgen.

Wer heute für sein Zukunfts-Ich sorgt, kann sich schon jetzt auf seine Rente freuen.

Rente 1 | Gesetzliche Rente

Denn da wir alle nicht sicher wissen, wie alt wir werden, ist die Finanzplanung für das Leben jenseits Ihres Berufslebens kniffelig. Die klassische, staatliche Rente versichert uns gegen das sogenannte Langlebigkeitsrisiko: Wenn Sie beispielsweise später von Ihrem Ersparten leben wollen, könnte das Geld schneller als Ihr Leben aus sein. Mit der staatlichen Rente können Sie bedenkenlos 108 Jahre alt werden und bekommen trotzdem bis zu Ihrem letzten Atemzug jeden Monat Ihre Rente.

Beiträge

Um in den Genuss der staatlichen Rente zu kommen, müssen Sie logischerweise erstmal in den Topf einzahlen, aus dem Sie später etwas haben möchten. Aktuell zahlen Selbstständige dafür 18,6 Prozent von ihrem Gewinn. Erfüllen Sie die Bedingungen, die Sie in Abschnitt 10.4 finden, übernimmt die Künstlersozialkasse die Hälfte dieses Betrags.

Bei besonders hohen oder unterdurchschnittlich niedrigen Einnahmen sind aber durchaus Ausnahmeregelungen möglich. Sie müssen aber mindestens 450 Euro jeden Monat verdienen, damit Ihr Job nicht als geringfügig gilt und damit von der Rentenversicherung befreit ist. Der monatliche Mindestbeitrag liegt aktuell bei 83,70 Euro, der Höchstbeitrag bei 1.320,60 Euro.

Rentenpunkte

Für Ihre Rente müssen Sie, wie in einem Videospiel, Punkte sammeln: sogenannte Entgelt- oder Rentenpunkte. Wie viele Rentenpunkte Sie bekommen, hängt von Ihrem jährlichen Verdienst ab. Dafür ermittelt die Rentenkasse jedes Jahr aufs Neue das durchschnittliche Einkommen in Ost und West. Derzeit liegt der Durchschnitt bei 40.551 Euro brutto im Jahr. Wenn Sie genauso viel wie der Durchschnitt verdient haben, bekommen Sie für dieses Jahr genau einen Rentenpunkt. Verdienen Sie mehr oder weniger als der Durchschnitt, bekommen Sie entsprechend mehr oder weniger Punkte angerechnet.

Verdienen Sie zum Beispiel nur die Hälfte des Durchschnittsgehalts, bekommen Sie einen halben Rentenpunkt für das entsprechende Jahr. Sollten Sie also mal eine längere Flaute haben oder neben Ihrer Selbstständigkeit studieren oder in Elternzeit sein, bekommen Sie für diese Zeit voraussichtlich etwas weniger Punkte. In finanziell besseren Zeiten können Sie Ihr Punktekonto aufstocken. Auch aus diesem Grund empfiehlt es sich, die Angabe gegenüber der KSK möglichst realistisch zu gestalten. Nach oben sind die Entgeltpunkte allerdings begrenzt: Wenn Sie über der Beitragsbemessungsgrenze liegen, zahlen Sie nur einen gedeckelten Beitrag – und entsprechend sind auch die pro Jahr möglichen Rentenpunkte gedeckelt. Um entspannt in Rente gehen zu können, sollten Sie Pi mal Daumen 45 Punkte haben.

Freunde der gepflegten Excel-Tabelle können sich für jedes sozialversicherungspflichtiges Jahr ihres Berufslebens aufschreiben, welche Bruttoeinnahmen das Finanzamt jeweils festgehalten hat. Den offiziellen Einkommensdurchschnitt für das jeweilige Jahr finden Sie im Internet. An dieser Tabelle können Sie auf einen Blick erkennen, wie viele Rentenpunkte Sie schon zusammenhaben. Wenn Sie diese Tabelle einmal angelegt haben, ist sie leicht zu pflegen, da Sie pro Jahr lediglich Ihre Bruttoeinnahmen und den Einkommensdurchschnitt in Deutschland oder die errechnete Anzahl Ihrer Rentenpunkte eintragen müssen. Nötig ist diese Tabelle nur für Ihren Überblick – Sie können aber auch ganz ohne sie in Rente gehen.

Renteneintritt

Prinzipiell bestimmt Ihr Alter darüber, wann Sie in die gesetzliche Rente gehen dürfen. Aktuell liegt das Renteneinstiegsalter bei 67 Jahren. Doch wenn Sie Ihren Job zu sehr lieben, dürfen Sie natürlich auch jenseits dieser Grenze noch Bücher und Bilder verkaufen. Und wenn Sie vor dieser Altersgrenze die Lust oder die Gesundheit verlässt, dürfen Sie früher in Rente gehen. Für jeden Monat, den Sie eher in Rente gehen, sinkt Ihr Rentenanspruch um 0,3 Prozent. Jeder Monat, den Sie länger im Berufsleben bleiben, bringt Ihnen dagegen 0,5 Prozent mehr ein.

Höhe der Rente

Wie viel Ihr Zukunfts-Ich später an Rente bekommen wird, hängt von verschiedenen Faktoren ab:

- wie viele Jahre Sie eingezahlt haben
- in welchem Alter Sie in Rente gehen
- wie viel Sie in den relevanten Jahren Ihres Berufslebens verdient haben
- ob Sie Kinder erzogen oder Angehörige gepflegt haben

Wenn Sie beispielsweise 38 Rentenpunkte einheimsen konnten und damit 2020 in Rente gegangen wären, würden Sie jetzt monatlich 1.299,22 Euro Altersrente bekommen. Da 38 Rentenpunkte mehrere Jahrzehnte mit zumindest durchschnittlichem Gehalt voraussetzen, liegt eines auf der Hand: Viel kommt dabei am Ende meist nicht heraus. Deshalb sollten Sie sich zusätzlich mit alternativen Wegen beschäftigen, mit denen Sie Ihre Rentenzeit finanzieren können.

Versicherungspflicht

Eine allgemeine Pflicht, in die gesetzliche Rente einzuzahlen, gibt es für Selbstständige bislang noch nicht. Die Bundesregierung ist jedoch seit geraumer Zeit drauf und dran, das zu ändern. Zu dem Zeitpunkt, zu dem dieses Buch erscheint, könnte die allgemeine Rentenversicherungspflicht bereits Gesetz sein. Nähere Informationen zur gesetzlichen Rentenversicherung finden Sie auf *www.deutsche-rentenversicherung.de*.

Ob Pflicht oder nicht: Nur wer einzahlt, bekommt auch was. Sie können sich gerne einmal in Ihrer Familie umsehen, wie alt Ihre Verwandten so werden und ob Sie mit Ihrem Lebenswandel gegebenenfalls von einer Langlebigkeitsversicherung profitieren würden. Dieser Rat soll kein makabrer Witz sein, sondern ein Faktor für Ihre Rentenplanung. Schließlich sollten Sie sich den Mix aus Rentenprodukten zusammenstellen, der zu Ihnen, Ihrem Beruf und Ihrem Lebensstil passt.

Rente versteuern

Was junge Menschen, die sich noch nicht so viele Gedanken über ihre Rente gemacht haben, überrascht: Sie müssen Ihre Rente versteuern. Aktuell müssen 19 Prozent der Rente nicht versteuert werden – aber 81 Prozent Ihrer staatlichen Rente. Der steuerfreie Teil der Rente schmilzt in den kommenden Jahren immer weiter zusammen: Bis 2040 müssen alle Renten zu 100 Prozent versteuert werden. Gerade junge Unternehmerinnen und Gründer sollten sich deshalb zusätzlich für ihr Zukunfts-Ich einsetzen und etwas zurücklegen.

Der Haken an der staatlichen Rente

Die staatliche Rente ist nicht darauf ausgelegt, auszureichen. So entsteht etwas, was sich Rentenlücke nennt. In diese Lücke rutscht das Geld, das Sie bräuchten, um Ihren Lebensstandard mit Ihrer gesetzlichen Rente zu halten. Nach Berechnungen des Deutschen Instituts für Wirtschaftsforschung beträgt die sogenannte Vorsorgelücke etwa 700 Euro im Monat. Zwar ergeben andere Berechnungen, dass wir in der Rente nur etwa 80 Prozent unseres Finanzbedarfs aus unserem Erwerbsleben haben. Und doch reicht die Rente meist nicht aus.

Vor allem Frauen bekommen mit der geschlechterspezifischen Rentenlücke zu tun: Aktuell bekommen 70 Prozent aller Frauen eine Rente, die unter dem Harz-IV-Niveau liegt. Das liegt vor allem daran, dass immer noch vor allem Frauen sich um Kinder, Haushalt und pflegebedürftige Angehörige kümmern und sich deshalb beruflich zurücknehmen. Deshalb sollten Menschen, die sich für einen Teilzeitjob entscheiden, zusätzlich noch auf andere Weise finanziell vorsorgen.

Rente 2 | Riester, Rürup und Co.

Neben der staatlichen gibt es auch die private Rente. Immer wieder versuchen sich Wirtschaftswissenschaftlerinnen und Finanzexperten daran, zu berechnen, ob Sie mit der staatlichen oder der privaten Rente am Ende mehr herausbekommen. Meist gewinnt die staatliche Rente bei gleichem monatlichem Einsatz mit leichtem Vorsprung vor der privaten Rentenversicherung. Dennoch kann eine private Rentenversicherung alternativ oder zusätzlich zur gesetzlichen Rente für Selbstständige durchaus sinnvoll sein.

Neben rein privaten Rentenversicherungen gibt es auch staatlich geförderte Modelle: Diese werden auch als Basis-Rente bezeichnet. Die zwei bekanntesten steuerlich begünstigten Formen wurden jeweils nach ihren Erfindern benannt: die Rürup- und die Riester-Rente. Diese Erfindungen basieren darauf, dass das Rentenniveau gesenkt wurde und die Regierung die Menschen dazu motivieren wollte, die voraussichtlich niedrigere Rente privat aufzustocken. Wer sich für eine dieser Designer-Renten entscheidet, bekommt sowohl Steuervorteile als auch staatliche Zulagen.

Riester-Rente

Je nach Einkommen und der Höhe der Zulagen können Sie Ihr Rentenpolster schon mit kleinen monatlichen Beträgen schön weich machen.

Für wen ist die Riester-Rente das Richtige?

- Für alle, die in die gesetzliche Rente einzahlen
- Besonders für Eltern und vor allem für Alleinerziehende, für die sie durch die Kinderzulage attraktiv ist
- Für Besserverdiener, da sie zusätzliche Steuervorteile mitnehmen können
- Für Geringverdiener insofern, als sie schon mit einem geringen Beitrag Zulagen erhalten

Riester-Rente gibt es nicht von der Stange und muss immer maßgeschneidert werden. Lassen Sie sich deshalb von einem seriösen Experten beraten. Beachten Sie dabei jedoch, dass der Versicherungsmakler meist eine Gebühr dafür haben möchte, dass er Ihnen ein Riester-Paket zusammenstellt.

Sie bekommen einmal im Jahr einen kleinen Bonus:

- 175 Euro Grundzulage
- zusätzlich 185 Euro oder 300 Euro abhängig vom Geburtsjahr des kindergeldberechtigten Kindes für den Elternteil, der das Kindergeld bekommt
- einmalig 200 Euro, wenn Sie beim Abschluss der Riester-Rente unter 25 Jahre alt sind

Diese Zulagen müssen Sie aktiv und jährlich bei der Zulagenstelle für Altersvermögen beantragen. Alternativ kann auch der Anbieter, der Ihnen die Riester-Rente verkauft hat, per Vollmacht diese Zulagen für Sie beantragen. Zudem können Sie Ihre Beiträge bis zu 2.100 Euro pro Jahr in der Anlage AV Ihrer Steuererklärung geltend machen. Finanzexperten rechnen jedoch immer wieder vor, dass es voraussichtlich lukrativer ist, das Geld selbst anzulegen, als es in eine Riester-Rente zu investieren.

Rürup-Rente

Mit der Rürup-Rente entscheiden Sie sich für eine staatlich geförderte Rentenversicherung. Wie bei der staatlichen Rente erhalten Sie bei der Rürup-Rente nach Renteneintritt bis an Ihr Lebensende monatlich eine Rente. Was Sie zahlen und was Sie bekommen, ist bei der Rürup-Rente sehr individuell. So können Sie sich zwischen einer Sofortrente und einer monatlichen Auszahlung, für oder gegen einen Hinterbliebenenschutz, für oder gegen Zusatzbausteine wie eine Absicherung gegen Erwerbs- und Berufsunfähigkeit oder eine sogenannte Überschussbeteiligung entscheiden.

Wann ist die Rürup-Rente sinnvoll?

- Wenn Sie nicht in die staatliche Rente einzahlen
- Wenn Sie während des Berufslebens deutlich über der Kappungsgrenze verdienen
- Wenn Sie Ihre Rentenbeiträge an ein Versorgungswerk entrichten und entsprechend keinen Riester-Anspruch haben

Die Beiträge zur Rürup-Rente können Sie von der Steuer absetzen und so Steuern sparen. 2021 liegt die Steuerersparnis bei bis zu 23.724 Euro im Jahr, da Sie bis zu 92 Prozent Ihrer Beiträge steuerlich geltend machen können. Deshalb lohnt sich die Rürup-Rente vor allem für Besserverdiener mit hoher Steuerlast. Ein weiterer Vorteil der Rürup-Rente ist, dass Sie den Rentenbeginn auf Wunsch nach hinten schieben können. Da viele Selbstständige noch bis in ihre Siebziger arbeiten, ist diese Option durchaus interessant. Legen Sie sich beim Abschluss einer Rentenversicherung dennoch nicht zu früh fest, wann Sie gedenken, in Rente zu gehen. Es kann immer anders kommen, als Sie hoffen.

Ein Nachteil der Rürup- gegenüber der Riester-Rente ist, dass es keine staatlichen Zuschüsse gibt. Die Förderung läuft ausschließlich über die Steuererleichterungen. Für Selbstständige, die eher wenig verdienen und entsprechend wenig Steuern zahlen, lohnt sich die Rürup-Rente nicht. Hier empfiehlt es sich eher, freiwillig in die gesetzliche Rente einzuzahlen. Ein weiterer Nachteil der Rürup-Rente ist das Fehlen eines Hinterbliebenenschutzes und dass Sie Ihren Vertrag nicht vererben, beleihen oder kündigen können. In dringenden Fällen, etwa wenn Sie vor Ihrem 62. Lebensjahr in Rente gehen müssen, können Sie den Vertrag beitragsfrei stellen. Dafür ist Ihr angespartes Guthaben sicher, falls Sie mal Hartz IV oder andere staatliche Unterstützungen beantragen müssen.

Zusammengefasst ist die Rürup-Rente eher auf Selbstständige zugeschnitten, während pflichtversicherte Angestellte sich eher für die Riester-Rente entscheiden sollten.

Private Renten

Neben den steuerlich begünstigten Renten gibt es auch rein private Rentenversicherungen. Dabei verzichten Sie zwar während Ihres Berufslebens auf die Steuererleichterungen und staatlichen Zuschüsse. Dafür müssen Sie nicht, wie bei der Rürup- und der gesetzlichen Rente im Alter Steuern abführen. Bei der privaten Rente müssen Sie nur den sogenannten Ertragsanteil versteuern. Da der Ertragsanteil meist unter dem steuerlichen Grundfreibetrag liegt, müssen die wenigsten darauf Steuern zahlen.

Private Rentenversicherungen lassen sich meist deutlich flexibler an die Pläne und Lebensumstände der Selbstständigen anpassen als andere Rentenmodelle. Allerdings werden für den Vertragsabschluss und gelegentlich auch für die Vertragsführung beachtliche Kosten fällig. Außerdem ist die Rendite meist etwas geringer als bei der gesetzlichen und der Basis-Rente.

Rente 3 | Betriebliche Altersvorsorge

Falls Sie vor Ihrer Selbstständigkeit angestellt waren und in dieser Zeit eine betriebliche Altersvorsorge abgeschlossen haben, können Sie diese weiterführen oder beitragsfrei stellen. Letzteres ist möglich, nachdem Sie eine vom Versicherer festgelegte Mindestsumme angespart haben. Zum vereinbarten Termin bekommen Sie dann auf einen Schlag alles, was Sie eingezahlt haben, ausbezahlt. Sollten Sie den Vertrag während Ihrer Selbstständigkeit nicht weiter besparen wollen, könnte der ausgezahlte Betrag später recht mickrig sein. Denn schließlich fallen auf solche Verträge meist recht hohe Gebühren an, so dass die Beiträge der ersten Monate meist nur dafür genutzt werden.

Doch auch wenn Sie wissen, dass Sie sich niemals wieder anstellen lassen möchten und den Vertrag nicht in einen neuen Betrieb mitnehmen möchten, können Sie sich die Summe nicht vorzeitig auszahlen lassen: Sie müssen bis zum Renteneintritt warten. Sollten Sie den Vertrag privat weiterführen wollen, können Sie dafür weiterhin Ihren monatlichen Beitrag einzahlen. Der Anteil Ihres ehemaligen Arbeitgebers entfällt dabei natürlich.

Rente 4 | Sparen

Wenn Sie sich für Ihre Altersvorsorge allein auf das Sparen auf eigene Faust verlassen möchten, lassen Sie sich gesagt sein: Sie hatten schon mal bessere Ideen. Denn wenn Sie tatsächlich 108 Jahre alt werden, könnte Ihnen finanziell vielleicht schon recht früh die Puste ausgehen. Rechnen Sie so realistisch wie möglich durch, was Sie im Alter brauchen werden, und vergessen Sie dabei nicht, dass Sie auch als Rentner noch in die Krankenkasse einzahlen müssen und eventuell Geld für private Arztbehandlungen vorstrecken müssen. Wie viel Geld brauchen Sie für Ihr Alter insgesamt ab Renteneintritt? Und wie viel müssen Sie dafür ab sofort monatlich zurücklegen?

Für das Sparen auf eigene Faust gibt es eine einfache Faustformel: Legen Sie 15 Prozent Ihres Nettogehalts für Ihr Zukunfts-Ich zur Seite. So hätten Sie, grob geschätzt, beim Renteneintritt etwa 80 Prozent Ihres aktuellen Gehalts an Ersparnissen auf dem Konto. Bei 1.500 Euro Nettoeinnahmen wären das 225 Euro. Das ist der Überschlagswert für einen 30-jährigen Angestellten. Für Selbstständige empfehlen die Experten von Finanztip sogar mehr. Dieser recht schwammige Rat ist vor allem dann sinnvoll, wenn Sie nicht in die gesetzliche Rente einzahlen.

Beim Sparen versuchen Sie also, während Ihres Berufslebens einen möglichst großen Hügel an funkelnden Talern auf Ihrem Konto anzuhäufen. Für langfristiges Sparen können Sie ein **Festgeldkonto** mit etwas höheren Zinsen wählen. So brauchen Sie auch keine Selbstdisziplin aufzuwenden, falls Ihr Kühlschrank kaputt geht oder Sie das Dach ausbauen wollen – denn an dieses Geld kommen Sie so leicht nicht dran.

Idealerweise richten Sie sich dafür einen Dauerauftrag von Ihrem Geschäfts- auf Ihr Sparkonto ein. So behandeln Sie Ihre Rücklagen wie eine ernstzunehmende und nicht verhandelbare Ausgabe. Wenn Sie brav jeden Monat etwas auf Ihr Festgeld-, **Tagesgeld- oder Sparkonto** legen und nach größeren Aufträgen vielleicht sogar etwas mehr, sehen Sie Ihr Vermögen stetig wachsen.

Doch so nett sich die Idee eines Onkel-Dagobert-Geldspeichers auch anhört: Diese Methode hat einige Haken. Erstens sind die Sparzinsen momentan derart niedrig, dass diese von der Inflation über die Jahre aufgefressen werden. Außerdem ist die Versuchung, in klammen Zeiten etwas aus Ihrem Geldspeicher zu holen, sehr hoch. Hinzu kommt, dass Sie in Krisenzeiten meist erst gezwungen sind, Ihr Erspartes aufzubrauchen, bevor Sie auf staatliche Unterstützung hoffen können.

So war es beispielsweise auch mit den staatlichen Hilfen für Solo-Selbstständige während der Corona-Pandemie: Viele Freiberufler mussten erst ihr fürs Alter zurückgelegtes Geld aufbrauchen, bevor sie schließlich Grundsicherung beantragen konnten. Jenseits solcher Krisen raten Finanzexperten dazu, das eigene Vermögen auf das vergleichsweise sichere Sparen und das etwas risikoreichere Investieren zu verteilen. Finden Sie dabei eine Gewichtung, die zu Ihrer Risikobereitschaft passt und sich für Sie richtig anfühlt.

Welches Sparziel Sie definitiv im Auge behalten sollten: Versuchen Sie, stets Geld für etwa sechs Monate auf der hohen Kante zu haben. So können Sie auch in saisonalen Flauten, globalen Wirtschaftskrisen oder wenn Sie krank werden, Ihre Miete und Ihr Essen zahlen. Das klingt natürlich erstmal viel, aber lassen Sie diesen Sechs-Monats-Notgroschen erstmal Ihre grobe Richtschnur sein. Da Sie im Ernstfall schnell an Ihr Geld kommen müssen, sollten Sie für Ihren **Notgroschen** eher ein Tagesgeld- statt ein Festgeldkonto wählen.

Rente 5 | Aktien, Fonds und ETFs

Keine Sorge: Sie müssen nicht zum abgebrühten Zocker oder kaltblütigen Broker werden, um diesen Baustein für Ihre Altersvorsorge nutzen zu können. Es gibt im Wesentlichen zwei Vorteile am Investieren an der Börse: Der erste zeigte sich während der Corona-Pandemie besonders deutlich. Denn viele staatliche Sicherungsnetze greifen nur, wenn Sie nicht auch von Ihrem Ersparten leben könnten. Und was in Aktien investiert ist, gilt nicht als gespart – sondern als angelegt. Der Staat kann Sie auch in der Krise nicht zwingen, Ihre Aktien zu verkaufen. Zumal die meisten globalen Krisen mit sich bringen, dass viele Aktien zumindest etwas an Wert verlieren.

Der zweite Vorteil sind die meist größeren Renditen im Vergleich zum Sparen. So fahren Sie meist trotz Inflation nach einigen Jahrzehnten ein gutes Plus ein. Ja, Sie haben richtig gelesen: nach Jahrzehnten. Denn – Sie erinnern sich – Sie müssen nicht zocken. Wenn Sie mit Wertpapieren für Ihr Alter vorsorgen möchten, ist es vielmehr sogar ratsam, die Füße still zu halten. Machen Sie sich stets bewusst: Aktien kaufen Sie nicht, um Real-Life-Monopoly zu spielen, sondern um sich auch im Alter noch ein schönes Leben machen zu können. Zudem profitieren Sie von der Marktentwicklung deutlich mehr, je länger Ihr Geld angelegt ist.

Die Zinsregel für Rechenfaule lautet:

- Bei 1 Prozent Zinsen verdoppelt sich das Geld in 72 Jahren,
- bei 2 Prozent in 36 Jahren,
- bei 4 Prozent in 18 Jahren, und
- bei 12 Prozent Zinsen verdoppelt sich das Geld in 6 Jahren.

Ökonomen gehen meist von einer Wertentwicklung von etwa 4,5 Prozent aus. Es ist also recht realistisch, dass sich Ihr heute angelegtes Geld in den nächsten zwei Jahrzehnten verdoppelt. Bei diesen Aussichten überrascht es, dass nur knapp 15 Prozent der Deutschen Wertpapiere besitzen (*www.dai.de/aktionaerszahlen*). Wenn Sie Ihrem Zukunfts-Ich etwas spendieren möchten, hören Sie am besten noch heute mit dem Fremdeln auf, und fuchsen Sie sich ein wenig ins Thema ein.

Denn je früher Sie anfangen, desto größer ist die Rendite, wenn Sie das Geld brauchen. Kramen Sie dafür kurz die Erinnerungen an den Matheunterricht hervor: Wissen Sie noch, was der Zinseszins ist? Kurz: Es ist Geld, das Ihnen gehört, für das Sie aber erstaunlich wenig tun mussten.

Investieren für Anfänger

Erinnern Sie sich noch an Wirecard? Der Zahlungsanbieter wurde erst gehypt – und dann flog alles auf: Die Bilanzen waren geschönt, und die erst immer wertvoller gewordenen Aktien waren plötzlich nichts mehr wert. Dieser Fall ist allerdings kein Argument, den Schwanz einzukneifen und nicht zu investieren, sondern dafür, sich breiter aufzustellen. Denn Sie können an der Börse sowohl Aktien eines einzelnen Unternehmens wie Apple, Aldi oder eben Wirecard kaufen als auch fertig geschnürte Aktienbündel.

Wenn Sie Fonds oder ETFs kaufen, bekommen Sie Mini-Anteile an einer ganzen Reihe von Unternehmen. Diese Bündel sind meist nach bestimmten Themengebieten oder Branchen zusammengestellt. So können Sie beispielsweise ETFs kaufen, mit denen Sie in einen Mix verschiedener Unternehmen investieren, die nachhaltig erzeugte Energie anbieten oder die sich in besonderem Maße für Chancengleichheit einsetzen. Bevor Sie investieren, können Sie die Zusammensetzung auf einschlägigen Websites wie *www.extraetf.com* oder *www.justetf.de* überprüfen.

Passen die im Paket enthaltenen Unternehmen zu Ihren moralischen Werten und sagt Ihnen die Entwicklung der finanziellen Werte zu? Dann brauchen Sie nur noch etwas Erspartes und ein Depot. Idealerweise wählen Sie ein Depot, in dem Sie sogenannte Wertpapiersparpläne einrichten können. Damit können Sie wie bei einem Dauerauftrag in regelmäßigen Abständen automatisiert einen bestimmten Geldbetrag in Ihre ETFs investieren. Investieren Sie niemals Ihren Notgroschen an der Börse.

Die Börse ist kein Casino. Erstmal heißt es: kaufen, kaufen, kaufen. Verkaufen werden Sie Ihre Altersvorsorge-Aktien erst, wenn Sie in Rente gehen möchten. Auch der Geld-Ratgeber Finanztip gibt Ihnen grünes Licht, wenn Sie sich so wenig wie möglich mit Geld auseinandersetzen möchten: Denn nach den Berechnungen der Experten ist der Gewinn bei reglosen Anlegern etwa so hoch wie bei den fleißigen Aktionären, die kaufen, verkaufen, umschichten und sich ständig informieren. Auch wenn Sie später in Rente gehen, können Sie diesen entspannten Kurs weiterfahren und sich häppchenweise etwas aus Ihrem Depot holen. Immer, wenn Sie etwas aus Ihrem Depot verkaufen, gehen 25 Prozent an **Abgeltungssteuer** von Ihrem Gewinn ab.

Am meisten Sinn ergeben ETFs, wenn Sie noch mindestens 15 Berufsjahre vor sich haben, um den größtmöglichen Zuwachs mitnehmen zu können. Der Trick ist, möglichst früh zu investieren und so möglichst lange von den steigenden Renditen zu profitieren. Denn dann haben Sie den größten Zinseszins-Effekt. Wenn Ihnen nun schon der Angstschweiß auf der Stirn steht, weil das Wort »Zinseszins« Ihr Mathe-Trauma wieder aufreißt, dann bleiben Sie ruhig: Wir sind mit dem Thema fast durch. Sie müssen sich nur merken: Aktienfonds sind eine gute Vorsorgemethode. Investieren Sie möglichst früh, ziehen Sie risikoärmere Fonds Aktien von einzelnen Unternehmen vor, und wenn Sie nicht unbedingt wollen, müssen Sie sich kaum um Ihr Depot kümmern.

ETFs machen vor allem dann Sinn, wenn Sie möglichst wenige andere Verbindlichkeiten wie etwa eine **Immobilie** haben. Denn anderenfalls wäre die Gefahr recht groß, dass der schicke Anbau sich nach und nach in Ihr Depot frisst.

Rente 6 | Altersvorsorge: Der Mix macht's

Wenn Sie Ihrem Zukunfts-Ich einen Gefallen tun möchten, freunden Sie sich etwas mehr mit Geld an. Gönnen Sie sich diese Option, durch ein bisschen Taktik und Strategie zu Beginn Ihrer Selbstständigkeit später eine glückliche und entspannte Rentnerin zu sein. Dazu gehört es auch, dass Sie sich den wahren Sinn der Selbstständigkeit bewusst machen – und das Ruder selbst in die Hand nehmen. Vor allem Kreative mit einem mageren Einkommen sagen sich: Wenn ich kein Geld habe, kann ich auch nichts zurücklegen. Das ist auf den ersten Blick durchaus richtig. Auf den zweiten wird aber deutlich, dass sich Menschen mit dieser Überzeugung als Opfer ihrer Kreativität und des Marktes erleben. Denn was hindert Sie daran, Ihre Preise, Ihre Ausrichtung oder Ihre Ausgaben etwas anzupassen und so Ihre Einnahmen zumindest etwas aufzubessern. Wenn es um die Altersvorsorge geht, zählt jeder Cent.

Rentenexperten nehmen an, dass bereits 50 Euro im Monat ein angenehmes Alter ermöglichen können. Die Faustformel: Versuchen Sie, etwa zehn Prozent Ihres Nettolohns jeden Monat wegzusparen. Damit Sie größtmögliche Sicherheit haben, sollten Sie Ihren Reichtum möglichst breit verteilen.

Deshalb ruht eine solide Altersvorsorge auf drei Säulen:

1. **Gesetzliche oder private Rente**: Sie ermöglicht es Ihnen, auch bis ins sehr hohe Alter monatlich Geld zu erhalten.
2. **Sparen**: Es macht Sie flexibel, falls Sie in einem Notfall dringend Geld brauchen.
3. **Investieren**: Mit Aktien erzielen Sie die größten Renditen und schaffen sich womöglich ein kleines Vermögen.

Und warum tauchen hier die Lebensversicherungen nicht auf? Weil diese heute meist nicht mehr lukrativ sind – zumindest nicht für Sie, wenn Sie keine Versicherungsvertreterin sind. Für eine neutrale und kompetente Beratung in allen Fragen rund um Ihre Altersvorsorge können Sie sich an die Verbraucherzentrale in Ihrer Nähe wenden.

10.6 Zuschüsse und Verwertungsgesellschaften

Die wenigsten Menschen gehen in die Kreativwirtschaft, weil sie dort Ruhm und Reichtum wittern. Denn allzu oft ist Kunst tatsächlich brotlos. Schauen wir uns also an, welche Möglichkeiten Sie haben, um zusätzlich etwas Geld aufs Konto zu bekommen.

Bonus 1 | GEMA

Noch vor einem Jahrzehnt konnten sich Musikerinnen und Sänger mit dem Verkauf von CDs etwas zu ihren Einnahmen aus Konzerttickets hinzuverdienen. Doch seit Musikliebhaber Songs immer häufiger nur noch streamen, haben sich die Einnahmequellen verändert. Beispielsweise bekommen in Deutschland ansässige Musiker von Spotify 0,00286 Cent pro Stream. Dafür müssen die Fans das Lied mindestens 30 Sekunden abspielen. Für eine Million Streams bekommen die Künstlerinnen also gerade einmal 2.862 Euro.[3]

Gerade in Zeiten, in denen Musiker wenig Chancen haben, von ihrer Musik zu leben, bringt die GEMA willkommene Zusatzeinnahmen. Die GEMA ist die wohl bekannteste der Verwertungsgesellschaften. Um in die GEMA aufgenommen zu werden, müssen Künstlerinnen und Musiker digital oder analog ein Formular ausfüllen und einmalig 90 Euro plus 19 Prozent Mehrwertsteuer zahlen. Bei Musikverlegern werden einmalig 180 Euro plus Mehrwertsteuer fällig. Hinzu kommt außerdem ein jährlicher Mitgliedsbeitrag für Urheber, Songwriterinnen und Interpreten von 50 Euro und für Musikverleger von 100 Euro.

Je nach Umfang Ihrer anzumeldenden Werke bietet Ihnen die GEMA auf ihrer Website verschiedene, recht schnell ausgefüllte, Anmeldemöglichkeiten an. Streaming-Zahlen melden Sie quartalsweise. Verkaufte Tonträger, Konzerte und TV- oder Radioveröffentlichungen listen Sie dagegen einmal pro Jahr auf und reichen die Meldung vorzugsweise digital bis zum 31. Januar des Folgejahres bei der GEMA ein.

Bitte bedenken Sie vor Ihrer Anmeldung, dass Sie als GEMA-Mitglied die Nutzungsrechte an all Ihren Werken an die GEMA abtreten. Damit Sie weiterhin Ihre Musik interpretieren, CDs herstellen, Ihre Songs zum Streamen ins Internet stellen

---

3 *www.igroovemusic.com/blog/wie-viel-erhalte-ich-pro-stream-auf-spotify.html*

und Konzerte spielen dürfen, erhalten Sie im Gegenzug eine Lizenz zur Nutzung Ihrer Werke. Diesen Fakt sollten Sie im Hinterkopf behalten, auf Ihre praktische Arbeit hat er dagegen kaum Einfluss.

Bonus 2 | VG Wort

Wie der Name andeutet, schüttet diese Verwertungsgesellschaft (VG) Geld für Worte aus. Wenn Sie vom Schreiben leben oder als Hobby einen gut funktionierenden Blog betreiben, können Sie kostenlos einen Wahrnehmungsvertrag unterschreiben. Für die Zählung können Sie in Ihren Blog Zählermarken einbinden, die Sie auf Wunsch bei der VG Wort erhalten. Ihre Webtexte müssen eine Mindestlänge von 1.500 Zeichen haben und mindestens 1.500-mal geklickt worden sein, um an der Ausschüttung teilnehmen zu dürfen. Bücher, Zeitungsartikel und andere Texterzeugnisse können Sie mit wenigen Klicks in der Online-Plattform TOM der VG Wort hinterlegen. Dafür wählen Sie entweder das Medium aus den Voreinstellungen aus oder tragen es neu ein. Anschließend geben Sie an, wie viele und wie lange Texte Sie in welchem Medium im letzten Jahr veröffentlicht haben.

Wichtig ist, dass Sie Ihre Meldung für das vergangene Jahr bis zum 31. Januar des Folgejahres einreichen. Haben Sie alles korrekt und fristgerecht ausgefüllt, erhalten Sie im Sommer einmal oder gelegentlich sogar mehrfach eine Ausschüttung. Je nachdem, wie viel Sie veröffentlichen, kann in manchen Jahren ein vierstelliger Betrag auf Ihrem Konto laden. Für dieses Extrageld müssen Sie als Urheber nichts zahlen. Sie müssen allein daran denken, die Gelder aus der VG-Wort-Ausschüttung als Einnahmen in Ihrer Steuererklärung anzugeben. Verlage, Zeitschriften und Blogs müssen dagegen unter bestimmten Umständen eine Abgabe an die VG Wort entrichten.

Bonus 3 | VG Bild-Kunst

Die VG Bild-Kunst funktioniert nach denselben Prinzipien. Die Aufnahme ist ebenfalls kostenlos. Allein die Frist unterscheidet sich: Bis zum 30. Juni können Sie Ihre Werke und Veröffentlichungen bei der VG Bild-Kunst melden.

Falls Sie zum ersten Mal etwas einreichen wollen, nehmen Sie sich dafür bitte etwas mehr Zeit, und planen Sie etwas Vorlauf ein. Denn erfahrungsgemäß brauchen die Ansprechpartner bei der VG Bild-Kunst gelegentlich recht lange, um auf eventuelle Rückfragen zu reagieren. Das ist vor allem für eher chaotische künstlerische Geister heikel. Wenn Sie wissen, dass Sie mit Fristen eher Mühe haben, tragen Sie sich die Frist als jährlich wiederkehrendes Ereignis in Ihren Kalender ein, am besten mit Erinnerung einige Wochen davor. Wer hier verschläft, verzichtet auf bares Geld.

Bonus 4 | Stipendien

Bei einem Stipendium bekommen Sie Geld oder Sachwerte gestellt, damit Sie sorgenfrei arbeiten können. Viele Förderer erwarten zwischendurch oder am Ende der geförderten Projektphase einen Bericht darüber, wie Sie mit dem Projekt vorankommen. Weitere Gegenleistungen sind jedoch meist nicht gefordert.

Die Initiative der Kultur- und Kreativwirtschaft der Bundesregierung hat auf ihrer Website *www.kultur-kreativ-wirtschaft.de* einige Stipendien und Arbeitsaufenthalte aufgelistet, auf die sich Künstlerinnen und Kreative bewerben können. Diese Förderungen decken in der Regel die Lebenshaltungs- und Arbeitskosten, so dass Sie sich ganz auf Ihr Werk konzentrieren können. Einige der Stipendien können Sie auch mit einem geförderten Auslandsaufenthalt verbinden. Auf der Website finden Sie neben Informationen zum Umfang der Stipendien auch Angaben zum Bewerbungs- und Auswahlprozess. Auch Städte, Kommunen oder Landesregierung und auch private Organisationen oder Kulturvereine geben Stipendien aus, die Ihre Arbeit unterstützen können. Bei einer Internetrecherche zu Stipendien in Ihrer Branche sollten Sie schnell etwas Interessantes finden.

Während der Corona-Pandemie, die die Kultur- und Kreativszene schwer gebeutelt hat, gab es eine Reihe zusätzlicher Stipendien, mit denen Künstlerinnen, Maler und Kreative sich und ihre Arbeit über Wasser halten konnten. Stipendien werden also gelegentlich auch ausgelobt, um belastete Branchen zu retten. Häufig verlangen die Förderer, dass Sie Ihre Künstlerschaft belegen können, was sich in der Regel durch Ihre Mitgliedschaft in der Künstlersozialkasse leicht klären lässt.

Bonus 5 | Wettbewerbe

Für die meisten kreativen Berufe gibt es Wettbewerbe. Dabei reichen Newcomer-Bands, Kunstmaler oder Journalistinnen Beispiele ihrer Arbeit oder Skizzen geplanter Projekte ein. Neben einer repräsentativen Auszeichnung, die Ihr Portfolio aufwertet, erhalten Sie dabei auch ein Preisgeld. Manche dieser Wettbewerbe finanzieren sich nicht nur aus Spenden oder öffentlichen Förderungen, sondern auch aus den Mitteln der Teilnehmer. Deshalb ist es nicht ungewöhnlich, dass Sie eine meist recht überschaubare Startgebühr entrichten müssen, um am Wettbewerb teilnehmen zu dürfen. Meist ist die Konkurrenz groß, aber lassen Sie sich davon bitte nicht abschrecken: Irgendwer gewinnt schließlich immer – und vielleicht sind diesmal Sie es.

10.7 Urheberrecht, Designschutz, Nutzungsrechte

In Abschnitt 8.1 haben wir uns angeschaut, was in das Kleingedruckte Ihrer Verträge gehört. Und in Abschnitt 8.2 haben wir das Großgedruckte näher kennengelernt. Da Sie mit Ihren AGB und Ihren Rahmenverträgen eindeutig klären möchten, was der Kunde für sein Geld bekommt, sollten Sie sich eingehend mit den Rechten befassen, die Sie dabei abtreten wollen.

Recht 1 | Urheberrecht

Das Urheberrecht gehört zu Ihnen wie Ihre Persönlichkeit oder Ihr Lachen – und lässt sich genauso wenig verkaufen. Wenn Sie ein Werk schaffen, dann haben Sie automatisch das Urheberrecht daran. Es ist also die juristische Art auszudrücken, dass Sie etwas Bestimmtes erschaffen haben. Das Urheberrecht schützt Sie und Ihr Werk davor, dass andere sich einfach mit Ihren Federn schmücken und beispielsweise Ihre Fotos oder Texte auf ihrer Website nutzen oder ein von Ihnen komponiertes Lied, ohne Sie zu fragen, an eine Plattenfirma verkaufen. Da Sie der Urheber Ihres Werks sind und bleiben, ist Ihr Urheberrecht unveräußerlich. Es gibt nur einen Weg, wie Sie Ihr Urheberrecht verlieren können: Siebzig Jahre nach dem Tod des Urhebers erlischt der Schutz seines Urheberrechts. Danach sind seine Werke gemeinfrei und dürfen vervielfältigt und öffentlich aufgeführt oder ausgestellt werden.

Juristisch wird im Urheberrecht klar geregelt, was offiziell als Werk gilt: Es ist eine persönliche und geistige Schöpfung, die eine gewisse Originalität und Kreativität aufweist und dabei nicht nur reine Handwerkskunst ist. Der Unterschied zwischen einer Bedienungsanleitung und einem Roman liegt in der sogenannten **Schöpfungshöhe**. Im **Urhebergesetz** (UrhG) geht es aber weniger darum, wie ein schützenswertes Werk entsteht, sondern darum, wie es sich mit den Rechten daran verhält.

Wenig erfahrene Auftraggeber bitten gelegentlich darum, dass Sie ihnen das Urheberrecht übertragen. In diesem Fall dürfen Sie diplomatisch und charmant darauf hinweisen, dass Sie – wenn Sie mögen – gerne Nutzungs- oder Verwertungsrechte einräumen. Gerade am Anfang Ihrer Selbstständigkeit sollten Sie bei allen Vertragssachen Ihre Anwältin oder die Beratung Ihrer Rechtschutzversicherung in Anspruch nehmen. So sind Sie rechtlich auf der sicheren Seite.

Recht 2 | Nutzungsrecht

Nur Nutzungsrechte, die offiziell und vertraglich gesichert eingeräumt wurden, gelten als erteilt. Ein Beispiel, das Sie sicher kennen, ist Software: Als Urheber kann Microsoft Ihnen eine **Lizenz** verkaufen. Damit erwerben Sie das Nutzungsrecht für genau einen Computer. Sie dürfen die Lizenz also nicht auf fünf Computern nutzen, sondern nur in dem durch den Kaufvertrag vereinbarten Umfang. Wenn Ihnen nicht ausdrücklich ein darüber hinausgehendes Nutzungsrecht eingeräumt wurde, dürfen Sie das Werk und damit in diesem Fall die Software nicht anderweitig nutzen – und machen sich bei der Installation auf einem weiteren PC strafbar.

Genauso verhält es sich, wenn Sie für Ihren Kunden eine Grafik erstellen, die der Kunde explizit für eine Printkampagne beauftragt hat, dann aber auch auf seiner Website nutzt. Solange Sie die zusätzliche Nutzung nicht ausdrücklich erlaubt haben, bleibt sie untersagt. An dieser Stelle dürfen Sie auch auf Ihr Recht bestehen. Denn wie bei unserem Softwarebeispiel sollte eine zusätzliche Lizenz auch zusätzliches Geld kosten.

Wenn Sie nicht mit Ihrem Vertrag, sondern mit einem **Werkvertrag** Ihrer Auftraggeberin arbeiten, prüfen Sie diesen Vertrag ganz genau: Ausgebuffte Auftraggeber fordern oft, dass Sie ein »zeitlich und örtlich unbegrenztes« Nutzungsrecht abtreten oder dem Kunden »sämtliche Rechte« überlassen. Wenn Microsoft das so gemacht hätte, dann würden weltweit wohl nur eine Handvoll bezahlter Lizenzen kursieren. Denn wenn Sie die Nutzung weder zeitlich noch in irgendeiner Form begrenzen, drücken Sie dem Kunden den Generalschlüssel zu Ihrem Werk in die Hand.

Doch in vielen Fällen ist es sinnvoll, die Preise für Ihre Dienstleistungen nach Art, Zeit und Umfang der Nutzung zu staffeln. Scheuen Sie sich nicht davor, für Ihre Rechte einzustehen. Mit Diplomatie und etwas Courage können Sie stets auch einzelne Klauseln oder den Preis nachverhandeln. Seien Sie dabei nur kulant, wenn Sie das selbst gerne möchten – und nicht, weil der Kunde Sie dazu drängt. Denn ein Kunde, der Ihre Rechte nicht respektiert, ist vermutlich ohnehin auf lange Sicht kein attraktiver Kunde. Sollte im Vertrag des Kunden dagegen nichts über das Nutzungsrecht gesagt werden, können Sie entweder so nett sein und darauf hinweisen oder einfach darauf verzichten. Schließlich entscheiden Gerichte im Streitfall in der Regel zugunsten des Urhebers, da Nutzungsrechte stets explizit eingeräumt werden müssen.

Mit einer **zeitlichen Begrenzung** können Sie etwa die Rechte für genau ein Jahr einräumen und mit der örtlichen Einschränkung der Nutzung in der Region Mittelfranken zustimmen. Zudem können Sie die Möglichkeiten, Ihr Werk zu verändern, vertraglich bestimmen, zum Beispiel wenn Sie anstelle eines fertigen Logos eine offene und bearbeitbare Datei ausliefern. Denn wenn der Kunde die Möglichkeit eingeräumt bekommt, künftig auch ohne Sie an Ihrem Werk zu arbeiten, und Sie sich so womöglich überflüssig machen, sollten Sie sich das entlohnen lassen.

Außerdem sollten Sie regeln, wie mit **Änderungen** des Kunden in Eigenregie zu verfahren ist: Stellen Sie sich vor, Sie reichen einen Artikel bei Ihrem Chefredakteur ein, und dieser ändert Passagen, die Ihrem Interviewpartner so gar nicht gefallen. Um unangenehmen Situationen wie diesen im Vorfeld vorzubeugen, sollten die Nutzungsrechte klar geregelt sein.

Solange gar nichts dazu im Vertrag steht, erhält der Auftraggeber in der Regel ein **einfaches Nutzungsrecht**, das weder übertragbar noch unkündbar ist. Alternativ können Sie Ihrem Kunden ein **alleiniges Nutzungsrecht** einräumen, das in vielen Fällen durchaus gewünscht wird. Denn wer möchte schon Texte in seinem Blog stehen haben, die Sie bereits an fünf andere Blog-Betreiber verkauft haben? Wer eine einzigartige kreative Leistung einkauft, möchte damit oft selbst einzigartig sein – und zahlt gerne für die alleinigen Nutzungsrechte. Beim **ausschließlichen Nutzungsrecht** geben Sie sogar Ihr eigenes Recht ab, das Werk selbst zu nutzen und beispielsweise eines Ihrer Fotos auf Ihrer Website auszustellen. Entscheidet sich der Kunde nicht für die alleinige oder ausschließliche Nutzung, dürfen Sie Ihr Werk nach Belieben auch anderweitig zu Geld machen.

Grundsätzlich sollte ein Vertrag folgende Punkte mit Blick auf das Nutzungsrecht erwähnen:

- Nennen Sie alle Vertragsparteien konkret mit Namen oder Unternehmensnamen.
- Geben Sie den Umfang und die Reichweite der Nutzungsrechte an und ob es sich um ein einfaches oder ein ausschließliches Nutzungsrecht handelt.
- Definieren Sie das Werk genau, für das Sie die Rechte übertragen möchten. Bei einem Rahmenvertrag können Sie hier eine allgemeinere Lösung finden.
- Gestatten oder verbieten Sie gegebenenfalls die Bearbeitung Ihres Werks.
- Machen Sie eventuelle räumliche, örtliche oder inhaltliche Einschränkungen deutlich.
- Halten Sie auch fest, dass die Nutzungsrechte erst nach Begleichen der Rechnung übertragen werden.

Recht 3 | Lizenzvertrag

Malerinnen verkaufen meist ihre Originale. Mit der Leinwand trägt der Käufer auch das alleinige Nutzungsrecht aus ihrem Atelier, da das Unikat ja nur einmal existiert. Das sieht bei unserem Softwarebeispiel ganz anders aus. Denn wenn Sie keinen physischen Gegenstand wie ein Gemälde oder ein Buch verkaufen, können Sie Ihr Produkt nahezu unbegrenzt oft verkaufen: indem Sie eine Lizenz dafür herausgeben. Mit der Lizenz erlauben Sie die vorher genau festgelegte Nutzung Ihres Werks. So können Theater beispielsweise eine Lizenz für ein bestimmtes Stück kaufen, das sie gerne aufführen möchten, oder Webmaster sich eine Lizenz für ein Website-Template zulegen, das ihnen gut gefällt.

Bei einem Lizenzvertrag geben Sie die Regeln vor, denn meist lizenzieren Sie ein Produkt, das Sie sich selbst ausgedacht haben und das nicht auf dem speziellen Wunsch einer Kundin basiert. Entsprechend legen Sie selbst fest, welchen Umfang die Lizenz hat. Wenn es sich anbietet, können Sie auch Staffelpreise anbieten, etwa eine Ein-Jahres-, Zwei-Jahres- oder Lebenszeit-Lizenz vergeben oder den Preis davon abhängig machen, ob Ihre Fotos einmalig im Print oder dauerhaft online genutzt werden dürfen und in welcher Auflösung Sie diese ausliefern.

Recht 4 | Verwertungsrecht

Das Verwertungsrecht könnte sich eigentlich auch Verwendungsrecht nennen, denn es regelt, wie Ihr Werk verwendet werden darf. Sie können Ihrer Kundschaft auf der Basis des Nutzungs-, Lizenz- und Vervielfältigungsrechts beispielsweise erlauben, Ihr Werk zu übersetzen oder in möglichst konkret umrissener Form zu bearbeiten. Letzteres ist vor allem bei Logos oder Marken wichtig. Natürlich können Sie auf der Basis des Verwertungsrechts auch genau das verbieten, nämlich dass jemand Ihr eigenes Logo einfach verändert. Genauso können Sie die Vervielfältigung Ihres Werks genehmigen oder verbieten, etwa ob Ihre Kundin sich Abzüge von Ihren Fotos machen darf oder Ihre Gemälde als Druck anbieten darf. Schließlich kauft Ihre Kundschaft mit dem Original im Zweifelsfall noch keine Nutzungsrechte (§ 44 Abs. 1 UrhG).

Recht 5 | Designschutz und Geschmacksmuster

Wenn uns ein Straßenhändler eine vermeintliche Adidas-Trainingsjacke mit vier statt der typischen drei Streifen unter die Nase hält, wissen wir: Das ist kein Deluxe-Zusatzstreifen, sondern eine Raubkopie. Im juristischen Jargon impliziert Raub eine gewisse Brutalität beim Stehlen eines Gegenstands. So drückt das Wort **Raubkopie** deutlich aus, dass jemand gewaltsam gedankliches Eigentum an sich gerissen hat. Wie Adidas lassen sich zahlreiche Marken und Kreative ihre Designs schützen. Die typischen Streifen sind ein sogenanntes **eingetragenes Design**, das Ihre Idee vor unerlaubtem Kopieren oder Verändern schützen soll.

Alles, was Sie designen können, ob es nun Trainingsjacken, grafische Symbole oder Kochtöpfe sind, können Sie sich beim Deutschen Patent- und Markenamt (DPMA) schützen lassen. Dabei können Sie auf Wunsch auch nur Teile Ihres Designs eintragen lassen, etwa die aufblasbare Zunge eines Sneakers oder der Gummiring, der den Kugelschreiber so schön griffig macht.

Durch das Eintragen bekommen Sie ein zeitlich begrenztes Monopol auf die Erscheinungsform Ihres Designs. Damit ist gemeint, dass Sie sich Ihr Design maximal 25 Jahre lang sichern können. In dieser Zeit können Sie anderen verbieten, Ihr Design zu kopieren oder etwas abgewandelt nachzuahmen, wie es bei dem Extrastreifen der Fall ist. Wenn Sie Ihr Design auch außerhalb von Deutschland schützen möchten, empfiehlt sich, ein EU- oder weltweites Muster eintragen zu lassen.

Weiterführendes

Weitere Informationen dazu finden Sie auf der Website des Deutschen Patent- und Markenamts *www.dpma.de/designs/schutz/index.html*.

Über die EU-Muster erfahren Sie mehr auf *www.euipo.europa.eu* und für die internationalen Muster gehen Sie auf *www.wipo.int/portal*.

Recht 6 | Unentgeltliche Lizenzen

Natürlich dürfen Sie Ihre Arbeit auch verschenken. Um Ihre Bekanntheit, Ihre Reichweite oder Ihre Karmapunkte zu steigern, kann das gelegentlich sehr sinnvoll sein. Beliebt für die unentgeltliche Verbreitung Ihrer Inhalte ist das Prinzip der Creative Commons. Die Bezeichnung der unentgeltlichen Lizenzen geht auf die gleichnamige gemeinnützige Organisation zurück. Diese veröffentlicht verschiedene Standard-Lizenzverträge, mit denen Urheber kreativer Werke der Öffentlichkeit auf einfache Weise Nutzungsrechte einräumen können.

Dabei müssen Sie nicht unbedingt alle Rechte aus der Hand geben. Sie können wie bei all Ihren Verträgen selbst entscheiden, ob

- Sie als Urheber genannt werden möchten.
- Ihr Werk kommerziell, also beispielsweise in der Werbung, genutzt werden darf.
- die Nutzer Ihr Werk verändern dürfen.
- sich nach einer Bearbeitung die Lizenz und die Nutzungsbedingungen verändern.

Was Sie den Nutzerinnen erlauben und was nicht, können diese direkt unter Ihrem Werk in den entsprechenden Datenbanken sehen.

Infos zu gemeinfreien Werken

Weitere Informationen dazu finden Sie auf der Website *www.network.creativecommons.org*.

Recht 7 | IPI-Nummer und Kürzel

Die IPI-Nummer beinhaltet die Informationen, welche Parteien Rechte an Ihrem Werk haben, deshalb nennt sie sich mit vollem Namen auch Interested Parties Information (IPI). Gelegentlich wird sie auch als CAE-Nummer bezeichnet. Diese Nummer wird als internationale Identifikationsnummer vergeben, die Songwritern und Verlegerinnen zugeteilt wird, damit die Rechte aller Parteien klar festgehalten sind. An der IPI-Nummer lässt sich bei jedem Lied genau erkennen, wer es geschrieben, gesungen, eingespielt oder arrangiert hat. Die Urheberschaft ist damit eindeutig nachweisbar und geschützt. Musiker und Komponistinnen bekommen ihre persönliche IPI-Nummer von ihrer Verwertungsgesellschaft, also beispielsweise von der GEMA.

Bei der schreibenden Zunft funktioniert die Zuordnung andersherum: Bei Medien mit begrenzter Zeichenzahl, wie Printzeitungen oder Kurznachrichtendiensten, können Texter und Autorinnen ihren Namen mit einem Kürzel auf wenige Zeichen runterbrechen. Dieses Kürzel geben Sie dann bei der VG Wort an, damit Sie als Urheber der gemeldeten Texte erkennbar sind.

Recht 8 | Namensnennung und Plagiate

Falls Sie schon mal eine wissenschaftliche Hausarbeit geschrieben haben, kennen Sie das Spiel: Sie lesen etwas, finden es interessant, bauen es in Ihre Argumentation ein – und setzen brav eine Fußnote zur Quelle. In der Wissenschaft gehört es zum Basis-Handwerkszeug, den Urheber des Gedankens zu nennen.

Alles andere führt zu Schwierigkeiten, etwa dass Sie sich gegen den Vorwurf des Plagiats verteidigen oder wegen dreisten Abschreibens Ihren Doktortitel wieder von Ihrer Visitenkarte streichen müssen. Denn wer plagiiert, gibt sich absichtlich als Urheber eines Werks aus, das er gar nicht selbst geschaffen hat. Nett ausgedrückt, schmückt er sich mit fremden Federn – und juristisch gedacht, begeht er eine Straftat. Denn in der Wissenschaft geben Sie meist mit Ihrer Abschlussarbeit eine eidesstattliche Erklärung ab, dass das Ganze auch von Ihnen stammt. Wenn Sie an dieser Stelle lügen, sieht § 456 des Strafgesetzbuchs eine Freiheitsstrafe von bis zu drei Jahren oder eine Geldstrafe vor. Auch wenn das Verfahren meist gegen ein Bußgeld eingestellt wird, zeigt das Beispiel doch die Bedeutung von **gedanklichem Eigentum**.

Infos zu Plagiaten

Wenn es Sie interessiert, was schon so manchen Politiker zu Fall gebracht hat, schauen Sie doch mal auf der Website *www.urheberrecht.de/plagiat* vorbei.

Ähnlich verhält es sich, wenn jemand bei Ihnen eine kreative Leistung einkauft. Theoretisch sind die Nutzerinnen Ihrer Bilder, Texte und Designs dazu angehalten, Sie namentlich zu erwähnen und Sie so als Urheber kenntlich zu machen. So ist es für Sie später auch leichter, Ihr Werk bei einer Verwertungsgesellschaft geltend zu machen, die wir uns in Abschnitt 10.6 angesehen haben. Sie können jedoch auf ausdrücklichen Wunsch des Kunden eine entsprechende Klausel in den Vertrag einfügen, in der Sie auf die Nennung Ihres Namens explizit verzichten.

Wenn Sie beispielsweise als Ghostwriterin für einen klugen, aber wenig sprachgewandten Professor ein populärwissenschaftliches Sachbuch aus seinen losen Gedanken schreiben, ist das keineswegs illegal. Nur sollte der Professor darauf achten, in seinem Vertrag mit Ihnen festzuhalten, dass Sie keinen Anspruch auf Namensnennung haben.

Sie sehen: Die Sache mit den Gesetzen ist recht komplex. Deshalb empfiehlt es sich, sich juristischen Rat zu holen und alle Eventualitäten in Ihren AGB oder Ihrem Rahmenvertrag schriftlich und für beide Seiten transparent festzuhalten. Wenn Sie Ihren kreativen Bauchladen nur selten umsortieren, können Sie hier bestenfalls von einer einmaligen Investition in eine wasserdichte Rechtsberatung ausgehen. Da Sie sich nicht mit Nickeligkeiten oder ausgewachsenen Rechtsstreits aufhalten möchten, schafft die Beratung zu Beginn Ihrer Selbstständigkeit auf lange Sicht ein ruhiges Gewissen – und damit die Basis für kreatives und freies Denken.

10.8 DSGVO

Wo wir schon mal so schön Paragrafen schubsen und Gesetze wälzen, kommen wir zum Abschluss noch zum Schreckgespenst von 2018. Damals brach spätestens im Mai Unruhe und Angstschweiß in vielen Unternehmen aus: Denn am 25. Mai 2018 trat die Datenschutz-Grundverordnung (DSGVO) in Kraft. Seither sorgt sie für gemischte Gefühle: Mit der DSGVO regelt die Europäische Union die Verarbeitung personenbezogener Daten durch Unternehmen, Behörden und Einrichtungen. Zugleich will die DSGVO den freien Datenverkehr in Europa gewährleisten.

Für Unternehmen ist der Schutz der Daten ein Balanceakt zwischen maßgeschneidertem Kundenservice und dem Schutz der persönlichen Informationen ihrer Kunden. Was wir dabei oft übersehen: Auch Datenschutz ist Kundenservice. Ein guter Überblick über Ihre To-dos in Sachen DSGVO hilft Ihnen dabei, diesen Spagat elegant und gelassen zu meistern.

DSGVO 1 | Was ist die DSGVO und für wen gilt sie?

Nur 15 Prozent der Befragten in einer Studie zur Datensicherheit gaben an, dass sie das Gefühl haben, die volle Kontrolle über ihre digitalen Daten zu haben. Die EU-Datenschutz-Grundverordnung (EU-DSGVO) möchte das ändern. Deshalb regelt sie in der gesamten EU, wie Unternehmen mit personenbezogenen Daten wie dem Namen oder der Adresse, dem aktuellen Standort, Einkommen oder Gesundheitsdaten umgehen dürfen. Die DSGVO betrifft alle Unternehmen und Selbstständige, die solche Daten sammeln, speichern und verwenden oder dies im Auftrag eines anderen Unternehmens tun.

Interaktive Grafik im Internet
Damit Sie besser wissen, was nun zu tun ist, gibt die Europäische Kommission auf ihrer Website mit einer interaktiven Grafik einen schnell verständlichen Überblick.
ec.europa.eu/justice/smedataprotect/index_de.htm

DSGVO 2 | Das müssen Sie und Ihr Unternehmen wissen

Generell und vor allem, wenn Sie über die Nutzung von Daten sprechen, gilt: Drücken Sie sich so leicht und verständlich wie möglich aus. Erklären Sie Ihrem Gegenüber, wer Sie sind und warum Sie Daten abfragen oder verarbeiten, wie lange Sie diese zu speichern gedenken und mit wem Sie gegebenenfalls diese Daten teilen. Rein theoretisch gilt das bereits, wenn Ihnen jemand eine Visitenkarte gibt und Sie diese verwahren oder gegebenenfalls die Kontaktdaten darauf nutzen.

Zustimmung

Na, wie viele Cookie-Banner haben Sie heute schon weggeklickt? Und sicher kennen Sie auch die obligatorische »Bitte bestätigen Sie Ihre Anmeldung zu unserem Newsletter«-Mail. Diese lästig wirkenden Maßnahmen sind Teil der Umsetzung der DSGVO, die eine eindeutige und bewusste Zustimmung zur Datennutzung fordert. Die Faustformel ist hier: Keine Zustimmung, keine Datenverarbeitung.

In diesem Bereich müssen vor allem Fotografen achtsam sein: Sie holen sich idealerweise eine schriftliche Erlaubnis der Menschen ein, die Sie fotografieren möchten. Auf dieser Einverständniserklärung sollten die Fotografierten die Möglichkeit haben, die Medien zu wählen oder zu streichen, in denen ihr Bild zu sehen sein wird. Zudem sollten Sie auf diesem Vordruck ausdrücklich auf die Möglichkeit des Widerrufs hinweisen. Denn alle Fotografierten dürfen jederzeit ihre Zustimmung zurückziehen.

Das kann besonders dann passieren, wenn Sie beispielsweise einen Mitarbeiter als Model für Ihre Website-Fotos fotografiert haben, dieser aber nach einem Streit das Unternehmen verlässt. Es ist nicht unwahrscheinlich, dass er dann nicht mehr sein Gesicht für Ihr Unternehmen hergeben möchte. Sobald er den Wunsch äußert, müssen Sie die Fotos entsprechend umgehend löschen – oder eine Abmahnung droht.

Für Personen des öffentlichen Lebens wie Künstlerinnen, Sportler oder Politikerinnen sehen die Paragrafen 22 und 23 des Kunsturheberrechts dagegen nur einen Schutz der Intimsphäre vor. Die Anwesenheit bei zeitgeschichtlich bedeutenden Ereignissen reicht allerdings nicht dafür aus, dass Sie eine Person ohne Einverständnis fotografieren und die Fotos veröffentlichen dürfen. Und bei Kindern und

Jugendlichen hat die ungestörte Privatsphäre ohnehin absolute Priorität vor dem Medieninteresse.

Zugang und Übertragbarkeit

Menschen, die Ihre Website, Ihren Newsletter oder andere Ihrer Angebote nutzen, haben ein Recht darauf, dass Sie ihnen alle Daten, die Sie über sie gesammelt haben, offenlegen und strukturiert zugänglich machen. Auf Wunsch müssen Sie diese Daten an andere Unternehmen übergeben.

Warnhinweise

Sobald Sie Daten erheben, müssen Sie darauf hinweisen. Wenn Sie beispielsweise ein Tracking in Ihre Seite einbinden oder mit Cookies arbeiten, müssen Sie einen Warnhinweis einbauen.

Datenlöschung

Geben Sie Menschen das »Recht auf Vergessenwerden«. Wenn jemand sich bei Ihnen meldet und um die Löschung seiner personenbezogenen Daten bittet, dann machen Sie das – sofort und vollständig. Ausnahmen: Wenn die Daten für die Meinungsfreiheit oder Forschungszwecke nötig sind oder mit gesetzlichen Pflichten, juristischen Rechtsansprüchen oder der öffentlichen Gesundheit verbunden sind. Genaueres erfahren Sie im dritten Absatz von Paragraph 17 der DSGVO.

Profilerstellung

Wenn Sie Kundenprofile anlegen, etwa um passende Produkte zu empfehlen oder ein persönliches Informationspaket zusammenzustellen, müssen Sie deutlich darauf hinweisen, dass Sie diese Daten sammeln und was Sie dann damit machen. Erklären Sie besonders interessierten Kundinnen auch, auf welcher Rechtsgrundlage Sie handeln. Und auch hier darf Ihre Kundschaft darauf bestehen, vergessen zu werden.

Marketing

Haben Sie Lust, ständig irgendwelche Newsletter zu bekommen? Eben! Geben Sie deshalb jedem Menschen die Chance, sich von Ihrem Newsletter, Ihren Rauchzeichen oder Depeschen abzumelden.

Schutz besonderer Kategorien von Daten

Es gibt Daten, die nicht jeder kennen muss, wie unsere Adresse oder unser Alter. Und es gibt solche Daten, die Sie nur rausgeben, wenn es wirklich nötig ist, wie Gesundheitsdaten, die sexuelle Orientierung oder Ihre politischen Ansichten. Letztere fallen in die Kategorie der sensiblen Daten, auf die Sie als Unternehmen besonders gut Acht geben müssen. Sollten Sie solche Daten verarbeiten, sorgen Sie für größtmögliche Sicherheit, etwa indem Sie sich umfassend gegen Cyber-Attacken schützen. Generell sollten Sie sich auch mit Blick auf die Inhalte Ihrer Kundenprojekte eine solide Sicherheitsstrategie überlegen, damit nichts nach außen dringt, was nicht nach außen soll.

Daten von Kindern

Wenn Sie Daten von Kindern und Jugendlichen unter 16 Jahren erheben oder Fotos von ihnen machen, benötigen Sie grundsätzlich die Einwilligung der Eltern. In anderen Mitgliedsländern der EU liegt die Grenze bei 13 Jahren. Jedoch ist es durchaus sinnvoll, die Eltern einzuweihen, um Missmut im Vorhinein auszuschließen.

Übermittlung von Daten nach außerhalb der EU

Wenn die von Ihnen verarbeiteten personenbezogenen Daten die EU verlassen, sollten Sie die Datenschutzvorgaben des Landes des Empfängers prüfen. In vielen Ländern, etwa den USA, gibt es Gesetze wie den Patriot Act, der der Regierung recht großzügige Zugriffsrechte auf private und geschäftliche Daten ermöglicht. Falls Sie sensible Daten nutzen, sollten Sie Server-Standorte innerhalb der EU bevorzugen.

Aufzeichnungen

Und zu guter Letzt: Sie müssen nicht nur sehr sensibel mit personenbezogenen Daten umgehen, sondern auch dokumentieren, wie Sie auf diese Daten aufpassen. Dafür müssen Sie folgende Informationen festhalten:

- Name und Kontaktdaten Ihres Unternehmens
- Gründe für die Datenverarbeitung
- Kategorien von betroffenen Personen und personenbezogenen Daten
- Kategorien der Organisationen, die diese Daten erhalten
- Übermittlung von Daten in ein anderes Land oder an eine andere Organisation
- Frist für die Löschung der Daten, sofern möglich
- Beschreibung der Sicherheitsmaßnahmen, die bei der Verarbeitung genutzt werden, sofern möglich

DSGVO 3 | Wer braucht einen Datenschutzbeauftragten?

Und dann gibt es da noch die Sache mit dem Datenschutzbeauftragten. Als Solo-Selbstständiger können Sie nun entspannt zum nächsten Kapitel weiterblättern. Also »Tschüss« und bis gleich. Alle anderen können nun schauen, ob sie einen Datenschutz-Profi brauchen.

Folgende Unternehmen, Institutionen und Behörden brauchen einen Datenschutzbeauftragten:

- Mindestens 20 Mitarbeitende verarbeiten personenbezogene Daten
- Es werden sensible Daten verarbeitet

Das müssen Unternehmen jetzt tun:

- Datenschutzbeauftragte ernennen oder extern beauftragen
- notwendiges Dokumenten-Set zusammenstellen
- Löschkonzept und Risikoabschätzungen erstellen
- Datenschutzmanagementsystem aufbauen
- Umsetzung der Maßnahmen nachweisen

Grobe Verstöße, die schwere Konsequenzen für die Betroffenen haben, könnten eine Strafe von bis zu 20 Millionen Euro nach sich ziehen. Natürlich können die Strafen auch sehr viel geringer ausfallen – dennoch haben Sie sicher keine Lust auf einen Rechtsstreit. Mit etwas Achtsamkeit, Verständnis für Ihre Kundschaft und strukturierten Maßnahmen sind Sie in Sachen Datenschutz gut aufgestellt.

Kapitel 11

Weiterkommen: Wer und was hilft mir?

Auch wenn Freiberufler solo-selbstständig sind, müssen sie nicht alles allein durchstehen: Es gibt Software, Apps und Menschen, die Selbstständigen gerne helfen. Dieses Kapitel gibt einen Überblick über hilfreiche Instrumente, um die Selbstständigkeit so bequem und solide wie möglich aufzusetzen, dass die Organisation möglichst in den Hintergrund tritt und die eigentliche Arbeit bald schon im Fokus stehen kann.

11.1 Technische Helferlein: Software und Tools

Freunde martialischer Sprache nennen Solo-Selbstständige gerne auch Einzelkämpfer. Und irgendwie stimmt es ja auch, dass Sie sich allein durch den Markt und die Arbeitswelt kämpfen. Deshalb ist es gut, dass Sie sich eine kleine Armee aus digitalen Helferlein um sich scharen können, die Sie ganz friedlich und freundschaftlich in Ihrem Berufsalltag unterstützen möchten. Was Sie für Ihren eigentlichen Job brauchen, wissen Sie am besten selbst. Hier geht es um Tools, Apps und Software, die Ihnen bei Ihren organisatorischen Aufgaben jenseits Ihrer Kernarbeit hilft.

Der einfachste Weg zu strukturierter Hilfe sind unsere technische Helferlein wie Apps oder Bots.

Die Liste ist keineswegs vollständig, da es unzählige Apps gibt, die Ihnen die Selbstständigkeit erleichtern. Da fast alle Apps und Tools sensible Daten verarbeiten, sollten Sie sich vorab darüber informieren, ob Sie mit deren Datenschutzstandards einverstanden sind. Ebenso können Ihnen Berichte über Erfahrungen mit dem Kundenservice aus dem Internet bei der Entscheidung helfen. Hier finden Sie lediglich ein paar Inspirationen, in welche Richtungen Sie auf der Suche nach der perfekten digitalen Unterstützung denken können:

Tool 1 | Buchhaltung und Finanzen

Wissen Sie, wie viel Sie im Monat für Lebensmittel, Druckerpapier oder Versicherungen ausgeben? Falls Sie in Finanzdingen eher intuitiv vorgehen, können Ihnen diese Apps ganz einfach zu mehr Durchblick verhelfen.

Konten im Blick

Die *Finanzguru*-App fasst all Ihre Konten zusammen. In der Gratisversion sehen Sie auf einen Blick, wie viel Guthaben auf Ihren Giro- und Sparkonten sowie Ihren Kreditkarten liegt und was sich in Ihrem Depot tut. Zudem analysiert die App, wie viel Sie in Bereichen wie Lebensmittel, Versicherungen oder Gehälter ausgeben.

Auch einige Girokonten wie *Holvi* oder *Kontist*, die sich direkt an Selbstständige richten, bieten Ihnen entsprechende Auswertungsmöglichkeiten an. In diesen Fällen müssten Sie allerdings prüfen, ob Sie mit den Konditionen der Banken einverstanden sind.

Fahrtenbuch führen

Wenn Sie ein Auto haben, das Sie nicht nur für Ihren Beruf benutzen, erleichtert Ihnen eine Fahrtenbuch-App die Buchhaltung. Per GPS erfassen Apps wie *KFZ Fahrtenbuch*, *Vimcar* oder *Driverslog* automatisch Ihre Fahrten, die Sie steuerlich geltend machen möchten.

Rechnungswesen vereinfachen

Salesking, *Lexoffice* oder *Sevdesk* sind Anwendungen, mit denen Sie Angebote und Rechnungen schreiben können. Ebenso können Sie darüber Ihre Umsatzsteuervoranmeldung und Ihre Steuererklärung abwickeln. Die meisten Buchhaltungs- und Rechnungswesen-Anwendungen bieten verschiedene Leistungsumfänge an. Fast alle unterstützen Sie mit Warnungen und Tipps dabei, rechtssicher und möglichst einfach Ihre Buchführung im Griff zu haben.

Tool 2 | Projektmanagement

Die selbstständige Arbeit bringt es meist mit sich, dass wir viele Bälle gleichzeitig in der Luft halten müssen. Die perfekte Lösung für das eigene Projektmanagement zu finden, ist deshalb Gold wert.

Kanban-Board nutzen

Mit Apps wir *Zenkit* oder *Trello* können Sie ein einfaches Kanban-Board bauen, wie es in Kapitel 9 beschrieben wurde. Zenkit ist dabei etwas abgespeckter im Umfang als Trello. Deshalb ist Trello beispielweise in Redaktionen sehr beliebt: In die einzelnen Tickets können Sie PDFs, Links oder To-do-Listen einbinden. Diese Tickets können Sie einzelnen Personen zuweisen und eine Deadline eintragen. Zudem können Sie für verschiedene Projekte unterschiedliche Boards anlegen. Um die Projekte zu strukturieren, können Sie die Unteraufgaben mit Labels versehen.

Auftragsbuch organisieren

Wenn Sie es mit vielen und sehr kleinteiligen Projekten zu tun haben, könnte *Asana* ihre beste Freundin werden: Mit diesem aufgeräumten Projektmanagement-Tool können Sie sich Ihre Aufgaben unter Oberprojekte sortieren und diese sowohl im Kalenderüberblick als auch als Kanban-Board darstellen lassen. Zudem können Sie Asana mit Ihrem digitalen Kalender verbinden. Das ist vor allem dann praktisch, wenn Sie Calendar Blocking machen, wie es in Abschnitt 9.4 beschrieben wird. Asana freundet sich aber auch gerne mit anderen Apps und Tools an wie *Slack*, *Jira* oder *Dropbox*.

Theoretisch können Sie Ihr gesamtes Projektmanagement in Asana machen, da Sie sogar alle Projektdateien in Asana ablegen können. Bedenken Sie dabei allerdings, dass das aus Datenschutz- und Sicherheitsgründen nicht zwingend die beste Wahl ist. Sprechen Sie dazu unbedingt mit Ihrer Kundschaft, ob diese damit einverstanden ist. Wenn ja, können Sie der jeweiligen Kundin sogar Zugang zu ihrem Projekt in Asana geben. So hat sie die Möglichkeit, den aktuellen Stand Ihrer Arbeit jederzeit einzusehen, und Sie schaffen maximale Transparenz.

Ähnliches können Sie auch mit deutlich teureren Tools wie *Jira* erreichen. Jira empfiehlt sich vor allem für große Teams und wird häufig in der Softwareentwicklung in Verbindung mit *Confluence* zum Strukturieren des Scrum-Prozesses eingesetzt.

Umfragen erstellen

Wenn Sie Ihre Kundschaft besser kennenlernen oder die Qualität Ihrer Arbeit überprüfen möchten, hilft eine Umfrage. Am leichtesten machen Sie es den Befragten mit einer schnell durchklickbaren Umfrage. So erhöhen Sie auch die Wahrscheinlichkeit, dass sich jemand die Zeit dafür nimmt. Mit Tools wie zum Beispiel *Survey*

Monkey, *Google Forms* oder *LimeSurvey* können Sie schnell und einfach eine Umfrage anlegen und die Ergebnisse später auswerten.

Tool 3 | Notizen und Akten

Was Sie nicht ewig im Hinterkopf mit sich herumschleppen möchten, sollten Sie einfach aufschreiben. Natürlich gibt es auch als Alternative zur altmodischen Zettelwirtschaft eine digitale Lösung.

Notizen bündeln

Mittlerweile gibt es eine ganze Reihe von Apps, in denen Sie Ihre Notizen festhalten können. Die größten Unterschiede liegen im Umfang der App und im Design.

Evernote hat dabei die meisten Funktionen: Es bietet Ihnen eine Reihe von Vorlagen für Besprechungsnotiz, Aufsatzgliederung oder eine Tagesreflexion. Zudem können Sie verschiedene Notizbücher anlegen, die Sie organisieren und unterteilen können. So können Sie beispielsweise für jeden Kunden ein eigenes Notizbuch anlegen. Wie bei fast allen Notiz-Apps können Sie Fotos und PDFs in Ihre Notizen integrieren. Zudem können Sie einen Evernote-Webclipper in Ihren Browser integrieren, mit dem Sie Webinhalte mit einem Klick in der Evernote-App speichern können. Natürlich können Sie innerhalb einer Notiz eine abhakbare To-do-Liste einbauen.

Wenn es Ihnen allerdings nur um To-do-Listen geht, sind Sie mit einer schlankeren App besser beraten. In der Gratisvariante können Sie Evernote mit einem Gerät nutzen. In der Premium-Version können Sie beliebig viele Computer oder Smartphones miteinander synchronisieren und größere Datenmengen in der App ablegen. Ich nutze die App unter anderem für meine Tages-, Wochen- und Jahresplanung. Wenn mir unterwegs etwas einfällt oder ich einen Notizzettel abfotografiere, nutze ich die Synchronisation mit der Smartphone-App. Ideen, die noch keinem konkreten Projekt zugeordnet werden können, landen hier im digitalen Zettelkästchen.

To-do-Listen abhaken

Wenn Sie Ihre To-do-Listen digitalisieren wollen, gibt es dafür einen ganzen Haufen von Apps. Die beliebtesten sind *Todoist* und *OneNote*. Beide haben ein schlankes, aufgeräumtes Design. Sie können für verschiedene Themen eine Liste anlegen, etwa eine Liste für Organisatorisches, für die Teilaufgaben eines Projekts oder Ihre Einkaufsliste. Die meisten To-do-Listen lassen sich auch in der Gratisvariante mit verschiedenen Geräten synchronisieren. Zudem können Sie andere Menschen über deren E-Mail-Adresse in eine Liste oder eine Aufgabe einladen. So können Sie Ihr Team oder Ihre Kundschaft auf dem Laufenden halten oder jemandem eine Aufgabe zuordnen. Wenn Sie eine Deadline brauchen, um anzufangen, können Sie in jedes To-do ein Fälligkeitsdatum eintragen. So kann Sie die App mit einer Push-Nachricht daran erinnern.

PDFs erstellen

Erinnern Sie sich noch an die sperrigen Scanner, die in den 1990ern noch cool waren? Wenn Sie ein Smartphone haben, brauchen Sie so etwas nicht mehr. Mit Apps wie *swiftScan* oder *Tiny Scanner* machen Sie ein Foto, das die App automatisch als PDF speichert. So können Sie beispielsweise Ihre Rechnungen für die Steuer digitalisieren und in guter Qualität ablegen.

Webinhalte sammeln

Mit *Pocket* können Sie Websites und Artikel mit einem Klick in einer Bibliothek speichern. Wenn Sie viel recherchieren, beugt Pocket einer unendlichen Liste von Lesezeichen in Ihrem Browser vor. Mit Schlagworten können Sie Ihre Bibliothek ordnen und sortieren.

Inspiration finden

Wenn Sie Ihr Geld mit Malerei, Fotos oder irgendeiner anderen Form von optischen Ergebnissen verdienen, ist *Pinterest* ein gutes Tool, um Bilder aus dem Internet zu speichern und sortiert abzulegen. Sie können Pinterest auch als Browsererweiterung integrieren. So können Sie mit nur einem Klick fast alle Bilder aus dem Internet in Ihrem Pinterest sammeln.

Tool 4 | Produktivität und Planung

Wer hat an der Uhr gedreht? Und was habe ich heute eigentlich den ganzen Tag gemacht? Wenn Sie sich das auch schon mal gefragt haben, können Ihnen diese Apps etwas mehr Gelassenheit schenken.

Ablenkungen blocken

Mit dem Chrome-Plugin *Blocksite* schiebt der Browser dem inneren Schweinehund den Riegel vor: Geben Sie in die App ein, welche Apps oder Websites Sie grundlos von der produktiven Arbeit abhalten und zu welchen Zeiten Sie gerne konzentriert arbeiten wollen. Die App sorgt zu gewählten Zeiten dafür, dass Sie etwas anderes zum Prokrastinieren finden müssen.

Termine finden

Mit manchen Menschen ist es schwierig, einen Termin zu finden. Machen Sie es Ihrer internetaffinen Kundschaft leichter, indem Sie eine App wie *Calendly* nutzen.

Sie verbinden die App mit Ihrem Kalender. Anschließend zeigt die App Ihrer Kundschaft die Lücken in Ihrem Kalender an und ermöglicht ihnen, eines der freien Zeitfenster zu buchen. In der Basisversion ist die App kostenlos und lässt sich mit Google-Kalender, Office 365, Outlook und iCloud verwenden.

Tool 5 | Lern-Tools

Als Unternehmerin oder Gründer müssen Sie stets auf dem Laufenden bleiben und sollten sich gelegentlich auch fortbilden. Vor allem wenn Ihnen in Ihrer alltäglichen Arbeit Wissenslücken auffallen, sollten Sie sich eingehend zu diesem Thema informieren. Seminare in Präsenz sind meist eine gute Möglichkeit zum Netzwerken und um Gleichgesinnte kennenzulernen. Onlinekurse haben dagegen den großen Vorteil, dass sie meist sehr viel günstiger sind und Sie diese jederzeit und überall absolvieren können.

Lernen von Profis

Skillshare ist eine der größten und beliebtesten Online-Lernplattformen der Welt. Die meisten Inhalte sind auf Englisch, verfügen allerdings über Untertitel in verschiedenen Sprachen. Das Großartige ist, dass Sie von echten Koryphäen lernen können und aus unzähligen Branchen und Sparten wählen können. Insgesamt bietet Skillshare über 25.000 Kurse an, von denen Sie knapp 2.000 kostenfrei nutzen dürfen. Das Abo können Sie für zwei Monate testen. Alternativ können Sie in den zwei Gratismonaten alle Kurse absolvieren, die Sie interessieren.

Demokratische Lernplattform

Udemy ist von den Konditionen und der Grundidee ähnlich wie Skillshare. Allerdings ist die Schwelle zum Lehrerpult deutlich niedriger. So können Sie auch selbst einen Kurs über Udemy verkaufen, wenn Sie ein spannendes Thema für ein E-Learning-Publikum aufbereiten möchten. Bei Udemy brauchen Sie kein Abo. Sie kaufen direkt für wenige Euro die Kurse, die Sie interessieren. Durch die Diversität der Lehrenden gibt es Kurse in vielen Sprachen, die meist untertitelt sind.

Plattform für Kreative

Domestika ist eine Quelle der Tipps und Inspiration für Menschen aus der Illustration, Grafik oder Malerei. Die optisch ansprechenden Videos sind überwiegend auf Spanisch, teils auf Englisch und verfügen über Untertitel in verschiedenen Sprachen. Vieles ist aber auch ganz ohne Ton verständlich, da die Lehrenden vor allem über praktische Beispiele erklären, was sie so machen.

Wissenschaft für alle

Über *Coursea* können Sie offizielle Scheine an diversen Elite-Universitäten auf der ganzen Welt machen wie Harvard, Yale oder der UCLA. Die Kurse sind spannend für Freiberufler im Wissenschaftsjournalismus, aber auch für Konzepterinnen oder Marketing-Menschen, die für wissenschafts- oder forschungsnahe Unternehmen arbeiten.

Statement | Tools nach Bedarf

»Ich nutze vor allem Trello. Die Kanban-App ist To-do-Liste, Kalender und Projektmanagement in einem. Ich probiere gerne alle neuen Tools aus, die mir unter die Nase kommen, habe aber festgestellt, dass ich mich in einem Zuviel an Tools verlaufe, so gut mir jedes für sich meine Arbeit auch erleichtern mag. Dazu gibt es ein tolles Notizbuch und ebenso tolle Stifte.«

Sascha Nieroba | Nagel & Kopf | text. marke. mensch.

Statement | Content ganz einfach

»Mein eindeutiger Favorit: Canva. Ich nutze das Tool für meine Content-Erstellung auf LinkedIn, Layouts für Angebote und Rechnungen, Mockups und Entwürfe jeglicher Arten.«

Michael Otto | Storyteller

11.2 Pitchen: Eine lange Geschichte kurz machen

Schauspieler gehen zum Vorsprechen, Journalistinnen schreiben Probetexte, und Ballerinas tanzen vor. Wenn Sie Ihre Brötchen dagegen mit Strategien, Konzepten oder Ideen verdienen möchten, pitchen Sie. Aber auch wenn Sie Investoren von Ihrer Idee überzeugen oder einen Gründerwettbewerb gewinnen wollen, sollten Sie immer ein Pitch Deck zur Hand haben. Was das ist und was Sie sonst noch über das Pitchen wissen sollten, kommt jetzt:

Pitch 1 | Elevator-Pitch

Der Elevator-Pitch hat seinen Namen von einer, zugegeben sehr langen, Aufzugfahrt, auf der Sie einen Menschen von Ihrem Tun begeistern möchten. Wie lang Sie im imaginären Aufzug unterwegs sein werden, variiert zwischen 30 oder 60 Sekunden und satten 2 Minuten.

Ein Elevator-Pitch ist vor allem dafür gedacht, wenn Sie jemand auf einer Veranstaltung fragt: Und, was machen Sie so? Zu Beginn Ihrer Selbstständigkeit, wenn Sie noch mit einem randvollen Bauchladen durch Eventhallen und Gründertreffen tingeln, kann diese Frage Sie in eine mittelschwere Sinnkrise stürzen. Einen kurzen Elevator-Pitch vorzubereiten, der Ihre Kernfähigkeiten, Ihr Alleinstellungsmerkmal und Ihr Selbstverständnis in wenigen kurzen Sätzen auf den Punkt bringt, verleiht Ihnen in solchen Situationen mehr Souveränität.

Stellen Sie sich mental noch mal in den Aufzug. Dabei wird Ihnen schnell auffallen, dass eine Sache ganz wichtig ist: Ihren Mitreisenden im Gedächtnis zu bleiben. Was nützt ein ausgefeilter Pitch, der, auf der gewünschten Etage angekommen, schon längst wieder vergessen ist? Seien Sie deshalb prägnant, auf den Punkt und zugleich unterhaltsam. Versuchen Sie, Ihr Können und Ihre Persönlichkeit in eine kleine Aufzugkabine zu quetschen und Ihr Gegenüber dennoch atmen zu lassen.

Wenn Sie die Aufzugsfahrt durchgeplant haben, machen Sie es noch kürzer: Was würden Sie auf Ihre Visitenkarte schreiben? Denn wenn Sie auf »Und, was machen Sie so?« mit einem mehrminütigen Monolog antworten, ziehen Sie Ihrem Gegenüber Ihren Bauchladen ordentlich über die Rübe. Lassen Sie den Bauchladen lieber zuhause, und antworten Sie mit einer kurzen, aber zum Gespräch einladenden Zusammenfassung Ihres Geschäftsmodells.

Pitch 2 | Start-up-Pitch

Auch wer Geld von einem Investor haben möchte oder bei einem Gründerwettbewerb mitmacht, muss manchmal pitchen. Bei einem Start-up-Pitch stellen Sie weniger sich als Person, sondern vielmehr Ihr Unternehmen und Ihre Geschäftsidee vor. Während Sie beim Elevator Pitch nur Ihre Ideen und sich selbst dabeihaben, dürfen Sie nun Hilfsmittel hervorholen. Da Start-up-Pitches in der Regel für einen bestimmten Termin angesetzt werden, haben Sie die Möglichkeit, Ihre Worte vorab mit Bedacht zu wählen und eine Präsentation vorzubereiten, die Ihre Worte begleitet. Eine solche Präsentation nennt sich auch Pitch Deck.

Da Sie zu einem Start-up-Pitch meist aktiv eingeladen werden und keine imaginären Aufzuggäste bedrängen, sollten Sie sich auch hier möglichst kurzhalten. Investorinnen und Juroren hören am Tag meist einige neue Ideen und Geschäftsmodelle. Schonen Sie deren Zeit, und reduzieren Sie Ihre Präsentation auf das Wesentliche. Beschränken Sie sich bitte auf wenige Minuten, und versuchen Sie, wenn möglich, bei der Präsentation etwas zu unterhalten. So bleiben Sie besser im Gedächtnis, und Ihre Zuhörerschaft hatte womöglich sogar Spaß an Ihren Ausführungen.

Pitch 3 | Speed-Pitching-Session

Beim Speed-Dating haben Sie etwa acht Minuten Zeit, um Ihr Gegenüber verbal in die Mangel zu nehmen, ihm lasziv in die Augen zu schauen oder ganz klar mitzuteilen, was bei Ihnen geht und was nicht. Alles, um den perfekten Partner oder zumindest ein kurzes Abenteuer zu finden. Bei einer Speed-Pitching-Session sieht das recht ähnlich aus: Sie präsentieren Ihre Idee im besten Licht und hoffen, dass daraus eine ernste Beziehung oder zumindest eine kurze finanzielle Liaison entsteht. Meist finden Speed-Pitching-Sessions im Rahmen von Gründerveranstaltungen statt.

Der Aufbau ist ähnlich wie beim Speed-Dating: Eine Gründerin oder ein Team sitzt für etwa drei bis fünf Minuten einem Investoren gegenüber und versucht in dieser kurzen Zeit, ihre Idee unwiderstehlich zu machen. Nach Ablauf der Zeit wechseln die Gesprächspartner der Reihe nach einen Platz weiter, bis alle Selbstständigen mit allen Geldgebenden gesprochen haben.

Pitch 4 | Agentur-Pitch

Beim Agentur-Pitch handelt es sich um die wohl häufigste Form des Pitchens. Es ist die Art, auf die sich Agenturen und Einzelkämpfer bei Kunden um Kreativprojekte bewerben. In den Pitches stellen die Kreativen ihre Ideen so vor, dass sich die potenzielle Kundschaft bereits ein recht konkretes Bild davon machen kann, was sie gegebenenfalls bekommen würde. Dabei gehen die Kreativen ordentlich in Vorleistung, während sie sich etwas für ihren Pitch überlegen. Wenn sie den Zuschlag für das Projekt nicht bekommen, bleibt ihre Arbeitszeit in den allermeisten Fällen unbezahlt. Nehmen Sie häufiger an solchen Pitches teil, sollte die Zeit für die Bewerbungsphase in Ihre Preisgestaltung einfließen.

Pitch 5 | Ein Pitch Deck bauen

Wie bereits erwähnt, dürfen Sie in vielen Fällen Ihren Pitch mit einer Präsentation flankieren. Die Gründerszene nennt diese Präsentation Pitch Deck. Es umfasst idealerweise 10 bis 13 Folien und ist optisch ansprechend aufgemacht. Zwar enthält ein durchschnittliches Pitch Deck immer noch 38 Slides. Doch solange die durchschnittliche Aufmerksamkeit eines Investors nur für 10 Folien reicht, können Sie sich 28 davon gleich beim Erstellen sparen.

Auf den Folien erklären Sie kurz und einprägsam, wie Ihre Idee aussieht, was sie einzigartig macht, ihre Erfolgsfaktoren und vielleicht noch ein kleines bisschen zu Ihnen und Ihrem Hintergrund. Versuchen Sie, möglichst wenig auf die Folien zu schreiben. Finden Sie den schmalen Grat zwischen zu viel Text und so wenig Informationen, dass Ihre Zuhörerschaft nach der Präsentation mit Ihren Folien nichts mehr anfangen kann. Ganz grob sollte Ihr Pitch Deck diese Punkte enthalten:

- Der **Einstieg**: Machen Sie neugierig. Die ersten Sekunden sind entscheidend dafür, ob Ihre Zuhörerschaft Ihnen gerne folgen möchte oder mental abdriftet.

- Die **Herausforderung**: Viele junge Start-up-Gründende beginnen diesen Abschnitt gerne mit den Worten »Wer kennt es nicht« und hängen ihre Zuhörerinnen dann ab, weil diese das vermeintlich allgemeingültige Problem tatsächlich nicht kennen. Dennoch ist der Ansatz grundsätzlich gut, denn die Schilderung stellt eine konkrete Situation vor, in der das gepitchte Produkt Anwendung finden soll. Im Kreativbereich können Sie da oft ganz andere, neue Ansätze wählen.
- Die **Lösung**: Nachdem Sie szenisch vom Problem erzählt haben, kommen Sie nun als strahlende Retterin daher, die dieses Problem clever löst. Erklären Sie Ihr Angebot und Ihr Geschäftsmodell.
- Die **Konkurrenz**: Was machen Sie anders als Ihre Konkurrenz? Bleiben Sie hier bitte unbedingt wertschätzend Ihren Mitbewerbern gegenüber. Sie wollen schließlich durch Ihr Können und nicht durch Arroganz auffallen. Hier gehört also sowohl Ihr USP rein als auch eine kurze Beobachtung des Marktes.
- Die **Kennzahlen**: Die meisten Zuhörer stehen auf Zahlen. Unterfüttern Sie Ihre Ideen und Aussagen mit handfesten Zahlen. Wie viel Startkapital ist bereits da? Ab wann, denken Sie, amortisiert sich Ihr Geschäftsmodell?
- Die **Menschen**: Haben Sie ein Team oder planen Sie zumindest, eins zu haben? Dann stellen Sie es hier kurz vor. Sie dürfen gerne etwas menscheln und sich so von anderen Persönlichkeiten unterscheiden.
- Das **Investment**: Wie viel brauchen Sie von Ihren Investorinnen? Wie viel haben Sie selbst schon reingesteckt? Was bieten Sie im Gegenzug für die Investition?
- Das **Resümee**: Und hier kommt nun, wie früher in der Schule beim Bodenturnen, der Strecksprung. Fassen Sie noch einmal ganz elegant zusammen, was Sie Ihren Zuhörenden in den letzten Minuten erzählt haben. Vielleicht schaffen Sie es, Ihre Idee in zwei kurzen Sätzen zusammenzufassen.

Pitch 6 | Die Kunst der schlichten Eleganz

Egal ob Sie eine Aufzugfahrt oder einen ganzen Abend füllen dürfen: Beim Pitchen sollten Sie ein paar Grundregeln beherzigen:

- **Umgebaut**: Setzen Sie in Ihren Pitch Decks unterschiedliche Schwerpunkte – je nach Zielgruppe. Wenn Sie als Illustratorin bei einem Stahlunternehmen sitzen, setzen Sie auf kühle Sachlichkeit. Will dagegen der private Kindergarten einen individuellen Flyer haben, dürfen Sie tief in die sprachlichen Farben und die Präsentationstrickkiste greifen.
- **Angepasst**: Passen Sie bitte auch Ihren Vortrag an Ihre Zuhörerschaft an. Andernfalls setzen Sie entweder zu viel Vorwissen voraus oder langweilen gegebe-

nenfalls mit längst Bekanntem. Ebenso sollten Sie Ihren Sprachstil und Ihre Wortwahl immer etwas an die Zuhörenden anpassen.

- **Lebhaft**: Wenn wir in einem Vortrag sitzen, merken wir uns vom Inhalt meist erstaunlich wenig. Untersuchungen zeigen, dass wir uns tendenziell am meisten die nonverbalen Signale merken. Was allerdings gut in unseren Köpfen kleben bleibt, sind Handlungen. Setzen Sie deshalb je nach Zielgruppe auf eine bildhafte Sprache und auf Storytelling. Vor allem, wenn Ihre Zuhörenden eher aus dem technischen Bereich kommen, hilft ihnen das, etwas plastischer zu denken. Dadurch können sie sich Ihre Idee besser vorstellen.
- **Emotional**: Sprechen Sie die Gefühle Ihrer Zuhörenden an. Selbst wenn es sich um ein scheinbar nüchternes Thema handelt: Solange Sie es mit Menschen zu tun haben, sprechen Sie immer auch mit emotionalen Wesen. Manchmal muss man sich in die emotionale Welt der Zielgruppe erstmal etwas reinfühlen, danach können Sie jedoch genau das liefern, was diese Menschen besonders anspricht.
- **Faktisch**: Emotionen und Objektivität müssen keine Gegensätze sein. Bauen Sie deshalb immer auch ein paar Zahlen, Fakten oder irgendwas mit einer Fußnote dran ein.
- **Vorbereitet**: Wie Ihnen vermutlich schon in der Schule bei Ihren ersten Vorträgen und Referaten aufgefallen ist, ist Vorbereitung das Wichtigste. Wenn Sie sich perfekt auskennen, können Sie gelassen auf Fragen und Kritik reagieren. Das bedeutet aber auch, dass Sie den eigentlichen Pitch vorbereiten sollten. Nehmen Sie sich vorab einmal mit der Kamera auf, und schauen Sie, was Sie eventuell noch verändern möchten, um möglichst überzeugend und sympathisch rüberzukommen.
- **Kurz**: Bringen Sie Ihre Gedanken auf den Punkt, und halten Sie sich kurz.

11.3 Zeittracking: Wer hat an der Uhr gedreht?

Ein freier Geist zählt nicht gerne Erbsen. Doch manchmal hilft es, den freien Geist an den Schreibtisch zu locken, damit er sich mit den Dingen des nicht ganz so freien Marktes beschäftigt. Es ist durchaus sinnvoll, nachzuhalten, wie lange Sie für welche Tätigkeit gebraucht haben.

Eine Erfassung Ihrer Arbeitszeiten für verschiedene Aufgaben ist sinnvoll, um ...

- eine objektive Basis für die Abrechnung mit Ihrer Kundschaft zu schaffen.
- ein realistisches Stundenhonorar zu berechnen.
- ein Gefühl dafür zu bekommen, für welches Projekt Sie wie lange brauchen.

- nicht lukrative Kunden oder aufwändige Prozesse schneller zu erkennen.
- in Zukunft Projektzeiträume besser einschätzen zu können.
- zu sehen, ob Sie in den Arbeitsabläufen schneller werden.

Zeit 1 | Tool aussuchen

Um Ihre Zeiten zu tracken, reicht ein Zettel. Etwas einfacher wird es mit einer Excel-Tabelle. Da wir uns die organisatorischen Aspekte der Selbstständigkeit aber so einfach wie möglich machen möchten, ist eine App der bequemste Weg zu Ihrer Zeiterfassung. Wer eine Time-Tracking-App sucht, hat wie immer die Qual der Wahl. Ich selber nutze *Timelime*. Das Tool kostet zwar ein paar Euro, dafür bietet es mir, was ich brauche, und hat keinen aus meiner Sicht unnötigen Schnickschnack. Zudem lässt sich die App zwischen Laptop und Smartphone synchronisieren, so dass ich auch mal auf einer U-Bahn-Fahrt mein Tracking pflegen kann, falls ich die Eintragung während der Arbeit mal vergessen haben sollte.

Eine gute Alternative ist *Toggl*. Trödeligen Menschen schickt die App eine Erinnerung, damit sie brav ihr Tracking machen. Toggl ist ebenfalls für Computer, Smartphone und auch als Erweiterung für Google Chrome zu haben.

Ähnliches gilt auch für *Clockify* und *Work*. Wenn Sie das Tracking gleich auf ein ganzes Team ausweiten möchten, helfen Ihnen *Clockado* oder *Hubdrive* gerne weiter.

Zeit 2 | Zeiterfassung einrichten

Wenn Sie Ihre Zeiterfassung mit einer App machen möchten, entscheiden Sie sich für eine, bei der Sie unbegrenzt viele Aufgaben und Projekte eintragen können. Das ist wichtig, damit Sie sowohl die einzelnen Projekte und deren Teilaufgaben erfassen können als auch die einzelnen To-dos, die mit Ihrer Selbstständigkeit zu tun haben.

Wenn Sie Ihre Time-Tracking-App einrichten, legen Sie zunächst alle projektbezogenen Aufgaben an:

- Kundin ABC | Weblayout in WordPress
- Kundin ABC | Keyword-Recherche
- Kundin ABC | Schreiben von Blogartikeln
- Kundin ABC | Redigieren bestehender Inhalte
- Kundin ABC | Schreiben von journalistischen Artikeln
- Kundin ABC | Schreiben von Projektskizzen usw.

Anschließend erstellen Sie für all Ihre organisatorischen Aufgaben ein Tracking:

- Marketing | Blogtexte schreiben
- Marketing | Social Media
- Marketing | Portfolio überarbeiten
- Akquise | Netzwerk-Event besuchen
- Akquise | Probetext verfassen
- Akquise | an Bewerbungsmappe arbeiten

Falls sich im Laufe der Zeit weitere Aufgaben auftun, tragen Sie diese ebenfalls möglichst kleinteilig und eindeutig ein.

Zeit 3 | Zeiten erfassen

Wenn alles eingerichtet ist, können Sie mit dem Tracking beginnen. Versuchen Sie, es zum Teil Ihrer alltäglichen Arbeitsroutine zu machen, das Tracking zu Beginn der Aufgabe zu starten und danach zu beenden. Alternativ können Sie auch abends einfach schnell eintragen, was Sie wie lange gemacht haben. Wichtig ist, dass die Zeiterfassung nur wenige Sekunden braucht und die Auswertung in ein paar Minuten erledigt ist. Sie soll nicht in zusätzliche Arbeit ausarten. Damit Ihre Analyse aussagekräftig ist, sollten Sie wirklich jede gearbeitete Stunde eintragen. Schreiben Sie ebenso Urlaubs- und Krankheitstage auf. So können Sie mittelfristig Ihre auf den realen Arbeitsstunden basierenden Stundenhonorare und Preise nochmal überprüfen. Und wie Sie in Kapitel 7 gesehen haben, federn Sie mit Ihren Honoraren auch Ausfallzeiten ab.

Zeit 4 | Zeiterfassung auswerten

Wenn Sie dafür eine App nutzen, können Sie die Auswertung automatisieren. Viele Apps backen Ihnen auf Knopfdruck ein Tortendiagramm, das Ihnen auf einen Blick zeigt, in welche Aufgaben die meiste Zeit fließt. So erkennen Sie schnell, ob Ihre Haupteinnahmequelle mit Ihrer Hauptaufgabe identisch ist. Sollten Sie große Diskrepanzen feststellen und beispielsweise die meiste Zeit in das eine Projekt stecken, das meiste Geld aber mit einem anderen verdienen, könnte es sinnvoll sein, in puncto Kundschaft nochmal nachzujustieren.

Ebenso können Sie aus den Ergebnissen ableiten, ob Sie Ihre Honorarpauschalen anpassen sollten, weil Sie viel mehr Zeit für etwas brauchen, als Sie gedacht haben. Sollten Sie viel Zeit in organisatorische Aufgaben investieren, könnten Sie entweder über Automatisierung oder Auslagern nachdenken oder sich entsprechend weiterbilden, damit Sie diese Aufgaben schneller abschließen können. Und natürlich können Sie Ihre Ergebnisse auch einfach nur nutzen, um mit Ihrer Kundschaft abzurechnen.

11.4 Werbung und Werbematerial

Ja, Werbung nervt. Wer sich schon beim Aufklappen des Laptops durch ein Dickicht aus Werbemails, Banner-Ads und gesponserten Instagram-Posts wühlen muss, hat oft nicht die beste Meinung von Werbung. Ganz genau – deshalb machen Sie das anders. Statt die Ohren Ihrer potenziellen Kunden mit einer Welle aus belanglosem Werbegebrüll zu verstopfen, sorgen Sie für Musik in ihren Ohren: mit richtig guter Werbung. Die Schweinebauch-Werbung Ihres lokalen Supermarkts unterscheidet sich in zwei wesentlichen Punkten von der Werbung für kreative Arbeit: Erstens ist Ihre Werbung optisch ansprechend, und zweitens schafft sie einen echten Mehrwert. Werbemittel teilen sich in zwei große Bereiche:

1. die physischen und
2. die digitalen.

Welche davon besser zu Ihnen passen, hängt ganz wesentlich von Ihrer Positionierung ab. Wenn Sie vor allem von Kundschaft leben, die zu Ihnen ins Studio kommt oder zufällig an Ihrem Laden vorbeigeschlendert kommt, können Poster, Flyer und Postkarten sehr sinnvoll sein. Sollten Sie allerdings vor allem über das Internet mit Ihrer Kundschaft zusammenarbeiten, die Sie vielleicht sogar noch nie in Person gesehen haben, eignen sich digitale Werbemittel tendenziell besser für Sie.

Schauen Sie dafür gerne noch mal in Kapitel 6. Dort haben Sie Ihre Zielgruppe erkundet und herausgefunden, wie Sie diese am besten erreichen. Daraus folgt auch, dass Sie nicht zwingend in alle Werbemittel investieren müssen, die sich Ihnen bieten. Finden Sie die Wege, die zu Ihnen und Ihren Traumkunden passen, alle anderen dürfen Sie getrost vergessen.

Werbung 1 | Strategie

Als gut strukturierter Geschäftsmensch fangen Sie alles immer mit einer ausgeklügelten Strategie an. In einer solchen Strategie legen Sie fest, welche Ziele Sie erreichen wollen und auf welchem Weg das am besten geht. Klassische Ziele für Ihre Werbemaßnahmen sind diese hier:

- Sie wollen Ihre Bekanntheit in Ihrer Branche oder Ihrer Nische steigern.
- Sie möchten Ihr Image stärken oder ändern.
- Sie möchten Ihren Umsatz steigern.

Überlegen Sie sich vor allem, welche Botschaft Sie mit der jeweiligen Werbung übermitteln möchten. Und natürlich ist eine Strategie nur eine Strategie, wenn sie strategisch ist. Das bedeutet, dass Sie sich je nach Größe Ihres Unternehmens und Auftragslage einmal, vielleicht zweimal im Jahr planerische Gedanken machen.

Überlegen Sie sich, zu welchen Gelegenheiten Sie beispielsweise ein Gewinnspiel auf Instagram ausschreiben möchten oder ob Sie für die Messesaison Aufkleber drucken möchten.

Wann?	Was?	Für wen?	Warum?	To-dos	Budget
Gratis-Comic-Tag	Sticker, Postkarten, Instagram Story	Fans von Noir Comics	Auf meine Graphic Novel aufmerksam machen	Sticker/Karten entwerfen, Druckerei finden, Story vorbereiten	150 Euro für den Druck
Weihnachtszeit	Weihnachtskarten	Stammkunden und potenzielle Interessenten	Kontakt pflegen, auf Fähigkeit aufmerksam machen	Karte gestalten, Druckerei finden, Karten individuell beschriften	50 Euro für den Druck, 50 Euro für das Porto

Denken Sie bei Ihren Maßnahmen daran, dass Sie auf Ihre Ziele einzahlen und Ihre Positionierung widerspiegeln.

Werbung 2 | Mehrwert schaffen

Mehrwert schaffen Sie mit kleinen Geschenken. Diese können in Give-aways wie Stickern oder Postkarten bestehen, die Sie verschenken, oder in Inhalten, die Sie beispielsweise in einem Blog teilen. Für Fans Ihres Art Works sind beide Wege eine tolle Sache. Für Menschen, die Ihre Arbeit noch nicht kennen, ist es eine schöne Methode, um Sie kennenzulernen. Achten Sie bei Mehrwert, den Sie verschenken möchten, immer auch auf Ihr Budget.

Werbung 3 | Think big

Wenn Ihr Budget größere Sprünge zulässt, können Sie groß denken: Werben Sie auf Autos, Linienbussen oder Plakatwänden. Auch Leuchtreklamewände sind oft schon für ein überschaubares Budget zu haben. Große Werbeausgaben sind allerdings nur dann sinnvoll, wenn Ihr Produkt massentauglich ist. Wenn Sie eine kreative Dienstleistung verkaufen, die sich nicht ohne weiteres vervielfältigen lässt, ist diese zeitlich und geografisch meist begrenzte Werbung wenig zielführend. Schließlich sind die Kosten dabei voraussichtlich höher als der tatsächliche Nutzen der Aktion. Wenn Sie allerdings planen, Menschen einzustellen, oder ein leicht skalierbares Produkt haben, könnte dieses Werbemittel gut zu Ihrem Unternehmen passen.

Werbung 4 | Bestehende Infrastruktur nutzen

Besonders kostengünstig ist Werbung, wenn Sie bereits bestehende Infrastrukturen nutzen. Social-Media-Marketing hilft Ihnen zum einen beim Netzwerken und zum anderen beim Ausstellen Ihrer Arbeit. Für Sie als Illustratorin kann *Instagram* zu Ihrer digitalen Galerie werden, in der die Menschheit Ihre Kunst bewundern kann. Wenn Sie Anhänger der schreibenden Zunft sind, können Sie mit interessanten Tweets etwas mit Ihrer Haltung und Ihrem Wortwitz angeben. Diese Art der Werbung ist oft sehr indirekt und zugleich eine nachhaltige Methode für Ihre Positionierung. Etwas direkter ist es, wenn Sie sich in spezifische Branchenverzeichnisse und auf Plattformen eintragen, in denen Ihre Kundschaft aktiv nach einem Dienstleister sucht. Auch hier können Sie mit geringem Aufwand viel über sich und Ihre Arbeit erzählen. Mit Tools wie *swat.io* oder *socialHub* können Sie die Aktivitäten in Ihren Netzwerken überblicken. Sie können Kommentare löschen oder beantworten. Zudem erkennen Sie mit Social-Media-Tools, zu welcher Zeit welche Art von Posting von besonders vielen Menschen gesehen wird und bei welcher Art von Posting die meisten Interaktionen stattfinden. Sollten Sie eine digitale Community aufbauen wollen, dann ist ein solches Tool eine Arbeitserleichterung.

Werbung 5 | SEO, SEA und SEM

Sie haben sicher schon darauf gewartet: Jetzt ist es Zeit für Marketing-Fachsprache. Hinter diesen drei Abkürzungen verbergen sich die Werbestars des Internets.

- SEO = Search Engine Optimization, also Suchmaschinenoptimierung
- SEM = Search Engine Marketing, also Suchmaschinenmarketing
- SEA = Search Engine Advertising, also Werbung in den Suchmaschinen, das einen Teilbereich des SEM darstellt
- Keyword Advertising = Schalten von Werbung auf ein bestimmtes Keyword

SEO findet meist auf Ihrer eigenen Website statt und taucht deshalb in Abschnitt 11.5 nochmal auf. Mit SEM, SEA und Keyword Advertising können Sie die Suchmaschinen als Werbefläche nutzen. Wenn Ihre potenziellen Kundinnen beispielsweise nach dem Wort »Manga Kawaii« googeln, können Sie Werbung auf eben diese Begriffskombination schalten. Neben oder über den eigentlichen Suchergebnissen taucht dann die Werbung für Ihren Etsy-Store oder den Shop auf. Natürlich können Sie auch Bannerwerbung auf anderen Websites schalten. Diese Methode ist jedoch nicht mehr so beliebt, da viele Nutzer diese durch Ad-Blocker gar nicht mehr zu sehen bekommen. Zudem hat Bannerwerbung zunehmend die gegenteilige Wirkung und reduziert eher das Vertrauen in Ihre Marke, als dass sie es steigern würde.[1] Werfen Sie gelegentlich einen Blick in aktuelle Erhebungen zum Medienvertrauen. So finden Sie heraus, welcher Kanal sinnvoll und welcher kontraproduktiv sein könnte.

Mit Tools wie *Mention* können Sie überprüfen, wo im Internet über Sie und Ihr Unternehmen gesprochen oder geschrieben wird. Dafür liefert Ihnen Mention ein Update in Echtzeit und zieht direkt wieder los, um das Internet nach Ihrem Namen zu durchkämmen. Alternativ können Sie Mention auch bitten, das Internet nach einem für Sie relevanten Begriff zu durchsuchen. Anders als Google geht es Mention nicht nur um die zu Ihrer Frage und Suchhistorie passendsten Ergebnisse, sondern um einen möglichst breiten Überblick, der auch Social-Media-Einträge mit auflistet. Eine schlichte Version des Tools können Sie kostenfrei nutzen.

Digitales Marketing

Wenn Sie sich eingehender mit digitalem Marketing beschäftigen möchten, finden Sie auf *online-marketing.net* umfassende Hilfe. Mit den zahlreichen Tricks und Tools können Sie Ihren digitalen Auftritt voranbringen. Das gilt auch für Ihre Website, um die es in Abschnitt 11.5 geht.

Werbung 6 | Printprodukte

Landläufig heißt es: Print ist tot. Wenn es um Nachrichten geht, mag das stimmen. Auch für Flyer. Denn Orte, an denen Sie Flyer auslegen dürfen, sind meist völlig überflutet mit den bunten Zettelchen. Ob Sie damit Ihre Zielgruppe erreichen, bleibt eine Frage von Trial and Error.

Denken Sie hier bitte wirtschaftlich. Ebenso wie bei kostspieligen Online-Werbekampagnen sollten Sie auch bei Drucksachen überlegen, ob Kosten und Nutzen in einem gesunden Verhältnis stehen. Bevor Sie eine aufwändige Broschüre erstellen und 1.000 Exemplare drucken lassen, weil die Druckkosten dann pro Stück sinken, sollten Sie kurz überlegen: Wie vielen Menschen können Sie eine solche Broschüre überhaupt in die Hand drücken? Werden diese Menschen die Broschüre wirklich lesen oder nach der Messe einfach entsorgen? Und könnte sich Ihr Angebot womöglich schnell ändern, so dass Sie auf einem Stapel inaktueller Broschüren sitzen bleiben? Manchmal verlieben wir uns in die Idee eines bestimmten Werbemittels.

Ob Printmaterial zielführend ist, entwickelt sich zu einer Glaubensfrage. Die einen glauben, dass Print keinen Effekt mehr hat. Die anderen sind vom Gegenteil überzeugt. Sie denken, dass in der digitalen Zeit etwas zum Anfassen wieder richtig auffällt. Auf welcher Seite Sie stehen, können Sie nur selbst entscheiden.

1 *pr-journal.de/lese-tipps/studien/25008-studie-digital-aktive-verbraucher-vertrauen-zeitungen-und-hoerfunk-am-meisten.html*

Werbung 7 | Newsletter

Damit Newsletter heute noch Bestand haben und nicht sofort im digitalen Mülleimer landen, müssen sie wirklich, wirklich gut sein. Denken Sie bitte immer daran, dass Sie mit einem halbherzigen Newsletter schnell Abonnenten verlieren können. Zudem sollten Sie immer die DSGVO im Hinterkopf haben: Ohne Double-Opt-in, also die zweimalige Bestätigung des Newsletter-Abos, befinden Sie sich auf juristisch gefährlichem Terrain. Geben Sie zudem immer die Möglichkeit, sich mit einem Klick wieder vom Newsletter abzumelden.

Wie bei einem guten Blog oder einer Zeitschrift sollten Sie auch für Ihr Newsletter-Marketing eine Strategie und einen Redaktionsplan haben.

Mit Tools wie *Mailchimp* können Sie E-Mails automatisiert zu einem bestimmten Zeitpunkt verschicken. Zudem können Sie tracken, ob die Mail geöffnet oder ungelesen gelöscht wurde. Und Sie können sehen, ob die Leserin die Mail nur geöffnet hat, um sich vom Newsletter abzumelden. Wenn die Mail gelesen wurde, können Sie ein paar Tage später automatisiert eine Folgemail schicken. Das Tracking zeigt Ihnen recht eindeutig, was funktioniert und was nicht. Dabei sollten Sie allerdings immer am Schutz der Daten Ihrer Newsletter-Lesenden interessiert sein. Von Mailchimp gibt es eine recht umfangreiche Gratisvariante.

Werbung 8 | Pressemitteilung

Jetzt wird es kurz oldschool: Solange es noch klassische Medien gibt, können Sie diese für Ihre Pressearbeit nutzen. Wenn Sie Onlinemagazine oder Ihre lokale Tageszeitung über Ihren nächsten Auftrag informieren möchten, brauchen Sie eine Pressemitteilung.

Bringen Sie direkt im ersten Satz auf den Punkt, worum es geht: Was passiert wann, wo, mit wem und kostet es Eintritt? Auch wenn Sie Ihre Arbeit selbst spannend und wichtiger als das meiste andere in der Tageszeitung finden, sollten Sie sich immer kurzhalten. Im Journalismus sind Zeit und Zeilen knappe Güter. Machen Sie es den Redaktionen deshalb einfach, und schreiben Sie eine sehr kurze Pressemitteilung. Viele Menschen neigen dazu, ihre Pressemitteilung aus der Ich-Perspektive zu verfassen. Machen Sie es der Redaktion leicht, denn wenn Sie gleich über sich wie über eine dritte Person schreiben, brauchen die Redakteurinnen Ihren Text nicht umzuschreiben. So bekommen Sie Sympathiepunkte und erhöhen die Wahrscheinlichkeit, dass Ihr Text veröffentlicht wird.

Phrasen vermeiden

Vermeiden Sie außerdem ausgelutschte Phrasen, etwa dass für das leibliche Wohl gesorgt sei oder man das Tanzbein schwingen könne. Glauben Sie mir: Für diese Formulierung bekommen Sie ein paar Sympathiepunkte wieder abgezogen.

Wenn Sie häufiger etwas an die Presse schicken oder mit Ihrer Arbeit und Ihrer Persönlichkeit in die Öffentlichkeit streben, kann Ihnen ein **Media-Kit** helfen: ein schlichter Einseiter mit einigen für die Veröffentlichung gedachten Fotos von Ihnen, einer möglichst kurzen Beschreibung, für welche Themen Sie stehen, und natürlich Ihren Kontaktdaten. Das ist die Pflicht des Media-Kits. Die Kür ist dagegen, dass Sie es schaffen, auf dieser einen Seite einen Eindruck von Ihrer Persönlichkeit zu geben. Schließlich wollen Menschen mit Menschen arbeiten und vor allem eine Emotion einkaufen. Deshalb ist es sinnvoll, menschlich und sympathisch aufzutreten.

Für Schauspielerinnen und Musiker ist das Media-Kit meist eine Selbstverständlichkeit. Bei Ihrer Agentur oder auf Ihrer eigenen Website hinterlegen Sie ein paar Fotos, die Medien für ihre Berichterstattung nutzen dürfen. Diese Information sollte sich irgendwo in der Nähe der Fotos finden, ebenso der Name der Fotografin. Zusätzlich kann Ihr Media-Kit eine kurze Vita und einige Arbeitsproben wie Musikvideos oder Theatermitschnitte enthalten.

Auch wenn Sie als Dichter oder Malerin bekannt werden möchten und häufiger Lesungen oder Ausstellungen haben, erleichtert Ihnen das Media-Kit die Arbeit. Außerdem wirken Sie gegenüber den Medien routiniert wie ein echter Profi, wenn Sie auf die Frage nach Fotos für den Presseartikel gelassen antworten können: »Natürlich, laden Sie sich die Bilder gerne in der gewünschten Auflösung von meiner Website herunter. Ich schicke Ihnen den Link.« Dieses Media-Kit können Sie auch an Ihre Pressemitteilung anhängen.

Was Sie jetzt noch brauchen, ist ein **Presseverteiler**. Falls Sie auf einer Netzwerkveranstaltung einen Menschen kennenlernen, der in den Medien arbeitet, fragen Sie, ob Sie gelegentlich etwas schicken dürfen, und bitten Sie um die Visitenkarte. Persönliche Kontakte zu einer Redaktion funktionieren oft etwas besser, als wenn Sie eine Redaktion einfach so anschreiben. Dennoch haben Sie mit einer guten Pressemitteilung und einem überzeugenden Media-Kit gute Chancen, dass Sie auch bei einer Ihnen bislang noch unbekannten Redaktion landen können.

Googeln Sie nach passenden Medien und der E-Mail-Adresse der Redaktionen. In Ihrer E-Mail bitten Sie darum, Ihre Pressemitteilung zu veröffentlichen, und erwähnen, dass die Fotos aus dem Anhang für die Berichterstattung genutzt werden dürfen. In den Anhang kommen Ihre Pressemitteilung und Ihr Media-Kit als PDF. Sollten die Dateien zu groß sein, können Sie diese entweder mit den Tools Ihres Computers oder mit der Hilfe von Websites wie *smallpdf.com* kostenlos verkleinern. Zu guter Letzt runden Sie Ihre E-Mail damit ab, dass Sie Ihre Kontaktdaten angeben, falls es Rückfragen oder vielleicht sogar eine Interview-Anfrage gibt.

Abgesehen von Kosten, falls Sie einen professionellen Fotografen für Ihre Profilfotos beauftragen, haben Sie es hier mit einer nahezu kostenfreien Spielart der Werbung zu tun.

Werbung 9 | Hilfe holen

Und auch in diesem Kapitel sei gesagt: Als Selbstständiger müssen Sie kaum etwas tun, auf das Sie keine Lust haben. Wenn Sie Ihre Steuererklärung nicht machen wollen, bezahlen Sie jemanden dafür, das für Sie zu erledigen. Genauso können Sie auch bei Ihren Werbemitteln vorgehen. Vor allem wenn diese Art der Kommunikation Ihnen einfach nicht liegt. Planen Sie deshalb immer ein angemessenes Budget für Werbemittel, deren Druck und auch für deren Erstellung in Ihren Jahresfinanzplan ein. Manchmal kann es sich sehr lohnen, einen Profi ans Werk zu lassen, statt sich selbst mit den Werbemitteln zu quälen. Denn Spezialisten können es meist besser und schneller und wissen meist auch gut Bescheid, was bei Ihrer Zielgruppe gut funktionieren wird.

Statement | Werbemittel als Aushängeschild

»Meine eigenen Werbemittel geben mir als freier Grafiker die Möglichkeit, zusätzlich zu meinen Leistungen auch meine Persönlichkeit stärker in meine eigene Marke einfließen zu lassen. Dabei ist die Auswahl des Produkts ebenso wichtig wie das Design selbst. Sticker beispielsweise sind für mich ein tolles Mittel, um schnell und günstig aktuelle Ideen umzusetzen, und tragen viel zum DIY- und Lifestyle-Charakter meiner Marke bei.

Meine Eigenwerbung gibt mir die Möglichkeit, neue Ideen, Produkte, Stile oder Tools auszuprobieren und dabei völlig frei kreativ zu werden. So entwickelt sich der Charakter meiner Marke »Studio von Hand« stetig weiter und hilft mir nebenbei dabei, mich intensiv in die Leidenschaft meiner Kunden für ihre eigenen Marken einfühlen zu können. Empathie ist für mich eines der wichtigsten Werkzeuge, um für Kundenprojekte Inspiration zu finden.

Mein absolutes Lieblingsmedium zur Eigenwerbung sind Sticker. Ohne aufdringliche URL oder Logoplatzierung sind sie nicht nur ein tolles Give-away für Kunden, sondern unterstreichen auch den DIY-Charakter meiner Eigenmarke. Bei Aufklebern kommt es allerdings darauf an, eine einfache Idee (visuell oder verbal) zum Ausdruck zu bringen. Das kann beispielsweise ein kurzer Wortwitz sein, der Bezug zu meinen Leistungen nimmt, ein sympathischer Character, der meine Persönlichkeit widerspiegelt, oder ein markenkonform gestaltetes Tool, das man oft nutzt.

Die Möglichkeiten sind unbegrenzt, und die Gestaltung von Stickern ist nebenbei eine gute Übung, um Ideen einfach auf den Punkt zu bringen. Einzelne Produzenten wie *Stickermule.com* bieten regelmäßig richtig günstige Deals für kleine Stückzahlen verschiedenster Werbemittel. Die abwechslungsreichen Angebote waren für mich schon oft der zündende Funke, um neue Werbemittel und Ideen zu testen.«

Jan Kasuch | Design und Animation | Studio von Hand

11.5 Website

Wer keine Website hat, der existiert nicht. Das gilt heute sowohl für die Webdesignerin als auch für die Eisdiele im Kiez. Doch während Eis sich auch an Laufkundschaft verkauft, ist das bei vielen kreativen Dienstleistungen und Produkten mittlerweile anders. Vor einigen Jahrzehnten reichte es noch, wenn eine Malerin in der lokalen Tageszeitung auf ihre bevorstehende Ausstellung hinwies. Durch das Internet ist das Angebot an guter Kunst jedoch stetig gewachsen: Die Kundschaft bekommt unendlich viel mehr Kunst zu Gesicht, als sie in den Galerien der Region sehen würde, und kann Gemälde aus New York, Barcelona oder Paris bestellen. Dadurch ist einerseits Ihre Konkurrenz enorm gewachsen – aber ebenso Ihr potenzieller Kundenkreis.

Wenn Sie keine Laufkundschaft haben, brauchen Sie ein digitales Schaufenster, mit dem Sie die Menschen zu einem Besuch verlocken. Dabei ist es sowohl wichtig, Lust auf Ihre Arbeiten zu machen, als auch Google ein paar Brotkrumen hinzustreuen, damit die Suchmaschine die Menschen sicher zu Ihnen leiten kann.

Web 1 | Ziele setzen und Struktur schaffen

Versuchen Sie, sich in die Menschen hineinzuversetzen, die Ihre Website besuchen. Wenn Sie sich mental auf die andere Seite des Bildschirms setzen, fällt es Ihnen vielleicht etwas leichter, Ihr Angebot auf den Punkt zu bringen. Gerade wenn Sie viele verschiedene Dinge anbieten möchten, sollten die Seiten-Besuchenden dennoch immer genau wissen, wofür Sie stehen.

Bevor Sie einfach drauflosklicken und sich eine Website zusammenbauen, brauchen Sie eine Strategie:

- Was wollen Sie mit der Website erreichen?
- Welchen Stil wollen Sie transportieren?
- Wollen Sie die Menschen direkt ansprechen – und dabei duzen oder siezen?

Zudem ist der Umfang Ihrer Website eine wichtige Entscheidung, da diese die Wahl des Content Management Systems (CMS) beeinflusst. Reicht Ihnen auch mittelfristig ein Baukastensystem, das Ihnen meist nur eine begrenzte Anzahl an Seiten erlaubt? Oder wollen Sie vielleicht irgendwann einen Blog oder einen Shop in die Seite einbinden? Unter Umständen möchten Sie bald ein Team einstellen und dieses auf der Website vorstellen und Ihrer vergrößerten Produktpalette den entsprechenden digitalen Raum schaffen. Denken Sie bei dieser Entscheidung bitte langfristig. Denn falls Sie sich erst für eine schnelle Minilösung entscheiden, müssen Sie meist alle Inhalte komplett neu in einem anderen CMS anlegen. Wählen Sie von

Anfang an eine flexiblere Lösung, können Sie sich auch später noch überlegen, wo es hingehen soll.

Dennoch: Machen Sie sich vorher einen **Plan**.

- Was soll auf die Website drauf?
- Wie soll sie strukturiert sein?

Um zu wissen, welcher Seitenumfang für Sie sinnvoll sein könnte, können Sie nun einen **Seitenplan** erstellen:

- Welche Seiten brauchen Sie?
- Wollen Sie für jedes Angebot eine separate Seite haben?
- Wollen Sie sich auf einer eigenen Seite selbst vorstellen?
- Wie sollen die Seiten untereinander organisiert und verlinkt sein?

Schreiben Sie sich dafür die Navigation Ihrer entstehenden Website auf. Dafür eignet sich ein schlichtes Flussdiagramm. Mit einem soliden Plan wird die Umsetzung viel leichter.

Web 2 | Basis aufsetzen

Durch Ihre Strategie wissen Sie, welche Anforderungen Sie an Ihr CMS haben. Wenn Sie einen Shop einbinden möchten, empfiehlt sich eine *Shopify*-Seite oder *WordPress*, in das Sie sofort oder später einen Woo-Commerce-Shop einbinden können.

WordPress ist allerdings vor allem für Blogger sinnvoll. Wenn Sie überlegen, Ihre Kundschaft mit Texten, Podcasts oder anderen Medien auf dem Laufenden zu halten, ist WordPress eine gute Wahl. Wenn Sie wirklich niemals mehr als eine digitale Visitenkarte brauchen, dann reicht auch das abgespeckte Baukastensystem Ihres Domain-Anbieters.

Alternativ können auch die Pakete von *Wix* oder *Jimdo* eine gute Lösung sein. Diese Baukästen bieten Ihnen moderne Vorlagen an, mit denen Sie schnell eine kleine Website zusammenbauen können. Denken Sie beim Domain-Kauf auf jeden Fall daran, ein sogenanntes SSL-Zertifikat zu kaufen. Es schützt Ihre Seiten und deren Nutzer vor Manipulation durch Hacker. Ohne dieses Zertifikat wird Ihre Seite in vielen Browsern als unsicher oder potenziell gefährlich angezeigt.

Und damit sind wir bereits beim Hosting: Für Ihre Website kaufen Sie sich Speicherplatz auf dem Server von Firmen wie *Strato*, *Ionos* oder *Wix*. Auf diesem Server speichern Sie dann die Datenbank für Ihre Website. Aber keine Sorge: Das ist nur der technische Hintergrund, mit dem Sie als Anwender kaum etwas zu tun haben.

Wenn Sie beispielsweise WordPress nutzen möchten, gehen Sie auf die Website Ihres gewünschten Anbieters und überlegen sich einen Namen für Ihre Website. Diesen Namen geben Sie auf der Website des Anbieters ein und prüfen, ob die Domain noch frei ist.

Sobald Sie einen passenden Namen und die passende Endung wie .de, .com oder .eu gefunden haben, sichern Sie sich die Domain und kaufen damit den Webspace. Meist machen die Domain-Anbieter es Ihnen einfach, das gewünschte CMS auszuwählen und mit einem Klick auszuwählen. Dafür hinterlegen Sie eine E-Mail-Adresse und ein Passwort, mit dem Sie sich künftig in den Bearbeitungsbereich Ihrer Website, das Backend, einloggen können. Danach können Sie zudem eine Mail-Adresse einrichten, die mit Ihrer neuen Website verbunden ist, wie beispielsweise hallo@neuewebsite.de. Nun können Sie loslegen. Sollten Sie sich beispielsweise für WordPress entschieden haben, loggen Sie sich künftig über einen Link wie diesen ins Backend ein: name-ihrer-website.de/wp-admin. Von dort aus können Sie Ihre Website bearbeiten.

Web 3 | Layout finden

Die meisten CMS bieten Ihnen Musterlayouts, sogenannte *Templates*. Diese ermöglichen Ihnen das Layouten Ihrer Website. Sie unterscheiden sich meist in den Grundeigenschaften wie der Position der Navigation, der Farbgebung oder der Barrierefreiheit. In Ihrem Backend finden Sie im Seitenmenü einen Bereich, über den Sie zu den Templates gelangen. Sie können die Template-Auswahl anhand Ihrer Anforderungen filtern: Möchten Sie ein helles oder ein dunkles Layout? Legen Sie Wert darauf, dass die Seiten auch für Menschen mit Behinderungen problemlos nutzbar sind? Brauchen Sie eine Seite, die Ihre Nutzerinnen auch in eine andere Sprache umschalten können?

Wenn Sie nach dem Filtern fündig geworden sind, aktivieren Sie das Template und können mit der Bearbeitung starten. Sollte Ihnen von den kostenlosen Templates keines wirklich zusagen, können Sie meist für kleines Geld ein professionelles Template im Internet einkaufen. Auf Websites wie *themeforest.net* oder *themeisle.com* können Sie nach durchdesignten Templates stöbern. Sollte Ihnen das Template irgendwann nicht mehr gefallen, können Sie es in der Regel problemlos austauschen.

Web 4 | Extras einbauen

Mit den meisten CMS können Sie Plug-ins einbauen: kleine Funktionseinheiten, die Sie in Ihre Website einstöpseln (engl.: to plug in) können. Diese können Ihnen dabei helfen, Ihre Website für Suchmaschinen zu optimieren, Terminbuchungen für

Ihre Kundschaft zu ermöglichen oder ein Kontaktformular einzubinden. Diese können Sie ebenfalls über das Backend Ihrer Website suchen und installieren. Viele sind kostenfrei, für manche wird eine einmalige, häufiger auch eine jährliche Gebühr fällig. Wenn Sie eine bestimmte Funktion in Ihre Website einbauen möchten, können Sie entweder über eine Websuche oder direkt innerhalb der Plug-in-Suche in Ihrem Backend ein passendes Plug-in finden.

Web 5 | Inhalte schaffen

Wenn Sie das Template aktiviert haben, können Sie Ihre geplante Navigation anlegen und nach und nach Ihre Website mit Inhalt, Bildern und Leben füllen. Durch Ihre Strategie wissen Sie, welche Seiten Sie anlegen und wie Sie diese im Menü anordnen möchten.

Wenn Sie mögen, können Sie in dieser Phase mit einer Fotografin zusammenarbeiten, die professionelle Fotos von Ihnen macht. Schließlich möchten Sie auf Ihrer Website einerseits sympathisch, andererseits aber auch wie ein Profi rüberkommen. Urlaubsfotos und Schnappschüsse sind dafür weniger geeignet. Lassen Sie sich in Settings abbilden, die zu Ihrer Arbeit passen: Als Malerin beim Malen und als Musiker beim Üben oder Komponieren. Lassen Sie gleich eine ganze Reihe verschiedener Bilder machen, damit Sie Auswahl haben. Vereinbaren Sie zudem, dass Sie die exklusiven Nutzungsrechte bekommen und den Namen der Fotografin nur im Impressum oder bei Verwendung in den Medien angeben müssen.

Falls Sie zusätzliche Bilder für Ihre Website brauchen, beispielsweise um Ihren Blog zu bebildern, finden Sie auf Websites wie *unsplash.com*, *pexels.com* oder *pixabay.com* eine Menge kostenfreier Fotos. Bitte wertschätzen Sie die Fotografen, indem Sie deren Namen in der Nähe der Fotos auf Ihrer Seite unterbringen.

Wenn Sie schon erste Kunden haben, können Sie diese um eine Referenz bitten, die Sie auf Ihrer Seite veröffentlichen. Zudem können Sie mit einem Plug-in Sternchen-Bewertungen einbauen, wenn Sie ein Buch oder ein anderes Produkt in einem Online-Store anbieten.

Bei den Texten und dem Aufbau Ihrer Website sollten Sie immer bei Ihrem Kerngeschäft bleiben. Unsere Aufmerksamkeit im Internet ist niedriger als die eines Goldfisches. Deshalb sollte schnell klar werden, wofür Sie stehen und was Sie besonders macht. Wenn Sie also den Bauchladen nicht ganz vermeiden können, dann räumen Sie ihn schön auf. Versuchen Sie, bei den Texten den schmalen Grat zwischen zu kurz und viel zu lang zu finden. Ideal ist eine Länge von etwa 400 Wörtern. Versuchen Sie, Bilder, Videos und Links sowie einige Zwischenüberschriften einzubauen, um den Fließtext auch optisch interessant zu gestalten.

Web 6 | Alles schön machen

Wenn Sie alles zusammengebaut, Texte geschrieben und Fotos eingebaut haben, geht es ans Finetuning: Schauen Sie, ob alle Links funktionieren, ob die Texte eine einheitliche Sprache sprechen und ob die Bilder zu den Inhalten der Texte passen. Wenn Sie mögen, können Sie Ihre Social-Media-Kanäle in Ihre Website integrieren, wenn diese mit Ihrer Arbeit zu tun haben. Versetzen Sie sich jetzt nochmal in Ihre Traumkundschaft:

- Ist alles verständlich und leicht zu finden?
- Ist zu erkennen, was Sie können und was es bei Ihnen zu kaufen gibt?
- Wirken Sie vertrauenswürdig, seriös und genau so, wie Sie sich nach außen darstellen wollen?

Sollten Sie aus dem Design- oder Texter-Bereich kommen, denken Sie an das Sprichwort *Vertraue nie einem dünnen Koch*. Denn wer gerne isst, der liebt höchstwahrscheinlich das Kochen ebenso wie das Essen. Deshalb vermutet das Sprichwort bei dem rundlichen Koch auch eher die einfallsreichen und ausgefallenen neuen Kompositionen, die unseren Gaumen überraschen und die Geschmacksnerven in Ekstase versetzen. In unserem Zusammenhang könnten wir auch sagen: *Vertraue keinem Webdesigner mit einer lieblosen Website*. Ihre eigene Website sollte ein kleines Meisterwerk werden. Und Sie können immer mal wieder daran schrauben, damit sie noch mehr Ihre Handschrift trägt.

Web 7 | Technik und Tracking einbauen

Stellen Sie sich vor, Sie haben ein Vorstellungsgespräch und googeln vorher mal nach Ihrem Namen. Einfach nur, um zu sehen, was Ihre Arbeitgeberin in spe dort so über Sie erfahren könnte. Sie scrollen etwas runter und lesen, dass Sie offenbar auf der Suche nach geeigneten Kandidaten für einen Quickie in der Unibibliothek sind. Kein Scherz: Genau das habe ich bei Google über mich gefunden. Und glauben Sie mir, diesen Aufruf habe ich nicht selbst gestartet – Google war's.

Quickie in der Unibibliothek - Newsportal - Ruhr-Universität Bochum
news.rub.de/leute/2015-03-03-verspottet-rub-quickie-der-unibibliothek ▼
03.03.2015 - Rubons-Reporterin Ines Eckermann sucht nach geeigneten Kandidaten. © RUB Sadrowski. Als Redakteur der Verspottet-Webseite verbringt ...

Der Beweis dafür, dass es sich rächen kann, Google das Ausfüllen der Metadaten zu überlassen

Sie könnten lachen, weinen oder rot anlaufen. Ich entschied mich damals dafür, in der Redaktion anzurufen und zu fragen, ob mit den Metadaten des Newsportals technisch etwas nicht stimmt. Die Antwort: »Was sind Metadaten?« Und da hatte ich die Erklärung. Denn Metadaten sind das, was Sie in Ihr Website-Backend eingeben und was später den Suchenden bei Google als Ergebnis angezeigt wird. Dabei ist der Meta-Title die blaue Überschrift des Suchergebnisses und die Meta-Description der schwarze Erklärungstext darunter. Wenn Sie diesen nicht selbst eingeben, bastelt sich Google selbst etwas aus den Worten aus Ihrem Text. Da es in meinem Fall um skurrile Erlebnisse auf dem Campus ging und Google weiß, worauf Menschen im Internet gerne klicken, hob Google das Wort »Quickie« prominent in den Meta-Title. Als Meta-Description wählte Google den Anfang des letzten Absatzes, in dem ich nach Freiwilligen für den Folgeartikel suchte. Und zack, schon macht Google aus einem schlichten News-Artikel waschechtes Clickbait.

Tragen Sie deshalb bitte unbedingt Metadaten ein. Sonst bekommen Sie womöglich noch für lange Zeit ganz merkwürdige Nachrichten. Einige Jahre später habe ich in der Kommunikationsabteilung der Universität mitgeholfen, die Sichtbarkeit im Internet zu erhöhen. Im Zuge dessen auch etwas in den Metadaten aufgeräumt. Seither habe ich bei Google wieder eine weiße Weste – so hoffe ich zumindest.

Davon ganz abgesehen, knabbert Google den Text am Ende ab, wenn Sie keine oder zu lange Metadaten angeben. Nutzen Sie deshalb für Ihre Metadaten ein Tool wie *mangools.com* oder *serpsim.com*, die Ihnen die möglichen Zeichen oder Pixel anzeigen. In der Vorschau erkennen Sie, ob Ihre Überschrift oder die Description zu lang ist und abgeschnitten wird oder ob Sie genau richtig liegen. Idealerweise bauen Sie in Ihre Description einen Appell ein, einen sogenannten Call-to-Action (CTA), der die Suchenden dazu ermuntert, auf Ihren Link zu klicken.

Über verschiedene Keyword-Tools können Sie zudem herausfinden, wonach die Menschen im Internet suchen. Die Wörter, die zu Ihrer Arbeit passen und häufig gesucht werden, können Sie in die Texte auf Ihren Seiten einbinden. Entscheiden Sie sich dabei pro Seite für ein Haupt-Keyword, das auf den anderen Seiten deutlich seltener auftaucht. So vermeiden Sie, dass sich die Seiten gegenseitig bei Google das Wasser abgraben.

Sie können entweder mit einem Plug-in oder einem externen Tool wie *Sistrix* oder *Google Analytics* analysieren, wie gut Ihre Website bei den Menschen ankommt. Sie können sehen, wie oft auf welche Seite geklickt wird, wie lange die Nutzenden auf der Seite waren und ob sie noch eine weitere Seite gelesen oder einen Button angeklickt haben. Zudem können Sie sehen, zu welchen Keywords Ihre Website bei Google gefunden wird.

Web 8 | Sicher und juristisch einwandfrei

Und bevor Ihre Website das Licht der Internetwelt erblickt, müssen Sie sich noch mit ein paar Dingen auseinandersetzen, die nicht ganz so sexy sind: den rechtlich verpflichtenden Angaben.

Denken Sie daran, dass Sie dazu verpflichtet sind, ein **Impressum** und eine umfangreiche **Datenschutzerklärung** auf Ihrer Website zu haben.

Impressums- und Datenschutz-Generator

Am einfachsten und sichersten können Sie beide Seiten mit einem Impressums- und Datenschutz-Generator erstellen. Einen sehr beliebten finden Sie auf der Website *www.drschwenke.de*. Als Privatperson bekommen Sie den speziell auf Sie zugeschnittenen Text gratis, als Unternehmen zahlen Sie eine kleine Gebühr. Um den Text auf Ihren Bedarf anzupassen, klicken Sie sich durch eine Reihe von Fragen und erhalten nachher einen komplett formatierten Text, den Sie ganz einfach per Kopieren und Einfügen in die jeweiligen Seiten einfügen können. Weisen Sie auf alle Urheber hin, die Ihnen beim Erstellen der Website geholfen haben.

Web 9 | Evaluation

Wenn Sie etwas für Ihr Geschäft so Zentrales wie eine Website aufgebaut haben, empfiehlt sich ein zweiter Blick von außen. Lassen Sie Ihre Oma, den ehemaligen Kollegen oder die beste Freundin drüberschauen:

- Finden sie sich auf der Website zurecht?
- Verstehen sie, was Sie verkaufen?
- Ist alles schön übersichtlich?
- Lassen sich alle Links anklicken?
- Ist die Navigation schlüssig oder verläuft man sich auf Ihrer Website in Sackgassen?

Außerdem hilft externes Feedback, Tippfehler aufzuspüren, die Sie selbst als Verfasser der Texte nicht mehr sehen. Wenn Sie mögen, können Sie auch einen Kunden, mit dem Sie schon länger zusammenarbeiten, um Feedback zu Ihrer Website bitten. Suchen Sie sich für das Feedback möglichst Menschen aus, die ehrlich sind und sich gut in nicht ganz so erfahrene Internet-User hineinversetzen können.

11.6 Image und Auftreten

Für Kreative ist es meist egal, aber ein paar grundlegende Dinge sollten Sie bedenken. Denn selbst wenn Sie außerhalb der ausgetretenen Pfade denken, muss Ihr

Gegenüber das längst nicht tun. Solange wir uns innerhalb eines Systems bewegen, das auf bestimmten Konventionen basiert, können Sie diese entweder bewusst aufzubrechen versuchen oder sie für sich nutzen. Diese sehr grundlegende Entscheidung können Sie auf verschiedene Weise für sich umsetzen.

Image 1 | Der Dresscode

Seien wir mal ehrlich: Jede Branche hat ihren Dresscode. Sogar solche, die glauben keinen zu haben: Die Informatiker stehen auf Hoodies und Metal-Shirts, Architekten auf monochrome Schlichtheit und Illustratorinnen lieben es oft bunt. Klar, das sind Klischees. Aber sie zeigen, dass Sie als Unternehmer nicht zwingend eine ganze Kollektion Designeranzüge brauchen, um authentisch bei Ihrer Kundschaft anzukommen – ganz im Gegenteil.

Doch das heißt nicht, dass Ihre Kleidung im Kundenkontakt keine Rolle spielt. Sie spielt nur eine andere Rolle, als Sie vielleicht gedacht haben. Denn wer sich in Anzug oder Kostümchen verkleidet fühlt, sollte sich nicht aus falschem Anpassungswillen verkleiden. Immer wenn wir es mit sehenden Menschen zu tun haben, ist unser äußeres Erscheinungsbild das Erste, was unser Gegenüber von uns wahrnimmt. Zumindest falls wir vorher noch nicht telefoniert haben.

Stilberatung im Web

Wenn Sie den Aufwand für die Stilberatung gering halten möchten, dann helfen Ihnen Websites wie *zalon.de*, *kisura.de* oder *outfittery.de* dabei, Kleidung zu finden, die zu Ihnen und Ihren Vorlieben passt. Die Webplattformen schicken Ihnen dann ganz bequem ein Paket mit den für Sie ausgewählten Kleidungsstücken, so dass Sie von Kopf bis Fuß in ein stimmiges Outfit gehüllt sind. Dafür klicken Sie sich durch einen Online-Fragebogen, und schon ist die durchgestylte Box auf dem Weg zu Ihnen.

Achten Sie bei solchen Angeboten immer aufs Kleingedruckte: Manchmal schließen Sie im Gegenzug für die kostenlose oder sehr günstige Stilberatung ein Abo ab, ohne es auf den ersten Blick zu merken. Und wenn Sie nicht gerade modebegeistert sind, brauchen Sie gar nicht so viele Outfits.

Sie können sich aber auch umfassender beraten lassen und eine Stil- und Imageberatung buchen. Darin wird geschaut, welche Farben Ihnen stehen, welches Make-up zu Ihrem Gesicht passt und ob Sie einen Anzug in Übergröße brauchen. Bei der Wahl Ihres Stilberaters sollten Sie schauen, ob Sie mit dessen Stil einverstanden sind. Denn wenn grelle Farben Sie anstrengen, sollten Sie von Stilberaterinnen im pinken Ganzkörperkostüm wohl eher Abstand nehmen. Für eine professionelle Stilberatung zahlen Sie in der Regel zwischen 250 und 900 Euro, je nach Region und Aufwand. Es gibt aber auch zunehmend Berater, die Sie auch online beraten und entsprechend mit den Kosten etwas runtergehen. Bei dieser intensiven Form der

Beratung kommen die Kosten für die Kleidung allerdings noch dazu. Aber vielleicht stellen Sie mit Ihrer Beraterin gemeinsam fest, dass Sie bereits einige Teile im Schrank haben, die gut zu Ihnen passen.

Image 2 | Das Menscheln

Es gibt eine kleine Kleinigkeit, die Sie nicht unterschätzen sollten: Wenn Sie bei einem Meeting etwas früher da sind und Zeit zum Plaudern haben oder jemanden neu auf einer Konferenz kennenlernen, ist es Zeit für Smalltalk. Im Sinne Ihres Images plappern Sie aber nicht einfach wild drauflos und schimpfen ausgiebig über das Wetter, den Straßenverkehr oder die Bahn.

Sie wählen die Themen mit Bedacht. Dafür dürfen Sie etwas Ihre Sherlock-Fähigkeiten ausspielen: Sie entdecken eine teure Sportuhr am Handgelenk Ihres Gegenübers? Versuchen Sie, seine sportlichen Interessen abzuklopfen. Vielleicht sind Sie ja bereits gemeinsam denselben Marathon gelaufen oder denselben Fluss hinuntergepaddelt. So haben Sie nicht nur eine Gemeinsamkeit – Sie haben zugleich auch bewiesen, dass Sie Ihr Gegenüber aufmerksam und interessiert betrachten, und über Ihre Neigung zu Abenteuer oder Ihr außerordentliches Ausdauervermögen gesprochen. Mischen Sie die Aussagen über sich selbst gerne nur subtil ins Gespräch, und bleiben Sie lieber bei Ihrem Gegenüber. Denn auch Ihre Aufmerksamkeit anderen Menschen gegenüber ist ein wichtiger Teil Ihres Images.

Wenn Sie in sozialen Situationen eher unsicher sind, können Sie typische Smalltalk-Situationen auch erstmal mit Freunden üben: Spielen Sie einen Empfang nach, bei dem Sie sich an einem leeren Stehtisch in Sicherheit gebracht haben, sich jedoch ein menschliches Wesen Zutritt zu Ihrer kleinen Welt verschafft hat und sich nun mit einem Häppchen in der Hand zu Ihnen gestellt hat. Was sagen Sie, wenn der Mensch Sie erwartungsvoll ansieht? Wie stellen Sie sich vor? Wie beschreiben Sie Ihren Beruf? Mit welchen Themen würden Sie sich unwohl fühlen und wie können Sie sich im Zweifelsfall elegant an einen anderen Tisch verabschieden?

Natürlich können Sie solche Dinge auch theoretisch aus Büchern lernen. Doch wenn Sie eher nicht der Mensch sind, der soziale Interaktion anhand von Theorie lernen möchte, sollten Sie definitiv über ein paar Rollenspiele nachdenken.

Image 3 | Körperhaltung und Gesichtsausdruck

Manche Menschen haben ein natürliches Pokerface, andere etwas, was in den sozialen Medien als Resting Bitch Face bekannt wurde: ein Gesicht, das im vermeintlich neutralen Zustand nach sehr schlechter Laune aussieht. Und wieder anderen können wir alle Emotionen direkt am Gesicht ablesen wie einer Comic-Figur.

Unsere Mimik unter Kontrolle zu bekommen, ist gar nicht so leicht, denn oft sind es gerade die kleinen, sehr schnellen Bewegungen, die unsere wahren Gefühle verraten. Wenn Sie in einem Interview von einer Frage irritiert sind oder in einem Meeting amüsiert sind über die antiquierten Ideen Ihres Gegenübers, empfiehlt es sich dennoch, dass Sie Ihre Gesichtsmuskeln schnell wieder unter Kontrolle bringen. Machen Sie sich ab und zu bewusst, dass manchmal schon ein Blick verletzend sein kann. Sicher wollen Sie niemanden dafür auslachen, dass er auf einem Bereich nicht so fit ist wie Sie – dann sagen Sie das auch Ihrem Gesicht.

Natürlich dürfen Sie authentisch bleiben, mir geht es lediglich um etwas Achtsamkeit für Ihr physisches Auftreten. Dazu gehört auch Ihre Körperhaltung: Stellen Sie sich mal George Clooney oder David Beckham mit krummem Rücken und hängenden Schultern vor. Der Kopf scheint nur halbherzig auf den Hals montiert zu sein, und die Arme baumeln achtlos aus den Schultern hervor. Na, sind diese Männer immer noch so stattlich? Unsere Körperhaltung macht einen erstaunlich großen Teil unserer Erscheinung aus. Das heißt nicht, dass Ihr Charakter der Menschheit völlig egal ist, sondern bedeutet einfach nur, dass Ihr Äußeres das Erste ist, was Menschen von Ihnen sehen – und manchmal auch das Einzige.

Zu einem selbstbewussten Auftreten gehört deshalb auch eine Körperhaltung, die dazu passt. Menschen, die tanzen oder Yoga machen, haben oft ein sehr gutes Körpergefühl und spüren, ohne es zu sehen, ob sie gerade oder wie eine Trauerweide stehen. Mit einer gesunden Haltung strahlen Sie zudem aus, dass Sie Ihren Körper ernst nehmen und sich gesund verhalten. Damit wollen Sie sich weniger zu einem funktionsfähigen Teil der Leistungsgesellschaft machen, sondern vielmehr zeigen, dass Sie auch außerhalb des Jobs ein Leben haben, das Sie dann und wann auch mal in ein Fitnessstudio oder auf den Radweg führt.

In manchen Branchen kann es sogar sein, dass ein gewisser Wille zur Selbstoptimierung fast schon verlangt wird. Wenn Sie im Marketing berühmt werden wollen, müssen Sie manchmal auch im Fitnessstudio schwitzen gehen, damit Gleichgesinnte Ihre Muskeln durch Ihre Hemdsärmel erahnen können. Wenn das Prahlen mit Statussymbolen zum Geschäft gehört, können Sie sich entweder bewusst für einen anderen Weg entscheiden oder Ihre eigene Leistungskraft unter Beweis stellen.

Gut, dass die Kreativwirtschaft die Menschen meist mehr nach ihrem Output als nach ihrem Outfit beurteilt. Dennoch sollten Sie nie vergessen: Menschen kaufen von Menschen. Deshalb: Seien Sie selbstbewusst. Sie brauchen kein Sixpack, um zu wissen, dass Sie gut sind. Aber Sie dürfen dennoch gerne eine stolze Brust haben und einen geraden Rücken. Dass verschränkte Arme abwehrend wirken, wissen Sie längst. Auch wenn Sie es einfach nur bequem finden: Überdenken Sie Ihre Gewohnheiten von Zeit zu Zeit.

Wenn es Ihnen hilft, können Sie sich auch mal in einer Gesprächssituation mit dem Smartphone filmen lassen. Analysieren Sie, wie Ihre Körperhaltung, Ihre Gestik und Ihre Mimik wirken. Wenn alles passt, können Sie das Ganze mit einem netten Blick oder einem freundlichen Lächeln abrunden. So wirken Sie souverän und sympathisch.

Image 4 | Persönlicher Sprachstil

Manche Menschen reden leise, andere poltern heraus. Einige weinen heimlich auf der Toilette, andere wüten im Meeting direkt drauflos. Die einen kritisieren durch die Blume, andere sind transparent und konstruktiv. Was ist Ihr Stil? Und passt der zu Ihrer Traumkundschaft? Müssen Sie sich vielleicht ein dickeres Fell wachsen lassen oder doch Nachhilfe in Diplomatie nehmen?

Das Schöne ist: Sollte Ihr privater Stil noch nicht ganz zu Ihren beruflichen Zielen passen, können Sie daran arbeiten – entweder an Ihrem Stil oder an den Zielen. So sollten Schriftsteller darauf achten, dass ihre Kommunikation immer gewählt, besonnen und orthografisch einwandfrei ist. So wirkt es stimmig, dass Sie auch in Ihren Büchern Ihre Worte mit Bedacht abwägen und nur die richtigen Worte in Ihr Werk eintreten lassen. So schrieb Mark Twain: »Man muss nur die falschen Wörter weglassen.« Das sollten Sie sich als Vertreter der schreibenden Zunft auf die Fahne schreiben und diese auch durch Ihren Twitter-Feed wehen lassen. Wer sich dagegen in seinen Sätzen verheddert, dem möchte wohl niemand die Texte für seine Website anvertrauen.

In den vorangegangenen Kapiteln haben wir uns bereits mehrfach angeschaut, wie Sie Ihrer Arbeit und Ihrer Kommunikation eine persönliche Handschrift verleihen können. Dazu gehört auch, ob Sie Ihre Kundschaft siezen oder duzen möchten. Jetzt könnten Sie denken: »Ach, die Englischsprachigen haben es gut. Die müssen sich damit nicht rumschlagen, die duzen einfach alle.«

Das stimmt und stimmt auch nicht, denn ein Blick auf die Sprachwissenschaft verrät, dass es im Englischen früher auch ein distanziertes Sie und ein nahes Du gab. Und jetzt kommt etwas Klugscheißerwissen für die nächste Smalltalk-Situation: Übrig geblieben ist nicht etwa das englische Du – sondern das Sie. Wenn Politiker oder Fußballer also anbieten: »you can say you to me«, bieten sie ihrem Gegenüber eigentlich das Sie an. Kann man ja auch mal machen.

Entscheidend dafür, wie groß die Distanz zu Ihrem Gegenüber ist, ist also eher der Kontext und weniger das Personalpronomen. Und genauso dürfen Sie es auch im Deutschen halten: Ob Sie duzen oder siezen, können Sie getrost aus Ihrem Bauchgefühl ableiten. Wenn Sie eher der kumpelige Typ sind, der niemanden siezt, wäre alles andere unauthentisch. Wenn Sie dagegen viel mit Menschen aus sehr hierarchischen Berufen zu tun haben, wissen Sie meist schnell, dass das Du eine Ehre ist, die Sie sich erst verdienen müssen.

Neben der Ansprache sollten Sie natürlich auch das Sprachniveau an Ihr jeweiliges Gegenüber anpassen: Wenn Sie es mit sehr jungen oder eher bildungsfernen Menschen zu tun haben, müssen Sie nicht damit angeben, wie toll Ihr Gehirn denken kann. Sparen Sie sich Fach- und Fremdwörter, und bringen Sie Ihre Botschaft ohne verdeckte Überheblichkeit rüber. Andersherum sollten Sie in einem Raum voller Ärztinnen oder Rechtsanwälte gut überlegen, ob flapsige Formulierungen hier so gut ankommen. Stil ist also nicht etwas Starres, das Sie sich wie einen Pulli überziehen – er ist auch eine Reflexion Ihres Gegenübers.

11.7 Investitionen

Manchmal muss man investieren, um zu gewinnen. Eine gute Investition erkennen Sie daran, dass sie Ihnen entweder die Arbeit oder das Leben erleichtert und mehr Komfort schafft. Und wenn es andersherum ist und Sie Geld ausgeben, ohne einen konkreten Mehrwert? Dann liegt es auf der Hand, dass diese Investition Ihnen wenig nutzt. Deshalb finden Sie hier einige Ideen, wann und welche Investitionen sinnvoll sein können.

Investition 1 | In Fortbildungen

Ob ein ganzes Studium, eine mehrjährige Ausbildung oder ein zweitägiges Seminar: Die nachhaltigste Investition ist die in Ihre Bildung. Denn diese Geldanlage trägt auf lange Sicht Früchte. Je besser Sie in Ihrem Job oder dessen Organisation werden, desto bereitwilliger zahlt Ihre Kundschaft auch ein höheres Honorar. Oft bringen Fortbildungen neben neuen Erkenntnissen auch viel Inspiration und neue Kontakte. Und meist helfen Fort- und Weiterbildungen auch, am Puls der Zeit zu bleiben. So sichert Ihnen lebenslanges Lernen ein lebenslanges Einkommen.

Da auch die Gesetzgebung ein Interesse daran hat, können Sie aktuell jährlich bis zu 4.000 Euro als Fortbildungskosten von der Steuer absetzen. Dabei ist es recht egal, ob es ein Sprachaufenthalt ist, eine Ausbildung zum systemischen Berater oder ein Wochenendseminar zum Rezitieren von Shakespeare im Originalduktus. Die Daumenregel lautet: Solange es zu Ihrem aktuellen Beruf passt oder Sie binnen den kommenden zwei Jahren damit Einnahmen generieren, sollten Sie es absetzen können. Einen gewissen Ermessensspielraum gibt es an dieser Stelle jedoch immer. Die Absetzbarkeit von der Steuer sollte jedoch nicht der ausschlaggebende Punkt sein – sondern ob es Sie weiterbringt.

Fortbildungen sind wertvoll

Ende November plane ich meist das kommende Jahr grob vor. Dabei schaue ich auch, auf welche Fortbildungen und Konferenzen ich Lust habe. Im Anschluss prüfe ich, welches Budget mir dafür zur Verfügung steht. In meine persönliche Budgetplanung nehme ich auch die Reise- und Übernachtungskosten mit auf, auch wenn diese in der Buchführung separate Posten sind. Dieses Budget versuche ich nicht zu überschreiten, aber eben auch nicht ungenutzt zu lassen. Da ich Lernen als wichtigen Teil meiner Arbeit empfinde, lege ich jeden Monat einen bestimmten Betrag zurück, damit ich jedes Jahr einen gut gefüllten Lern-Budget-Topf zur Verfügung habe. Während der Corona-Pandemie habe ich davon vor allem Videokurse und Webinare bezahlt. Zudem konnte ich etwas sparen, so dass ich in den kommenden Jahren vielleicht eine etwas teurere Fortbildung machen kann.

Die meisten Bundesländer bieten unter bestimmten Umständen Förderungen und Zuschüsse zu Ihrer Weiterbildung an. In der Regel ist die Förderung an eine bestimmte Gehalts- oder eine Einnahmegrenze gebunden. In Nordrhein-Westfalen gibt es beispielsweise den Bildungsscheck oder in Baden-Württemberg den Bildungsgutschein. Hier hilft wie immer Google weiter, denn jedes Bundesland hält andere Förderungen bereit.

Fragen Sie im Zweifel auch mal bei Ihrer Wirtschaftsförderung nach: Die Mitarbeitenden wissen eigentlich immer, wo Sie einen Zuschuss bekommen, oder können Ihnen in einigen Fällen sogar kostenfrei einen eigenen Kurs anbieten. Da Sie gerade am Anfang allerdings bereits genug mit Ihrem Kerngeschäft und mit der Organisation rundherum zu tun haben werden, sollten Sie sich fokussieren. Wer gerne lernt, läuft manchmal Gefahr, sich dabei etwas zu verzetteln. Die Auswahl der passenden Fort- und Weiterbildungen darf deshalb auch Teil Ihrer Positionierungsstrategie sein. Denn Sie entscheiden mit, wohin Sie und Ihr Unternehmen sich womöglich entwickeln werden.

Investition 2 | In besseres Arbeitsmaterial

Für viele kreative Freiberufler ist es naheliegend, das eigene Unternehmen erstmal vom Küchentisch aus zu starten. Um zu testen, wie es so läuft und ob sich die Selbstständigkeit gut anfühlt, ist es durchaus sinnvoll, die anfänglichen Investitionen niedrig zu halten. Wenn Sie etwas Geld übrig haben und Sie selbstständig bleiben möchten, können Sie Ihr Arbeitsmaterial überdenken: Könnte ein größerer Monitor Ihnen die Arbeit erleichtern und ein schnellerer Prozessor vielleicht die Zeit fürs Rendering reduzieren? Und wenn Ihnen an manchen Tagen das lange Stehen vor der Staffelei in den Rücken zwickt, schafft vielleicht ein höhenverstellbarer Hocker Abhilfe. Ob Software oder Hardware: Viele Investitionen in Ihre Arbeitsmittel sind eine Bereicherung für Ihre Arbeit – und entsprechend gut angelegt.

Ein nettes Extra ist, dass Sie Arbeitsmittel von der Steuer absetzen können. Und vom Handyvertrag übers Girokonto bis hin zum Dienstwagen bieten viele Unternehmen Ihnen als Freiberuflerin oder Selbstständigem besondere Konditionen an. Bevor Sie eine größere Anschaffung tätigen oder einen Vertrag unterzeichnen, können Sie nach speziellen Unternehmer-Rabatten fragen – vielleicht haben Sie ja Glück.

Investition 3 | In Werbematerial

Es gibt Investitionen, die optional sind, und solche, die nur so wirken. Werbematerialien scheinen zu vernachlässigender Luxus zu sein. Doch Sie müssen schon sehr bekannt und renommiert sein, dass Sie ganz ohne Werbung am Markt bestehen können. Deshalb sollte ein Werbebudget immer auch Teil Ihrer jährlichen Finanzplanung sein. Abschnitt 11.4 wollte Ihnen ein paar Anregungen geben, welche Werbung für Sie spannend sein könnte.

Wenn Sie beispielsweise Ihre Angebotspalette erweitern wollen oder ins Ausland expandieren möchten, könnten dadurch ein Umbau Ihrer Website und eine Internationalisierung der Webinhalte nötig werden. Eventuell möchten Sie diese Arbeit lieber von einer Agentur oder von externen Freiberuflerinnen erledigen lassen, eine Webdesignerin oder einen SEO-Berater ins Boot holen. Wenn Sie Ihre Werbung professionalisieren wollen und nicht gerade selbst aus der Werbebranche kommen, ist Ihr Geld gut in Honorare und zugelieferte Dienstleistungen investiert. Setzen Sie dabei nicht immer auf den günstigsten, sondern – wenn es Ihr Budget zulässt – auf einen kompetenten Anbieter, der Ihren Qualitätsansprüchen und Ihrem Stil entspricht. Geeignete Dienstleister können Sie über eine Ausschreibung auf Plattformen wie *Freelance* oder *Fiverr*, über Empfehlungen aus dem Bekanntenkreis oder über eine lokale Websuche finden.

Natürlich können Sie sich aber auch fortbilden und selbst zum Online-Marketing-Profi werden. Das geht zum Beispiel mit den Tools, E-Books und Online-Materialien, die Sie unter *www.online-marketing.net* finden.

Investition 4 | In externe Beratung

Unsere Arbeit als Selbstständige ermöglicht uns viele Freiheiten. Leider befreit sie uns meist auch von Kolleginnen und Mitstreitern. Eine fundierte zweite Meinung bekommen wir nicht einfach in der Kaffeeküche. Deshalb kann die Investition in Coaching und Beratung sinnvoll sein – vor allem in Phasen des Umbruchs. Je nachdem, wie hoch Ihr Beratungsbedarf ist, kann es sich hier um eine größere Investition handeln. Denken Sie deshalb nochmal an die Geschichte aus Abschnitt 9.6: Schärfen Sie lieber Ihre Axt, als mit einem stumpfen Metallgegenstand gegen einen Baumstamm zu schlagen. Den Baum wird Ihre Anstrengung wenig beeindrucken.

So ist es auch mit Coaching und Beratung: Bevor Sie viel Zeit und Energie ins Klein-Klein des Alltags stecken, können Sie mit einer gezielten Beratung meist deutlich effizientere Strukturen und Abläufe schaffen. Eine solche Investition kann bereits den Unterschied zwischen stumpfem Abarbeiten und echtem Unternehmertum machen. Mehr dazu erfahren Sie in Abschnitt 11.8. Natürlich können Sie sich auch zu Randfragen Ihres Jobs beraten lassen und etwa eine Image- oder Stilberatung nutzen, um ein unsicheres in ein authentisches und souveränes Image zu verwandeln.

Investition 5 | In mehr freie Zeit

Ob Sie Werbemittel brauchen, Ihre Buchhaltung machen müssen oder Ihre Wohnung geputzt werden möchte: Sie können andere bezahlen, damit sie das für Sie erledigen. Als Philosophin komme ich nicht umhin, Sie kurz daran zu erinnern, dass das Leben kurz ist. Oder wie mancher Teenie bis vor kurzem sagte: YOLO.

Nachdem ich Ihnen diesen Hammer über die Rübe gezogen habe, erkläre ich Ihnen gerne, warum ich das gemacht habe: Als Kreative lieben wir unsere Arbeit so sehr, dass wir manchmal viel zu viel machen. Der Wohlstand besteht allerdings weniger darin, dass wir unsere Wohnung mit teuren Gegenständen vollstellen oder unsere Kleiderschränke zum Platzen bringen. Der wahre Luxus ist etwas Unbezahlbares: Zeit. Doch auch wenn sie unbezahlbar ist, können wir sie kaufen: Wenn Ihre Einnahmen es erlauben, können Sie unliebsame Aufgaben an jemand anderen auslagern. In vielen Fällen bringt auch die Investition in ein etwas teureres Buchhaltungsprogramm oder eine Software, die Ihren Newsletter-Versand automatisiert, eine spürbare Zeitersparnis. So haben Sie mehr Zeit für die Dinge, die Sie wirklich machen möchten.

Investition 6 | In Ihre Gesundheit und Entspannung

Unterschätzen Sie bitte niemals, wie wichtig Ihre körperliche und geistige Gesundheit für den Erfolg Ihres Unternehmens sind. Sie sind Ihre beste und meist auch Ihre einzige Arbeitskraft. Seien Sie ihr ein guter Boss. In Ihre Gesundheit zu investieren, ist deshalb immer eine gute Idee. Sie müssen ja nicht gleich verschwenderisch jeden Wellness-Trend mitmachen. Aber gönnen Sie sich, was Ihnen guttut, und achten Sie jeden Tag auf die Signale Ihres Körpers. Nehmen Sie es ernst, wenn Sie ständig gestresst und ausgelaugt sind. Nach intensiven Phasen macht die Investition in etwas Urlaub meist sehr viel Sinn, damit Sie Ihre Akkus wieder aufladen können.

Wenn Sie viel sitzen, können Sie auch Ihren Arbeitsplatz vielleicht etwas ergonomischer gestalten. Vielleicht hilft ein Stehtisch oder ein Sitzball. Wenn Ihnen schlicht die Bewegung fehlt, hilft eine Yogamatte fürs Büro oder eine Mitgliedschaft im Gym. Und manchmal ist es die beste Investition, die Mittagspause für einen Spaziergang zu nutzen. 30 Minuten Spazieren unter freiem Himmel können das Risiko für Verspannungen und leichte Depressionen, Herz-Kreislauf-Erkrankungen und Stress deutlich reduzieren. Stellen Sie Investitionen in Ihre Gesundheit bitte nicht hintenan.

Investition 7 | In Ihr Zukunfts-Ich

Diese Investitionen haben nur indirekt etwas mit Ihrem Unternehmen zu tun. Dafür nehmen Sie etwas vom Gewinn Ihres Unternehmens beziehungsweise von Ihrem Unternehmergehalt, um damit Ihrem Zukunfts-Ich ein schönes Leben zu ermöglichen. Wie Kapitel 10 Ihnen näherbringen wollte, gibt es verschiedene Wege, auf denen Sie sich ein sanftes Ruhepolster fürs Alter schaffen können. Ebenso sollte dieses Polster Sie auch auffangen, wenn Sie mal krank sind oder aus anderen Gründen finanziell ins Straucheln geraten.

Eine solche Investition kann darin bestehen, dass Sie sich **passives Einkommen** aufbauen. Passives Einkommen wird als Gegenentwurf zum aktiven verstanden: Sie investieren Zeit und Erfahrung in ein Produkt, das Sie in die Welt entlassen und das von da an für Sie arbeitet. Sie sind also erst aktiv, um das passive Einkommen aufzubauen, und sobald Ihr Produkt aktiv wird, können Sie ganz passiv den Gewinn einstreichen.

Solches Einkommen können Sie durch fast alles erwirtschaften, was sich leicht skalieren lässt. Beispielsweise schreiben Sie einmal ein E-Book, machen Marketing dafür, und schon endet die aktive Phase. Jetzt verwandelt sich Ihr Buch in eine Quelle des passiven Einkommens, schließlich müssen Sie nun nichts mehr tun. Dasselbe gilt für alles, was einen hohen Automatisierungsgrad hat, sich leicht vervielfältigen lässt, zeitlos ist und möglichst wenig Konkurrenz auf den Plan ruft. Wenn Sie T-Shirts über *spreadshirt.de*, Handyhüllen via *printful.com* oder ein Buch auf *bod.de* verkaufen, müssen Sie die Ware weder verpacken noch verschicken. Ihre Arbeit endet dabei tatsächlich, sobald Sie das Produkt als Datei an die Plattformen weitergegeben haben. Sie sparen sich das Geld für ein eigenes Lager und sind insgesamt fein aus dem Schneider. Die Investitionen zum Aufbau von passivem Einkommen sind meist sehr nachhaltig – und ein schönes Geschenk an Ihr Zukunfts-Ich.

11.8 Coaching und Beratung

Eine gute Frage ist wie eine Hebamme: Sie hilft Ihnen dabei, etwas hervorzubringen, was lange in Ihnen gereift ist. Wenn ein Mensch Ihnen eine Frage stellt, dann sind Sie es, der die Antwort finden muss. Das ist das Prinzip der Beratung und des

Coachings. Wenn man so will, war der Philosoph Platon einer der ersten Coaches der Geschichte. Vor über 2.000 Jahren wuchs er mit einer Mutter auf, die als Hebamme Frauen bei der Entbindung half. So entwickelte Platon bald die Idee, dass auch seine Art, mit Menschen zu reden, wie eine Geburt aufgebaut sein sollte: Er wollte seinen Gesprächspartnern dabei helfen, eine Idee oder eine Lösung hervorzubringen, die längst dafür bereit ist, das Licht der Welt zu erblicken. Platon wollte ihnen nicht einfach eine Lösung präsentieren. Die einzig passende Lösung kommt aus den Gebärenden selbst. Und so machen es Coaches und Beraterinnen noch heute: Sie stellen Fragen.

Eine Frage, die wohl noch lange unbeantwortet bleibt, ist: Wo liegt der Unterschied zwischen Coaches und Beratern? Manche Ausbildungszentren sehen die Trennlinie im Fokus beider Berufsgruppen: Coaches fokussieren eher auf den Job, Berater eher auf das Leben als Ganzes. Doch auch zu dieser Definition gibt es zig Alternativen. Halten wir uns also an Platon und betrachten Coaches und Berater als Hebammen, die uns helfen wollen, unsere Ideen zur Welt zu bringen.

Coaching 1 | Wann macht ein Coaching Sinn?

Wann sollten Sie Ihre Tasche packen und aufbrechen? Wenn sich Ihre Idee mit ersten Presswehen ankündigt, ist es höchste Zeit, die Hebamme Ihrer Wahl anzurufen: Jetzt geht's los! Ein Coaching kann für Sie sinnvoll sein, wenn Sie

- einen Sparringspartner für Ihre Gründungsidee brauchen.
- nach einer schlüssigen Positionierung am Markt suchen.
- Ihren Fokus finden möchten und Ihren Bauchladen verkleinern möchten.
- eine ehrliche und konstruktive Meinung brauchen, die über das optimistische Anfeuern Ihres Freundeskreises hinausgeht.
- ein Gefühl für die Sinnhaftigkeit und den sozialen und ökologischen Einfluss auf die Welt bekommen wollen.
- Begleitung beim Strukturieren Ihrer Arbeitsabläufe brauchen.
- Ihre Sozialfähigkeiten in der Zusammenarbeit mit Kundinnen und Geschäftspartnern verbessern möchten.
- sich in einer Phase des Umbruchs befinden, etwa beim Berufswechsel, in einer weltweiten Wirtschaftskrise oder am Ende der Elternzeit.
- Mitarbeitende einstellen möchten und Ihren Führungsstil finden wollen.
- Ihr Unternehmen wachsen lassen möchten.
- selbstsicherer und souveräner auftreten möchten.
- auf der Suche nach einer gesunden Work-Life-Balance sind.

Dabei gibt es auch Dinge, die Coaches nicht können: Kein seriöser Coach oder Berater wird Ihnen konkrete Anweisungen geben. Auch handfeste Informationen zum Markt werden Sie dort nicht bekommen. Das Gute ist, dass Sie selbstständig sind und deshalb auch niemanden brauchen, der Ihnen sagt, wo es langgeht. Was Sie beim Coaching bekommen, ist ein Impuls und etwas frischer Wind zwischen den Ohren. Denn auch der Physiker Albert Einstein wusste: »Die reinste Form des Wahnsinns ist es, alles beim Alten zu lassen und gleichzeitig zu hoffen, dass sich etwas ändert.« Das Wichtigste beim Coaching ist deshalb Ihr Wille, wirklich etwas zu verändern und alte Gewohnheiten abzulegen.

Coaching 2 | Wie läuft das Coaching ab?

Der erste Schritt ist, dass Sie wissen, was Sie vom Coaching erwarten. Mit dieser Idee gehen Sie in das erste Treffen. Gemeinsam mit Ihrer Beraterin setzen Sie die Ziele für die Beratung. Mit gezielten Fragen findet Ihr Gegenüber heraus, was Ihr dringendstes Anliegen ist, an dem Sie während der Beratung arbeiten möchten. Häufig macht sich der Beratende nachher recht schnell an einen groben Fahrplan, wie Ihr Coaching ablaufen könnte, wie lang es dauert und wie Sie womöglich gemeinsam Ihr Ziel erreichen.

Manche Coaches schicken Ihnen einen Fragebogen oder geben Ihnen Hausaufgaben auf. In der Regel schauen sie sich dabei Ihr Leben als Ganzes an, da gerade die systemische Beratung den Beruf immer in Einheit mit dem Leben betrachtet. Oft plant Ihre Coachin oder Ihr Berater fünf bis zehn Einheiten, in denen Sie viel über sich und Ihre Arbeit lernen werden. Manche Themen lassen sich allerdings bereits in einer Stunde lösen. Das Schöne an einem professionellen Coaching ist, dass es individuell auf Sie und Ihre Bedürfnisse abgestimmt ist.

Coaching 3 | Was kostet das?

Eine gute Coachin oder Beraterin nimmt zwischen 80 und 120 Euro pro Stunde. Besonders beliebte Coaches nehmen auch mal 300 Euro pro Zeitstunde. In diesem Preis sind Vor- und Nachbereitung meist inbegriffen. Oft bekommen Sie vor Beginn des Coachings einen Fragebogen, damit Sie sich schon mal selbst Gedanken zu Ihrem Thema machen können und das erste Gespräch effizient abläuft. Am Ende der Sitzung bekommen Sie eine Hausaufgabe, so dass Sie sich weiter mit dem Besprochenen auseinandersetzen können. Die Hälfte der Coaching-Arbeit passiert also zwischen den Sitzungen: sowohl für Ihre Beraterin als auch für Sie selbst. Lassen Sie sich deshalb bitte nicht von dem recht hoch erscheinenden Stundensatz abschrecken. Denn meist reichen wenige Gespräche, um eine gute Lösung für Ihr Problem zu finden.

Doch auch wer finanziell noch auf etwas zittrigen Beinen steht, muss und sollte nicht auf Coaching verzichten. Denn gerade für Gründerinnen und Neustarter ist Beratung sinnvoll. Deshalb bietet die Wirtschaftsförderung in Ihrer Region meist kostenlose Coaching-Sessions für Selbstständige an. Was eine gute Beratung aber auf jeden Fall kostet, ist Zeit. Denn wenn es Ihnen etwas bringen soll, müssen Sie sich auf den Prozess einlassen und sich viele eigene Gedanken machen. Wer etwas ändern will, muss auch dazu bereit sein, oder um in unserem Sprachbild zu bleiben: Wenn Sie nicht schwanger sind, müssen Sie auch nicht in den Kreißsaal.

Coaching 4 | Woran erkenne ich einen guten Coach?

Da weder *Coach* noch *Berater* geschützte Begriffe sind, kann sich im Prinzip jeder so nennen. Auch verlässliche Gütesiegel gibt es bislang leider noch nicht. Deshalb sollten Sie bei der Auswahl Ihres Prozessbegleiters auf eine entsprechende Ausbildung achten. Sie dürfen auch gerne nachfragen, auf welcher theoretischen Basis oder Ausbildungsform die Arbeit des jeweiligen Coaches beruht. Seriöse Berater haben eine mehrjährige Ausbildung durchlaufen, in der sie vor allem Gesprächstechniken, aber auch besondere Herausforderungen und mögliche Lösungsszenarien kennengelernt haben.

Welcher Coach in Ihrer Nähe unterwegs ist, verrät ein Blick auf Seiten wie *coachdatenbank.de*. Da sich jedoch nicht jede Beraterin dort einträgt, kommen Sie mit einer einfachen Internetsuche nach Beratung, Ihrer Branche und Ihrer Stadt meist erstaunlich weit.

Statement | Gemeinsam sind wir stark

»Seit 2014 begleite ich als Jobcoachin Menschen, die sich beruflich verändern möchten. Wenn neue Klientinnen und Klienten zu mir kommen, analysieren wir zuerst gemeinsam die berufliche und gelegentlich auch die private Situation. Dafür schauen wir uns gezielt die Stärken und Interessen, die Bedürfnisse und Werte an, die sie leben möchten. Nachdem der Klient oder die Klientin sich ihre Ausgangsbasis bewusst gemacht hat, reflektieren wir die Ergebnisse gemeinsam im Dialog. Was dabei herauskommt, besprechen sie dann im Freundeskreis, im Kollegium oder in der Familie. Personen aus dem Umfeld können nochmal ganz andere Aspekte in die Überlegungen bringen. Manchmal haben wir da selbst blinde Flecken, die andere leicht aufdecken können. Durch diese Analyse des Ist-Stands haben viele Klientinnen und Klienten direkt erste Visionen oder Lösungsansätze. Andere brauchen noch ein paar Impulse zur Entscheidungsfindung.

So war es auch bei zwei Frauen, die ich auf ihrem Weg in die Freiberuflichkeit begleiten durfte. Beide arbeiteten ursprünglich in festen, sicheren Angestelltenverhältnissen. Genau diese vermeintliche Sicherheit war für sie das Problem – denn diese aufzugeben, erschien ihnen als immenses Risiko.

Die eine der beiden Frauen war verbeamtete Lehrerin, die ihre Erziehungszeit für eine Yoga-Ausbildung genutzt hatte und nun beides miteinander verbinden wollte. Leider stellte sich schnell heraus, dass morgens Schul- und abends Yoga-Unterricht ganz und gar nicht zu ihrer eigenen Entspannung beitrug. Ihr Herz schlug zwar eindeutig mehr fürs Yoga. Dennoch hielt sie weiterhin an dem Glaubenssatz fest, dass sie damit kein Geld verdienen könne. Und so rieb sie sich zwischen beiden Jobs völlig auf. Durch das gezielte Coaching fanden wir eine Lösung, um mehr Gelassenheit in ihr Berufsleben zu bringen: Sie ließ sich von ihrem Lehrerinnenberuf freistellen, um ihr Yoga-Business mit mehr Energie und Elan angehen zu können. So stand sie weniger unter Druck und hatte zudem die Option, in ihren unbefristeten Job zurückzukehren.

Auch eine andere Klientin hatte sich für Yoga als zweites Standbein entschieden. Sie erlebte die Doppelbelastung durch den Yoga-Unterricht neben ihrer festen Pflegekraftstelle ebenfalls als überfordernd. Im Coaching suchten wir gemeinsam nach den Ressourcen, die sie bei der beruflichen Veränderung unterstützen konnten. Im Coaching zeigt sich immer wieder, wie wichtig ein starkes soziales Umfeld aus Partnern, Freunden oder Familie ist. Bei der Lehrerin war der Ehemann eine große Stütze und glich die zunächst sehr überschaubaren Einnahmen nach der Gründung des Yoga-Business aus. Bei der Pflegekraft half der Partner verstärkt bei der Kinderversorgung, so dass die Klientin Freiraum für ihre Yogastunden hatte. Ein Job-Coaching kann entscheidend dazu beitragen, die eigenen Grenzen und Möglichkeiten auszuloten und konkrete Lösungsansätze zu finden.«

Gunda Ben Djemia-Böke | Job-Coach und Arbeitswissenschaftlerin | JobProfilFinder

Kapitel 12

Wachsen, gedeihen und noch besser werden: Wie halte ich den Laden am Laufen?

Spüren Sie das? Das gute Gefühl, dass Sie es geschafft haben? Sie haben ein eigenes Unternehmen gegründet. Sie haben einen zufriedenen Kundenstamm und können von dem leben, was Sie lieben. Es könnte kaum besser sein. Kapitel 12 drückt Ihnen die Daumen, dass es auch auf lange Sicht so bleibt.

12.1 Reflexionen

Das Wichtigste zuerst: Ihr persönlicher Erfolg ist unabhängig von der Meinung anderer. Schon der Philosoph Aristoteles fand, dass wir unser Glück auf sehr wackelige Beine stellen, wenn wir es von der Bewunderung anderer abhängig machen. Denn wenn unsere Bewunderer uns plötzlich doch nicht mehr toll finden oder wenn jemand anderes noch spannender wird als wir, dann klappt unser Glück ganz unelegant zusammen, als hätte es ein Bier zu viel trunken. Deshalb schauen Sie bei Ihrer persönlichen Bilanz vor allem auf sich selbst und Ihre eigene Bewertung der Situation. Denn auch hier dürfen Sie kreativ und frei sein – und Ihre eigenen Maßstäbe anlegen.

Erfolg 1 | Begriffe definieren

Bevor Sie Ihren Erfolg messen können, müssen Sie erstmal wissen, was Sie da überhaupt messen möchten. Nehmen Sie sich deshalb kurz ein paar Minuten Zeit, um zu überlegen, was Sie unter Karriere und Erfolg verstehen.

Kurz zur Inspiration

Das Wort *Karriere* stammt aus dem Lateinischen von den Worten *carrus* (Wagen) und *carraria* (Straße für den Wagen). Eine Karriere ist also der Weg, den Sie beruflich und privat gehen. Wo dieser Weg hinführt, hängt von Ihrer Definition von Erfolg ab. Das

Wort verdanken wir dem althochdeutschen *erfolgen*, das so viel bedeutet wie »erreichen, sich erfüllen und zuteilwerden«. Damit wird Erfolg zur Konsequenz Ihres Handelns – er ist Ihr eigenes Werk.

Erfolg zu haben heißt also, dass Sie erreichen, was Sie sich gewünscht haben. Erfolg ist demnach eine Frage der Ziele – und damit für jeden von uns etwas anderes.

Bedeutet Karriere zu machen für Sie, die Hierarchien nach oben zu klettern? Personalverantwortung zu haben? Oder in den renommiertesten Galerien auszustellen und riesige Hallen mit zahlendem Publikum zu füllen? Wann ist Ihre Karriere erfolgreich?

Erfolg 2 | Zahlen, Daten, Fakten

Doch bevor es allzu philosophisch wird, halten wir uns an objektive Fakten: Am leichtesten fällt es uns meist, Erfolg an Zahlen zu messen. Dafür können Sie die folgenden Daten erheben und auswerten. Und damit sind wir mitten im Controlling: Wie entwickeln sich Ihre Geschäfte?

- Wie hoch sind Ihre Einnahmen? Gibt es saisonale Schwankungen?
- Wie entwickeln sich Ihre Ausgaben?
- Wie groß ist Ihre Liquidität?
- Wie viele neue Kunden konnten Sie gewinnen?
- Wie haben sich Ihre Follower in den Social Media entwickelt?
- Haben Sie mehr oder weniger Aufträge und hat sich deren Umfang verändert?
- Haben Sie Ihre Preise verändert und welche Auswirkungen hatte das?
- Brauchen Sie Mitarbeiter oder externe Unterstützerinnen?
- Mit welchem Kunden machen Sie den meisten Umsatz?
- In welche Aufträge stecken Sie die meiste Zeit?

Die letzten beiden Punkte haben wir uns bereits in Abschnitt 11.3 angesehen. Sie sind vor allem bei Solo-Selbstständigen ein ganz entscheidender Punkt im Controlling. Die Überwachung und Auswertung Ihrer objektiven Unternehmensziele erfordert also sowohl, dass Sie sich solche Ziele gesetzt haben, als auch, dass Sie deren Entwicklung erfassen. Idealerweise setzen Sie sich Jahres- und Quartalsziele, deren Fortschritt Sie in regelmäßigen Abständen nachhalten.

Erfolg 3 | Auf Ziele besinnen

»Als wir unser Ziel aus den Augen verloren hatten, verdoppelten wir unsere Anstrengungen«, stellte der Schriftsteller Mark Twain schon im 19. Jahrhundert fest. Und genau das scheinen viele Selbstständige auch heute noch so zu machen. Bevor Sie die Karriereleiter hochhecheln, sollten Sie also ganz genau hinschauen, gegen welche Wand Sie diese Leiter lehnen. Und falls Sie darüber nachdenken, aufzugeben, überlegen Sie, warum Sie angefangen haben.

Blättern Sie dafür gerne nochmal zurück in Kapitel 1 dieses Buchs. Dort haben Sie sich mit Ihren Zielen auseinandergesetzt.

- Warum haben Sie sich für die Selbstständigkeit entschieden?
- Haben Sie diese Ziele erreicht?
- Sind diese Ziele an der Realität gescheitert – oder haben Sie schlichtweg das Ziel aus den Augen verloren?

Auch wenn Sie mit Ihrer Selbstständigkeit Ihren Lebensunterhalt bestreiten wollen, lässt sich deren Erfolg nicht nur in Zahlen messen: Wie entwickelt sich Ihr Berufsleben?

- Haben Sie in den letzten Monaten neue Qualifikationen gewonnen?
- Welche Referenzen können Sie vorweisen?
- Hat sich Ihr Tätigkeitsfeld in den letzten Monaten verändert?
  Und wenn ja: warum?
- Sind Sie wirklich so frei, wie Sie es sein wollen?
- Was müssten Sie ändern, um dieses Ziel zu erreichen?
- Wie würden Sie sich fühlen, wenn Sie das erreichen?
- Sind Sie immer noch bereit, die dafür nötigen Schritte zu gehen?
- Sind es noch die richtigen Ziele?
- Ist die Selbstständigkeit noch die beste Wahl in Ihrer aktuellen Lebenssituation?

Erfolg 4 | Lebenssinn in 5 Minuten

Andere Menschen sind für die meisten Menschen der Schlüssel zum Glück, das zeigen wissenschaftliche Studien immer wieder. Und da Ihre Karriere neben Ihrem beruflichen auch Ihren privaten Weg umfasst, dürfen Sie auch einen Blick auf die persönliche Seite werfen und Ihr soziales Umfeld einbeziehen. Bei Ihrer persönlichen Bilanz blicken Sie also sowohl nach innen als auch nach außen:

- Was würde mein 15-jähriges Ich über mich heute sagen?
- Was mache ich gerne? Was können andere von mir lernen?
- Welche Spuren hinterlässt mein Leben bei anderen?
- Wie verändern sich diese Menschen durch das, was ich ihnen gebe?

Erfolg 5 | Komfortzone finden

Ihre berufliche Laufbahn und Ihre persönliche Entwicklung sind durch Ihre Selbstständigkeit noch etwas näher zusammengerückt. Nach einiger Zeit der Selbstständigkeit bekommen Sie eine Ahnung, wo sich Ihre Wohlfühlzone befindet:

- In welchen Situationen fühlen Sie sich besonders selbstbewusst?
- Welche Aufgaben erledigen Sie mit Leichtigkeit?
- Was langweilt Sie so sehr, dass Sie es lieber abgeben möchten?
- Wofür bekommen Sie das meiste Lob?
- Was macht Ihnen am meisten Spaß?
- Brauchen Sie die Komfortzone – oder eher nicht?

Erfolg 6 | Work-Life-Balance

Und dann gibt es da noch einen ganz wichtigen Bereich in der Reflexion: die Balance zwischen Arbeit und Freizeit. Auch hier lohnt sich ein genauer Blick, denn gerade in diesem Bereich geraten viele Selbstständige immer wieder ins Ungleichgewicht:

- Wofür können Sie sich selbst so richtig loben?
- Wer ist der Chef: Sie oder Ihre Auftraggeber?
- Wer gibt Ihre Arbeitszeiten vor?
- Wie erleben Sie die Beziehung zu Ihrer Kundschaft?
- Was müssten Sie ändern, um das perfekte Arbeitserlebnis zu haben?
- Warum arbeiten Sie in dem Rhythmus, in dem Sie arbeiten?
- Wie empfinden Sie Ihre Arbeitsatmosphäre?
- Bekommen Sie genügend Schlaf?
- Nehmen Sie sich Zeit, um private Kontakte zu pflegen?
- Finden Sie Zeit für Sport und eine gesunde Ernährung?
- Was müsste sich ändern, damit Sie 100 Prozent zufrieden sind?

Erfolg 7 | Ausblick schaffen

In Ihrer Reflexion haben Sie nun gründlich zurückgeschaut. Auf der Basis der so gewonnenen Erkenntnis wagen Sie nun einen beherzten Ausblick in Ihre Zukunft.

- In welche Richtung wollen Sie sich entwickeln?
- Welche Referenzen möchten Sie sammeln?
- Welche Fortbildungen können Ihnen dabei helfen?
- Wie soll Ihre Karriere von hier aus weitergehen?

Statement | In der Ruhe liegt die Kraft

»Nach dem ersten Jahr meiner Selbstständigkeit habe ich Bilanz gezogen. Einfach, weil mir danach war und weil ich es wichtig finde, für das Erreichte dankbar zu sein. Dabei sind mir einige Dinge bewusst geworden:

1. Das Wichtigste ist meine Gesundheit. Sie ist die Grundlage für alles.
2. Auf der Matte oder am Schreibtisch – es gibt nur einen Weg: meinen eigenen!
3. Business-Entwicklung basiert auf der Persönlichkeitsentwicklung.
4. Geduld, Mut und Liebe wachsen immer dann, wenn ich für etwas kämpfe, was mir wirklich wichtig ist.
5. Niemand hat gesagt, dass es einfach werden würde. Es hilft immer, ehrlich zu sich selbst zu sein, das macht vieles leichter.
6. Meditation hilft mir dabei, fokussiert und entspannt zu bleiben. So kann ich auch meinen Schülerinnen und Schülern ein gutes Vorbild sein.
7. Wenn ich etwas tue, möchte ich es mit ganzem Herzen tun.
8. Digital Detox, Baby!
9. Lachen ist Medizin.«

Anna Alexiadis | Yoga-Personal-Trainerin | Yogaloft Ruhr

12.2 Flauten überstehen

Die wichtigste Überlegung in einer Flaute ist diese: Ist sie durch äußere Umstände entstanden – oder durch Ihre Entscheidungen? Denn die Lösung hängt meist von der Ursache ab.

In fast jedem Selbstständigen-Leben kommt es irgendwann auch mal zu einer Flaute.

Flaute 1 | Überzeugungen überprüfen

»Probleme kann man niemals mit derselben Denkweise lösen, durch die sie entstanden sind«, stellte der Physiker Albert Einstein fest. Und auch wenn er das vermutlich auf den kosmischen Zusammenhang bezogen hat, kann das auch in unserer kleinen Selbstständigen-Welt helfen: Denn wenn wir uns durch unsere eigenen Glaubenssätze in die Flaute manövriert haben, dann sollten wir genau dort ansetzen.

Dabei ist die erste Frage: Ist es eine Flaute oder ein Dauerzustand? Denn wenn Sie generell wenig einnehmen, sorgen schon minimale Schwankungen für eine gefühlte Flaute.

Wenn Sie immer wieder eine Flaute erleben, könnten Sie Ihre Preisgestaltung oder die Auswahl Ihrer Kunden kritisch hinterfragen – und vor allem Ihre Arbeitsweise:

- Gibt es Bereiche, die Sie vernachlässigt haben?
- Haben Sie die Akquise schleifen lassen?
- Haben Sie zu wenig Werbung gemacht?
- Oder können Sie vielleicht noch eine zentrale Fähigkeit weiter ausbauen?

Ebenso dürfen Sie, ganz in Einsteins Sinne, Ihre Grundhaltung gegenüber dem Geld zur Debatte stellen: Halten Sie Geld für etwas Schlechtes, für etwas, was Ihre Kreativität ausverkauft? Wenn das so sein sollte, sollten Sie sich fragen, ob Sie mit dieser Denkweise Ihre Flaute lösen können.

Flaute 2 | Muster erkennen

Viele Branchen unterliegen saisonalen Schwankungen: Bei den einen ist das Weihnachtsgeschäft besonders lukrativ, bei den anderen ist im Sommerloch kaum etwas zu tun. Halten Sie Ihre monatlichen Einnahmen in einer simplen Liste fest. So können Sie über die Jahre Muster erkennen. Denn in vielen Fällen ist eine Flaute im Verlauf des Jahres ganz normal. Diese Zeit können Sie also ganz entspannt angehen und für Ihren Web-Relaunch oder Urlaub nutzen. Wenn Sie sich für das Zwei-Konten-Modell aus Abschnitt 9.9 entschieden haben, werden Sie auf Ihrem Privatkonto keinen Unterschied bemerken. Schließlich gleicht der Überschuss auf dem Geschäftskonto aus den Vormonaten die Flaute aus – und Ihr Dauerauftrag sorgt für ein stabiles Gehalt.

Flaute 3 | Hilfe holen

Bei Krisen wie der Corona-Pandemie, die viele Menschen gleichzeitig betrifft, bieten offizielle Stellen meist sehr zeitnah und unkompliziert Hilfe an. Doch auch wenn Sie sich in einer ganz individuellen Notlage oder einfach nur einer voraussichtlich vorübergehenden Flaute befinden, empfiehlt es sich, externe Hilfe zu suchen. Denn wenn Sie die Karre nicht aus eigener Kraft aus dem Dreck ziehen können, muss eben jemand schieben. Die Wirtschaftsförderung, Gründerberatungen oder andere städtische Einrichtungen bieten viele, meist sogar kostenfreie Beratungen an. Gemeinsam erarbeiten Sie eine Strategie, wie Sie die Flaute finanziell möglichst unbeschadet überstehen. Um sich langfristig gegen derartige Phasen zu wappnen, können Sie auch mit einem Coach oder einer Beraterin eine langfristige Business-Strategie erarbeiten. Wenn Sie das Geld für diese Investition erübrigen können, ist es genau in dieser Phase gut investiert.

Flaute 4 | Leihen, was fehlt

Wenn es gar nicht anders geht, kann ein kleiner Geschäftskredit dabei helfen, Ihre laufenden Kosten zu decken und den Cashflow zu erhalten. In einer akuten Flaute können Sie sich womöglich kaum vorstellen, wie Sie irgendwie wieder mit vollen Segeln auf den offenen Markt schießen. Deshalb ist es nur verständlich, zu zögern, bevor Sie einen Kredit aufnehmen. In Kapitel 5 finden Sie einige Ideen dazu, wie Sie im Falle eines Falles an eine Finanzspritze kommen.

Flaute 5 | Um Raten bitten

Wenn Ihnen das nötige Kleingeld fehlt, um beispielsweise Ihre Steuern zu zahlen, gesteht Ihnen Ihr Finanzamt mit etwas Wohlwollen eine Zahlung in Raten zu. Auch Lieferanten sind meist kulant, denn ein auf Raten zahlender Kunde ist immer besser als ein insolventer Kunde. Dies sollte allerdings nur bei akuten Forderungen eine Option sein – keine Anregung, jetzt einen neuen Fernseher auf Raten zu kaufen.

Flaute 6 | Ausgaben reduzieren

Wenn es sich abzeichnet, dass die Flaute etwas länger anhalten wird, gibt es ein einfaches Mittel, Geld zu sparen: tatsächlich zu sparen. Gehen Sie Ihre monatlichen Ausgaben durch. Als Solo-Selbstständiger schauen Sie dabei sowohl auf Ihre geschäftlichen als auch Ihre privaten Ausgaben: Wo können Sie sparen und was vorübergehend aussetzen? Auch wenn Sie sonst brav Geld zur Seite legen, könnten Sie den Dauerauftrag für die Dauer der Flaute stoppen. Sie können das Netflix-Abo auf Eis legen, und mittlerweile bieten sogar Fitnessstudios an, dass man den Vertrag für einige Monate pausieren und beitragsfrei stellen kann. Alles, was nicht zwingend nötig ist, sollte während der Flaute eingespart werden.

Wenn sich Ihre Selbstständigkeit als deutlich weniger gewinnbringend erweisen sollte als gedacht, können Sie entweder einen festen Job suchen, der Ihnen eine nebenberufliche Selbstständigkeit ermöglicht. Oder Sie suchen sich mittelfristig eine günstigere Wohnung, kündigen das Atelier oder verkaufen das Auto. Wenn die Selbstständigkeit wirklich Ihr Traum ist, müssen Sie manchmal leider auch Opfer bringen.

Flaute 7 | Ausverkauf

Als Fotografin haben Sie sicher einiges an Ausrüstung, was Sie nicht mehr nutzen. Ähnlich geht es meist auch Menschen, die viel mit Elektronik hantieren oder privat ihren Kleiderschrank mit Kleidung vollstopfen. Damit Ihr privates Portemonnaie die Flaute übersteht, können Sie Flohmarkt- und Kleinanzeigen-Apps verwenden, um aus ungenutztem Zeug bares Geld zu machen. Beachten Sie bitte, dass beim Verkauf von Dingen, die Sie beruflich genutzt und von der Steuer abgesetzt haben, dabei Kapitalertragssteuern anfallen.

Flaute 8 | Schulden eintreiben

Manchmal ist es der Fehler anderer, dass wir keine Einnahmen haben, etwa wenn ein Kunde insolvent ist. Das kann kleinen Unternehmen leicht das Genick brechen. In Kapitel 10 finden Sie Versicherungen, die Sie vor derartigen Ausfällen schützen oder Ihnen dabei helfen, das Geld doch noch vom Schuldner zu erhalten.

Flaute 9 | Motivation fördern

Und manchmal findet die Flaute zwischen unseren Ohren statt. Denn Kreativität kann auch mal ausgelaugt sein. Wenn Sie auf olympischem Niveau prokrastinieren oder einfach unmotiviert sind, kann eine Auszeit oder ein Austausch mit anderen dabei helfen, wieder neuen Schwung zu finden. Auch auf Ihre Tätigkeit abgestimmte Kreativtechniken können helfen. Am meisten hilft es jedoch meist, wenn Sie akzeptieren, dass auch Sie nur ein Mensch sind und nicht immer funktionieren müssen.

Flaute 10 | Kundschaft finden

Das beste Mittel gegen eine Flaute ist es, erst gar nicht in eine Flaute zu geraten. Ihr Auftragsbuch zeigt Ihnen recht deutlich, ab wann Sie wieder in die Akquise gehen sollten, falls Ihre Projekte bald auslaufen. Idealerweise machen Sie einen festen Termin mit sich aus, beispielsweise einmal im Monat, an dem Sie einschlägige Auftragsportale durchforsten oder Follow-up-Mails an potenzielle Kundinnen verschicken. Ebenso sollten Sie Ihre Werbe- und Social-Media-Kanäle pflegen, so dass Sie für Interessierte sichtbar bleiben. Bei Ihrer Monatsplanung sollten Sie zudem etwa 2,5 Tage allein für Akquise-Mails, Probearbeiten und das Schreiben von Kostenvoranschlägen einplanen.

Flaute 11 | Keine Panik

»Zwischen Reiz und Reaktion gibt es einen Raum. In diesem Raum haben wir die Freiheit und die Macht, unsere Reaktion zu wählen. In unserer Reaktion liegen unser Wachstum und unsere Freiheit«, schrieb der Psychologe Victor Frankl. Kurz: Die Freiheit liegt zwischen Reiz und Reaktion. Nehmen Sie sich also die Freiheit, nicht direkt mit Panik auf eine Flaute zu reagieren. Natürlich kann das Einbrechen der Einnahmen, etwa wie zu Beginn der Corona-Pandemie, großen Stress auslösen. Doch Angst bringt Sie leider nicht weiter. Versuchen Sie, besonnen zu bleiben und aktiv nach Lösungen zu suchen. So können Sie die Flaute womöglich tatsächlich für Ihr Wachstum nutzen.

Statement | Viele Säulen für mehr Stabilität

»Meine Vorbereitung auf Flauten und Krisen liegt weit in der Vergangenheit: Nach meinem Studium war mir schnell klar, dass ein festes Engagement an einem Theater für mich nicht wirklich in Frage kam. Unter anderem weil sich die vermeintliche Sicherheit durch meist kurzfristige Theaterverträge ohnehin sehr in Grenzen hält. Gleichzeitig war mir auch klar, dass eine Freiberuflichkeit im Kultur-, Theater- und Musik-Bereich immer eine wirtschaftlich sehr fragile Sache bleiben würde. Bis heute ist es für mich die beste Lösung, mich in meinen Tätigkeitsfeldern breit aufzustellen: Ich wollte meine wirtschaftliche Existenz nicht nur auf einer Säule ruhen lassen, also nicht ausschließlich als Sänger am Theater arbeiten. Stattdessen habe ich meine Existenz auf mehrere Säulen verteilt – falls eine mal ins Wanken gerät.

Da ich Gesang studiert habe, wurde ich deshalb zuallererst Sänger. Und auch da habe ich mich für ein breites Spektrum entschieden: Musical, Operette, Konzerte, Lied, Oper. Nachdem ich immer mehr Erfahrung gesammelt und auch einige Fortbildungen gemacht hatte, arbeitete ich zudem als Gesangspädagoge, Vocal-Coach und Moderator.

Von Zeit zu Zeit schwankt mal eine Säule oder wird vorübergehend schwächer, dann rücken andere mehr in den Vordergrund.

Die bisher mit Abstand größte Herausforderung kam dann allerdings im Frühjahr 2020: Corona. Das war hart, denn betroffen war nicht nur eine, sondern alle meine beruflichen Säulen. Durch die nötigen Schutzmaßnahmen konnte ich meinen Schülerstamm halten, das heißt, ich reduzierte die Zahl der Schüler pro Tag, machte dazwischen Pausen zum Lüften, schaffte einen Luftreiniger an oder verlagerte mich auf Wunsch auf den Online-Unterricht. Später kamen auch Corona-Tests hinzu. Doch während der strikten Lockdowns konnte ich kaum arbeiten. Die Gesang-Säule brach mit Blick auf Theater-Auftritte bis ins Frühjahr 2021 völlig weg, also fast 1½ Jahre lang. Es ergab sich aber auch sängerisch eine, wenn auch kleine, Ersatz-Säule, als nämlich vermehrt Kirchengemeinden an mich herantraten, da diese in Gottesdiensten nicht singen durften, gleichzeitig aber nicht gänzlich auf Musik und Gesang verzichten wollten.

Während der Pandemie kam mir zusätzlich zugute, dass ich keine Scheu vor einem völlig fachfremden Minijob hatte. In der Kombination half mir das alles dabei, mich durch die Krise zu lavieren, ohne finanzielle Reserven antasten zu müssen. Einige staatliche

Förderungen musste ich leider dennoch in Anspruch nehmen – auch wenn ich das ehrlich gesagt ungern gemacht habe: Denn wie vielen im Kulturbereich erschloss sich mir die Sinnhaftigkeit der Maßnahmen nicht so ganz. Außerdem werde ich vorerst auch weiterhin mit dem Abrechnen, den Sachberichten und dem Protokollieren der verschiedenen Maßnahmen beschäftigt sein, damit ich auch ja keinen Euro falsch verwende.«

Adrian Kroneberger | Sänger & Gesangspädagoge

12.3 Kundenfeedback

Wenn uns jemand Feedback ankündigt, bildet sich bei manchem direkt ein Kloß im Hals: Oha, was kommt jetzt? Das kann doch nichts Gutes heißen ...

Die Angst vor negativer Kritik liegt in unserer Natur, denn als Menschen wollen wir dazugehören und von den anderen akzeptiert werden. Bei negativen Reaktionen nagt das ungute Gefühl an uns, dass die anderen uns ausgrenzen könnten. Schon der Begründer der modernen Evolutionstheorie Charles Darwin erklärte in seinem Buch »Die Entstehung der Arten« vor gut 150 Jahren, dass wir eigentlich nur dazugehören wollen, dass wir ein wertvoller Teil unseres sozialen Umfelds sein wollen. Deshalb trifft es uns bis heute, wenn wir das Gefühl haben, abgelehnt zu werden.

Machen Sie sich deshalb immer bewusst, dass es allein um Ihren Beruf und Ihr Auftreten gegenüber Ihrer Kundschaft geht und nicht um Ihre Person – egal, ob das Feedback negativ oder positiv ist. Doch auch negatives Feedback ist ein echtes Geschenk. Denn unzufriedene Kundschaft kann auch einfach zu jemand anderem gehen, ohne Ihnen zu sagen, warum. Wer sich die Zeit für Feedback nimmt, hat Ihre Wertschätzung mehr als verdient. Er hilft Ihnen dabei, noch besser zu werden. Die Faustregel also lautet: Feedback ist immer gut.

Feedback 1 | Um Feedback bitten

Feedback gibt es an verschiedenen Stellen im Prozess:

- auf Ihr Briefing
- wenn Sie Entwürfe liefern
- während der Zusammenarbeit
- nach Projektabschluss

Wenn Ihr Gegenüber schon öfter mit Freelancern und Dienstleisterinnen zusammengearbeitet hat, weiß es, wann Feedback nötig ist, um das Projekt in die richtige Richtung zu steuern. Besonders souverän treten Sie dagegen auf, wenn Sie bereits zu Beginn der Zusammenarbeit verdeutlichen, an welchen Stellen im Prozess die Meinung Ihres Gegenübers gefragt ist.

Wenn es sich um Feedback während der Zusammenarbeit handelt, fassen Sie dieses schriftlich zusammen. So haben Sie und Ihr Kunde das Besprochene vorliegen. Und schreiben Sie sich das Feedback auch für sich selbst auf, um daraus selbst zu lernen. Mögliche Fragen könnten so aussehen:

1. Ich wusste an jedem Punkt während des Prozesses, was von mir gefordert ist und wie es weitergeht.
2. Die Website informiert schnell und schlüssig über alle relevanten Angebote.
3. Der zwischenmenschliche Kontakt war stets freundlich und professionell.

Bitte stufen Sie Ihre Antwort auf dieser Skala ein: »1 = Stimme überhaupt nicht zu« bis »5 = Stimme voll und ganz zu«.

Feedback 2 | Feedback annehmen

Feedback allerdings bezieht sich gelegentlich nicht nur darauf, ob die Hauptfigur in Ihrem Kinderbuch lieber lila oder grüne Haaren haben soll. Manchmal geht es dabei auch um Ihre Arbeitsweise, Ihren Stil oder sogar um Ihre Person. Vor allem, wenn es persönlich wird, kann Feedback tatsächlich unangenehm sein.

Deshalb ist eine Sache ganz wichtig: Bleiben Sie unbedingt gelassen. Denn erstens ist das nur eine einzelne Meinung und keine objektive Bewertung, und zweitens ist es eine Chance, daraus zu lernen. Was wie ein Kalenderspruch klingt, ist allerdings durchaus ernst gemeint. Denn besonders aus Rückmeldungen zu Ihrer Arbeitsweise können Sie wertvolle Schlüsse für Ihre künftige Arbeit ziehen. Versuchen Sie deshalb, Feedback immer anzunehmen. Danken Sie Ihrem Gegenüber dafür, dass er so offen und ehrlich war und sich die Zeit dafür genommen hat.

Falls Sie schon mal für jemanden eine Abschlussarbeit gegengelesen haben, dann kennen Sie vielleicht die Menschen, die Ihnen nicht danken, sondern Ihre Anmerkungen wegdiskutieren wollen. Erinnern Sie sich noch, wie Sie sich da gefühlt haben? Eine Diskussion macht nur dann Sinn, wenn Ihr Gegenüber etwas übersehen hat oder etwas kritisiert, was auf seinem eigenen Mist gewachsen ist. Wenn Sie Feedback nicht annehmen können oder wollen, tun Sie das bitte im Stillen und für sich. Machen Sie sich bitte bewusst, dass Sie Ihrem Gegenüber vor den Kopf stoßen, wenn Sie das Feedback mit einer Salve aus Gegenargumenten und Ausflüchten abwehren. Zudem kann eine solche Verhaltensweise als unprofessionell und schlimmstenfalls als unreif aufgefasst werden. Versuchen Sie deshalb vor allem bei telefonischer Kritik, erstmal kurz durchzuatmen, bevor Sie womöglich impulsiv reagieren.

Feedback 3 | Ja zu Feedback

Wenn Sie ein kurzes Feedback zum Projekt benötigen, also etwa, ob das Logo blau oder grün werden soll, geht das telefonisch meist am schnellsten. Wenn Sie im Streitfall lieber schriftlich haben wollen, dass es grün und nicht blau werden soll, geht das natürlich auch per Mail. Wenn Sie Ihre Selbstständigkeit voranbringen möchten, ist eine Form des Feedbacks dagegen besonders sinnvoll: das Feedback nach Projektabschluss. Wenn Sie diese Form wählen möchten, brauchen Sie als Erstes einen möglichst standardisierten Fragebogen, den Sie künftig all Ihren Kundinnen und Kunden schicken:

- Die Beantwortung sollte zwischen 5 und maximal 15 Minuten in Anspruch nehmen.
- Nutzen Sie vor allem geschlossene Fragen oder klickbare Antwortmöglichkeiten. Freitexteingaben benötigen dagegen deutlich mehr Zeit und Aufmerksamkeit. Diese sollten Sie sparsam einsetzen, also maximal zwei pro Umfrage.
- Formulieren Sie die Fragen eindeutig, so dass sowohl Ihre Kundschaft beim Beantworten als auch Sie beim Auswerten genau wissen, was gemeint ist.
- Stellen Sie nur Fragen, die Sie wirklich weiterbringen.
- Falls Sie Skalen einbauen möchten, entscheiden Sie sich für eine gerade Anzahl von Abstufungsmöglichkeiten. So müssen sich die Antwortenden klar positionieren und können nicht unschlüssig die Mitte wählen.
- Bleiben Sie objektiv und neutral. Suggestivfragen wie »Finden Sie es auch so schlecht, wie das alles läuft?« werden Sie nicht weiterbringen.
- Fragen Sie immer nur eine Sache gleichzeitig. Also statt »Wie fanden Sie den Kundenservice und die Qualität des Produkts?« lieber »Wie zufrieden waren Sie mit dem Kundenservice?«.
- Sorgen Sie für Abwechslung in den Formulierungen und den Antwortmöglichkeiten – denn auch in Ihrer Umfrage möchten Sie unterhaltsam und kreativ wirken.
- Geben Sie die Möglichkeit, eine Frage auch nicht zu beantworten.

Um eine solche Umfrage aufzubauen, zu verschicken und auszuwerten, können Sie eines der Tools aus Abschnitt 11.1 nutzen oder auf eigene Faust eine Umfragedatei erstellen. Eine Anonymisierung der Antworten macht es Ihrer Kundschaft leichter, offen und ehrlich zu antworten. Das ist über ein digitales Tool leichter zu bewerkstelligen als über einen Fragebogen, den die Antwortenden Ihnen per Mail zurückschicken.

Sobald erste Antworten bei Ihnen eintrudeln, können Sie mit der Auswertung beginnen. Je nach Größe Ihres Kundenstamms wählen Sie die Dimension Ihrer Analyse. Für Solo-Selbstständige ist meist ein offener und wertfreier Blick auf die Antworten ausreichend, um das nächste Projekt noch besser umzusetzen und die Kunden noch zufriedener zu machen.

Feedback 4 | Feedback geben

Es gibt Situationen, in denen auch Ihr Gegenüber eine Rückmeldung braucht. Das kann sein, wenn Ihre Kundin einen Vorschlag zum Layout macht, das kann aber auch passieren, wenn Ihr Kunde die zehnte Feedbackschleife drehen möchte. Im ersten Fall diskutieren Sie völlig auf der Sachebene und beziehen die Ergebnisse in Ihre weitere Arbeit ein. Im zweiten Fall geht es dagegen darum, durch Ihr höfliches Feedback nötige Grenzen aufzuzeigen. Denn auch dafür ist Feedback da. Doch egal aus welchem Grund Sie eine Rückmeldung geben möchten, beherzigen Sie dabei bitte die klassischen Feedbackregeln:

- Treffen Sie Ich-Aussagen: Statt »Das sieht nicht gut aus« sagen Sie: »Ich finde, dass es nicht gut aussieht.«
- Seien Sie diplomatisch: Auch als Ich-Aussage ist »Das sieht nicht gut aus« eine sehr scharfe Abwertung eines Vorschlags. Auch wenn Sie vermeintlich auf der Sachebene unterwegs sind, haben Sie es immer mit Menschen zu tun, die mit einem ganzen Sack voll Emotionen jeden Tag aus dem Haus und ins Büro gehen. Versuchen Sie lieber, eine positive Formulierung zu finden und Gegenvorschläge zu machen, etwa: »Danke für den Vorschlag. Wir könnten zum Vergleich auch nochmal dieses oder jenes ausprobieren, weil es diese oder jene Vorteile hat.«
- Begründen Sie Ihr Feedback: Knallen Sie nicht einfach nur Ihre Meinung auf den Tisch, sondern begründen Sie, warum Sie eine bestimmte Ansicht vertreten. So fällt es Ihrem Gegenüber leichter, Ihre Beweggründe nachzuvollziehen.
- Lassen Sie die Moralkeule zuhause: Bitte halten Sie sich bei Wertungen zurück – vor allem, wenn diese moralischer Natur sind. Versuchen Sie, so sachlich wie möglich zu bleiben. Wenn Sie beispielsweise jemandem vorwerfen, dass er unhöflich sei, bewerten Sie damit seine Person. Damit bauen Sie versehentlich innere Widerstände bei Ihrem Gegenüber auf, da es nicht abgewertet werden möchte. Versuchen Sie deshalb eher, mit Fragen zu verstehen, warum sich die Person so verhält. Wenn Sie damit nicht weiterkommen, spiegeln Sie ganz konkret zurück, dass Sie durch ein konkretes Verhalten irritiert sind. Manchmal ist unserem Gegenüber gar nicht bewusst, wie es auf andere wirkt.
- Sprechen Sie unter vier Augen: Wenn Sie Kritik vorbringen möchten, ist ein Gespräch nur mit der entsprechenden Person immer besser, als das Thema vor versammelter Mannschaft anzuschneiden. So geben Sie Ihrem Gegenüber die Möglichkeit, Stellung zu beziehen, ohne sich in die Ecke gedrängt zu fühlen. Meist lassen sich Unstimmigkeiten so sehr schnell aus dem Weg räumen.

- Beziehen Sie sich auf Beobachtungen: Feedback sollte immer möglichst konkret sein. Statt zu verallgemeinern, beziehen Sie sich deshalb auf konkrete Beispiele, um Ihr Feedback zu begründen.
- Seien Sie einfühlsam: Bevor Sie Feedback äußern, sollten Sie sicherstellen, ob Ihr Gegenüber das überhaupt möchte. Wenn es nicht zwingend für Ihre Arbeit und Ihr Wohlbefinden nötig ist, ist Kritik nicht immer gewünscht. Respektieren Sie den Wunsch anderer Menschen, so bleiben zu wollen, wie sie sind. Vielleicht ergibt sich in einem anderen Moment und einer anderen Stimmungslage ja die Möglichkeit, etwas anzusprechen, was Ihnen unter den Nägeln brennt.
- Fassen Sie sich kurz: Feedback ist am wirksamsten, wenn es in geringen Dosen verabreicht wird. Statt einen Menschen von allen Seiten zurechtzustutzen, merken Sie nur ein, zwei der wichtigsten Punkte an. Sollte Ihr Gegenüber danach fragen, können Sie später noch weitere Punkte anbringen.

Feedback 5 | Seien Sie ein Vorbild

»*Warte nicht darauf, dass die Menschen Dich anlächeln. Zeige ihnen, wie es geht!*«, wusste Pippi Langstrumpf. Dasselbe gilt auch für die schönste Form des Feedbacks: das Lob. Komplimente verbessern nachweislich unsere Leistungen. Eine Studie zeigte: Wenn wir neue Dinge ausprobieren wie Tanzen, Laufen oder Klarinettespielen, hilft ein Lob unserem Gehirn, diese Fähigkeit abzuspeichern und zu wiederholen. Indem wir anderen ein Kompliment machen, helfen wir ihnen, zu lernen und bessere Leistungen zu erbringen. Wenn wir jemandem beispielsweise ein Kompliment für das perfekt ausgefüllte Briefing machen, dann wertschätzen wir zum einen seine Mühe und fördern zum anderen dieses positive Verhalten.[1]

Doch auch uns selbst macht es ein bisschen glücklicher, wenn wir anderen positives Feedback geben.[2] Und stellen Sie sich vor, wie gut es jemandem geht, wenn Sie ihm ein wirklich ernst gemeintes Kompliment aussprechen, vielleicht so wie Mark Twain, als er schrieb: »*Von einem richtig guten Kompliment kann ich zwei Monate leben.*«

Wenn wir Kritik bekommen, kann das gelegentlich bedeuten, dass wir uns selbst hinterfragen und Gewohnheiten ändern müssen. Und das kann manchmal ganz schön unangenehm sein. Doch wenn wir unser eigener Boss sind, wollen wir immer besser werden und unserer Kundschaft das bestmögliche Ergebnis liefern. Die Abfrage von Feedback sollte deshalb zum festen Bestandteil Ihres Arbeitsablaufs werden – aus Wertschätzung Ihrer Kundschaft gegenüber.

---

1 *journals.plos.org/plosone/article?id=10.1371/journal.pone.0048174*

2 *www.leidenpsychologyblog.nl/articles/world-compliment-day-the-science-behind-praise#:~:text=Praise%20activates%20the%20striatum%2C%20one,learn%20and%20to%20perform%20better*

12.4 Entspannung pur: Wie Sie mit Stress und Zeitdruck umgehen

Als der Stress erfunden wurde, rettete er uns das Leben. Denn ursprünglich half er den ersten Menschen dabei, schnell zu reagieren. Wenn ein wildes Tier plötzlich vor Ihnen steht, dann sollten Sie möglichst zügig eine Entscheidung treffen, ob Sie kämpfen, wegrennen oder vor Angst erstarren wollen. Stresshormone durchströmten in brenzligen Situationen die Gehirne unserer Vorfahren, so dass sie sich schnell entscheiden, überleben und unsere Vorfahren werden konnten. Ein paar Jahrtausende später schauen wir uns wilde Tiere höchstens im Zoo oder auf Safari aus sicherer Entfernung an. Doch der Stress ist geblieben. Und er hält viel länger an. Während unsere Urururururururugroßeltern recht kurz gestresst waren und wieder entspannen konnten, sobald sie in Sicherheit waren, haben wir heute länger etwas davon.

Moderne Säbelzahntiger drohen statt mit scharfen Zähnen und spitzen Krallen mit Deadlines, überzogenen Erwartungen und finanziellem Druck. Hinzu kommen moderne Erfindungen wie der Techno-Stress, den uns abstürzende Computer und lahmende Smartphones machen, oder der digitale Stress, der uns aus den Social Media entgegenleuchtet. Wie gut ging es doch unseren Vorfahren, die sich nur mit Säbelzahntigern, Mammuts und Höhlenbären rumschlagen mussten. Heute lässt der Stress scheinbar niemals nach. Dieser Abschnitt möchte Sie einmal ganz fest in den Arm nehmen und sagen: Alles wird gut!

Heute lässt der Stress wohl niemals nach.

Entspannung 1 | Ernst der Lage verstehen

Der erste Schritt zu weniger Stress ist diese Einsicht: Entspannung ist kein Luxus. Ihr Verstand und Ihr Körper sind Ihre wichtigsten Arbeitsmittel, deshalb sollten Sie diese hegen und pflegen. Wissenschaftliche Studien zeigen immer wieder, welche negativen Auswirkungen Stress haben kann: Übergewicht, Herz-Kreislauf-Erkrankungen, Diabetes, Depression, Schlaganfälle ... Die Liste der möglichen Folgen von Dauerstress scheint fast alles zu umfassen, was wir gruselig finden. Wenn Sie die gesundheitlichen Folgen noch nicht überzeugen, können es vielleicht die wirtschaftlichen: Wer gestresst ist, trifft oft schlechtere Entscheidungen und liefert schlechtere Qualität als die nicht gestresste Version derselben Person.

Entspannung 2 | Gründe ergründen

Wer die Gründe für ein Problem kennt, hat es fast schon gelöst. Wenn Sie verstehen, warum Sie bestimmte Situationen als stressig empfinden, während Sie in anderen ruhig bleiben wie Buddha persönlich, können Sie nach der Lösung suchen. Waren Sie schon immer in solchen Situationen gestresst, oder ist etwas Neues passiert, das Ihre Stresstoleranz verändert hat? Und jetzt die Profi-Frage: Hat dieser Stress vielleicht sogar eine positive Funktion für Sie? Schließlich haben die meisten unserer Verhaltensweisen und Überzeugungen ein Ziel.

So schieben manche Menschen Aufgaben so lange auf, bis die Deadline in das Blickfeld gerät, denn ohne die Deadline wirkt es noch nicht bedrohlich, und dann machen wir auch nichts. Wir müssen den Säbelzahntiger schon sehen, denn schon mal vorsorglich wegzulaufen, ohne dass eine hungrige Raubkatze überhaupt am Horizont aufgetaucht ist, ist ebenso sinnfrei wie absurd.

Die Frage ist: Hat Ihr Stress eine Funktion für Sie? Wieso stresst Sie die Frist für die Steuererklärung, aber nicht das Abgabedatum für Ihr Manuskript? Versuchen Sie, die Unterschiede Ihrer inneren Säbelzahntiger zu verstehen. Solche Überlegungen können Sie zum einen für Ihren eigenen Stress anstellen und zum anderen auch für den Stress eventueller Mitarbeiterinnen und Angestellter. Denn vielleicht gibt es in Ihrem Unternehmen Stressoren, die für viele Ihrer Beschäftigten problematisch sind. Fragen Sie offen bei den Menschen um sich herum nach. Wenn Sie mögen, machen Sie sich eine Liste wie diese, in der Sie Ihre stressauslösenden Faktoren eintragen.

Doch nicht nur zu viel Arbeit kann Stress auslösen. Auch zu wenig Arbeit oder eine intellektuelle Unterforderung kann Stress verursachen. Bewerten Sie bitte nicht, dass Sie etwas stresst, sondern akzeptieren Sie Ihre Stressoren. Stress ist subjektiv, und er wird allein dadurch real, dass Sie ihn empfinden – egal, ob er Ihnen berechtigt erscheint oder nicht.

Was?	Wie oft?	Warum?	Was nun?
Steuererklärung	1× im Jahr	Angst davor, dass ich die Höhe meiner Einkommenssteuer unterschätzt habe.	Buchhaltung regelmäßig pflegen und so den Überblick behalten; ein Eis zur Belohnung nach Abgabe.
Auftragslage	Immer mal wieder	Angst, irgendwann zu wenig Geld für meine Lebenshaltungskosten zu haben.	Regelmäßig Akquise machen; einen Hauptkunden für ein gewisses Grundrauschen finden.
Deadline von Kunde XY	Mehrmals im Monat	Die Briefings sind oft unklar; der Kunde braucht sehr lange, um auf Fragen zu antworten.	Deutlich machen, dass Sie präziseren Input brauchen; ansprechen, dass Sie zum Einhalten der Deadlines zeitnah Feedback brauchen.

Entspannung 3 | Die Neutralität entdecken

Zeitdruck muss nicht immer Stress bedeuten. Eine Studie unter Managern zeigte, dass Zeitdruck für sie sogar Vorteile hatte, da er die Teammitglieder kreativer denken ließ. Das funktioniert aber nur, wenn der Zeitdruck moderat ist und nicht zum Dauerzustand wird. Das gilt vor allem für Menschen und Teams, die gerne Neues lernen und neue Fähigkeiten entwickeln möchten. Bei einer starken Lernorientierung kann Zeitdruck durchaus auch motivierend sein.[3] Sie müssen sich also gar nicht zwingend gestresst fühlen, nur weil die Deadline näher rückt.

Entspannung 4 | Produktiv prokrastinieren

Glauben Sie, ich habe dieses Buch brav Kapitel für Kapitel nacheinander, chronologisch in meinen Laptop getippt? Nein. Definitiv nicht. Was Sie hier vor sich liegen haben, ist das Ergebnis eines ganzen Jahres produktiver Prokrastination. Wenn mich gerade ein Thema besonders interessiert, dann schreibe ich zuerst daran. Das wirkt auf Außenstehende manchmal etwas unstrukturiert oder sogar chaotisch. Tatsächlich geht mir die Arbeit so aber deutlich leichter und schneller von der Hand. Schließlich ist es viel einfacher, sich in ein Thema einzulesen, wenn man gerade dafür brennt.

Auch der Philosoph John Perry ist Fan der Prokrastination. Er glaubt, dass uns das Aufschieben von Aufgaben deutlich zeigt, was uns wirklich wichtig ist. Da wir oft

3 *www.hbs.edu/ris/Publication%20Files/02-073_03f1ecea-789d-4ce1-b594-e74aa4057e22.pdf*

verschieben, was uns nicht so sehr am Herzen liegt, und manchmal stattdessen etwas tun, was uns wirklich begeistert, erlebt er das Aufschieben als durchaus positiv. Prokrastination muss also nicht heißen, dass Sie plötzlich das Putzen für sich entdecken oder, statt zu arbeiten, eine Serie auf Netflix durchsuchten. Prokrastination bedeutet nur, dass Sie etwas aufschieben, was Sie machen müssen, aber jetzt gerade nicht machen wollen.

Manchmal können wir die Sachen, denen wir auszuweichen versuchen, auch durch die Eisenhower-Matrix aus Abschnitt 9.1 einfach von unserer To-do-Liste streichen. Wenn Sie der Typ dafür sind, können Sie sich durchaus den Luxus gönnen, Ihre Aufgaben ganz in Ihrem Tempo und in Ihrer Reihenfolge abzuarbeiten. Sie sind Ihr eigener Chef – und Sie selbst dürfen Ihre Arbeitsreihenfolge bestimmen.

Entspannung 5 | Zeit entspannt organisieren

Manchmal erscheint uns die Aufgabe einfach viel zu groß, um sie anzugehen. Aber wie der Philosoph Laotse sagte: »*Auch eine Reise von 1.000 Meilen beginnt mit einem einzigen Schritt.*« Manchmal liegt exzessives Prokrastinieren daran, dass uns der Umfang des Vorhabens erschlägt. Und wenn wir nicht wissen, wo wir unseren ersten Schritt hinsetzen wollen, dann machen wir am Ende gar keinen und bleiben einfach auf der Couch sitzen. Es kann also durchaus sinnvoll sein, dass Sie Ihr Projekt in Teilschritte unterteilen, wie wir es uns bereits in Abschnitt 9.1 überlegt haben. Und wie bei der 1.000-Meilen-Reise dürfen Sie auch während der Arbeit eine Pause machen, wenn Sie müde werden.

Entspannung 6 | Burnout-Prävention

Möglichst entspannt zu bleiben, ist Ihre Hauptaufgabe im ersten Jahr Ihrer Selbstständigkeit. Wenn alles noch neu ist und viele Abläufe noch nicht gewohnt sind, dauert alles länger. Und so arbeiten und arbeiten Sie, ohne zu merken, dass Ihnen der Stress längst aus jeder Pore dampft. Da Sie aber auch mit 60 noch leistungsfähig sein möchten, sollten Sie achtsam mit sich umgehen. Sogar große Konzerne wie SAP verstehen das langsam und bieten ihren Mitarbeitenden Achtsamkeitstrainings an. Nehmen Sie Ihre Gesundheit ernst, und lernen Sie, nicht nur zu arbeiten, sondern auch zu entspannen. Da Zeitdruck und Stress subjektive Empfindungen sind, können Sie diesen mit einer entspannten Grundstimmung vorbeugen.

Dazu gehört auch das Konzept des Digital Detox: Dabei versuchen Sie, etwas den Fängen der virtuellen Verlockungen zu entkommen, weniger zu streamen, seltener die Social-Media-Feeds durchzuscrollen und vor allem einige Zeit vor dem Einschlafen nicht mehr auf einen Bildschirm zu schauen. Wenn Sie keine Selbstdisziplin dafür aufbringen möchten, können Sie auch mit entsprechenden Apps die Ablenkungen für bestimmte Zeiträume blockieren.

Entspannung 7 | Verkürzen und Abbrechen

Wenn wir sie gedankenlos verschwendet haben, dann ist sie unwiderruflich vergangen: Deshalb sollten Sie sowohl mit Ihrer eigenen Zeit als auch mit der Zeit anderer Menschen achtsam umgehen. Denn sie ist unsere wichtigste Ressource und unser wertvollster Schatz. Deshalb sollten wir Besprechungen möglichst kurzhalten oder auch einfach eine E-Mail schicken, wenn wir gar nicht brainstormen oder etwas abstimmen müssen. Genauso dürfen Sie Projekte oder Fortbildungen abbrechen, wenn Sie das Gefühl haben, dass Sie das nicht weiterbringen wird. Denn sonst verlieren Sie nicht nur Geld, sondern auch Zeit.

12.5 So happy together: Langfristige Zusammenarbeit

Auf die Jagd nach neuen zahlungswilligen Kunden gehen zu müssen, ist einer der größten Albträume vieler Menschen in der Kreativwirtschaft. Akquise nötigt ihnen ab, sich selbst zu präsentieren und nicht bloß ihre Werke sprechen zu lassen. Deshalb ist das Beste, was Ihnen passieren kann, eine langfristige Zusammenarbeit. Ihr Kunde bekommt gleichbleibend gute Arbeit und Sie ein gleichbleibend gutes Honorar. Überlegen Sie sich, wie Sie Ihre Kundschaft auf Dauer glücklich machen möchten. Hier kommen ein paar Ideen.

Idee 1 | Das Zuhören

Wer sich etwas mit Suchmaschinenoptimierung auskennt, weiß: Im Internet können Unternehmen einen ganzen Haufen von Informationen über ihre Kundschaft sammeln. Es geht hier aber nicht darum, den schmalen Grat zwischen Stalking und Ausspionieren zu einer Autobahn auszubauen. Vielmehr machen Sie sich ein paar Randnotizen zur Person, damit Sie künftig noch besser auf die Wünsche eingehen können und die Person sich nicht wiederholen muss, wenn sie mit Ihnen telefoniert.

Idee 2 | Die Qualität

Das ist wohl der wichtigste Punkt: Machen Sie Ihre Arbeit einfach richtig gut. Denn wer hohe Qualität abliefert und dabei auch noch freundlich ist, den bucht man gerne wieder und empfiehlt ihn weiter.

Idee 3 | Die Persönlichkeit

Wie wir schon an mehreren Stellen gesehen haben, verkaufen Kreative vor allem über ihre Persönlichkeit. Die muss gar nicht laut und extrovertiert sein – nur authentisch. Und sie muss zu Ihrer Kundschaft passen.

Selbsterkenntnis im Netz

Im Netz finden Sie für eine grobe Einschätzung Ihrer Persönlichkeit verschiedene psychologische Tests. Der Neris Type Explorer ordnet Sie einem von 16 Persönlichkeitstypen zu. Durch Tests wie diese bekommen Sie einen ersten Eindruck, wo Ihre Stärken liegen und wie Ihre Kundschaft von der Zusammenarbeit profitieren kann.

www.16personalities.com/de/kostenloser-personlichkeitstest

Idee 4 | Der Wegweiser

Fragen Sie sich immer: Wie können Sie das beste Ergebnis liefern? In vielen Branchen ist dafür regelmäßiges Feedback von Auftraggeberseite nötig. Nehmen Sie Ihre Kunden an die Hand, und führen Sie sie durch das Projekt. Nach den ersten Kundenprojekten habe ich erst ein Standard-Briefing, das aus einem schnell ausfüllbaren Fragebogen besteht. Dieses habe ich anschließend in einen Muster-Workflow eingebettet. Denn egal, ob meine Kundschaft eine Illustration, ein Konzept oder einen Text haben wollte: Die Abläufe in der Zusammenarbeit waren immer ähnlich. Meinen Workflow habe ich grafisch aufbereitet und hänge ihn seither meinen Kostenvoranschlägen und damit auch meinen AGB an. So haben meine Kunden stets einen Überblick, wann sie am Zug sind und was ich von ihnen brauche.

Vor allem mit dem Ziel, langfristig zusammenzuarbeiten, ist ein transparenter Workflow Gold wert. In einer Besprechung können Sie auch entsprechende Deadlines vereinbaren und direkt gemeinsame Gesprächstermine dafür festlegen. So wissen alle, was sie wann zu tun haben. Dann können Sie und Ihre Kundschaft sich voll auf das Projekt konzentrieren, ohne sich im Klein-Klein des Projektmanagements zu verlieren.

Idee 5 | Die Extrameile

Besonders wenn Sie noch neu am Markt sind, müssen Sie sich Ihre Sporen immer noch etwas verdienen. Das heißt keineswegs, dass Sie Ihre Arbeit verschenken müssen, wie gerade Veranstalter von Konzerten oder Konferenzen immer wieder annehmen. Mit der Extrameile ist vielmehr gemeint, dass Sie Ihren Kundinnen ab und zu ein kleines Extra gönnen, wenn es sich gerade anbietet. So können Sie etwa zusätzlich zum Schreiben der Websitetexte ein paar Fotovorschläge machen. So beweisen Sie Ihre Kompetenz, und Ihre Kunden freuen sich, dass Sie mitdenken. Denn Dienst nach Vorschrift überlassen Sie den Angestellten.

Idee 6 | Die Deadline

Um Ihre Kunden glücklich zu machen, braucht es meist vor allem eines: klare Kommunikation. Bereits bei der Auftragsvergabe können Sie einen realistischen Erwartungshorizont schaffen. Einzuschätzen, wie lange Sie für ein bestimmtes Projekt brauchen werden, erfordert etwas Erfahrung. Aber je besser Sie das Projekt zusammen mit Ihrer Kundin umreißen, desto genauer ist die Einschätzung. Sollten Sie doch mal etwas länger brauchen, ist Transparenz wichtig: Sagen Sie einfach Bescheid, dass es aus diesen oder jenen Gründen noch etwas Zeit braucht. In der Regel ist die Kundschaft da recht verständnisvoll. Eine solch klare und eng abgestimmte Kommunikation erspart Ihnen und Ihrer Kundschaft einigen Stress.

Idee 7 | Das Beraten

Ihre Kunden wenden sich an Sie, weil Sie etwas können, was Ihre Kunden entweder nicht können oder für das Sie selbst keine Zeit haben. Entsprechend freut sich jeder Kunde darüber, wenn Sie das Zepter in die Hand nehmen und beraten. Dazu kann auch gehören, dass Sie die ursprüngliche Idee des Kunden etwas frisieren. Was stimmen muss, ist das Ergebnis. Ihr Kunde hat nichts davon, wenn Sie eine schlechte Idee umsetzen – und Sie auch nicht. Analysieren und empfehlen Sie freundlich, oder bieten Sie entsprechende Alternativen an. Gelegentlich können Sie dadurch sogar Ihren Umsatz steigern, wenn Sie Ihrem Kunden den Vorteil einer alternativen Lösung stichhaltig nachvollziehbar machen.

Idee 8 | Das Entgegenkommen

Manchmal dauert es länger, eine Rechnung zu schreiben als Ihrer Kundin einen Gefallen zu tun. Eben ein paar »Ähm« aus der Tonspur schneiden oder eine Miniretusche zu machen, können Sie auch mal als Gefallen rausgeben, ohne es zu berechnen. Hätten Sie in diesem Monat sonst nichts in Rechnung gestellt, können Sie mit solchen Minidienstleistungen punkten, ohne dass es zeitlich oder finanziell für Sie eine Last wird.

Dass Ihre Kundin Sie um solche Miniaufgaben bittet, zeigt auch, dass sie Ihre Arbeit schätzt. So bleiben Sie in Kontakt, und Sie wissen: Wenn wieder etwas Größeres ansteht, sind Sie die erste Person, die sie anrufen wird. Wichtig dabei ist, dass dieser Gefallen von Ihnen ausgeht und nicht unterschwellig erwartet oder explizit verlangt wird. Denn schließlich ist es eine Nettigkeit Ihrerseits und keine Selbstverständlichkeit. Wenn Sie charmant erwähnen, dass Sie diese Kleinigkeit natürlich gerne unentgeltlich machen, fühlt sich Ihr Kunde beschenkt – und Sie haben einen Kunden auf einfache Weise ein bisschen glücklich gemacht.

Idee 9 | Die Aufmerksamkeit

Wenn Sie über einen Artikel stolpern, der für Ihre Kundin interessant sein könnte, oder eine tolle Idee für eine Chanson-Session in Ihrer Lieblingsbar haben: Lassen

Sie es Ihre Kundschaft wissen. Mit solchen Ideen greifen Sie den Gesprächsfaden wieder auf.

Idee 10 | Die Anpassung

Sie sind der Boss, aber der Kunde ist König: Wenn Sie für viele Kunden und Kundinnen arbeiten, werden Sie schon bald ein ganzes Bündel von Tools, Video-Chat-Apps und File-Sharing-Clients auf Ihrem Computer finden. Denn auch wenn Sie Ihr eigener Chef sind, ist Ihre Kundin noch ein bisschen chefiger als Sie. Als serviceorientierter Dienstleister nutzen Sie die von Ihrer Kundschaft bevorzugte Software. Versuchen Sie dabei, möglichst mit nur einer E-Mail-Adresse nach außen zu kommunizieren. Wenn Sie bei der einen App mit der Adresse und bei der anderen mit einer anderen angemeldet sind, verursachen Sie Chaos an allen Enden.

Idee 11 | Die Angebote

Sie haben gerade eine spontane Lücke in Ihrem Auftragsbuch? Rufen Sie es in die Welt hinaus. Nutzen Sie Instagram, Ihren Newsletter oder ganz klassisch Ihr Telefon, um Ihre Kundschaft auf diese Gelegenheit aufmerksam zu machen. Falls Sie für mehr Planungssicherheit bereits ein paar Tickets für Ihr anstehendes Konzert verkaufen möchten, können Sie diese rabattiert verkaufen. Ein Preisnachlass gibt unserem Gehirn das gute Gefühl, etwas geschenkt zu bekommen. Nutzen Sie diesen Effekt – und machen Sie die Gehirne Ihrer Kundschaft glücklich.

Idee 12 | Die Einladungen

Sie haben eine Ausstellung, ein Konzert oder eine Lesung? Laden Sie interessante Kunden dazu persönlich ein: Rufen Sie an, oder schreiben Sie vielleicht auch mal wieder eine Postkarte. Eine solche Einladung hat selten einen direkten Verkaufshintergrund, sondern dient vor allem dazu, in Kontakt zu bleiben und vielleicht auch mal etwas persönlicher zu plauschen.

12.6 Mitarbeiter und Unterstützerinnen

Schon als Kinder sollen wir lernen, anderen etwas abzugeben. Was uns früher bei Sandkastenschäufelchen und Schokolade manchmal schwerfiel, wird für uns Erwachsene nicht einfacher: Abgeben will gelernt sein. Das gilt vor allem für Freiberufler und Gründerinnen. Sie sind es gewohnt, alles selbst zu machen und ein ganzes Unternehmen in nur einer Person zu sein. Wenn es irgendwann genug Arbeit gibt, um sie auf mehrere Schultern aufzuteilen, wird der Klammerreflex bei manch einem plötzlich erstaunlich stark.

Auch wer der beste Chef für sich selbst ist, muss noch lange kein geborener Arbeitgeber sein. Genau genommen kommt niemand als perfekte Führungskraft auf die Welt – aber zum Glück sind wir lernfähig. Wenn Sie ein Team um sich scharen möchten, sollen Sie sowohl lernen, Aufgaben aus der Hand geben zu können, als auch Ihre Mitarbeiterinnen einfach mal machen zu lassen. »Wer sich als Chef zu viel ins Tagesgeschäft einmischt, bremst die Eigenverantwortung der Mitarbeiter, senkt ihre Motivation und Kreativität«, sagt auch die Managerin Insa Klasing gegenüber dem Magazin Business Insider.[4] Sind Sie bereit, Ihre berufliche Sandkastenschaufel an andere abzugeben? Dann dürfen Sie sich als Erstes einmal dafür feiern, dass Ihr Unternehmen wächst. Und direkt danach geht es an die Überlegung, wen Sie künftig an Ihrer Seite haben möchten.

Team 1 | Angestellte

Der klassische Weg zu einem Mitarbeiter ist das Angestelltenverhältnis. Eine solche Stelle dürfen Sie erstmal auch auf bis zu zwei Jahre befristen, bis Sie wissen, wie sich Ihre Geschäfte entwickeln. Alternativ dürfen Sie auch einen Ein-Jahres-Vertrag vergeben und diesen nochmals um ein Jahr verlängern. Danach müssen Sie das Arbeitsverhältnis allerdings entweder auslaufen lassen oder in eine unbegrenzte Festanstellung verwandeln.

Ein befristeter Vertrag läuft einfach zu dem im Vertrag genannten Termin aus, eine Festanstellung dagegen müssen entweder Sie oder Ihre Mitarbeiterin explizit kündigen. Doch sowohl bei einer befristeten Stelle als auch bei einer Festanstellung dürfen Sie eine Probezeit von bis zu sechs Monaten einräumen. In dieser Zeit dürfen beide Seiten ohne Angabe von Gründen die Zusammenarbeit mit einer Frist von in der Regel zwei Wochen auflösen. Vor allem wenn es Ihr erster Mitarbeiter ist und Sie noch unerfahren im Auswahlverfahren und der Führung sind, kann es sein, dass Ihnen diese Hintertür zugutekommt. Zwar gibt es im Internet reichlich Mustervorlagen für Arbeitsverträge, dennoch empfiehlt sich bei solch wichtigen Unterlagen immer eine juristische Beratung von einem Profi in Sachen Arbeitsrecht.

Als Nächstes beantragen Sie eine Betriebsnummer bei der Bundesagentur für Arbeit. Über diese Nummer melden Sie künftig Ihre Beschäftigten. Ebenso melden Sie Ihre neuen Mitarbeitenden bei den Sozialversicherungen wie Kranken- und Rentenkasse an. Dafür benötigen Sie diese Unterlagen von Ihren neuen Teammitgliedern:

- Steueridentifikationsnummer
- Sozialversicherungsausweis

4 *www.businessinsider.de/gruenderszene/karriere-startup/insa-klasing-2-stunden-chef-r/*

- falls nötig, eine Urlaubsbescheinigung des vorherigen Arbeitgebers
- Mitgliedsbescheinigung der aktuellen Krankenversicherung
- eventuelle Nachweise über vermögenswirksame Leistungen
- bei Mitarbeitenden aus dem Ausland die Arbeitserlaubnis
- je nach Branche eventuell auch eine Gesundheitsbescheinigung
- gegebenenfalls den Schwerbehindertenausweis

Denken Sie bitte auch daran, dass Sie die Lohnsteuer und die Sozialversicherungsleistungen für Ihre Beschäftigten stets pünktlich und vollständig an die Sozialkassen und das Finanzamt überweisen müssen. Gegebenenfalls ergibt es auch Sinn, Ihre Mitarbeitenden gegen Unfälle zu versichern. Durch die Sozialabgaben macht es für Sie als Arbeitgeber finanziell kaum einen Unterschied, ob Sie Ihre Mitarbeitenden in Voll- oder in Teilzeit beschäftigen. Der Vorteil, wenn Sie statt einer vollen zwei halbe Stellen einrichten, ist, dass im Krankheitsfall nur die Hälfte Ihrer Unterstützung ausfällt. Zudem können Sie Ihre in Teilzeit Beschäftigten in arbeitsreichen Phasen mit deren Zustimmung in Vollzeitkräfte verwandeln.

Und ja, auch Freiberufler dürfen Angestellte haben. Allerdings müssen Freiberufler besondere Regeln beachten, denen Unternehmen und Gewerbetreibende nicht unterliegen. Um Ihren Freiberuflerstatus zu behalten, sollten Sie nur eine begrenzte Anzahl an fachlich ausgebildeten Mitarbeitenden einstellen.[5] Wie viele Menschen Sie um sich scharen dürfen, hängt von Ihrer Branche ab. Halten Sie deshalb gleich Rücksprache mit dem Finanzamt oder Ihrer Steuerberaterin, wenn Sie mit dem Gedanken spielen, jemanden fest einzustellen. Für Freiberufler ist jedoch meist eine der folgenden Varianten sinnvoller.

Team 2 | Minijob

Wenn Sie nur ein bisschen Hilfe brauchen, etwa einen netten Menschen, der einmal die Woche zum Aktensortieren vorbeikommt oder ab und zu Ihre Akquise-Anrufe übernimmt, könnte ein Minijobber für Sie interessant sein. Üblich sind Arbeitszeiten von maximal 48 Stunden pro Monat. In die Kategorie Minijob fallen alle Tätigkeiten mit einer regelmäßigen Entlohnung von weniger als 450 Euro pro Monat. Ihr Minijobber zahlt dabei keine Sozialversicherungsbeiträge. Sie als Arbeitgeberin zahlen lediglich eine Pauschalabgabe von etwa 30 Prozent des Minijobber-Gehalts an die Minijobzentrale der Bundesknappschaft. Bei dieser Stelle melden Sie Ihren Minijobber vor Beginn der Zusammenarbeit an – und schon kann es losgehen.

5 *www.gruendungsberatung-online.de/gruenderwissen/freiberufliche-taetigkeit/duerfen-freiberufler-mitarbeiter-einstellen*

Team 3 | Midijob

Und dann gibt es noch den Midijob. Er ist das mittlere Geschwisterchen vom Minijob und der ausgewachsenen Stelle. Der Midijobber gehört auch zu den Niedriglohn-Beschäftigten, denn er bekommt für seine Arbeit zwischen 450,01 Euro und 1.300 Euro pro Monat. Bedenken Sie bitte dennoch, dass es sowohl den Mindestlohn als auch einen moralisch gebotenen Anstand gibt, die einen allzu niedrigen Lohn ausschließen sollten. Der entscheidende Unterschied zwischen dem Mini- und dem Midijob ist, dass ein Midijobber über seine Arbeit sozialversichert ist. Allerdings haben Sie als Arbeitgeber beim Midijob besonders gute Konditionen, da Sie den Sozialversicherungsbeitrag nur zur Hälfte tragen müssen.

Team 4 | Freie Mitarbeiter

Was haben eine Softwarelizenz, ein Fitnessstudio und die freie Mitarbeit gemeinsam? Je kürzer die Laufzeit, desto mehr zahlen Sie. Wenn Sie die Dienste von freien Mitarbeitern in Anspruch nehmen, haben Sie maximale Flexibilität. Dafür zahlen Sie auf die Stunde runtergerechnet immer etwas mehr als für einen angestellten Mitarbeiter, auch wenn für Freie keine Sozialabgaben fällig werden.

Der Hauptvorteil freier Mitarbeiter liegt darin, dass Sie diese in arbeitsstarken Zeiten unkompliziert anheuern und in schwächeren Phasen die Zusammenarbeit problemlos ruhen lassen können. Schließlich gibt es für keine der Parteien eine Kündigungsfrist.

Auch als Freiberufler dürfen Sie sich von anderen Freiberuflerinnen zuarbeiten lassen. Doch vor allem Zeitungs- und Magazin-Redaktionen setzen auf die Zusammenarbeit mit sogenannten festen Freien, also freien Mitarbeitern, die quasi zum Inventar gehören und regelmäßig Artikel liefern oder Redaktionsschichten übernehmen. Eine solch langfristige Zusammenarbeit mit freien Mitarbeiterinnen hat für beide Seiten Vorteile: Die Freie hat etwas finanzielle Planungssicherheit, und Sie als Auftraggeber haben die Sicherheit, immer gute Arbeit zu bekommen, und sparen sich den Aufwand, ständig neue Leute einzuarbeiten. Achten Sie dabei jedoch darauf, dass hier kein arbeitnehmerähnliches Arbeitsverhältnis entsteht. Schauen Sie gerne nochmal in Abschnitt 2.3 nach, welche Kriterien eine Schein- von einer echten Selbstständigkeit unterscheiden.

Team 5 | Praktikanten

Jeder Unternehmer und jede Solo-Selbstständige darf Praktika vergeben. Die Unternehmensform spielt keine Rolle. Im Gegensatz zu Ausbildungen gibt es für Praktika keine gesetzlichen Regelungen, was die Voraussetzungen und Qualifikationen des Praktikumsbetriebs angeht. Es gibt bei Praktika einen grundlegenden Unterschied: Ist es ein Pflicht- oder ein freiwilliges Praktikum?

Wenn im Rahmen der Schul- oder Hochschulausbildung ein Praktikum vorgeschrieben ist, handelt es sich um ein Pflichtpraktikum. In diesem Fall ist die Einrichtung, die die Pflicht verhängt hat, Hauptarbeitgeber der Praktikantin. Deshalb haben Pflichtpraktikantinnen weder Anspruch auf Urlaub noch auf eine Bezahlung. Die meisten Arbeitgeber geben im Rahmen eines Pflichtpraktikums für die Praktikantin ein Zeugnis aus. Ein Anspruch auf ein bewertetes Praktikumszeugnis besteht jedoch für eine Praktikantin nicht.

Bei einem freiwilligen Praktikum übernimmt der Arbeitgeber die Rolle des Hauptarbeitgebers. Deshalb haben die Praktikanten einen Anspruch auf Urlaub, ein Gehalt und ein Zeugnis. Außerdem darf der Praktikant das Praktikantenverhältnis mit vier Wochen Vorlauf kündigen.

Auch wenn es zunächst etwas befremdlich wirken mag, ist ein Praktikum bei einem Solo-Selbstständigen in manchen Fällen sogar sinnvoller als in einem großen Konzern. Denn sowohl viele Konzerne als auch die Mehrheit der Start-ups nutzen Praktikanten als billige Arbeitskräfte, die meist voll mitarbeiten. Wenn eine Praktikantin dagegen bei einer Solo-Selbstständigen über die Schulter schaut, bekommt sie dort eine 1:1-Betreuung.

Stellen Sie deshalb immer sicher, dass Ihre Praktikanten auf jeden Fall wirklich etwas lernen. Führen Sie Ihre Praktikanten aktiv durch ihre Praktikumszeit, überlassen Sie ihnen eigene, anspruchsvolle Projekte, und geben Sie möglichst viele Einblicke. So entsteht für Ihre Praktikantinnen ein guter Eindruck von dem, was Sie so machen und was eine Selbstständigkeit fordert. Nehmen Sie sich Zeit für Feedback und Fragen. Entsprechend müssen Sie sich für die Betreuung eines Praktikanten auch einiges an Zeit nehmen.

Falls Ihre Praktikantin jedoch bereits mit etwas Vorerfahrung zu Ihnen kommt, nimmt sie Ihnen im Idealfall auch einige leichte Aufgaben ab. Bestenfalls entsteht so ein Geben und Nehmen, von dem beide Seiten profitieren. Bevor der erste Praktikant bei Ihnen auf der Matte steht, sollten Sie also sowohl eine Verschwiegenheitserklärung zum Schutz Ihrer Kundendaten unterzeichnen lassen als auch einen Praktikumsplan erstellen. Planen Sie sich für die Betreuung bewusst Zeit ein, so dass Ihre eigentliche Arbeit weiterhin flüssig laufen kann.

Bevor es losgehen kann, sollten Sie noch das Rechtliche klären. Setzen Sie dafür einen Praktikumsvertrag auf. Dieser sollte diese Punkte berücksichtigen:

- Dauer des Praktikums
- Arbeitsstunden pro Woche

- Arbeitszeiten
- Vergütung
- Urlaubstage
- Regelungen im Krankheitsfall
- Aufgabengebiete
- Verschwiegenheitsklausel über firmeneigene Interna

Nach dem Praktikum bekommt Ihr Praktikant noch ein Zeugnis von Ihnen. Im Internet finden Sie die nötigen Textbausteine und Schlüsselformulierungen, aus denen Sie das Zeugnis zusammensetzen können.

Bewertung

Wenn Sie mit der Zusammenarbeit zufrieden waren und sich weitere Praktikantinnen wünschen, können Sie Ihren angehenden Ex-Praktikanten um eine positive Bewertung auf einschlägigen Portalen wie *Kununu* oder *Glassdoor* bitten.

Tipps für angehende Führungskräfte

Machen Sie sich, bevor Sie Menschen anheuern, bewusst, wie Sie diese führen möchten, und erinnern Sie sich gelegentlich an Ihre guten Vorsätze. Waren Sie vielleicht selbst mal irgendwo angestellt? Wenn ja, nutzen Sie Ihre Erfahrungen, um daraus Ideen für gute Führung abzuleiten. Was hätten Sie sich von Ihren Vorgesetzten gewünscht? Zur Inspiration finden Sie hier meine persönliche Wunschliste:

- **Hallo**: Sorgen Sie bei jedem neuen Menschen in Ihrem Unternehmen, egal ob Vollzeitexpertin oder Teilzeitpraktikant, für eine klar strukturierte Einarbeitung. Nehmen Sie sich Zeit für die Fragen der neuen Mitarbeitenden, und geben Sie ihnen, wenn möglich, einen Fahrplan für ihr Onboarding an die Hand.
- **Struktur**: Führung bedeutet vor allem, Ihren Mitarbeitenden eine Richtschnur zu geben, die ihnen Orientierung gibt. Denn wenig demotiviert Mitarbeitende so schnell, wie nicht zu wissen, was von ihnen erwartet wird, und wenn die Ergebnisse im Sand verlaufen. Schauen Sie, welche regelmäßigen Besprechungen Ihr Team zusammenhalten und die Abläufe effizienter machen.
- **Chancen**: Entdecken Sie bei einem Mitarbeiter ein besonderes Talent oder eine große Begeisterung für ein Thema? Ist dieses für Ihr Unternehmen hilfreich? Super! Suchen Sie das Gespräch mit dem Mitarbeiter. Er wird sich sicher ebenso wie Sie freuen, wenn er dieses Talent weiter ausbauen darf.
- **Pausen**: Nur ausgeruhte Mitarbeiter sind gute Mitarbeiter. Ziehen Sie deshalb Ihren Mitarbeitenden den Zahn, dass nur die Streber, die zig Überstunden machen, die Lieblingskinder sind. So viel Einsatz ist zwar löblich, allerdings auf

Dauer nicht zielführend. Leben Sie vor, dass eine gesunde Work-Life-Balance zum Wohle des Unternehmens ist. Versuchen Sie zudem, Stressoren ausfindig zu machen und zu beseitigen, die die Zusammenarbeit belasten.

- **Pünktlichkeit**: Ja, es ist ein Klischee. Gerade für Kreative ist Pünktlichkeit oft eine kniffelige Angelegenheit. Dennoch bleibt es eine Frage der Wertschätzung, zu Meetings pünktlich aufzutauchen und Ihre Mitarbeitenden nicht warten zu lassen. Zudem gehen Sie so mit gutem Beispiel voran. Wenn Ihnen frühe Termine schwerfallen, legen Sie sie einfach auf später: Sie sind der Boss. Und jedes Kalenderprogramm kann Sie mit einem lauten Ping an einen anstehenden Termin erinnern. Zudem sollten Sie sich gut überlegen, wie oft Sie Termine mit Ihren Mitarbeitenden verschieben möchten. Denn auch damit senden Sie ein Signal an Ihr Gegenüber. Wenn Sie durch Ihre Handlungen zeigen, dass Ihnen alles andere wichtiger ist, verschieben Sie auch die Motivation Ihrer Mitarbeiter in deren Freizeit.
- **Nähe**: Nein, Sie sollen nicht der gruselige Onkel werden, der nicht weiß, wie viel Abstand andere Menschen brauchen. Mit Nähe ist gemeint, dass Sie Ihr Team zusammenhalten. Gute Beispiele dafür zeigten sich vor allem während der Corona-Pandemie, in der Teams sich zu virtuellem Kaffee, zu Online-Weinseminaren oder anderen digitalen Freizeitveranstaltungen getroffen haben, um den zwischenmenschlichen Kontakt zu halten. Aber auch durch ernst gemeintes Interesse am Befinden Ihres Gegenübers bauen Sie eine Nähe auf, durch die sich Ihre Mitarbeitenden gesehen und ernst genommen fühlen.
- **Wertschätzung**: Stiften Sie Sinn, und machen Sie Ihrem Team deutlich, dass seine Arbeit sinnvoll und wichtig ist. Jeder ist ein wertvoller Teil des großen Ganzen. Ebenso dürfen Sie Ihrer Wertschätzung gerne Ausdruck verleihen: Jeder freut sich ab und zu über ein ernst gemeintes Lob für seine gute Arbeit oder seine Lernfortschritte.
- **Zuhören**: Viele Menschen sagen, sie hätten immer ein offenes Ohr. Doch meist ist dieses vom Stress und dem Alltagsrauschen der Selbstständigkeit völlig verstopft. Haben Sie immer ein mentales Wattestäbchen dabei, und halten Sie wenigstens ein Ohr für Ihre Mitarbeitenden bereit.

  Hören Sie hin, wenn jemand über zu viel Arbeit klagt: Hat er wirklich zu viel zu tun? Kann man die Arbeit vielleicht anders aufteilen, oder braucht der Mitarbeiter vielleicht eine Schulung, um seine To-dos besser bewältigen zu können?

  Versuchen Sie, zu verstehen, woher mögliche Motivationstiefs kommen. Statt den Mitarbeiter dafür abzuwatschen, sollten Sie offen für Kritik sein, denn gerade unerfahrene Chefs neigen dazu, ihre Mitarbeitenden versehentlich mit ihren hohen Erwartungen zu demotivieren. Vergessen Sie bitte nie: Es ist Ihr Unternehmen, nicht das Ihrer Mitarbeitenden. Sie können von ihnen nicht denselben Einsatz und dieselbe Leidenschaft erwarten wie von sich selbst. Deshalb: Hören Sie hin, wie es Ihren Mitarbeitenden geht – auch mit Ihnen als Chef.

- **Reden**: Seien Sie in jeder Kommunikation effizient und zielgerichtet und zugleich wertschätzend: Treffen Sie Ich-Aussagen, und streuen Sie hier und da ein »Bitte« und ein »Danke« ein: Glauben Sie mir, diese Wörter sind schon in so manchen Chefsessel gesickert und nie wieder aufgetaucht. Fassen Sie Besprochenes zusammen, und machen Sie deutlich, wer welche To-dos hat.

Statement | Führung heißt Verantwortung

»Mir war schon klar, als ich die Idee hatte, dass ich für Grubengold Mitarbeitende brauchen würde. Denn im Team kann man viel mehr bewirken, als wenn man nur seine eigene Zeit zur Verfügung hat. Allerdings darf man dabei nicht vergessen, dass Mitarbeitende auch Aufmerksamkeit brauchen und dass man als Gründer für seine Angestellten auch Verantwortung übernehmen muss. Auf der einen Seite nehmen sie einem also Arbeit ab, auf der anderen Seite entsteht Aufwand für Führungsaufgaben, für das Strukturieren von Aufgaben, die Administration und vor allem das Wohlbefinden der Mitarbeitenden.

Führung ist eine Entscheidung: Man muss es wollen und kann es auch lernen. Man muss Menschen mögen und Verantwortung für sie übernehmen wollen. Zudem sollte man seinen Führungsstil an jeden Mitarbeitenden individuell anpassen. Die Führungskraft gibt die Leitplanken vor, und die Mitarbeitenden finden dazwischen selbstorganisiert und eigenverantwortlich ihren eigenen Weg. Mir ist vor allem das Investieren in eine gemeinsame Basis wichtig, denn die ist zentral für das Vertrauen und eine feste Beziehung, die die Basis für eine langfristige Zusammenarbeit sind.

Mittlerweile hat Grubengold neun Vollzeitangestellte und zehn weitere Mitarbeitende, einige von ihnen sind feste Freie. Freie Mitarbeitende erhöhen die Flexibilität, da für sie nur bei Bedarf Kosten anfallen. Dabei sind sie allerdings meist teurer als Festangestellte. Da uns die Nähe zum Unternehmen wichtig ist und so auch der Briefing- und Onboarding-Aufwand niedriger ist, arbeiten wir gerne langfristig mit unseren Freien zusammen. Dabei muss man als Auftraggeber aber immer aufpassen, dass die Freien nicht scheinselbstständig sind. Im Zweifelsfall kann man das über die Rentenversicherung oder einen Anwalt prüfen lassen. Dadurch ist man als Auftraggeber rechtlich auf der sicheren Seite.

Zusammengefasst – Führung heißt Verantwortung. Sie gibt einem aber auch viel zurück: Im Team schafft man mehr und es macht am Ende auch viel mehr Spaß.«

Matthias Hoffmann | Gründer & CEO | Grubengold

12.7 Scheitern

Wir müssen reden! Zum Abschluss dieses Buches muss ich leider die euphorische Aufbruchsstimmung etwas dämpfen. Die Medien vermitteln uns den Eindruck, dass alle Gründer voll durchstarten, expandieren, skalieren und unaufhaltsam den Markt stürmen. Dass 14 Prozent aller Gründungen in Deutschland bereits nach dem ersten Jahr scheitern, taucht höchstens als Randnotiz neben all den Erfolgsmeldungen auf.[6]

Doch auch wer das verflixte erste Jahr übersteht, kann immer noch merken, dass es nicht so recht läuft. Häufig wird dann das verbale Fallbeil herausgeholt und gesagt, dass der Gründer gescheitert ist, wenn er sich wieder einen festen Job suchen muss. Dabei bleibt Scheitern etwas sehr Subjektives. Denn ist es Scheitern, wenn uns ein Glas runterfällt? Oder ist es ein Missgeschick? Ist es Scheitern, wenn wir bei einem Wettbewerb nicht gewinnen oder eine Galerie unsere Bilder ablehnt? Ist es erst Scheitern, wenn wir unsere Agentur schließen und alle Mitarbeitenden entlassen müssen, oder ist die Agentur schon gescheitert, wenn der namhafte Großkunde abspringt?

Der vermeintliche Erfinder der Glühbirne Thomas Alva Edison drückte es so aus: »Ich habe nicht versagt. Ich habe nur 10.000 Wege gefunden, wie es nicht funktioniert.« In der Wissenschaft ist es sogar eher die Regel als die Ausnahme, dass eine Hypothese von einem Experiment widerlegt wird. Doch da meist nur die Erfolge veröffentlicht werden, wirkt es in der Öffentlichkeit so, als würde jede Wissenschaftlerin abends mit einer nobelpreisverdächtigen neuen Erkenntnis nach Hause gehen.

Dabei ist Scheitern nicht das Ende, sondern Teil des Prozesses: Wenn eine Idee nicht funktioniert, dann müssen Sie eben noch mal ran, bis es läuft. Wie erkennen Sie also, ob Ihr Experiment Selbstständigkeit preisverdächtig ist oder ob Sie weiter nach Ihrer Glühbirne forschen müssen.

Woran erkennen Sie, dass Ihre Glühbirne nicht leuchten wird?

- Ihre Umsätze sinken stetig oder stagnieren auf niedrigem Niveau.
- Ihre Konkurrenz scheint an Ihnen vorbeizuziehen.
- Ihre Konkurrenz gibt Preise vor, die Sie nicht mittragen können.
- Ihr Angebot wird immer weniger nachgefragt.
- Sie haben einen starken Wunsch nach mehr Freizeit.
- Sie bekommen verstärkt stressbedingte gesundheitliche Probleme.
- Sie bekommen Familie und Beruf immer weniger unter einen Hut.
- Sie sehnen sich nach mehr Struktur von außen.
- Das Feedback fällt eher mäßig aus.

Was hindert Ihre Glühbirne am Leuchten?

---

6 *www.kfw.de/KfW-Konzern/Newsroom/Aktuelles/News-Details_471616.html*

Fallstrick 1 | Unausgegorenes Geschäftsmodell

Wenn Ihr Plan von Anfang an einen Haken hatte, dann müssen Sie schon sehr selbstreflektiert sein, um den im laufenden Betrieb zu entdecken. Deshalb ist es so wichtig, sich die Zeit für einen Businessplan zu nehmen. Während Sie daran arbeiten, müssen Sie Ihre Grundidee zwangsläufig hinterfragen und entdecken auch, falls der Markt längst übersättigt ist oder dass Sie Ihre Dienstleistung nicht wirtschaftlich vermarkten können.

Fallstrick 2 | Falsche Kunden

Manchmal ist es einfach Pech: Wenn Sie an einen Kunden geraten, der ein großes Projekt beauftragt und dann nicht zahlen kann oder will, kann Sie das leicht unverschuldet ins finanzielle Abseits befördern. Deshalb empfehlen sich entsprechende Versicherungen und solide Finanzpolster.

Fallstrick 3 | Zu niedrige Preise

Vor allem in der Kreativwirtschaft machen sich viele Menschen freiwillig zu Niedriglöhnern. Wer nicht aufpasst, kann so allerdings nicht seine Lebenshaltungskosten decken.

Fallstrick 4 | Zu hohe Betriebsausgaben

Es ist ein bisschen wie bei einer Diät: Wenn Sie weniger essen, als Sie verbrauchen, nehmen Sie ab. Und wenn Sie mehr verbrauchen, als Sie einnehmen? Dann gehen Sie bankrott. Es ist also recht leicht zu berechnen, ob es der Maserati als Dienstwagen sein darf oder doch vielleicht lieber das Ticket für die U-Bahn.

Fallstrick 5 | Krankheiten

Das ist die größte Unsicherheit, mit der Sie als Selbstständiger leben müssen: Wenn Sie ernsthaft krank werden und länger nicht oder schlimmstenfalls gar nicht mehr in Ihrem Beruf arbeiten können, bricht Ihnen bald die finanzielle Lebensgrundlage weg.

Fallstrick 6 | Unzureichender Versicherungsschutz

Auch wenn es nicht wahrscheinlich ist, ist es dennoch möglich, dass jemand Sie für einen Fehler verklagt, bei Ihnen eingebrochen wird oder Ihre gesamten Daten gehackt werden. Ohne Versicherungsschutz kann eine solche Situation Sie finanziell zur Strecke bringen. Je nach Branche sparen Sie bei Ihren Versicherungen womöglich an der falschen Stelle.

Fallstrick 7 | Unachtsamkeit

Sowohl vor der Gründung als auch danach gibt es bei wackeligen Gründerbeinen immer wieder Menschen, die mal vorsichtig, mal ganz direkt nachfragen, wie es läuft. Wenn Sie Mahnungen und Warnungen achtlos ausschlagen, übersehen Sie womöglich die letzte Leitplanke, bevor es abwärtsgeht. Man muss nicht jeden Rat annehmen, aber kurz darüber nachdenken darf man schon.

Fallstrick 8 | Die Steuerfalle

Gerade am Anfang ist es noch schwierig, die Höhe der Einnahmen und damit Ihre Einkommenssteuer einzuschätzen. Deshalb empfiehlt es sich, mindestens 30 Prozent der Einnahmen für die Steuer wegzulegen. Vor allem wenn Sie umsatzsteuerpflichtig sind, kann es Ihnen schnell das Genick brechen, wenn Sie alle Einnahmen direkt wieder ausgeben. Denn wenn das Finanzamt Einkommens- und Umsatzsteuer von Ihnen verlangt, kann es dann schnell eng und Sie zahlungsunfähig werden. Ein Finanzpolster kann Geschäftsleben retten.

Fallstrick 9 | Keine Rücklagen

Doch auch jenseits der Steuer schützen Sie sich mit Rücklagen vor dem, was allgemein unter unternehmerisches Risiko fällt. Klar ist es bei noch niedrigen Einnahmen schwer, etwas zurückzulegen, aber etwas ist immer besser als nichts.

Fallstrick 10 | Zu wenig Akquise

Wenn die Auftragsdecke dünner wird, müssen neue Projekte her. Sonst stimmt die Kasse irgendwann nicht mehr. Rechtzeitige und regelmäßige Akquise ist deshalb entscheidend für den Geschäftserfolg.

Fallstrick 11 | Risiken unterschätzt

Sie ignorieren die Bestimmungen der DSGVO, weil Sie glauben, dass da schon nichts passiert? Oder verzichten auf wichtige Versicherungen, weil der Kosmos bestimmt schon seine schützende Hand über Sie halten wird? Manche Gefahren, etwa das Risiko, kostenpflichtig abgemahnt zu werden, sind leider realer, als wir bei der Gründung denken mögen. Zu viel Blauäugigkeit kann allerdings auch bei der Auswahl von Kunden schwierig werden. Sie müssen ja nicht gleich Skeptiker werden, aber ein paar gesunde Bedenken dürfen sich gelegentlich unter die Gründereuphorie mischen.

Fallstrick 12 | Falsche Selbsteinschätzung

Einer der größten Fallstricke ist wohl, wenn Sie die Selbstständigkeit und die mit ihr verbundenen Herausforderungen unterschätzt haben. Während sich viele Selbstständige in einem festen Arbeitsverhältnis unwohl und eingeengt fühlen, merken manche Menschen auch, dass ihnen die selbstständige Arbeit nicht gefällt. Wer sich nicht gerne selbst Strukturen sucht und ein ganzes Unternehmen in einer Person ist, kann zwar mit viel Anstrengung ein funktionierendes Unternehmen führen – glücklich wird er damit aber nicht.

Was tun, wenn Sie ins Straucheln geraten?

Wenn die Kasse leer ist, helfen Ihnen Schuldnerberatungen oder auf Insolvenzen spezialisierte Anwälte weiter. Häufig sind die Erstgespräche kostenlos. Unabhängige und kostengünstige Hilfe finden Sie auch bei der Verbraucherzentrale in Ihrer Region.

Einrichtungen wie diese finden mit Ihnen einen Weg aus den Schulden oder aus dem Zahlungsengpass. Und wenn es weder vor noch zurück geht, beraten Sie diese Stellen auch dabei, wie Sie einen Insolvenzantrag stellen können. Dieser Schritt ist allerdings wirklich die letzte Zuflucht.

Werfen Sie also bitte nicht sofort das Handtuch, wenn es holprig wird. Oft gibt es Wege, um den Karren aus dem Dreck zu ziehen. Schauen Sie nochmal in Abschnitt 5.3. Dort finden Sie Anlaufstellen, die Ihnen gerne in schwierigen Situationen unter die Arme greifen oder Ihnen zumindest einen Tipp geben können, wer Ihnen helfen kann. Gegebenenfalls werden Ihre Ansprechpartner Ihnen raten, vorübergehend zumindest eine Teilzeitstelle anzunehmen, bis die Geschäfte wieder besser laufen.

Wichtig ist nur, dass Sie die Scham ablegen, über Ihre Schwierigkeiten zu sprechen. Hätte Edison früher mit jemandem über seine Experimente gesprochen, wäre ihm schon früher ein Licht aufgegangen.

Das mag jetzt alles etwas bedrohlich klingen. Wenn Sie Ihre Selbstständigkeit mit Köpfchen und etwas Selbstdisziplin angehen, können Sie diesen Fallstricken jedoch meist leicht entgehen. Und selbst wenn einer dieser Fälle eintritt, können Sie sich immer noch aus dem Loch herausstrampeln.

Dass ich selbst mit Anfang zwanzig in die Steuerfalle gestolpert bin und nicht gemerkt habe, dass ich umsatzsteuerpflichtig wurde, hat mich dazu gebracht, heute dieses Buch zu schreiben. Denn es gibt fast immer einen Weg heraus, wenn Sie mal in die Grube gefallen sind. Das wird zwar nicht immer einfach – aber es lohnt sich. Und heute könnte ich mir keine bessere Art zu arbeiten mehr vorstellen. Also nur Mut! Wenn Sie immer wieder ein Auge auf die möglichen Fallstricke haben, kann

Ihre Gründung ein echter Erfolg werden – damit Sie noch lange und kreativ arbeiten können und wollen.

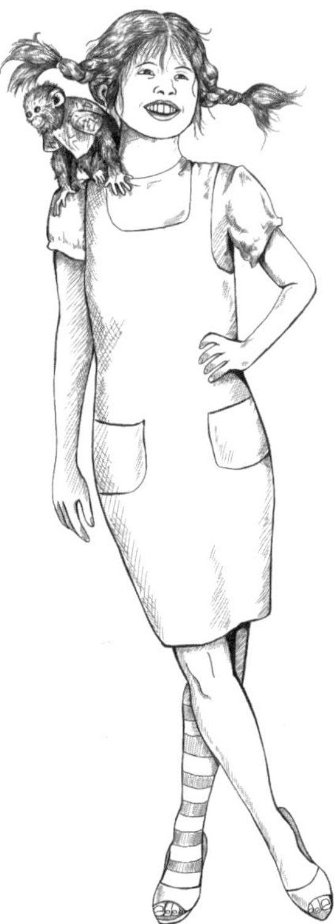

Frei und kreativ: Wild und wunderbar

12.8 Checklisten

Checkliste Grundlegende Überlegungen

Diese drei Dinge erhoffe ich mir von der Selbstständigkeit:

1. ______________________________
2. ______________________________
3. ______________________________

Woran merke ich, dass ich diese Ziele erreicht habe?

1. ______________________________
2. ______________________________
3. ______________________________

Daran werde ich merken, dass ich meine Ziele erreiche:

1. ______________________________
2. ______________________________
3. ______________________________

Drei Dinge, die ich vor der Selbstständigkeit dringend lernen möchte:

1. ______________________________
2. ______________________________
3. ______________________________

Diese drei Ziele möchte ich im ersten Jahr nach der Gründung erreichen:

1. ______________________________
2. ______________________________
3. ______________________________

Diese Menschen unterstützen mich auf dem Weg:

1. ______________________________
2. ______________________________
3. ______________________________

Diese drei Dinge helfen mir in stressigen Phasen:

1. ______________________________
2. ______________________________
3. ______________________________

Checkliste Positionierung

Für diese Themen möchte ich stehen:

1. ______________________________
2. ______________________________
3. ______________________________

Wenn mich jemand fragt, was ich mache, sage ich ...

____

____

____

Das sind meine drei Kernangebote:

1. ______________________________
2. ______________________________
3. ______________________________

So sieht meine Zielgruppe aus:

____

____

____

Was sind die drei Kernbedürfnisse meines Zielpublikums?

1. ______________________________
2. ______________________________
3. ______________________________

Meine drei Kernwerte:

1. ______________________________
2. ______________________________
3. ______________________________

Daran merke ich, dass ich meine Ziele und Werte erreiche:

____

____

____

Checkliste Organisatorisches vor dem Start

	Für die passende Geschäftsform entscheiden
	Markennamen finden
	Businessplan schreiben
	Finanzplan schreiben
	Angebote für Anschaffungen einholen
	Anschaffungen kalkulieren
	Budgets und Startkapital berechnen
	Honorare und Preise berechnen
	Geschäftskonto eröffnen
	Steuernummer besorgen
	Software vergleichen und installieren
	Bei der Künstlersozialkasse oder Krankenkasse anmelden
	Versicherungen vergleichen und abschließen
	Buchhaltung einrichten
	Um Altersvorsorge kümmern
	Investoren finden oder Kredit beantragen
	Büroräume suchen
	Website aufbauen
	Visitenkarten und Geschäftsausstattung
	Arbeitsmittel besorgen
	Mentoren und Gleichgesinnte suchen

Index

A

B

C

D

E

F

G

H

I

J

K

L

M

N

O

P

Q

R

S

T

U

V

W

X

Y

Z